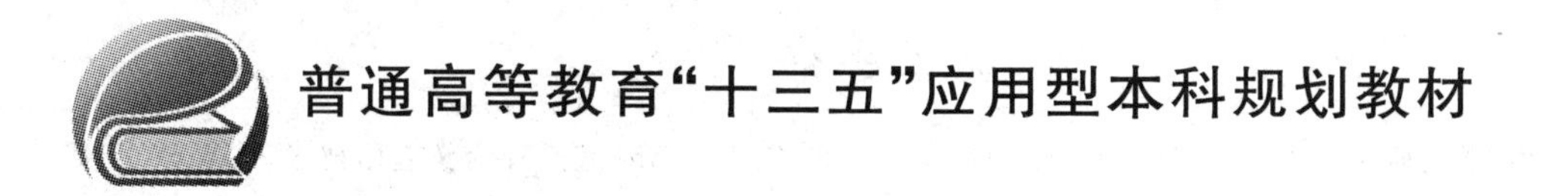

CAD/CAM 技术基础及应用

薛九天　沈建新　崔　祚　编著

北京航空航天大学出版社

内容简介

本书系统、全面地介绍了以CAD、CAPP、CAM为重点的CAD/CAM基础理论及应用技术，共9章，主要内容包括CAD/CAM技术概述、CAD/CAM数学基础、曲线曲面基本理论、产品建模技术、计算机辅助工艺过程设计、计算机辅助工程、计算机辅助数控加工、产品数据交换技术和计算机辅助生产管理与控制。在内容编排上，力求全面，使读者能系统地掌握CAD/CAM技术领域的基本原理、概念和方法，为进一步深入学习和研究奠定基础。

本书可作为高校本科机械类、近机类专业CAD/CAM课程的教材，亦可供有关专业人员参考使用。

图书在版编目(CIP)数据

CAD/CAM技术基础及应用 / 薛九天，沈建新，崔祚编著. -- 北京 ：北京航空航天大学出版社，2018.8

ISBN 978-7-5124-2691-7

Ⅰ.①C… Ⅱ.①薛… ②沈… ③崔… Ⅲ.①计算机辅助设计—应用软件—高等学校—教材 Ⅳ.①TP391.72

中国版本图书馆CIP数据核字(2018)第055431号

版权所有，侵权必究。

CAD/CAM技术基础及应用

薛九天　沈建新　崔　祚　编著

责任编辑　赵延永　甄　真

*

北京航空航天大学出版社出版发行

北京市海淀区学院路37号(邮编：100191)　http://www.buaapress.com.cn

发行部电话：(010)82317024　传真：(010)82328026

读者信箱：goodtextbook@126.com　邮购电话：(010)82316936

北京宏伟双华印刷有限公司印装　各地书店经销

*

开本：787×1092　1/16　印张：19　字数：486千字

2018年8月第1版　2018年8月第1次印刷　印数：2 000册

ISBN 978-7-5124-2691-7　定价：49.00元

若本书有倒页、脱页、缺页等印装质量问题，请与本社发行部联系调换。联系电话：(010)82317024

前 言

CAD/CAM 技术产生于20世纪50年代后期发达国家的航空和军事工业中。随着计算机科学技术的发展，CAD/CAM 技术成为提高产品设计和制造品质、缩短产品开发周期和降低产品开发成本的重要技术手段。21世纪以来，国家制造业进入了快车道，高度集成化、智能化、柔性化和网络化成为新世纪制造业的典型特征，追求在最短时间内以最低成本生产出满足用户需求的产品。而 CAD/CAM 技术无疑是21世纪制造业的一个重要的技术。

CAD/CAM 技术属于高科技的范畴，技术复杂，涉及许多学科领域的知识，如计算机科学与工程、计算数学、工程设计方法学，人-机工程、计算机图形显示等技术，以及具体应用工程领域的专业知识。另外，CAD/CAM 技术还在不断发展，有许多新的理论和技术需要不断地去探索。根据国内外 CAD/CAM 技术发展过程和经历，为了尽快发展我国的 CAD/CAM 技术，使它产生更大的社会和经济效益，必须尽快地培养一批掌握 CAD/CAM 技术理论和方法的工程技术人员。解决这个问题的基本途径是在高等工科院校普遍开设与 CAD/CAM 技术有关的课程，使在读的大学生获得较系统的 CAD/CAM 技术的基本理论和技能，特别是对非计算机专业的工科学生增设计算机和 CAD/CAM 方面的课程。另外，对从业的有关工程技术人员进行 CAD/CAM 技术培训，更新他们的知识。为此，我们编写了这本书，以适应广大工程技术人员学习该技术的需求，以便于使读者较系统地掌握 CAD/CAM 技术的基本概念、基础知识和方法，了解该技术的特点和发展状况，开发技术思路，拓宽知识面和改善知识结构，从而为进行 CAD/CAM 技术的研究和应用打下良好的基础。

在广泛征求了意见的基础上，本书在编写过程中借鉴了国内的同类教材，引入了 CAD/CAM 的最新科技信息与成果，简要介绍了流行的实用工程软件，相关章节引入了适当的工程实例和思考题，使该课程力争成为一本适于全国高等学校机械类、近机类专业计算机辅助设计与制造课程，具有应用型特色的教材。

本书有以下特点：

(1) 突出应用型特色。本书以机械类专业人才为培养对象，以实际、实用、实践为原则，突出工程应用的特点。

(2) 保持系统性。在内容安排上依次按照工程中产品设计、工艺、加工制造三个主要环节的顺序进行，保持知识的系统性，尽可能贴近工程实际，力求讲解准确、清晰、简洁、易懂。

(3) 注重实践性。注重介绍计算机在工程图绘制、产品造型、工艺规程编制、数控编程中的应用和实践，强调完成一定量的相关实验和软件运用，通过二次开发、软件制作、课程设计和模拟仿真等实践性教学环节，以求提高学生的工程动手能力，尽量缩短学生进入企业后的适应期。

(4)提高创造性高新技术与方法。通过多样化的设计制造方法及工程实例启发学生的创新思维，培养学生分析和解决工程实际问题的能力。使学生了解 CAD/CAM 的发展与前沿，开阔思路。提高他们从事技术研究和工程应用的创造性思维能力。

鉴于机械类、近机类各专业的要求与教学时数相差较大，本书的内容编排力求满足本科机械类不同专业的教学要求，课时适用于30～60学时，同时又可供自学提高和远程教育之用。第1章由沈建新编写，第2～3章和第9章由薛九天编写，第4～5章和第7章由崔祚编写，第6章和第8章由贾赟编写，薛九天负责全书的统稿。

由于编者水平有限，加之时间仓促，书中难免有不当之处，恳请读者不吝批评指正。

编　者

2018年3月

目　录

第1章　CAD/CAM 技术概述

1.1　CAD/CAM 基本概念

CAD/CAM 技术是制造工程技术与计算机技术紧密结合、相互渗透而发展起来的一项综合性应用技术,具有知识密集、学科交叉、综合性强、应用范围广等特点。CAD/CAM 技术是先进制造技术的重要组成部分,它的发展和应用使传统的产品设计、制造内容和工作方式等都发生了根本性的变化。CAD/CAM 技术已成为衡量一个国家科技现代化和工业现代化水平的重要标志之一。

1.1.1　CAD 技术

由于在不同时期、不同行业中,计算机辅助设计(Computer Aided Design,CAD)技术所实现的功能不同,工程技术人员对 CAD 技术的认识也有所不同,因此很难给 CAD 技术下一个统一的、公认的定义。早在 1972 年 10 月,国际信息处理联合会(IFIP)在荷兰召开的"关于 CAD 原理的工作会议"上给出如下定义:CAD 是一种技术,其中人与计算机结合为一个问题求解组,紧密配合,发挥各自所长,从而使其工作优于每一方,并为应用多学科方法的综合性协作提供了可能。到 20 世纪 80 年代初,第二届国际 CAD 会议上认为 CAD 是一个系统的概念,包括计算、图形、信息自动交换、分析和文件处理等方面的内容。1984 年召开的国际设计及综合讨论会上,认为 CAD 不仅是设计手段,而且是一种新的设计方法和思维。显然,CAD 技术的内涵将会随着计算机技术的发展而不断扩展。

就目前情况而言,CAD 是指工程技术人员以计算机为工具,运用自身的知识和经验,对产品或工程进行方案构思、总体设计、工程分析、图形编辑和技术文档整理等设计活动的总称,是一门多学科综合应用的新技术。CAD 是一种新的设计方法,它采用计算机系统辅助设计人员完成设计的全过程,将计算机的海量数据存储和高速数据处理能力与人的创造性思维和综合分析能力有机结合起来,充分发挥各自所长,使设计人员摆脱繁重的计算和绘图工作,从而达到最佳设计效果。CAD 对加速工程和产品的开发、缩短设计制造周期、提高质量、降低成本、增强企业创新能力发挥着重要作用。

一般认为,CAD 系统应具有几何建模、工程分析、模拟仿真、工程绘图等主要功能。一个完整的 CAD 系统应由人机交互接口、图形系统、科学计算和工程数据库等组成。人机交互接口是设计、开发、应用和维护 CAD 系统的界面,经历了从字符用户接口、图形用户接口、多媒体用户接口到网络用户接口的发展过程。图形系统是 CAD 系统的基础,主要有几何(特征)建模、自动绘图(二维工程图、三维实体图等)、动态仿真等。科学计算是 CAD 系统的主体,主要包括有限元分析、可靠性分析、动态分析、产品的常规设计和优化设计等。工程数据库是对设计过程中使用和产生的数据、图形、图像及文档等进行存储和管理。就 CAD 技术目前可实现的功能而言,CAD 作业过程是在由设计人员进行产品概念设计的基础上从建模分析,到完

成产品几何模型的建立，然后抽取模型中的有关数据进行工程分析、计算和修改，最后编辑全部设计文档，输出工程图。从CAD作业过程可以看出，CAD技术也是一项产品建模技术，它是将产品的物理模型转化为产品的数据模型，并把建立的数据模型存储在计算机内，供后续的计算机辅助技术所共享，驱动产品生命周期的全过程。

1.1.2 CAE技术

从字面上理解，计算机辅助工程(Computer Aided Engineering，CAE)是计算机辅助工程分析，准确地讲，就是指工程设计中的分析计算、分析仿真和结构优化。CAE是从CAD中分支出来的，起步稍晚，其理论和算法经历了从蓬勃发展到日趋成熟的过程。随着计算机技术的不断发展，CAE系统的功能和计算精度都有了很大提高，各种基于产品数字建模的CAE系统应运而生，并已成为工程和产品结构分析、校核及结构优化中必不可少的数值计算工具；CAE技术和CAD技术的结合越来越紧密，在产品设计中，设计人员如能将CAD与CAE技术良好融合，就可以实现互动设计，从而保证企业从生产设计环节上达到最优效益。分析是设计的基础，设计与分析集成是必然趋势。

目前CAE技术已被广泛应用于国防、航空航天、机械制造、汽车制造等各个工业领域。CAE技术作为设计人员提高工程创新和产品创新能力的得力助手和有效工具，能够对创新的设计方案快速实施性能与可靠性分析；进行虚拟运行模拟，及早发现设计缺陷，实现优化设计；在创新的同时，提高设计质量，降低研究开发成本，缩短研发周期。

1.1.3 CAPP技术

计算机辅助工艺设计(Computer Aided Process Planning，CAPP)是根据产品设计结果进行产品的加工方法设计和制造过程设计。一般认为，CAPP系统的功能包括毛坯设计、加工方法选择、工序设计、工艺路线制定和工时定额计算等。其中工序设计包括加工设备和工装的选用、加工余量的分配、切削用量选择、机床和刀具的选择、必要的工序图生成等内容。工艺设计是产品制造过程中技术准备工作的一项重要内容，是产品设计与实际生产的纽带，是一个经验性很强且随制造环境的变化而多变的决策过程。随着现代制造技术的发展，传统的工艺设计方法已经远远不能满足自动化和集成化的要求。

随着计算机技术的发展，CAPP受到了工艺设计领域的高度重视。其主要优点在于：可以显著缩短工艺设计周期，保证工艺设计质量，提高产品的市场竞争能力。CAPP使工艺设计人员摆脱大量、烦琐的重复劳动，将主要精力转向新产品、新工艺、新装备和新技术的研究与开发。CAPP可以提高产品工艺的继承性，最大限度地利用现有资源，降低生产成本。CAPP可以使没有丰富经验的工艺师设计出高质量的工艺规程，以缓解当前机械制造业工艺设计任务繁重、缺少有经验工艺设计人员的矛盾。CAPP有助于推动企业开展的工艺设计标准化和最优化工作。CAPP在CAD、CAM中起到桥梁和纽带作用：CAPP接受来自CAD的产品几何拓扑信息、材料信息及精度、粗糙度等工艺信息，并向CAD反馈产品的结构工艺性评价信息；CAPP向CAM提供零件加工所需的设备、工装、切削参数、装夹参数以及刀具轨迹文件，同时接受CAM反馈的工艺修改意见。

1.1.4　CAM 技术

计算机辅助制造(Computer Aided Manufacturing,CAM)到目前为止尚无统一的定义。一般而言,CAM 是指计算机在制造领域有关应用的统称,有广义 CAM 和狭义 CAM 之分。所谓广义 CAM,是指利用计算机辅助完成从生产准备工作到产品制造过程中的直接和间接的各种活动,包括工艺准备、生产作业计划、物流过程的运行控制、生产控制、质量控制等主要方面。其中工艺准备包括计算机辅助工艺过程设计、计算机辅助工装设计与制造、NC 编程、计算机辅助工时定额和材料定额的编制等内容;物流过程的运行控制包括物料的加工、装配、检验、输送、储存等生产活动。而狭义 CAM 通常指数控程序的编制,包括刀具路线的规划、刀位文件的生成、刀具轨迹仿真以及后置处理和 NC 代码生成等。本书采用 CAM 的狭义定义。

CAM 中核心的技术是数控加工技术。数控加工主要分程序编制和加工过程两个步骤。程序编制是根据图纸或 CAD 信息,按照数控机床控制系统的要求,确定加工指令,完成零件数控程序编制;加工过程是将数控程序传输给数控机床,控制机床各坐标的伺服系统,驱动机床,使刀具和工件严格按执行程序的规定相对运动,加工出符合要求的零件。作为应用性、实践性极强的专业技术,CAM 直接面向数控生产实际。生产实际的需求是所有技术发展与创新的原动力,CAM 在实际应用中已经取得了明显的经济效益,并且在提高企业市场竞争能力方面发挥着重要作用。

1.1.5　CAD/CAM 集成技术

自 20 世纪 70 年代中期以来,出现了很多计算机辅助的分散系统,如 CAD、CAE、CAPP、CAM 等,分别在产品设计自动化、工艺过程设计自动化和数控编程自动化等方面起到了重要作用。但是这些各自独立的系统不能实现系统之间信息的自动交换和传递。例如,CAD 系统的设计结果不能直接为 CAPP 系统所接受,若进行工艺过程设计,仍需要设计者将 CAD 输出的图样文档转换成 CAPP 系统所需要的输入信息。所以,随着计算机辅助技术日益广泛的应用,人们很快认识到,只有当 CAD 系统一次性输入的信息能为后续环节(如 CAE、CAPP、CAM)继续应用时才能获得最大的经济效益。为此,提出了 CAD 到 CAM 集成的概念,并首先致力于 CAD、CAE、CAPP 和 CAM 系统之间数据自动传递和转换的研究,以便将已存在和使用的 CAD、CAE、CAPP、CAM 系统集成起来。有人认为:CAD 有狭义及广义之分,狭义 CAD 就是单纯的计算机辅助设计,而广义 CAD 则是 CAD/CAE/CAPP/CAM 的高度集成。不论何种计算机辅助软件,其软件功能不同,其市场定位不同,但其发展方向却是一致的,这就是 CAD/CAE/CAPP/CAM 的高度集成。

CAD/CAM 集成技术的关键是 CAD、CAPP、CAM、CAE 各系统之间的信息自动交换与共享。集成化的 CAD/CAM 系统借助于工程数据库技术、网络通信技术以及标准格式的产品数据接口技术,把分散于机型各异的各个 CAD、CAPP、CAM 子系统高效、快捷地集成起来,实现软件、硬件资源共享,保证整个系统内信息的流动畅通无阻。

CAD/CAM 集成技术是各计算机辅助单元技术发展的必然结果。随着信息技术、网络技术的不断发展和市场全球化进程的加快,出现了以信息集成为基础的更大范围的集成技术,例如将企业内经营管理信息、工程设计信息、加工制造信息、产品质量信息等融为一体的计算机集成制造系统(Computer Integrated Manufacturing System,CIMS)。

1.2 CAD/CAM 技术的发展

1946 年，出于快速计算弹道的目的，美国宾夕法尼亚大学成功研制出世界上第一台电子数字计算机。计算机的诞生极大地解放了生产力，并逐渐成为工程、结构和产品设计的重要辅助工具。

20 世纪 50 年代以后，以美国为代表的工业发达国家出于航空和汽车等工业的生产需求，开始将计算机应用于机械产品开发。其中，数字化设计技术起步于计算机图形学(CG)，经历了计算机辅助设计(CAD)阶段，最终形成涵盖产品设计大部分环节的数字化设计技术；数字化制造技术从数控(NC)机床及数控编程的研究起步，逐步扩展到成组技术(GT)、计算机辅助工艺规划(CAPP)、柔性制造系统(FMS)、计算机集成制造系统(CIMS)以及网络化制造等领域。值得指出的是，在数字化设计与数字化制造的发展早期，两者是相对独立、各自发展的。

几十年来，数字化设计与制造技术大致经历了以下几个发展阶段。

1.2.1 20 世纪 50 年代：CAD/CAM 技术的准备和酝酿阶段

20 世纪 50 年代，计算机还处于电子管阶段，编程语言为机器语言，计算机的主要功能是数值计算。要利用计算机进行产品开发，首先需要解决计算机中的图形表示、显示、编辑以及输出的问题。

1950 年，美国麻省理工学院(Massachusetts Institute of Technology，MIT)研制出旋风Ⅰ号(Whirlwind Ⅰ)图形显示器，可以显示简单的图形。1958 年，美国 Calcomp 公司研制出滚筒式绘图仪，Gerber 公司研制出平板绘图仪。20 世纪 50 年代后期，出现了图形输入装置——光笔。20 世纪 50 年代的计算机主要为第一代电子管计算机，采用机器语言编程，主要用于科学计算，图形设备只有简单的输出功能。总之，此阶段中的数字化设计主要解决计算机中的图形如何输入、显示和输出问题，处于构思交互式计算机图形学的准备阶段。

采用数字控制技术进行机械加工的思想，最早在 20 世纪 40 年代提出。为了制造飞机机翼轮廓的板状样板，美国飞机承包商 John T Parsons 提出用脉冲信号控制坐标镗床的加工方法。美国空军发现这种方法在飞机零部件生产中的潜在价值，并开始给予资助和支持。

1949 年，Parsons 公司与美国 MIT 伺服机构实验室(servomechanisms laboratory)合作开始数控机床的研制工作。数控机床的开发从自动编程语言(Automatically Programming Tools，APT)的研究起步，利用 APT 语言，人们可以定义零件的几何形状，指定刀具的切削加工路径，并自动生成相应的程序，利用一定的介质(如穿孔纸带、磁盘等)，可以将程序传送到机床中。程序经过编译后，可以用来控制机床、刀具与工件之间的相对运动，完成零件的加工。

1952 年，MIT 以 APT 编程思想对一台三坐标铣床的改造，成功研制出利用脉冲乘法器原理、具有直线插补和连续控制功能的三坐标数控铣床，首次实现了数控加工。这就是第一代数控机床。

第一代数控机床的控制系统采用电子管元件和继电器，体积大，功耗高，价格昂贵，可靠性低、操作不便，极大地限制了数控机床的使用。之后，美国空军等继续资助 MIT 对 APT 语言及数控加工的研究，解决诸如三坐标以上数控编程及连续切削、数控程序语言通用性差、系统功能弱、标准化程度不高、数控机床使用效率低等问题。

1953年，MIT推出APT Ⅰ，并在电子计算机上实现了自动编程。1955年，美国空军花巨资定购数控机床。此后，数控机床在美国、苏联、日本等国家受到高度重视。20世纪50年代末，出现商品化数控机床产品。

1958年，我国第一台三坐标数控铣床由清华大学和北京第一机床厂联合研制成功，此后有众多的高校、研究机构和工厂开展数控机床的研制工作。

1958年，美国航空空间协会(AIA)组织10多家航空工厂，与MIT合作，推出APT Ⅱ系统，进一步增强了APT语言的描述能力。美国电子工业协会(Electronic Industries Association，EIA)公布了每行8个孔的数控纸带标准。

为进一步提高数控机床的加工效率和质量，1958年美国Keany & Trecker公司在世界上首次成功研制带自动刀具交换装置(Automatically Tools Changer，ATC)的数控机床，即加工中心，有效地提高了数控加工的效率。1959年，晶体管控制元件研制成功，数控装置中开始采用晶体管和印刷电路板，数控机床开始进入第二个发展阶段。

1.2.2　20世纪60年代：CAD/CAM技术的初步应用阶段

1962年，美国MIT林肯实验室(Lincoln Laboratory)的伊万·萨瑟兰(Ivan E Sutherland)发表了“SketchPad：一个人机图形化的通信系统(A man machine graphical communication system)”的博士论文，首次系统地论述了交互式图形学的相关问题，提出了计算机图形学(CG)的概念，确定了计算机图形学的独立地位。他还提出了功能键操作、分层存储符号、交互设计技术等新思想，为产品的计算机辅助设计准备了必要的理论基础和技术。SketchPad系统的出现是CAD及数字化设计发展史上的重要里程碑，它表明利用阴极射线管(Cathode Ray Tube，CRT)显示器进行交互创建图形和修改对象的可能性。因此，伊万·萨瑟兰也被公认为交互式计算机图形学和计算机辅助绘图技术的创始人。

1963年，在美国计算机联合会上，美国MIT机械工程系的孔斯(Coons)提交了“计算机辅助设计系统的要求提纲(An outline of the requirements for a computer aided design system)”的论文，首次提出了CAD的概念。

在此阶段，计算机图形学在理论上主要研究映射、放样、旋转、消隐等算法问题；在硬件方面，主要研究CRT显示、光笔输入、随机存储器等设备和系统，为计算机图形学的初步应用奠定了基础。

20世纪60年代中期，美国MIT、通用汽车(GM)、贝尔电话实验室、洛克希德飞机公司(Lockhead aircraft)以及英国剑桥大学等都投入大量精力从事计算机图形学的研究。1964年，美国IBM公司推出商品化计算机绘图设备，通用汽车公司成功研制出多路分时图形控制台，初步实现各阶段的汽车计算机辅助设计。1965年，美国洛克希德飞机公司推出全球第一套基于大型机的商品化CAD/CAM软件系统——CADAM。1966年，美国贝尔电话实验室(Bell telephone laboratory)开发了价格低廉的实用交互式图形显示系统GRAPHIC Ⅰ，促进了计算机图形学和计算机辅助设计技术的迅速发展。1966年，IBM公司推出一种集成电路辅助设计系统，利用IBM 360计算机完成集成电路的设计工作。

20世纪60年代，交互式计算机图形处理得到深入研究，相关软硬件系统也开始走出实验室而趋于实用。商品化软硬件的推出促进了数字化设计技术的发展，CAD的概念开始为人们接受。人们开始超越计算机绘图的范畴，转而重视如何利用计算机进行产品设计。据统计，至

20世纪60年代末,美国安装的CAD工作站已有200多台。

与此同时,数字化制造技术也取得进展。1961年,以美国人贝茨(E A Bates)为首进行新的APT技术研究,并于1962年发表APT Ⅲ。美国航空空间协会也继续对APT程序进行改进,并成立了APT长远规划组织(APT Long Range Program,APTLRP),数控机床开始走向实用。从20世纪60年代开始,日本、德国等工业发达国家陆续开发、生产和使用数控机床。1962年,人们在机床数控技术的基础上成功研制出第一台工业机器人,实现了自动化物料搬运。

计算机辅助工艺设计(CAPP)是通过向计算机输入被加工零件的几何信息(形状、尺寸等)和工艺信息(材料、热处理、批量等),利用计算机来进行零件加工工艺过程的制订,把毛坯加工成工程图纸上所要求的零件,是产品制造的重要准备工作之一。

由于各种原因,CAPP是制造自动化领域中起步最晚、进展最慢的部分。1969年,挪威推出世界上第一个CAPP系统——AUTOPROS,并于1973年推出商品化的AUTOPROS系统。

在我国,由于电子元件质量差、元器件不配套和制造工艺不成熟等原因,数控技术研究受到很大影响。从1960年开始,国内的数控技术研究大多停滞下来,只有少数单位坚持下来。1966年,国产晶体管数控系统研制成功,并实现某些品种数控机床的小批量生产。

1965年,随着集成电路技术的发展,世界上出现了小规模集成电路。它体积更小,功耗更低,使数控系统的可靠性进一步提高,数控系统发展到第三代。1966年,出现了用一台通用计算机集中控制多台数控机床的直接数字控制(Direct Numerical Control,DNC)系统。

1967年,英国Molins公司成功研制出由计算机集成控制的自动化制造系统Molins-24。Molins-24由6台加工中心和1条由计算机控制的自动运输线组成,利用计算机编制数控程序和制定作业计划,它可以24 h连续工作。实际上,Molins-24是世界上第一条柔性制造系统(FMS),它标志着制造技术开始进入柔性制造时代。

FMS是以数控机床和计算机为基础,配以自动化上下料设备、立体仓库以及控制管理系统构成的制造系统。FMS中的设备能24 h自动运行;当加工对象改变时,无须改变系统的设备配置,只需改变零件的数控程序和生产计划,就能完成不同产品的制造任务。因此,FMS具有良好的柔性,适应了多品种、中小批量生产的需求。

1.2.3 20世纪70年代:CAD/CAM技术开始广泛使用

20世纪70年代后,存储器、光笔、光栅扫描显示器、图形输入板等CAD/CAM软硬件系统开始进入商品化阶段,出现了面向中小企业的"交钥匙系统(turnkey system)",其中包括图形输入/输出设备、相应的CAD/CAM软件等。这种系统的性能价格较高,能提供基于线框造型(wireframe modeling)的建模及绘图工具,用户使用维护方便,曲面模型(surface modeling)技术得到初步应用。同时,与CAD相关的技术,如质量特征计算、有限元建模、NC纸带生成及检验等技术得到广泛的研究和应用。

1970年,美国Intel公司在世界上率先开发出微处理器。1970年,在美国芝加哥国际机床展览会上,首次展出了第四代数控机床系统——基于小型计算机的数控系统。

之后,微处理器数控系统的数控机床开发迅速发展。1974年,美国、日本等先后研制出以微处理器为核心的数控系统,以微型计算机为核心的第五代数控系统开始出现。通常,将以一台和多台计算机作为数控系统核心组件的数控系统称为计算机数控系统(Computer Numeri-

cal Control,CNC)。

1973 年,美国人 Joseph Harrington 首次提出计算机集成制造(Computer Integrated Manufacturing,CIM)的概念。CIM 的内涵是借助计算机,把企业中与制造有关的各种技术系统地集成起来,以提高企业适应市场的竞争能力。CIM 强调:①企业的各个生产环节是不可分割的整体,需要进行统一安排和组织。②产品的制造过程实质上是信息的采集、传递和加工处理的过程。

1976 年,美国计算机辅助制造国际组织(Computer Aided Manufacturing - International, CAM - I)推出 CAM - I's Automated Process Planning 系统,在 CAPP 发展史上具有里程碑的意义。

20 世纪 70 年代中期,大规模集成电路的问世推动了计算机、数控机床、搬运机器人以及检测、控制技术的发展,FMS、柔性装配系统(Flexible Assembly System)、柔性钣金生产线以及由多条 FMS 构成的自动化生产车间等大量出现,成为先进制造技术的重要形式。

1979 年,初始图形转换规范(Initial Graphics Exchange Specification,IGES)标准发表。它定义了一套表示 CAD/CAM 系统中常用的几何和非几何数据的格式以及相应的文件结构,为不同 CAD/CAM 系统之间的信息交换创造了条件。

20 世纪 70 年代以后,我国数控加工技术研究进入较快的发展阶段。1972 年,我国成功研制出集成电路数控系统。20 世纪 70 年代,国产数控车、铣、镗、磨、齿轮加工、电加工、数控加工中心等相继研制成功。据统计,1973—1979 年,我国共生产各种数控机床 4 108 台,其中线切割机床占 86%,主要用于模具加工。日本在 CNC、DNC、FMS 等方面的研究进展迅速,车间自动化水平进入世界前列。

20 世纪 70 年代是 CAD/CAM 技术研究的黄金时代,CAD/CAM 的功能模块已基本形成,各种建模方法及理论得到了深入研究,CAD/CAM 的单元技术及功能得到较广泛的应用。20 世纪 70 年代末,美国安装的计算机图形系统达到 12 000 多台,使用人数达数万人。但就技术及应用水平而言,CAD/CAM 各功能模块的数据结构尚不统一,集成性差。

1.2.4　20 世纪 80 年代:CAD/CAM 技术走向成熟

20 世纪 80 年代以后,个人计算机(PC)和工作站开始出现,如美国苹果公司的 Macintosh、IBM 公司的 PC 机以及 Apollo、SUN 工作站等。与大型机、中型机或小型机相比,PC 及工作站体积小,价格便宜,功能更加完善,极大地降低了 CAD/CAM 技术的硬件门槛,促进了 CAD/CAM 技术的迅速普及,主要表现在:由军事工业向民用工业扩展,由大型企业向中小企业推广,由高技术领域向家电、轻工等普通产品普及,由发达国家扩展到发展中国家。

CAD 已超越了传统的计算机绘图范畴,有关复杂曲线、曲面描述的新的算法理论不断出现并迅速商品化。实体建模(solid modeling)技术趋于成熟,提供统一的、确定性的几何形体描述方法,并成为 CAD/CAM 软件系统的核心功能模块。各种微机 CAD 系统、工作站 CAD 系统不断涌现,CAD 技术和系统在航空、航天、船舶、核工程、模具等领域得到广泛应用。

1981 年,美国国家标准局(NBS)建立了“自动化制造实验基地(AMRF)”,以进行 CIMS 体系结构、单向技术、接口、测试技术及相关标准的研究。同时,CIM 还是美国“星球大战”高技术发展研究计划的重要组成部分,美国政府、军事、企业及高校等都十分重视 CIM 的研究。

1982 年,美国 Autodesk 公司推出基于 PC 平台的 AutoCAD 二维绘图软件。它具有较强的绘图、编辑、剖面线和图案绘制、尺寸标注以及二次开发功能，并具有部分三维作图造型功能，对推动CAD技术的普及发挥了重要作用，在机械、建筑等行业得到广泛应用，成为二维CAD软件的领导者。

1985年，美国参数技术公司（Parametric Technology Corporation，PTC）成立，并于1988年推出Pro/Engineer（Pro/E）产品。Pro/E具有参数化、基于特征以及单一数据库等优点，使得设计过程具有完全相关性，既保证了设计质量，也提高了设计效率。此后，特征建模（feature modeling）技术开始得到应用，采用统一的数据结构和工程数据库成为CAD/CAM软件开发的趋势。同年，美国制造工程师协会计算机与自动化专业学会（SME/CASA）给出了计算机集成制造企业的定义及其结构模型（见图1-1）。该模型主要是从技术角度强调制造企业的要求，忽略了人的因素。

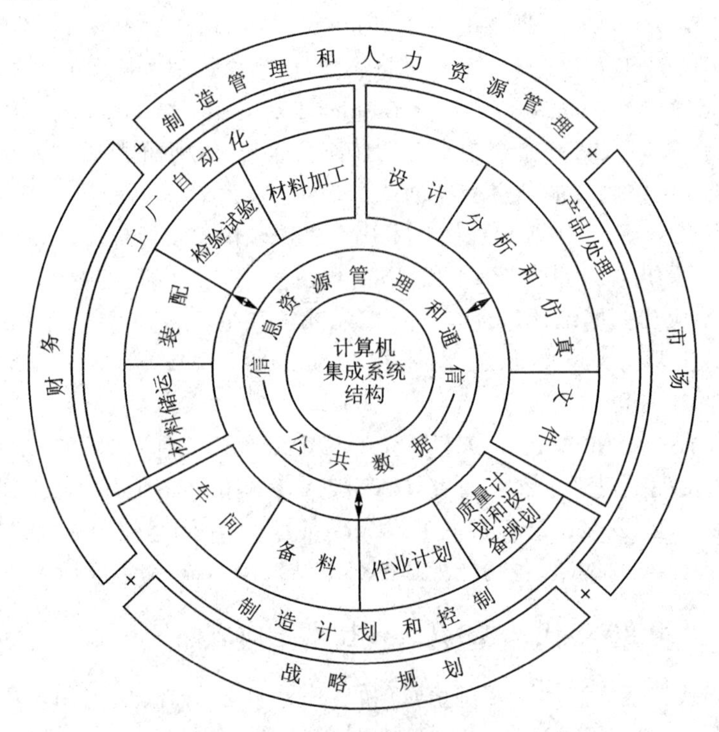

图1-1 计算机集成制造企业结构

20世纪80年代以后，我国先后从日本FANUC公司引进数控系统和直流伺服电机、直流主轴伺服电机等制造技术，从美国GE公司引进MCI系统及交流伺服系统，从SIMENS公司引进VS系统晶闸管调速装置，并实现商品化生产。上述系统可靠性高，功能齐全。此外，我国还自行开发了3～5轴联动的数控系统及伺服电机，使国产数控机床的性能和质量大幅度提高。国内数控机床生产企业达100多家，生产数控机床配套产品的企业300多家。

CAD/CAE/CAM技术的研究重点是超越三维几何设计，将各种单元技术进行集成，提供更完整的工程设计、分析和开发环境。为实现信息共享，相关软件必须支持异构跨平台环境。从20世纪80年代开始，国际标准化组织（ISO）着手制订ISO10303"产品模型数据交换标准（Standard for The Exchange of Product Model Data，STEP）"。STEP采用统一的数字化定义方法，几乎涵盖了所有人工设计的产品，为不同系统之间的信息共享创造了基本条件。

20 世纪 80 年代初，日本著名通信设备制造厂富士通公司提出工厂自动化(Factory Automation，FA)的设想。20 世纪 80 年代中期以后，日本为与美国、西欧国家竞争，在通产省的资助下，在相关实验室和公司中开展 CIM 新技术的研究和开发。据统计，1985 年，美国、西欧、日本等拥有 FMS 约 2 100 套。到 20 世纪 80 年代末，世界范围内的 CAD/CAM 应用系统达数百万台。

1986 年，我国制定了国家高技术研究发展计划(简称“863”计划)，将 CIMS 作为自动化领域的研究主题之一，并于 1987 年成立自动化领域专家委员会和 CIMS 主题专家组，建立了国家 CIMS 工程研究中心和 7 个单元技术实验室。结合我国国情，专家组将 CIMS 的集成划分为 3 个阶段：信息集成、过程集成和企业集成，并选择沈阳鼓风机厂、北京第一机床厂等典型制造企业开展 CIMS 工程的实施和示范。

1987 年，美国 3D systems 公司开发出世界上第一台快速原型制造(Rapid Prototype Manufacturing)设备——采用立体光固化的快速原型制造系统。RPM 可以用产品的数字化模型驱动设备快速地完成零件和模具的原型制造，可以有效地缩短产品、样机的开发周期。RPM 采用将原材料从无到有逐层堆积的“堆积增材”原理制造零件，是制造技术的又一次变革。此外，RPM 是以产品的 CAD 模型及分层剖面的数据为基础，并利用了数控加工的基本原理，是 CAD/CAM 技术的延伸和发展。

CAD/CAM 技术的广泛应用对人类进步产生了深远影响。1989 年，美国评选出 1964—1989 年间的 10 项最杰出的工程技术成就，其中 CAD/CAM 技术位列第 4。

1.2.5　20 世纪 90 年代：微机化、标准化、集成化发展时期

进入 20 世纪 90 年代后，随着计算机软硬件及网络技术的发展，PC＋Windows 操作系统、工作站＋Unix 操作系统以及以太网为主的网络环境构成了 CAX 系统的主流平台，CAX 系统功能日益增强，接口趋于标准化。计算机图形接口(Computer Graphics Interface，CGI)、计算机图形元件文件标准(Computer Graphics Metafile，CGM)、计算机图形核心系统(Graphics Kernel System，GKS)、IGES、STEP 等国际或行业标准得到广泛应用，实现了不同 CAX 系统之间的信息兼容和数据共享，也有力地促进了 CAX 技术的普及。

美国、欧共体、日本等国纷纷投入大量精力，研究新一代全 PC 开放式体系结构的数控平台，其中包括美国 NGC 和 OMAC 计划、欧共体 OSACA 计划、日本 OSEC 计划等。新一代数控平台具有开放式、智能化特征，主要表现在：① 数控机床结构按模块化、系列化原则进行设计与制造，以便缩短供货周期，最大限度地满足用户的工艺需求。② 专门为数控机床配套的各种功能部件已完全商品化。③ 向用户开放，工业发达国家的数控机床厂纷纷建立完全开放式的产品售前、售后服务体系和开放式的零件试验室、自助式数控机床操作、维修培训中心。④ 采用信息网络技术，以便合理组合与调用各种制造资源。⑤ 人工智能化技术在数控技术中得到应用，从而使数控系统具有自动编程、前馈控制、自适应切削、工艺参数自生成、运动参数动态补偿等功能。

1993 年，SME/CASA 发表了新的制造企业结构模型(见图 1-2)。与图 1-1 相比，新模型具有以下特点：① 充分体现“用户为上帝”的思想，强调以顾客为中心进行生产、服务。② 强调人、组织和协同工作的重要性。③ 强调在系统集成的基础上，保证企业员工实现知识共享；④ 强调产品和工艺设计、产品制造及顾客服务三大功能必须并行、交叉地进行。⑤ 明

确指出企业资源和企业责任的概念。资源是企业进行各项生产活动的物质基础，企业责任则包括企业对员工、投资者、社会、环境以及道德等方面应尽的义务。⑥ 该模型还描述了企业所处的外界环境和制造基础，包括市场、竞争对手和自然资源等。新模型的变化充分反映出人们对现代制造企业认识的深化。

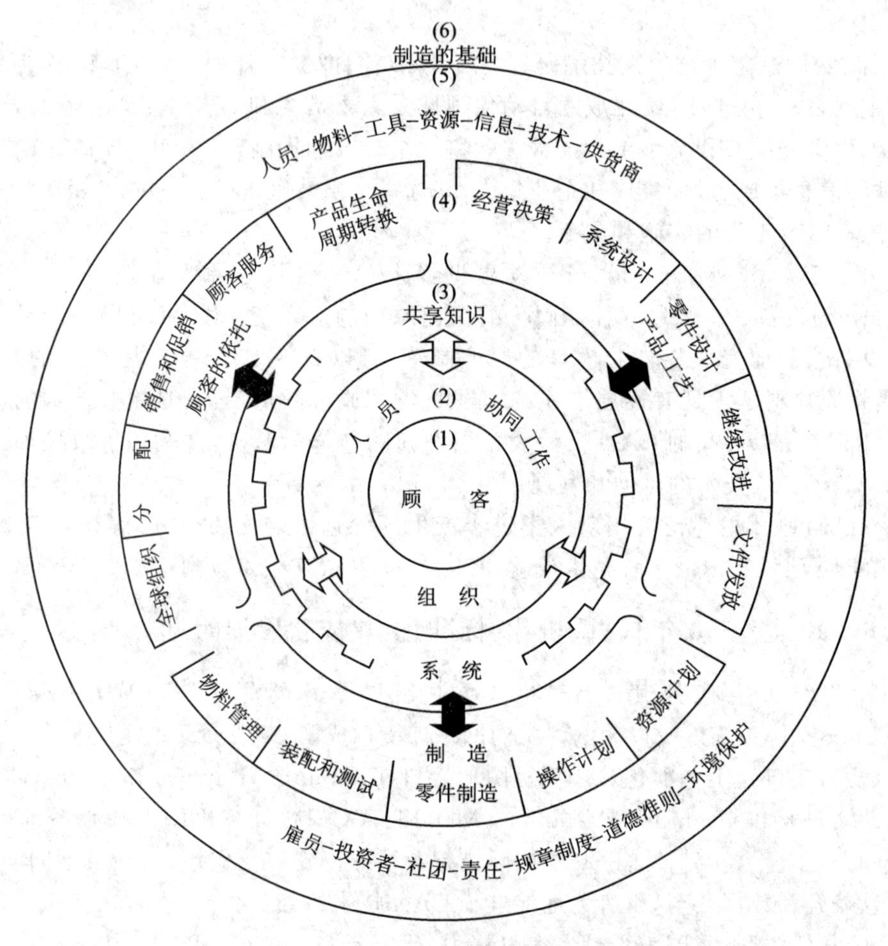

图 1-2 SME/CASA新的制造企业结构模型

随着改革开放的深入和经济全球化，我国在CAD/CAM领域与世界迅速接轨。Uni-Graphics（UG）、Pro/Engineer、I-DEAS、ANSYS、SolidWorks、SolidEdge、MasterCAM、Cimatron等世界领先的CAD/CAM软件纷纷进入我国，各种先进的数字化制造技术及装备也在生产中得到广泛应用。

同时，国内CAD/CAE/CAM软件开发、数字化制造设备的研制应用也呈现出百花齐放的局面。以北航海尔、清华同方、华中天喻、武汉开目等为代表的CAD支撑软件及应用软件在国内得到广泛应用。其中，二维CAD软件的功能与世界知名软件的功能相当，且更深刻地满足国内用户的需求和提供更富个性化的实施策略，销售量达数十万套；以北航海尔（CAXA）为代表的国产三维CAD软件、数控编程加工软件功能逐步完善，并具有一定的市场占有率，开创了具有自身特色的技术创新道路。

针对传统的手工绘图模式，在国家“六五”“七五”“八五”计划和国内企业开展CAD/CAM

技术应用的基础上，原国家科委及时提出“甩掉绘图板”的目标。国家科技部也曾提出“到2000 年，机械制造业应用 CAD 技术的普及率和覆盖率达 70%以上，CAD/CAM 的应用水平达到国外工业发达国家 20 世纪 80 年代末、90 年代初的水平，工程设计行业的 CAD 普及率达 100%，实现勘察设计手段从传统的手工方式向现代化方式的转变，CAD 的应用水平达到国际 20 世纪 90 年代中期的先进水平。”

20 世纪 90 年代，我国在产品计算机辅助设计与制造领域有很大成绩。1994 年，设在清华大学的国家 CIMS 工程中心获得美国制造工程师协会（Society of Manufacturing Engineers，SME）年度“大学领先奖”；1995 年，以东南大学为技术支撑单位的北京第一机床厂 CIMS 工程，获得美国 SME 年度“工业领先奖”，这也是世界范围内除美国以外首次获得该奖项的 CIMS 工程。

20 世纪 90 年代初，美国里海大学（Lehigh University）在研究和总结美国制造业现状和潜力的基础上，为重振美国国家经济，继续保持美国制造业在国际的领先地位，发表了具有划时代意义的“21 世纪制造企业发展战略”，提出了敏捷制造和虚拟企业的概念。1994 年，美国能源部制定了“实现敏捷制造技术”的计划，并于 1995 年 12 月发表该项目的策略规划及技术规划。1995 年，美国国防部和自然科学基金会共同制定了以敏捷制造和虚拟企业为核心的“下一代制造（NGC）计划”。1995 年 12 月，美国制造工程师协会（SME）主席欧灵（G Olling）提出“数字制造（digital manufacturing）”的概念，即以数字的方式来存储、管理和传递制造过程中的所有信息。1998 年，欧盟将全球网络化制造研究项目列入了第五框架计划（1998—2002 年）。

为了挽回 20 世纪 70～80 年代由于政策失误造成的制造业竞争力衰退，美国政府意识到“制造业仍是美国的经济基础”，应促进制造技术的发展。美国政府在“下一代制造计划（NGC）”中提出：人、技术与管理是未来制造业成功的三要素，并确立了技术在制造业中的关键地位，提出了多项需要优先发展的关键技术，包括快速产品/工艺集成开发系统、建模与仿真技术、自适应信息化系统、柔性可重组制造系统、新材料加工技术、纳米制造技术、生物制造技术及无废弃物制造技术等。在政府强有力的支持下，美国重新夺回了制造技术的竞争优势。

20 世纪 90 年代中期，随着计算机、信息和网络技术的进步，机械制造业逐步向柔性化、集成化、智能化、网络化方向发展，企业内部、企业之间、区域之间乃至国家之间实现了资源信息共享，异地、协同、虚拟设计和制造开始成为现实。

20 世纪 90 年代末，以 CAD 为基础的数字化设计技术、以 CAM 为基础的数字化制造技术开始为人们接受，数字化设计与数字化制造技术开始在更广阔的领域、更深的层次上支持产品开发。

1.3　数字化设计与制造的功能分析

1.3.1　数字化设计制造基础

产品设计是一个创造性的复杂活动。一般而言，与产品设计相关的因素涉及人员、信息、环境资源、设计对象等，这些因素的相互作用决定着产品设计的效率和产品设计的质量。在传统的设计方式中，产品设计的输入是产品信息、市场信息以及设计人员的知识、经验等，设计的

输出是以“纸”文件形式表现的二维图及其他技术文档。制造是受控制的造物过程，而控制则由约束加信息构成，所以制造离不开信息。在手工、机械化及机电自动化制造阶段，由于人的介入，制造信息的产生、传递、获取及处理等都主要由人和具有固化信息的机器来完成，信息问题虽大量存在，但却没有凸显出来。

在数字化环境中，产品设计和制造成为在计算机辅助下的一种创造性活动，人的体力劳动和部分脑力劳动都被计算机控制和代替，为了把与产品相关的信息、资源信息、知识信息等转换到计算机上，为计算机所用，关键要解决的是设计制造信息的表述、处理算法、传递协议等问题，即信息的数字化过程。

1. 数字设计制造基本概念

数字化是利用数字技术对传统的技术内容和体系进行改造的进程。数字化的核心是离散化，其本质是如何将连续物理现象、模糊的不确定现象、设计制造过程的物理量和伴随制造过程而出现和产生的几何量、设计制造环境、个人的知识、经验和能力离散化，进而实现数字化。

数字化设计就是通过数字化的手段来改造传统的产品设计方法，旨在建立一套基于计算机技术、网络信息技术，支持产品开发与生产全过程的设计方法。数字化设计的内涵是支持产品开发全过程，支持产品创新设计，支持产品相关数据管理，支持产品开发流程的控制与优化等，归纳起来就是产品建模是基础，优化设计是主体，数据管理是核心。

数字化制造是指对制造过程进行数字化描述而在数字空间中完成产品的制造过程，是计算机数字技术、网络信息技术与制造技术不断融合、发展和应用的结果，也是制造企业、制造系统和生产系统不断实现数字化的必然。

概括起来，数字化设计制造本质上是产品设计制造信息的数字化，是将产品的结构特征、材料特征、制造特征和功能特征统一起来，应用数字技术对设计制造所涉及的所有对象和活动进行表达、处理和控制，从而在数字空间中完成产品设计制造过程，即制造对象、状态与过程的数字化表征、制造信息的获取及其传递，以及不同层面的数字化模型与仿真。

2. 数字化设计制造的基础技术

(1) 产品统一数据模型表示与交换方法

产品从构思到设计制造的计算机辅助技术促成了CAD/CAM的发展，因此产品的几何建模成为数字化设计制造的核心。产品几何模型的表示包括建模、造型和可视化3个方面，而建模又可以分解为基于曲线、曲面、实体等的表示。产品设计过程即建立产品模型的过程。因此，建立一个能够表达和处理产品全生命周期各个阶段所有信息的统一的产品模型是数字化设计制造的基础。

由于产品几何模型需要在设计制造过程中进行传递、交换，因此需要建立统一的模型表示格式。模型的表示方法多种多样，如DXF、DWG、IGES、STEP等就是典型的CAD模型标准交换格式。当然，实际应用中各CAD软件系统也往往会有自己特别的CAD模型格式。

(2) 数字化设计制造应用工具

如前所述，数字化设计制造本质上是产品设计制造信息的数字化。为了将设计制造过程中的信息数字化，需要专业化的应用软件系统工具的支持。随着数字化设计制造技术的发展和应用的不断拓展，数字化设计制造应用工具也不断丰富。以下介绍几个典型的数字化设计制造应用工具系统。

CAD系统：是由计算机软件和硬件系统构成的人机交互系统，辅助工程技术人员根据产

品功能和性能需求进行结构设计，建立产品的三维几何模型，输出二维工程图。典型的CAD系统有AutoCAD、CATIA、UGS和Pro/E等。

CAE系统：是对产品的静态强度、动态性能等在计算机上进行分析、模拟仿真的计算机系统。典型的CAE系统有NASTRAN、ANASYS等。

CAPP系统：是由计算机软件和硬件系统构成的人机交互系统，辅助工艺技术人员根据产品几何模型、生产要求和资源条件，规划、设计产品制造工艺过程，输出制造工艺指令。例如，CAPP Framework是国内应用广泛的CAPP系统。

CAM系统：是指辅助完成从产品设计到加工制造之间生产等各活动的计算机应用系统，包括NC编程、工时定额计算、加工过程仿真等。在CATIA，UGS和PrO/E等CAD/CAM系统中，均包含有专门的CAM模块。

DFx(Deasign For x)系统：是指在产品设计阶段对零件或部件的可制造性或可装配性进行评价诊断的计算机辅助应用工具。其中，x可代表生命周期中的各种因素，如制造、装配、检测、维护、支持等。

(3) 产品数据管理技术

传统的产品研制中设计制造的基础依据是产品图纸。建立在二维基础上的图纸管理是与档案管理联系在一起的。然而，在数字化设计制造中，基础依据是产品的数字化模型。由于CAD模型是非结构化信息，其管理成为新的问题。一般地，数字化设计制造中的数据集成是对产品数据的统一管理和共享，它通过产品数据管理(Product Data Management，PDM)软件系统来实现。

PDM是一种帮助工程技术人员管理产品数据和产品研发过程的工具。PDM系统确保跟踪设计、制造所需的大量数据和信息，并由此支持和维护产品。PDM将所有与产品相关的信息和过程集成在一起。与产品有关的信息包括任何属于产品的数据，如CAD/CAE/CAM的文件、物料清单(Bill Of Material，BOM)、产品配置、事务文件、产品订单、电子表格、生产成本、供应商状况等。与产品有关的过程包括产品设计过程、工艺指令设计过程、工艺装备设计过程、签审过程等。它包括了产品生命周期的各方面信息，PDM能使最新的数据为全部有关用户应用。

因此，从产品信息来看，PDM系统可帮助组织产品设计，完善产品结构修改，跟踪进展中的设计概念，及时方便地找出存档数据，以及相关产品信息。从过程来看，PDM系统可协调组织整个产品生命周期内诸如设计审查、批准、变更、工作流优化以及产品发布等过程事件。

此外，PDM也提供了一种平台，将数字化设计制造中的CAD/CAE/CAPP/CAM等应用系统有效地集成起来，实现信息的集成与共享，实现需求、规范、数字化模型、工艺文档等信息的交流和共享，并支持整个产品生命周期中信息的持续处理，从而对工程环境中产生的设计文档进行有效存储和检索。基于PDM的信息集成环境，使得多个工程学科的相互作用和协调工作成为可能，并使得对产品开发中的数据、信息、知识等以数字化方式加以实现，便于产品开发过程中信息的有效管理。

(4) 面向产品数字化设计制造的标准规范

建立数字化产品开发模式下产品三维建模规范、虚拟装配规范、数字化工艺设计和工装设计制造规范以及PDM的实施规范等。

提供用户管理、资源管理、项目管理和工作流管理等服务支持。通过并行工作管理规范和工作流程管理规范来实现信息、过程的集成和资源共享。

3. 数字化设计制造的特点与性能要求

对一个产品的制造过程来说,其性能是多方面的。对一般的产品制造来说,其性能包括生产率、生产能力、在制品数、生产均衡性、设备的利用率、可靠性等。数字化技术在制造过程中的应用既要满足产品制造系统的要求,也要符合数字化制造技术的规律。与传统的制造系统相比,数字化设计制造具有以下特点。

1)过程的延伸:不仅是产品零件、部件的设计和加工制造过程,而且包含工装设计制造、检测、服务等。

2)智能水平的提高:人工智能技术在数字化制造系统诸多方面的应用,包括零件设计、工艺设计、工装设计、过程控制等,使系统的智能水平提高并更为有效。

3)集成水平的提高:覆盖零件全生命周期,实现生命周期各阶段的横向集成和企业各个层次的纵向集成,在信息集成的基础上实现功能和过程集成(实现在正确的时间将正确的信息传递到正确的人)。

这些特点决定了数字化设计制造与传统制造相比具有诸多不同的要求,图1-3表示了传统制造向数字化设计制造转变的对比说明。从本质上说,产品设计制造是一个复杂的系统(制造系统),系统的性能是模糊的,对模糊量的度量,关键的是“阈”值。而这取决于角度、层次、环境等,难以一概而论。参照一般系统的性能,对数字化设计制造来说,其主要性能及能力要求包括以下几个方面。

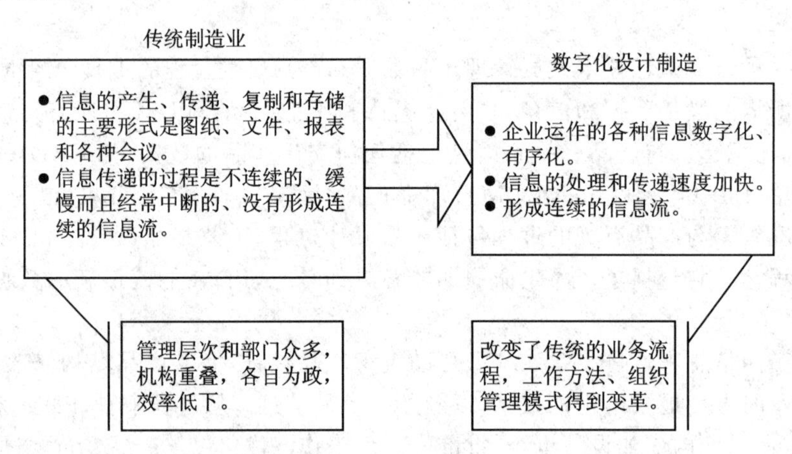

图1-3 传统制造业向数字化设计制造的转变

(1)稳定性

稳定性是指在正常情况下,系统保持其稳定状态的能力。数字化设计制造的稳定性体现在它能够针对一定范围的问题在一定的环境范围内具有正常的设计运行状态,能形成基本正确的设计方案、工艺指令等。

(2)集成性

集成性指系统内各子系统相互关联,能协同工作。集成性反映了子系统之间功能交互、信息共享及数据传递畅通的程度。数字化设计制造由多个子系统构成,系统总体效能的实现是通过子系统的集成来达到的。集成又包括功能集成、信息集成和过程集成等多个层面。

产品的设计制造在横向涉及企业产品研制生命周期各个阶段,在纵向涉及企业管理运行

的各个层次,而系统本身的运行又包括PPR三个要素。由此,构成了一个复杂的、多因素耦合的系统。只有系统实现功能、信息和过程的集成,才能够实现以低成本、短周期、高质量等要求为目标的优化,才能提高零件的制造技术水平。

(3)敏捷性

敏捷性指系统对环境或输入条件变化及不确定性的适应能力,对内外各种变化能快速响应、快速重组的能力。单件、多品种、小批量是市场对现代产品研制的基本生产要求。数字化设计制造必须适应这种要求的变化,形成快速响应能力。

(4)制造工程信息的主动共享能力

以往,制造系统信息的共享是由信息的使用者自行判断需要什么样的信息,并从相应的信息管理系统中寻找所需的信息,这种信息共享方式称为"信息被动共享"。数字化设计制造中零件设计、工艺设计和工装设计等过程的集成和并行协同要求信息能同步传递,这种信息共享方式称为"信息主动共享"。它实际上反映了系统以数字方式处理内部子系统之间或与系统外部的信息传递、交流和共享的能力。

(5)数字仿真能力

数字仿真能力指系统对产品制造中涉及的诸多问题进行虚拟仿真的能力。数字化设计制造的仿真包括每个元素在每个阶段的虚拟仿真,必须有相应的应用软件工具支持。数字仿真能力实际上反映了系统专业化应用的范围和水平。

(6)支持异构分布式环境的能力

数字化设计制造的软件系统、设备在地域上的分散性和操作平台的异构性决定了系统必须是分布式结构。无论从不同类型设备联网还是从数据管理考虑,或是从面向全生命周期的零件信息模型考虑,均需对系统的结构体系和数据结构进行合理的综合规划与设计,实现系统分布性与统一性的协调。

(7)扩展能力

在不影响系统连续运行的前提下,系统应能够根据加工对象和企业资源的变化、技术体系的变化,快速调整系统基础框架和事务处理机制,完成功能扩展、性能升级和自身的重新配置。一般地说,系统的扩展是通过软件工具集的扩展来实现的。

1.3.2 数字化设计与制造的基本流程

数字化设计制造技术的广泛应用具有深远意义,它使以直觉、经验、图样、手工计算、手工生产等为特征的产品传统开发模式逐渐淡出历史舞台。要准确地理解产品数字化开发技术的功用及价值,有必要分析产品开发的一般过程。产品开发的基本流程如图1-4所示。

由图1-4可知,产品开发源于对用户和市场的需求分析。从市场需求到最终产品主要经历两个过程:设计过程(design process)和制造过程(manufacturing process)。设计过程始于客户需求分析和市场预测,在获取市场需求后,需要收集与产品功能、结构、外观、色彩、性能、配置、价格、材料等在内的相关信息,了解行业发展趋势和竞争对手的技术动态,确立产品的开发目标,设定产品功能,在开展可行性论证的基础上拟定产品的设计规划,确定系统的结构和配置,利用数字化设计软件建立产品及其零部件的数字化模型,应用仿真工具对产品结构、尺寸、性能进行分析、评价和优化,提交完整的产品设计文档。

制造过程始于产品设计文档,根据零部件结构和性能要求,制定工艺规划(process plan-

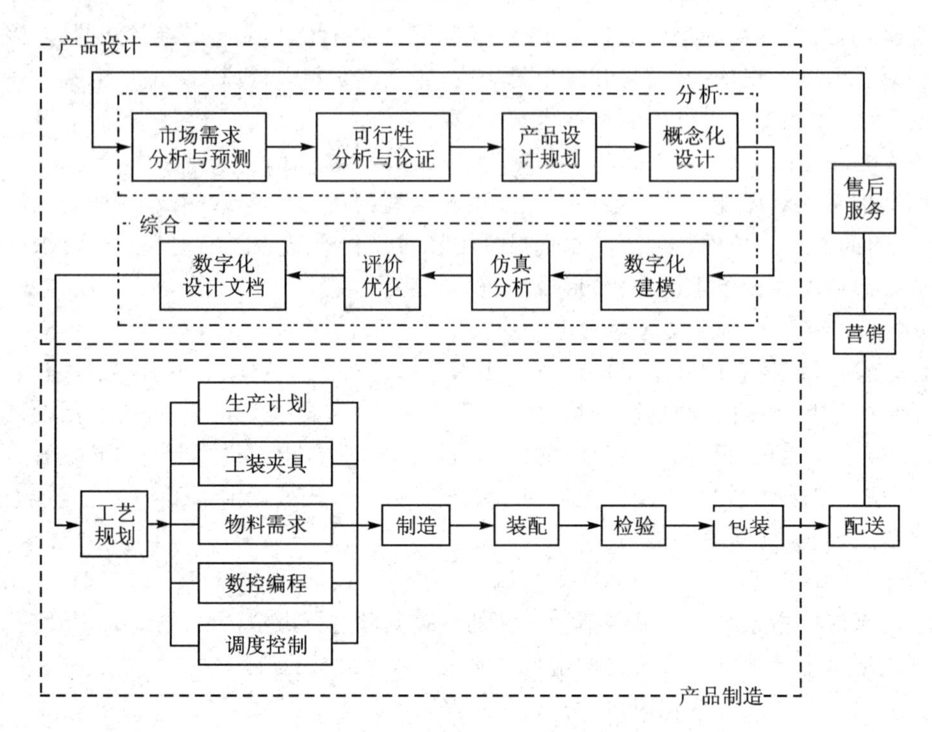

图1-4 产品开发基本流程

ning)和生产计划(production planning),设计、制造或采购工装夹具,根据物料需求计划(Material Requirement Planning,MRP)完成原材料、毛坯或成品零件的采购,编制数控加工程序,完成相关零部件的制造和装配,对检验合格的产品进行包装,至此制造阶段的任务基本完成。除设计与制造外,在产品和用户之间还存在配送、营销、售后服务等物流环节。

设计过程又包括分析(analysis)和综合(synthsis)两个阶段。早期的产品设计活动(如市场需求调研、设计信息的收集、概念化设计等)属于分析阶段。分析阶段的结果是产品的概念化设计方案。概念化设计是设计人员对各种方案进行分析和评价的结果,它可以勾勒出产品的初步布局和结构草图,定义各功能部件之间的内在联系及约束关系。当设计者完成产品的构思时,就可以利用设计软件及相关建模工具将设计思想表达出来。分析阶段主要用于确定产品的工作原理、结构组成和基本配置,它在很大程度上决定了产品的开发成本和全生命周期费用、决定了产品的销路和是否具有竞争力。

综合是在分析的基础上,完成产品的设计、评价和优化,形成完整的设计文档。其中,数字化建模是数字化设计的基础和核心内容。随着设计软件功能的完善,建模效率和模型质量越来越高。此外,设计软件还提供颜色、网格、目标捕捉等造型辅助工具,提供各种图形变换和视图观察功能,提供渲染、材质、动画和曲面质量检测功能等。

数字化模型为产品的评价和优化创造了条件。以产品数字化模型为基础,采用优化算法、有限元分析法(Finite Elements Method,FEM)或仿真软件,可以对产品的形状、结构及性能进行分析、预测、评价和优化,根据分析结果对数字化模型进行修改和完善。常用的仿真分析和优化包括:① 应力和强度分析,确定零件强度是否满足要求,产品是否具有足够的安全性和可靠性;② 拓扑结构和尺寸优化,确定最佳的截面形状和尺寸,以达到减小体积、减轻质量和降低成本的目的;③ 装配体设计分析,检查各零件之间是否存在干涉现象,是否能顺利装配和

拆卸，是否便于维护等；④ 动力学和运动学分析，检查产品运动学和动力学性能是否满足规定的要求；⑤ 制造工艺分析，分析产品及其零部件的制造工艺，确定最佳的制造方法；⑥ 技术经济性分析，分析产品的性价比是否合理，分析产品的可回收性和再制造性等。此外，仿真技术还可以完成流体力学分析、振动与噪声分析、电磁兼容性分析等，为制造过程作准备。

以计算机仿真技术为基础，可以在计算机中构筑数字化的产品虚拟原型，利用虚拟原型对产品的结构、外观和性能做出评价，这就是虚拟现实（Virtual Reality，VR）技术。目前，虚拟原型已经与物理原型越来越接近，正在逐步取代传统的物理原型和实物样机试验，有效地缩短了产品的开发周期，也有利于提高产品质量。

另外，以已有的产品实物、影像、数据模型或数控加工程序等为基础，采用坐标测量设备等可以获取产品的三维坐标数据和结构信息，借助于 CAD 软件的相关功能模块可以在计算机中快速重建产品的数字化模型，通过对产品结构、尺寸、形状、制造工艺、材料等方面的改进和创新，可以得到与原有产品相似、相同或更优的产品，这就是逆向工程（Reverse Engineering，RE）技术。

综上所述，数字化设计是以新产品设计为目标，以计算机软硬件技术为基础，以数字化信息为手段，支持产品建模、分析、性能预测、优化以及生成设计文档的相关技术。任何以计算机图形学（Computer Graphics，CG）为理论基础、支持产品设计的计算机软硬件系统都可以归结为产品数字化设计技术的范畴。数字化设计技术群包括计算机图形学（CG）、计算机辅助设计（CAD）、计算机辅助工程分析（CAE）以及逆向工程（RE）技术等。

广义的数字化设计技术可以完成以下任务：① 利用计算机完成产品的概念化设计、几何造型、数字化装配、生成工程图及相关设计相关文档；② 利用计算机完成产品拓扑结构、形状尺寸、材料材质、颜色配置等的分析与优化，实现最佳的产品设计效果；③ 利用计算机完成产品的力学、运动学、工艺参数、动态性能、流体力学、振动、噪声、电磁性能等的分析与优化。其中，第①项是数字化设计的基本内容，第②、③两项属于计算机工程辅助分析（CAE）技术涵盖的范围，即数字化仿真（digital simulation）的技术范畴。

数字化仿真技术是以产品的数字化模型为基础，以力学、材料学、运动学、动力学、流体力学、声学、电磁学等相关理论为依据，利用计算机对产品的未来性能进行模拟、评估、预测和优化的技术。其中，有限元方法（FEM）是应用最广泛的数字化仿真技术。它可以用于应力应变、强度、寿命、电磁场、流体、噪声、振动以及其他连续场等的分析与优化。

以数字化模型为基础，制定工艺规划和作业计划，采购原材料、准备工装夹具，编制数控（NC）加工程序，完成零部件的加工，再经质量检测、装配和包装等环节，完成产品的制造。随着快速原型制造（RPM）技术的发展，可以由产品的数字化模型直接驱动快速原型设置，快速制造出产品原型，通过快速原型对产品结构、形状和性能进行评估。快速原型制造已成为数字化制造的重要研究内容。

数字化制造技术是以产品制造中的工艺规划、过程控制为目标，以计算机作为直接或间接工具来控制生产装备，实现产品加工和生产的相关技术。数字化制造技术群以数控（NC）编程、数控机床及数控加工技术为基础，包括成组技术（Group Technology，GT）、计算机辅助工艺规划（Computer－Aided Process Planning，CAPP）以及快速原型制造（RPM）技术等。其中，数控加工是数字化制造中技术最成熟、应用最广泛的技术。它利用编程指令来控制数控机床，可以完成车削、铣削、磨削、钻孔、镗孔、电火花加工、冲压、剪切、折弯等各种加工操作。

从产品开发的角度来看，设计与制造有着密切的关系，两者之间存在双向联系。例如：设计人员在设计产品时，应考虑产品的制造问题，如零部件的制造工艺、加工的难易程度、生产成本等；同样地，产品制造时也会发现设计中存在的问题和不合理之处，需要返回给设计人员。只有将设计与制造有机地结合起来，才能获得最佳的效益。实际上，只有与数字化制造技术结合，产品数字化设计模型的信息才能充分利用；同样地，只有基于产品的数字化设计模型，才能充分体现数控加工及数字化制造的高效特征。

此外，产品开发过程中还涉及订单管理、供应链管理、产品数据管理、库存管理、人力资源管理、财务管理、成本管理、设备管理、客户关系管理等管理环节。这些环节与产品开发密切关联，直接影响到产品开发的效率和质量。在计算机和网络环境下，可以实现管理信息和管理方式的数字化，这就是数字化管理(digital management)技术。数字化管理不仅有利于提高管理的效率和质量，也有利于降低管理成本和生产成本。典型的数字化管理系统包括供应链管理(SCM)、客户关系管理(CRM)、产品数据管理(Product Data Management，PDM)、产品全生命周期管理(PLM)以及企业资源计划(ERP)等。

数字化设计、数字化制造和数字化管理分别关注产品生命周期的不同阶段或环节。单独地应用其中的某项技术将会在产品开发中形成一个个“信息孤岛(information island)”，既不能充分发挥数字化开发技术的特点，也影响了产品开发的效率和质量。因此，有必要实现数字化开发技术的集成与应用。

产品数字化集成开发的关键技术有：产品数据交换标准、单一数据库技术以及网络技术等。其中，产品数据交换标准为信息的准确获取和相互交流提供了基本条件；单一数据库技术是指就某一特定的产品而言，它在数据库中的所有信息是单一的、无冗余的、全相关的，用户对该产品所做的任何一次改动都会自动地、实时地反映到产品的其他相关数据文件中；现代网络技术为跨地域、跨平台、跨部门、跨企业以及不同开发阶段的产品信息交流与共享提供了理想平台。

20世纪80年代以后，随着计算机技术、网络技术、数据库技术的成熟以及产品数据交换标准的不断完善，各种数字化开发技术开始交叉、融合、集成，构成功能更完整、信息更畅通、效率更显著、使用更便捷的产品数字化开发集成环境。图1-5所示为产品数字化开发环境及其学科体系。

产品数字化开发技术深刻地改变着传统的产品设计、制造和生产组织模式，成为加快产品更新换代、提高企业竞争力、推进企业技术进步的关键技术。产品数字化开发技术的应用水平也已成为衡量一个国家工业化和信息化水平的重要标志。

1.3.3 数字化设计与制造的基本功能

产品开发是人类改造自然的基本活动之一，是复杂的思维和创新过程。产品开发的目的是将预定的目标，经过一系列规划、分析和决策，产生一定的信息(如文字、数据、图形等)，并通过制造，使之成为产品。1966年，英国人伍德森(wooderson)将设计定义为：设计是一种反复决策、制定计划的活动，而这些计划的目的是把资源最好地转变为满足人类需求的系统或器件。

1.3.2节分析了产品数字化开发的基本流程。在数字化环境下，产品开发主要包括功能定义、结构设计、工艺参数优化、数控编程及加工过程仿真、工程数据管理等内容，最终以零件

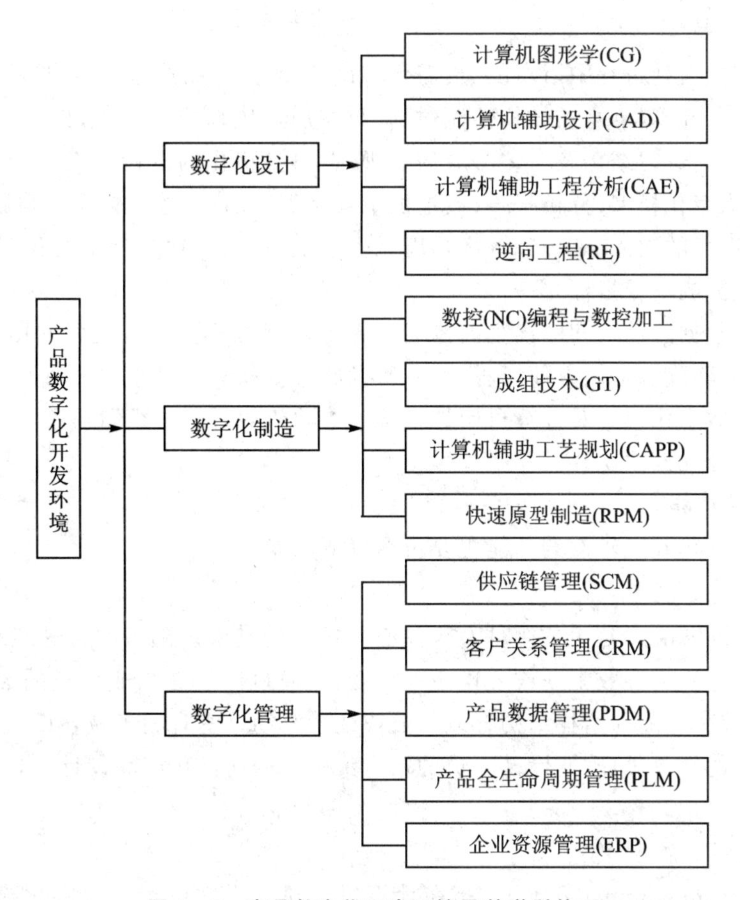

图1-5 产品数字化开发环境及其学科体系

图、装配图、仿真分析报告、标准工艺规程、数控加工程序等形式表达设计结果。

1. 硬件系统功能

为实现上述目标,支持产品数字化开发的计算机硬件系统应具备以下功能。

(1) 计算功能

数字化环境下的产品开发,需要完成产品建模、图形变换、仿真分析、数控编程等操作,存在计算量大、计算精度高、数据模型复杂等特点,它要求计算机软硬件系统具有强大的数值计算能力。

早期的数字化设计与制造系统主要为大中型计算机和工作站。随着计算机性能的提高,目前高档微机成为数字化设计与制造系统的主要平台。

(2) 大容量存储功能

要实现产品的全数字化开发,系统必须具备存储设计对象的几何、拓扑、材料、工艺等数据参数的能力,并可根据需要对上述信息进行必要的变换和处理。例如,在产品结构的仿真分析过程中需要利用产品的设计信息,在划分网格、设置边界条件以及仿真计算的过程中还会形成大量信息,需要大量的存储空间。随着产品复杂性以及设计内容的增加,数字化信息还会迅速增加。

为保证系统的正常工作,数字化设计与制造系统通常需要配置大容量的内存和外部存储系统。

(3) 输入/输出和人机交互功能

在产品数字化设计过程中,设计人员需要将设计理念、产品造型、几何形状、拓扑结构以及工艺参数等输入到计算机中;在结构性能仿真、数控加工仿真的过程中,设计人员需要通过观察和分析仿真数据,进行结构及工艺参数的改进;在得到优化的设计方案后,系统还应根据需要输出工程图、数字化模型、分析报告、数控加工程序等。因此,数字化设计与制造系统必须具备强大的数据/图形的输入、处理和输出功能。实际上,输入和输出功能是衡量数字化设计与制造系统综合性能的重要指标之一。

产品开发中数据的输入和输出主要是通过人工交互方式实现。良好的用户界面,可以为数据的输入、修改和优化提供方便,提高产品研发的效率和质量。

以上是产品数字化开发对计算机硬件系统基本功能的要求。我们知道,除计算机硬件外,数字化开发离不开软件的支持。

2. 软件系统功能

一般产品数字化开发软件的功能主要包括以下功能。

(1) 草图绘制功能

草图绘制(sketching)是生成零件及产品三维模型的基础。随着参数化设计技术的成熟,草图中的轮廓尺寸均为参数驱动或表现为一个变量,通过修改参数或变量的数值可以改变零件的形状,甚至改变产品的拓扑结构。以参数或变量驱动草图有利于减轻设计的工作量,简化草图设计及造型的修改过程,使设计人员的精力集中在如何优化产品设计上,而不是反复地绘制和修改草图。

(2) 几何造型功能

几何造型(geometry modeling)是指在计算机中建立零件或产品数字化模型的过程。常用的几何造型类型包括线框模型(wireframe model)、实体模型(solid model)和曲面模型(surface model)等。

在数字化设计技术的早期,只有二维线框模型,它的目标是用计算机代替手工绘图。用户需要逐点、逐线地构造产品模型。随着计算机的发展和图形变换理论的成熟,三维线框造型技术发展迅速,但是三维线框模型也是由点、线及曲面等组成的,不能表示产品的物理特性,且存在歧义现象。

实体模型是一种具有封闭空间、能反映产品真实形状的三维几何模型。它所描述的形体是唯一的,设计人员可以从各个角度观察零件。通过渲染操作还可以进一步增强零件的真实感和立体感,甚至可以反映零件的材料、材质和表面纹理等特征,计算零件或产品的体积、质量等物理信息,以便对产品性能做出初步分析和判断。

曲面模型也称为表面模型,它以“面”来定义对象模型,能够精确地确定对象面上任意点的坐标值。面的信息对于产品的设计和制造具有重要意义,根据物体面的信息可以确定物体的真实形状、物理特性(如体积、质量等)、划分有限元网格、定义数控程序中刀具的轨迹等。汽车、飞机、轮船以及模具等,对产品外形有性能或审美要求,实体造型技术往往难以满足产品设计需要,此时曲面造型技术就具有明显的技术优势。

目前,多数的数字化软件均具有提供线框模型、实体模型和曲面模型等功能,并支持它们之间的相互转换,以方便用户的使用和操作。

(3) 生成装配体功能

一般地,产品是由多个零件根据一定的结构、功能或配合关系装配而形成的有机体。装配体生成就是通过模拟产品的实际装配,在计算机中生成产品装配体的过程。此外,以产品的装配体为基础,还可以进行产品的运动学和动力学仿真,分析零部件设计中尺寸、结构、间隙、公差设计是否合理,检查零部件之间是否存在运动干涉等现象。

在定义装配关系的基础上,还可以生成产品的“爆炸图”,分析零部件之间的相互关系。此外,装配体还能为设计人员或用户提供产品的外观造型,以便判断设计是否合理等。在自顶向下(top - down)的设计模式中,装配体构成了产品的设计骨架,利用相关性设计可以有效地减少设计误差,提高设计的效率和质量。

(4) 绘制工程图功能

工程图(draft)是表达产品结构组成的基本手段,是工程师的基本语言。在数字化设计技术发展的早期,绘制工程图曾经是计算机辅助绘图(Computer Aided Graphing,CAG)和计算机辅助设计(CAD)的主要内容。

随着三维造型技术的成熟,绘制工程图已不再是产品设计的基本工作。但是,工程图在不同部门和开发环节之间仍然扮演着重要角色,目前数字化设计软件均具有绘制工程图的功能。

与计算机辅助绘图所不同的是,三维设计环境下工程图的绘制是以零部件或装配体的三维实体模型为基础的,根据需要自动生成各种工程视图及图纸,如标准三视图、剖面视图、局部视图以及其他辅助视图等,并且可以实现尺寸、公差等的自动标注。

在集成的设计环境下,利用相关性设计和单一数据库技术,所生成的工程图与原有的三维模型、装配体模型之间具有相关性,即如果在工程图中改变了零件的某个尺寸或配合公差,所对应的三维模型或装配体尺寸参数也会随之改变;反之,当零件三维模型或装配体中的某个特征参数改变时,相对应的工程图的尺寸也会相应改变。相关性设计技术对提高设计效率、保证设计质量具有重要意义。

(5) 有限元分析和优化设计功能

有限元法(FEM)是实现产品结构、参数和性能仿真优化的重要手段,广泛应用于产品强度、应力、变形、寿命、流体、磁场、热传导等性能的分析过程中。有限元分析需要以产品三维模型为基础,通过划分有限元网格,设置载荷和各种边界条件,建立有限元分析模型。通过对仿真结果处理、显示和分析,判断产品设计是否合理,是否存在需要修改的工艺参数或结构特征。随着数字化仿真技术的发展,有限元分析结果的输出越来越直观、高效,如采用彩色云图、等值线或动画等来表示仿真结果。

实际上,产品设计就是方案寻优的过程,即在满足一些约束条件的前提下,通过改变设计参数或工艺变量,使产品的某些性能指标达到最优或局部优化的目的。目前,在数字化设计、分析和制造软件中,越来越多地嵌入智能化及优化算法,以帮助用户实现优化设计。

(6) 数据交换功能

产品数字化开发涉及多个环节,需要多种软件模块,通常也是由不同的人员在不同的计算机中完成的,甚至是异地完成的。因此,数字化开发软件应具有必要的数据交换功能,既能接受其他系统生成的数据模型,也能将本系统的数据模型转换为其他系统能够接受的数据格式,以便实现数据共享。为增强数据模型的兼容性,软件开发必须遵循相关的数据交换标准。

随着并行工程思想和协同设计方法的普及,数据交换标准(如IGES、STEP、DXF等)已经在各种数字化软件中得到广泛应用。

(7) 二次开发功能

由于实际产品在结构、形状、尺寸、制造工艺等方面存在很大差异。通用的数字化开发系统不可能为各种产品开发提供最佳的或最高效的解决方案。

为提高某类产品的开发效率或针对某种类型企业的产品特点，主流的数字化开发软件均能提供二次开发工具，用户可以根据具体产品的研发需求，开发或定制工艺流程，提供有针对性的解决方案，以简化产品开发流程，提高产品的开发效率。

二次开发的实现形式包括：利用第三方编写的应用程序或插件、提供面向某一行业或某类产品的标准件库(标准特征库或标准工艺库等)、提供二次开发语言或工具、提供子程序库或函数库以备调用等。设计人员利用标准件或通过定制标准工艺，可以减少重复劳动，提高设计效率。常用的标准件包括各种规格的螺栓、螺母、螺钉、垫片、轴承、齿轮、轴、法兰、加强筋等。另外，也可以对剖面线、图纸规格、标题栏、数控程序的后置处理等进行定制。

(8) 数控编程及数控加工仿真功能

目前，数控加工已经成为机械制造的基本工艺手段，如数控车削、数控铣削、数控磨削、数控钻削、数控线切割、数控电火花成形等。要实现数控加工，就必须编制相应的数控加工程序，即根据零件的结构特征和加工工艺要求，定义刀具路径，设置工艺参数，并通过后处理生成刀具轨迹，产生能驱动数控设备的数控程序(G代码)。

数控加工仿真可以图形化，在计算机屏幕上模拟刀具加工零件的过程，通过观察和分析加工过程中工件、刀具以及机床状态的变化，以检验数控程序、刀具轨迹的正确性和合理性。通过对多种加工方案的对比，确定优化的加工方案。利用数控加工仿真技术，可以省去传统的试切削工序，节省加工费用，缩短制造周期，同时也可以避免因数控程序错误造成的加工失误和对数控设备的破坏。

1.4 CAD/CAM系统的硬件和软件

1.4.1 CAD/CAM系统的硬件

CAD/CAM系统的硬件主要由计算机主机、外存储器、输入设备、网络设备和自动化生产装备等组成，如图1-6所示。由专门的输入及输出设备来处理图形的交互输入与输出问题，是CAD/CAM系统与一般计算机系统的明显区别。

1. 计算机主机

主机是CAD/CAM系统的硬件核心，主要由中央处理器(CPU)及内存储器(也称内存)组成，如图1-7所示。CPU包括控制器和运算器，控制器按照从内存中取出的指令指挥和协调整个计算机的工作，运算器负责执行程序指令所要求的数值计算和逻辑运算。CPU的性能决定着计算机的数据处理能力、运算精度和速度。内存储器是CPU可以直接访问的存储单元，用来存放常驻的控制程序、用户指令、数据及运算结果。衡量主机性能的指标主要有两项：CPU性能和内存容量。按照主机性能等级的不同，可将计算机分为大中型机、小型机、工作站和微型机等。目前国内应用的计算机主机主要是微型机和工作站。

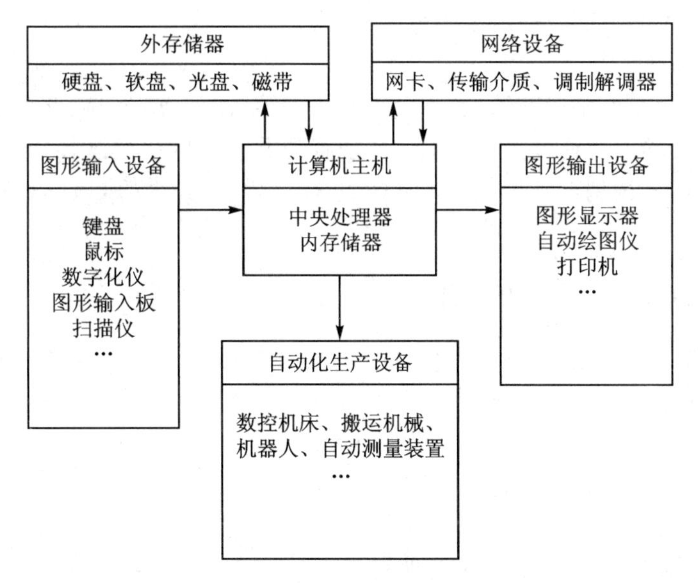

图 1－6　CAD/CAM 系统的硬件组成

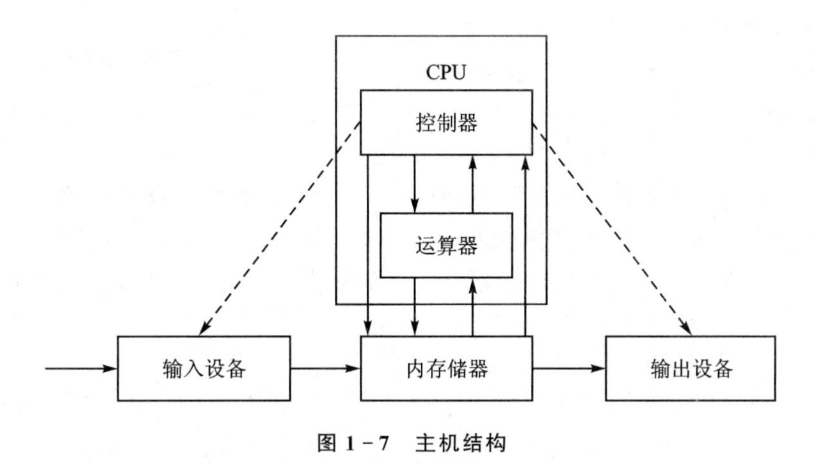

图 1－7　主机结构

2. 外存储器

外存储器简称外存，用来存放暂时不用或等待调用的程序、数据等信息。当使用这些信息时，由操作系统根据命令调入内存。外存储器的特点是容量大，经常达到数百 MB、数十 GB 或更多，但存取速度慢。常见的有磁带、磁盘(软盘、硬盘)和光盘等。随着存储技术的发展，移动硬盘、U 盘等移动存储设备成为外存储器的重要组成部分。

3. 输入设备

输入设备是指通过人机交互作用将各种外部数据转换成计算机能识别的电子脉冲信号的装置，主要分为键盘输入类(如键盘)、指点输入类(如鼠标)、图形输入类(如数字化仪)、图像输入类(如扫描仪、数码相机)、语音输入类等。

4. 输出设备

将计算机处理后的数据转换成用户所需的形式，实现这一功能的装置称为输出设备。输出设备能将计算机运行的中间或最终结果、过程，通过文字、图形、影像、语音等形式表现出来，实现与外界的直接交流与沟通。常用的输出设备包括显示输出(如图形显示器)、打印输出(如打印机)、绘图输出(如自动绘图仪)及影像输出、语音输出等。

5. 网络互联设备

网络互联设备包括网络适配器(也称网卡)、中继器、集线器、网桥、路由器、网关及调制解调器等装置,通过传输介质连接到网络上以实现资源共享。网络的连接方式即拓扑结构可分为星型、总线型、环型、树型以及星型和环型的组合等形式。先进的CAD/CAM系统都是以网络的形式出现的。

1.4.2 CAD/CAM系统的软件

为了充分发挥计算机硬件的作用,CAD/CAM系统必须配备功能齐全的软件,软件配置的档次和水平是决定系统功能、工作效率及使用方便程度的关键因素。计算机软件是指控制CAD/CAM系统运行,并使计算机发挥最大功效的计算机程序、数据以及各种相关文档。程序是对数据进行处理并指挥计算机硬件工作的指令集合,是软件的主要内容。文档是指关于程序处理结果、数据库、使用说明书等,文档是程序设计的依据,其设计和编制水平在很大程度上决定了软件的质量,只有具备了合格、齐全的文档,软件才能商品化。根据执行任务和处理对象的不同,CAD/CAM系统的软件可分系统软件、支撑软件和应用软件三个不同层次,如图1-8所示。系统软件与计算机硬件直接关联,起着扩充计算机的功能和合理调度与运用计算机硬件资源的作用。支撑软件运行在系统软件之上,是各种应用软件的工具和基础,包括实现CAD/CAM各种功能的通用性应用基础软件。应用软件是在系统软件及支撑软件的支持下,实现某个应用领域内特定任务的专用软件。

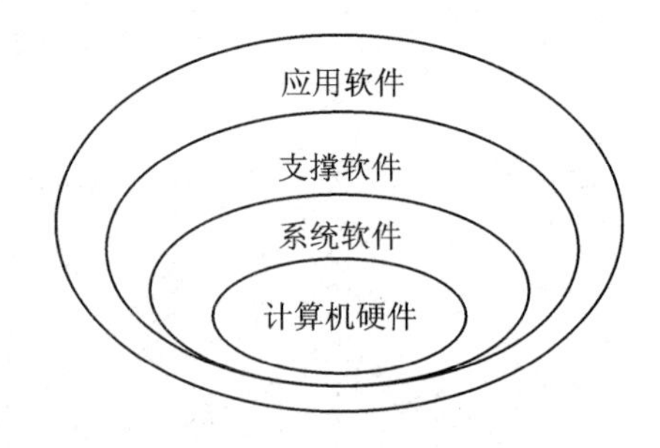

图1-8 CAD/CAM系统的软件层次关系

1. 系统软件

系统软件是用户与计算机硬件连接的纽带,是使用、控制、管理计算机的运行程序的集合。系统软件通常由计算机制造商或软件公司开发。系统软件有两个显著的特点:一是通用性,不同应用领域的用户都需要使用系统软件。二是基础性,即支撑软件和应用软件都需要在系统软件的支持下运行。系统软件首先是为用户使用计算机提供一个清晰、简洁、易于使用的友好界面;其次是尽可能使计算机系统中的各种资源得到充分而合理的应用。系统软件主要包括三大部分:操作系统、编程语言系统和网络通信及其管理软件。

1)操作系统是系统软件的核心,是CAD/CAM系统的灵魂,它控制和指挥计算机的软件资源和硬件资源。其主要功能是硬件资源管理、任务队列管理、硬件驱动程序、定时分时系统、基本数学计算、日常事务管理、错误诊断与纠正、用户界面管理和作业管理等。操作系统依赖于计算机系统的硬件,用户通过操作系统使用计算机,任何程序须经过操作系统分配必要的资源后才能执行。目前流行的操作系统有Windows、UNIX、Linux等。

2)编程语言系统主要完成源程序编辑、库函数及管理、语法检查、代码编译、程序连接与执行。按照程序设计方法的不同,可分为结构化编程语言和面向对象的编程语言;按照编程时对计算机硬件依赖程度的不同,可分为低级语言和高级语言。目前广泛使用面向对象的编程语言,如Visual C++、Visual Basic、Java等。

3）网络通信及其管理软件主要包括网络协议、网络资源管理、网络任务管理、网络安全管理、通信浏览工具等内容。国际标准的网络协议方案为“开放系统互联参考模型”(OSI)，它分为七层：应用层、表示层、会话层、传输层、网络层、数据链路层和物理层。目前 CAD/CAM 系统中流行的主要网络协议包括 TCP/IP 协议、MAP 协议、TOP 协议等。

2. 支撑软件

支撑软件是 CAD/CAM 软件系统的重要组成部分，一般由商业化的软件公司开发。支撑软件是满足共性需要的 CAD/CAM 通用性软件，属知识密集型产品，这类软件不针对具体的应用对象，而是为某一应用领域的用户提供工具或开发环境。支撑软件一般具有较好的数据交换性能、软件集成性能和二次开发性能。根据支撑软件的功能可分为功能单一型和功能集成型软件。功能单一型支撑软件只提供 CAD/CAM 系统中某些典型过程的功能，如交互式绘图软件、三维几何建模软件、工程计算与分析软件、数控编程软件、数据库管理系统等。功能集成型支撑软件提供了设计、分析、造型、数控编程以及加工控制等综合功能模块。

(1) 功能单一型支撑软件

1）交互式绘图软件。这类软件主要以交互方法完成二维工程图样的生成和绘制，具有图形的编辑、变换、存储、显示控制、尺寸标注等功能；具有尺寸驱动参数化绘图功能；有较完备的机械标准件参数化图库等。这类软件绘图功能很强，操作方便，价格便宜。在微机上采用的典型产品是 AutoCAD 以及国内自主开发的 CAXA 电子图板、PICAD、高华 CAD 等。

2）三维几何建模软件。这类软件主要解决零部件的结构设计问题，为用户提供能够完整准确地描述和显示三维几何形状的方法和工具，具有消隐、着色、浓淡处理、实体参数计算、质量特性计算、参数化特征造型及装配和干涉检验等功能，具有简单曲面造型功能，价格适中，易于学习掌握。这类软件目前在国内的应用主要以 MDT、Solidworks 和 Solidedge 为主。

3）工程计算与分析软件。这类软件的功能主要包括基本物理量计算、基本力学参数计算、产品装配、公差分析、有限元分析、优化算法、机构运动学分析、动力学分析及仿真与模拟等，有限元分析是核心工具。目前比较著名的商品化有限元分析软件有 ADINA、ANSYS、NASTRAN 等，仿真与模拟软件有 ADAMS。

4）数控编程软件。这类软件一般具有刀具定义、工艺参数的设定、刀具轨迹的自动生成、后置处理及切削加工模拟等功能。应用较多的有 MasterCAM、SurfCAM 及 CAXA 制造工程师等。

5）数据库管理系统。工程数据库是 CAD/CAM 集成系统的重要组成部分，工程数据库管理系统能够有效地存储、管理和使用工程数据，支持各子系统间的数据传递与共享。工程数据库管理系统的开发可在通用数据库管理系统的基础上，根据工程特点进行修改或补充。目前比较流行的数据库管理系统有 ORACLE、SYBASE、FOXPRO、FOXBASE 等。

(2) 功能集成型支撑软件

这类软件功能比较完备，是进行 CAD/CAM 工作的主要软件。目前比较著名的功能集成型支撑软件主要有以下几种。

1）Pro/ENGINEER。Pro/ENGINEER(简称 Pro/E)是美国 PTC(Parametric Technology Corporation)公司的著名产品。PTC 公司提出的单一数据库、参数化、基于特征、全相关的概念，改变了机械设计自动化的传统观念，这种全新的观念已成为当今机械设计自动化领域的新标准。基于该观念开发的 Pro/E 软件能将设计至生产全过程集成到一起，让所有的用户能

够同时进行同一产品的设计制造工作，实现并行工程。Pro/E包括70多个专用功能模块，如特征建模、有限元分析、装配建模、曲面建模、产品数据管理等，具有较完整的数据交换转换器。

2）UG。UG是美国UGS(Unigraphics Solutions)公司的旗舰产品。UGS公司首次突破传统CAD/CAM模式，为用户提供一个全面的产品建模系统。UG采用将参数化和变量化技术与实体、线框和表面功能融为一体的复合建模技术，其主要优势是三维曲面、实体建模和数控编程功能，具有较强的数据库管理和有限元分析前后处理功能以及界面良好的用户开发工具。UG汇集了美国航空航天业及汽车业的专业经验，现已成为世界一流的集成化机械CAD/CAM/CAE软件，并被多家著名公司选作企业计算机辅助设计、制造和分析的标准。

3）I-DEAS。I-DEAS是美国SDRC公司(Structure Dynamics Research Corporation现已归属UGS公司)的主打产品。SDRC公司创建了变量化技术，并将其应用于三维实体建模中，进而创建了业界最具革命性的VGX超变量化技术。I-DEAS是高度集成化的CAD/CAE/CAM软件，其动态引导器帮助用户以极高的效率，在单一数字模型中完成从产品设计、仿真分析、测试直至数控加工的产品研发全过程。I-DEAS在CAD/CAE一体化技术方面一直雄居世界榜首，软件内含很强的工程分析和工程测试功能。

4）CATIA。CATIA由法国Dassault System公司与IBM合作研发，是较早面市的著名三维CAD/CAM/CAE软件产品，目前主要应用于机械制造、工程设计和电子行业。CATIA率先采用自由曲面建模方法，在三维复杂曲面建模及其加工编程方面极具优势。

3. 应用软件

应用软件是在系统软件和支撑软件的基础上，针对专门应用领域的需要而研制的软件，如机械零件设计软件、机床夹具CAD软件、冷冲压模具CAD/CAM软件等。这类软件通常由用户结合当前设计工作需要自行开发或委托软件开发商进行开发。能否充分发挥CAD/CAM系统的效益，应用软件的技术开发是关键，也是CAD/CAM工作者的主要任务。应用软件开发可以基于支撑软件平台进行二次开发，也可以采用常用的程序设计工具进行开发。目前常见的支撑软件均提供了二次开发工具，如AutoCAD的Autolisp、UG的GRIP等。为保证应用技术的先进性和开发的高效性，应充分利用已有CAD/CAM支撑软件的技术和二次开发工具。需要说明的是，应用软件和支撑软件之间并没有本质的区别，当某一行业的应用软件逐步商品化形成通用软件产品时，也可以称为一种支撑软件。

1.4.3 CAD/CAM系统选型的原则

一个CAD/CAM系统功能的强弱，不仅与组成该系统的硬件和软件的性能有关，而且更重要的是与它们之间的合理配置有关。因此，在评价一个CAD/CAM系统时，必须综合考虑硬件和软件两个方面的质量和最终表现出来的综合性能。在具体选择和配置CAD/CAM系统时，应考虑以下几个方面的问题。

1）软件的选择应优于硬件，且软件应具有优越的性能。软件是CAD/CAM系统的核心，一般来讲，在建立CAD/CAM系统时，应首先根据具体应用的需要选定最合适的、性能强的软件；然后再根据软件去选择与之匹配的硬件。若已有硬件而只配置软件，则要考虑硬件的性能选择与之档次相应的软件。

系统软件应采用标准的操作系统，具有良好的用户界面、齐全的技术文档。支撑软件是CAD/CAM系统的运行主体，其功能和配置与用户的需求及系统性能密切相关，因此CAD/

CAM 系统的软件选型首要是支撑软件的选型。支撑软件应具有强大的图形编辑能力、丰富的几何建模能力，易学易用，能够支持标准图形交换规范和系统内外的软件集成，具有内部统一的数据库和良好的二次开发环境。

2）硬件应符合国际工业标准且具有良好的开放性。开放性是 CAD/CAM 技术集成化发展趋势的客观需要。硬件的配置直接影响到软件的运行效率，所以，硬件必须与软件功能、数据处理的复杂程度相匹配。要充分考虑计算机及其外部设备当前的技术水平以及系统的升级扩充能力，选择符合国际工业标准、具有良好开放性的硬件，有利于系统的进一步扩展、联网，支持更多的外围设备。

3）整个软硬件系统应运行可靠、维护简单、性能价格比优越。

4）供应商应具有良好的信誉、完善的售后服务体系和有效的技术支持能力。

1.5　数字化设计与制造技术的发展趋势和研究热点

1.5.1　数字化设计与制造技术的发展趋势

进入 21 世纪后，计算机技术、信息技术（IT）、网络技术以及管理技术的快速发展，对制造企业和新产品开发带来了巨大挑战，也提供了新的机遇。在网络化和信息时代，产品数字化设计与制造技术呈现出以下发展趋势。

1）利用基于网络的 CAD/CAPP/CAE/CAM/PDM/PLM 集成技术，实现产品全数字化设计、制造与管理。

在 CAD/CAM 应用过程中，利用产品数据管理（PDM）技术实现并行工程，可以极大地提高产品开发的效率和质量。例如，过去波音公司的波音 757、767 型飞机的设计制造周期为 9～10 年，在采用 CAX、PDM 等数字化设计与制造技术后，波音 777 型飞机的设计制造周期缩短了一半左右，使企业获得了巨大的利润，也提高了企业的竞争力。

随着相关技术的发展，越来越多的企业将通过 PDM/PLM 进行产品功能配置，利用系列件、标准件、借用件、外购件以减少重复设计。在 PDM/PLM 环境下进行产品设计和制造，通过 CAD/CAE/CAM 等模块的集成，实现了完全无图纸的设计和全数字化制造。

2）CAD/CAPP/CAE/CAM/PDM 技术与企业资源计划、供应链管理、客户关系管理结合，形成企业信息化的总体构架。

CAD/CAPP/CAE/CAM/PDM 主要用于实现产品的设计、工艺和制造过程及其管理；企业资源计划（ERP）以实现企业产、供、销、人、财、物的管理为目标；供应链管理（SCM）用于实现企业内部与上游企业之间的物流管理；客户关系管理（CRM）则可以帮助企业建立、挖掘和改善与客户之间的关系。

上述技术的集成，可以由内而外地整合企业的管理，建立从企业的供应决策到企业内部技术、工艺、制造和管理部门，再到用户之间的信息集成，实现企业与外界的信息流、物流和资金流的顺畅传递，有效地提高企业的市场反应速度和产品开发速度，确保企业在竞争中取得优势。

3）通过 Internet、Intranet 及 Extranet 将企业的业务流程紧密地连接起来，对产品开发的所有环节（如订单、采购、库存、计划、制造、质量控制、运输、销售、服务、维护、财务、成本、人力

资源等)进行高效、有序地管理。

4) 虚拟工厂、虚拟制造、动态企业联盟、敏捷制造、网络制造以及制造全球化成为数字化设计与制造技术发展的重要方向。

传统的产品开发基本遵循“设计—绘图—制造—装配—样机试验”的串行工程(Sequential Engineering, SE)。由于结构设计、尺寸参数、材料、制造工艺等各方面原因,样机通常难以一次性达到设计指标,产品研发过程中难免会出现反复修改设计、重新制造和重复试验的现象,导致新产品开发周期长、成本高、质量差、效率低。

以数字化设计与数字化制造技术为基础,可以为新产品的开发提供一个虚拟环境,借助产品的三维数字化模型,可以使设计者更逼真地看到正在设计的产品及其开发过程,认知产品的形状、尺寸和色彩基本特征,用以验证设计的正确性和可行性。通过数字化分析,可以对产品的各种性能、动态特征和工艺参数进行计算仿真,如质量特征、变形过程、力学特征和运动特征等,模拟零部件的装配过程,检查所用零部件是否合适和正确;通过数字化加工软件定义加工过程,进行 NC 加工模拟,可以预测零件和产品的加工性能和加工效果,并根据仿真结果及时修改相关设计。

借助于产品的虚拟模型,可以使设计人员直接与所设计的产品进行交互操作,为相关人员的交流提供了统一的可视化信息平台,这种设计思想也称为并行工程(Concurrent Engineering,CE)。并行工程强调信息集成、过程集成和功能集成,能有效地缩短产品的开发周期,提高产品质量。

在虚拟制造方式中,产品开发的电子文档以及相关信息可以通过 Internet 在联盟企业之间传递;通过准时制生产(Just In Time,JIT)实现合作厂商之间物流的零库存,以降低库存成本;合作厂商之间的结算可以利用电子商务完成;产品销售也可以利用企业-企业(Business to Business,B2B)或企业-顾客(Business to Customer,B2C)之间的电子商务方式实现;对用户或产品的售后服务和技术支持,也可以通过电子服务来实现。

20 世纪末以来,不少工业发达国家将“以信息技术改造传统产业,提升制造业的技术水平”作为发展国家经济的重大战略之一。日本的索尼(Sony)公司与瑞典爱立信(Ericsson)公司、德国的西门子(Siemens)公司与荷兰的菲利浦(Philips)公司等先后成立“虚拟联盟”,通过互换技术工艺,构建特殊的供应合作关系,或共同开发新技术或开发新产品等,以保持其在国际市场上的领先地位。

我国政府十分重视信息技术在制造业、经济和社会发展中的作用。2000 年,《中共中央关于制定国民经济和社会发展第十个五年计划的建议》中明确指出:“坚持以信息化带动工业化,广泛应用高技术和先进实用技术改造提升制造业,形成更多拥有自主知识产权的知名品牌,发挥制造业对经济发展的重要支撑作用”。2002 年 11 月,江泽民在中国共产党第十六次全国代表大会上的报告中指出:“信息化是我国加快实现工业化和现代化的必然选择。坚持以信息化带动工业化,以工业化促进信息化,走出一条科技含量高、经济效益好、资源消耗低、环境污染少、人力资源优势得到充分发挥的新型工业化路子”。2010 年 10 月,在十七届五中全会上,将“调结构”贯穿整个“十二五”。而作为产业结构升级的先头兵,战略性新兴产业在下一轮经济上升期中已获得主动权。同年中国政府发布了《国务院关于加快培育和发展战略性新兴产业的决定》,将节能环保、新一代信息技术、生物、高端装备制造、新能源、新材料和新能源汽车作为国民经济先导产业和支柱产业的七大新兴产业。

数字化设计与数字化制造是计算机技术、信息技术、网络技术与制造科学相结合的产物，是经济、社会和科学技术发展的必然结果。它适应了经济全球化、竞争国际化、用户需求个性化的需求，将成为未来产品开发的基本技术手段。

1.5.2 数字化设计与制造技术的研究热点

1. 三维超变量化技术

超变量化几何(Variation Geometry Extended，VGE)技术是CAD建模技术发展的里程碑，它在变量化技术基础上充分利用了形状约束和尺寸约束分开处理以及无须全约束的灵活性，让设计者针对一个完整的三维产品数字模型，从建模到约束都可以直接以拖动方式实时地进行图形化的编辑操作。VGE将直接几何描述和历史树描述创造性地结合起来，使设计者在一个主模型中就可以实现动态地捕捉设计、分析和制造的意图。VGE极大地改进了交互操作的直观性及可靠性，从而更易于使用，使设计更富有效率。采用VGE的三维超变量化控制技术，能够在不必重新生成几何模型的前提下任意修改三维尺寸的标注方式，这为寻求面向制造的设计(DFM)解决方案提供了一条有效的途径。因此，VGE技术被业界称为21世纪CAD领域具有革命性突破的新技术。

2. 基于知识工程的CAD技术

知识工程(Knowledge Based Engineering，KBE)的实质是知识捕捉和知识重用，知识工程将已有的知识、技能、经验、原理、规范等进行获取、组织、表达和集成，形成知识库，并创建相应的知识规则及知识的繁衍机制，因此具有较强的开放性和可扩展性。知识工程的最终表现形式是过程引导，在使用KBE时首先进行工程配置，再定义工程规则，最后实现产品建模。

基于知识工程的CAD技术是将知识工程原理和计算机辅助设计理论有机结合的综合性技术，它的应用对象从几何建模、分析、制造延伸扩展到工程设计领域，形成了工程设计与CAD/CAM系统的无缝连接。它基于产品本身和整个设计过程的信息建立产品工程模型；用产品设计、分析和制造的工程准则以及几何、非几何信息等构成产品设计知识，联合驱动产品模型；根据主动获取和集成的设计知识自动修改模型，提高设计对象的自适应能力。由此可见，基于知识工程的CAD技术是通过设计知识的捕捉和重用实现设计自动化。如何把设计知识结合到CAD/CAM系统中，使得设计人员只要输入工况参数、工程参数或应用要求，系统就能依据相关的知识，自动推理构造出符合要求的数字化产品模型，以最快的速度开发出高知识含量的优质新产品，这正是知识工程要解决的问题。知识工程的应用使制造业的CAD技术有一个质的飞跃。

3. 计算机辅助创新技术

创新是产品设计的灵魂，如何提供一个具有创新性的CAD设计手段，使设计者在以人为中心的设计环境中，更好地发挥创造性，是一个富有挑战性的课题。计算机辅助创新技术(Computer Aided Innovation，CAI)是在发明创造方法学(TRIZ)的基础上，结合现代方法学、计算机技术及多领域学科综合形成的。世界500强企业中已有超过400家制造企业将CAI技术应用于产品设计中，产生新的设计思想，促进创新设计。CAI技术是CAD技术新的飞跃，现已成为企业创新设计过程中必不可少的工具。

4. 虚拟现实技术

虚拟现实(Virtual Reality，VR)技术是一种综合计算机图形技术、多媒体技术、人工智能

技术、传感器技术以及仿真技术和人的行为学研究等学科发展起来的最新技术。VR技术与CAD/CAM技术有机结合，为产品开发提供了虚拟的三维环境，设计者通过诸如视觉、听觉、触觉等各种直观而又自然实时的感知和交互，不仅可以对产品的外观和功能进行模拟，而且能够对产品进行虚拟的加工、装配、调试、检验和试用，使产品的缺陷和问题在设计阶段就能被及时发现并加以解决。从而避免了设计缺陷，有效地缩短了产品的开发周期，降低了产品的研制成本，从而获得最佳的设计效果。

尽管VR技术在CAD/CAM技术中的应用前景很大，但由于VR技术所需的软硬件价格昂贵，技术开发的复杂性和难度较大，VR技术与CAD/CAM技术的集成还有待进一步研究和完善。

1.6 数字化设计制造在飞机制造行业的典型应用

数字化设计制造在我国的各行各业均得到了普通的应用，已成为产品研制过程中的基本手段。但从总体上看，我国数字化设计制造技术的基础和应用深度与发达国家还有一定的差距。发达国家数字化设计制造技术的研究与应用起步早，技术应用的范围宽。这里重点介绍数字化设计制造在飞机研制中的几个成功典范。

1.6.1 波音777研制过程是数字化设计制造的经典

1990年波音公司在波音777飞机研制中.全面采用数字化技术，实现了三维数字化定义、三级数字化预装配和并行工程，建立了全球第一个全机数字样机，取消了全尺寸实物样机，通过精确定义几何尺寸和形状，使工程设计水平和飞机研制效率得到了巨大的提高，设计更改和返工率减少了50%以上，装配时出现的问题减少了50%～80%，制造成本降低了30%～40%，产品开发周期缩短了40%～60%，用户交货期从18个月缩短到12个月。

波音777在研制过程中建立了全球第一个全机数字样机，成为有史以来最高程度的“无纸”飞机，在此过程中还获得了大量经验与教训，制定了一系列有关数字化设计制造的规范、手册、说明等技术文件，基本上建立起数字化设计制造技术体系。作为数字化设计制造的典范，其技术手段主要包括以下几个部分。

1. 100%的数字化定义

飞机零件的数字化定义就是用CATIA系统进行零件的三维建模(CATIA是法国达索飞机公司的CAD/CAM系统注册商标)。它有一些突出的优点，例如可以建立飞机零件的三维实体模型，可方便地在计算机上进行装配来检查零件的干涉和配合不协调情况；可准确地进行重量、平衡和应力的分析等。零件几何的可视化便于设计和制造人员从美学方面理解零件的构造，方便地从实体模型提取它的截面图，便于数控加工的程序设计。产品的三维分解图也很容易建立，利用CAD数据还可方便地生成技术出版资料。

所有零件的三维设计是唯一的权威性数据集，可供用户的所有后续环节使用。用户评审的唯一依据是这套数据集，而不再是图纸。每个零件的数据包含三维模型和必要的二维模型。数控加工件还包括三维的线框和表面模型数据。

2. 100%三维实体模型数字化预装配

数字化预装配是在计算机上进行零件造型和装配的过程，达到零件加工前就能进行配合

检查的目的。在波音 777 研制中，采用数字化预装配取消了主要的实物样机，修正了 2 500 处设计干涉问题。数字化预装配的成功依赖于零件设计的彼此共享，数字化预装配的使用将降低由于工程错误和返工带来的设计更改成本。

数字化预装配还支持如干涉检查、工程分析、材料选用、工艺计划、工装设计以及用户支持等相关设计，及早把反馈信息提供给设计人员。数字化预装配还可以用来进行结构与系统布局、管路安装、导线走向等设计集成，以及论证零件的可安装性和可拆卸性。

3. 并行产品定义

并行产品定义是一个系统工程方法，它包括产品各部分的同时设计和综合，以及有关工程、制造和支持等相关性协调的处理。为了在波音 777 研制中全面实施并行工程，波音公司从组织机制上进行了改革，建立了 238 个设计建造团队（DBT）。这一方法使开发人员一开始就能考虑到生命周期的所有环节，从项目规划到产品交付的有关质量、成本、周期和用户要求等。

在并行产品定义有效应用后，它产生以下效益：在早期产品设计中工程更改单的急剧减少，促进了设计质量的提高；产品设计和制造的串行方式改变为并行方式缩短了产品开发时间；通过将多功能和学科集成，降低了制造成本；通过产品和设计过程的优化处理，大大减少了废品和返工率。这种管理、工程和业务处理方法集成了产品设计、制造及支持的全过程。

此外，并行产品定义还包括工装数字化设计和预装配，制造数据扩延，工艺计划和产品生产图生成，工装协调，自动报废控制，材料清单处理，设计、制造、试验和交付综合计划生成，综合工作说明生成以及技术资料出版等。

波音 777 开发所采取的技术与传统技术的比较情况如表 1－1 所列。

表 1－1 波音 777 开发方式与传统方式的比较

工　作	新方法	旧方法
工程设计	在 CATIA 上设计和发放所有零件 在数字化预装配中定义管路、线路和机舱 预装配数字飞机 在数字化预装配中解决干涉问题 在 CATIA 上生成生产工艺分解图	聚酯薄膜图（图模合一） 实物模型 实物模型 在实际飞机生产中 利用实物模型
工程分析	在 CATIA 上完成分析 在零件设计发放前完成载荷分析	聚酯薄膜图 在有效期日期内完成
制造计划	与设计员并行 自定义工程零件结构树 在 CATIA 上建立图解工艺计划 软件工具检查特征，辅助设计改型	顺序工作 部分零件 绘制工程图 未做
工装设计	与设计员并行工作 在 CATIA 上设计和发放所有工装 在 CATIA 上解决工装干涉问题 保证零件和工装完全协调	顺序工作 聚酯薄膜图 工装制造中解决 工装安装中解决

续表 1-1

工　作	新方法	旧方法
数控编程	与设计员并行工作 在CATIA上生成和验证NC走刀路径	顺序工作 用其他系统
用户支持	与设计员并行工作 在CATIA上设计和发放所有所有地面设备 利用工程数字化数据出版技术文件 数字化预装配保证零件和地面设备的协调	顺序工作 聚酯薄膜图 图解法 零件和工装制造中解决
协调	设计、计划、工装和其他人员都在同一综合设计队进行	分开在不同组织中

20世纪末，波音为了继续保住其在飞机制造业的霸主地位，在737-700、800、900系列飞机研制中又进一步拓宽数字化工程应用，实施了飞机定义和构型控制/制造资源管理计划(DCAC/MRM)，采用产品数字化、并行工程、PDM和企业资源管理(ERP)等技术，并基于精益思想的企业重组工程，以消除不增值的重复性工作。为保证该计划的实施，波音公司对企业结构和流程进行了较大的调整。该计划于2004年完成，成效卓著。

1.6.2　JSF拓展了数字化设计制造的应用

美国联合攻击战斗机(JSF)是20世纪最后一个重大的军用飞机研制和采购项目。洛克希德·马丁公司在与波音公司的竞争中最终胜出，取得了价值1 890亿美元的巨额生意。以洛克希德·马丁公司为首的由30个国家的50家公司组成的团队，为了实现协同设计、制造、调试、部署以及跟踪JSF整个项目的开发，从而按时完成JSF合同，洛克希德·马丁公司以全生命周期管理(PLM)软件为集成平台，采用了数字化的设计制造管理方式，重新改组公司的流程，以项目为龙头，充分发挥合作伙伴的最优能力，形成了全球性的虚拟企业。

为了满足技术和战术要求，多变共用性成为JSF的显著特色，即在一个原型机上同时发展成不同用途的3个机种，在一条生产线上同时生产3个不同的机种，互换性达到80%。据初步分析，JSF采用数字化的设计、制造、管理方式后的效果如下：设计时间减少50%，制造时间减少66%，总装工装减少90%，分立零件减少50%，设计制造、维护成本分别减少50%。

为了满足JSF产品复杂性和非常高的效益指标的要求，JSF研制时，在组织上融入了美国、英国、荷兰、丹麦、挪威、加拿大、意大利、新加坡、土耳其和以色列等的几十个航空关联企业；在技术上将数字化技术的应用提升到一个新的阶段，提出了“从设计到飞行全面数字化”，采用了多变共用模块设计，建立了数字化生产线，构建了基于Web的数据交换共享与集成平台，实现了建立在网络化及数字化基础上的企业联合，实现了异地协同设计制造。

JSF研制的数字化体系由4个平台组成，即集成平台、网络平台、业务平台和商务平台。集成平台采用TEAMCENTER产品全生命周期管理软件；网络平台采用VPN、LAN、WAN、Internet和各种应用系统组成的应用平台；业务平台由各种应用软件构成，如文档管理、虚拟现实、材料管理、零件管理、CAD设计软件及相关接口、数字化工厂的设计仿真软件、企业资源计划和工厂管理软件等；商务平台包括为用户提供访问其他系统数据的各类接口。

几种常见飞机研制模式和技术发展对比如表1-2所列。

表 1－2　几种飞机研制模式和技术发展的比较

比较内容＼模式	传统模式	B777 模式	B737－X 模式	JSF 模式
设计方法	实物样件 二维 CAD	三维建模 数字样机	模块单元 构型定义	多变共用 一项多机
组织方式	设计/工艺/工装/加工 串行	设计/工艺/工装/加工 并行定义	设计/工艺/工装/加工/生产 并行定义	项目/设计/工艺/工装/加工/生产线/车间虚拟 并行定义
	以职能为对象	以功能为对象	以产品为对象	以项目为对象 虚拟企业
管　理	作业控制	过程控制	作业流控制	能力控制
技　术	计算机辅助设计/分析/制造/管理	100％数字化产品定义、数字化预装配	单源产品数据管理构型控制	设计、试验、制造、飞行数字化，项目管理、信息技术
着眼点	减少设计错误	减少设计更改、错误和返工	减少不增值的重复性	形成最优能力中心

1.6.3　数字化设计制造已成为我国飞机研制技术的基本选择

我国自 20 世纪 70 年代开始首先在航空制造业用计算机进行飞机零件数控编程，80 年代初从采用 CAD 描述飞机理论外形开始迈出了数字化设计制造的步伐。经过 30 多年的发展，数字化技术在飞机设计、制造、管理等方面的应用取得了突破性进展，应用的广度和深度都达到了新的水平。特别是进入 21 世纪后，随着国家信息化带动工业化战略的实施，通过推进“甩图板”、CIMS 工程、并行工程、制造业信息化工程等，数字化设计制造的研究和应用又进入了一个新的发展阶段。三维数字化设计、三维数字样机、数字化仿真试验、加工过程模拟与仿真、产品数据管理等技术得到了较为普遍的应用，取得了显著的成效。

以“飞豹”飞机为例，在研制中全面应用了数字化设计、制造和管理技术。“飞豹”飞机由中航第一飞机设计研究院和西安飞机工业集团公司研制，研制时间从 1999 年底开始到 2002 年 7 月 1 日首飞上天，仅用了两年半的时间，减少设计返工 40％，制造过程中工程更改单由常规的 5 000～6 000 张减少到 1 081 张，工装准备周期与设计基本同步。

“飞豹”飞机研制中实现了飞机整机和部件、零件的全三维设计，突破了数字样机的关键应用技术，建立了相应的数字化样机模型(具有 51 897 个零件，43 万个标准件，共形成 37 G 的三维模型的数据量)，在此基础上实现了部件和整机的虚拟装配、运动机构仿真、装配干涉的检查分析、空间分析、拆装模拟分析、人机工程、管路设计、气动分析、强度分析等，显著地加快了设计进度，提高了飞机设计的质量，飞机的可制造性大幅度提高。在制造方面，“飞豹”飞机的研制采用了 CAPP/CAM 技术，初步实现了飞机的数字化制造。利用 CAPP 进行制造工艺指令的设计和制造知识库的集成应用，采用 CATIA 和 UG 等系统进行数控编程，采用 Vericut 软件进行数控程序仿真，检查程序的正确性，减少了试切环节，提高了数控机床的利用率，数控程序的一次成功率提高到 95％。在产品数据管理方面，通过应用 PDM 系统，初步实现了对飞机产品结构、设计审签、数据发放、设计文档(包括CAD模型)的管理与控制,并实现了从设计所向制造厂通过网络进行三维模型和二维工程图样的数据发放。此外,在“飞豹”飞机的研制实践中还初步建立了数字化技术体系,包括三维数据技术体系、数字化标准体系、三维标准件库、材料库,以及实施数字化设计的部分标准规范,开发了结构、机械系统、管路、电器等方面的标准件库。

除“飞豹”飞机外,我国还在L15高级教练机、ARJ21新支线客机等飞机的研制中全面应用了数字化设计制造技术。实践证明,数字化设计制造技术已经成为我国航空工业产品研制技术的基本选择。

思考题

1-1 如何理解CAD、CAM、CAPP、CAE、CAD/CAM集成系统以及CIMS的含义?

1-2 CAD/CAM技术发展过程中有哪些重要事件?

1-3 简述数字化设计制造的基本流程。

1-4 简述CAD/CAM系统的软硬件组成以及CAD/CAM选型原则。

1-5 什么是产品的数字化模型、物理样机、数字样机?数字样机相对于物理样机的优点是什么?

1-6 试分析当前CAD/CAM技术的发展趋势和研究热点。

1-7 就CAD/CAM技术的发展趋势,请阐述一下自己的观点。

1-8 收集有关资料,阐述数字化设计制造技术在飞机研制生产中的应用。

第 2 章　CAD/CAM 数学基础

对于飞机、汽车及其他一些具有复杂外形的产品，计算机辅助设计与制造的一个关键性环节，就是用数学方法来描述它们的外形，并在此基础上建立它们的几何模型。

本章先简要介绍 CAD/CAM 最基本的内容——计算机辅助几何设计(Computer Aided Geometric Design，简称 CAGD)，然后介绍 CAD/CAM 数学基础——曲线和曲面的矢量方程和参数方程。

计算机辅助几何设计(Computer Aided Geometric，简称 CAG)这一术语是 1974 年由巴恩希尔(Barnhill)与里森费尔德(Riesenfeld)在美国犹他(Utah)大学的一次国际会议上提出的，以描述计算机辅助设计(Computer Aided Design)的更多的数学方面，为此加上"几何"的修饰词。在当时，其含义包括曲线、曲面和实体的表示，及其在实时显示条件下的设计，也扩展到其他方面，例如四维曲面的表示与显示。自此以后，计算机辅助几何设计开始以一门独立的学科出现。

1971 年英国的福里斯特(Forrest)曾给出了含义与 CAGD 大致相同的另一名称——计算几何(Computational Geometry)，定义为形状信息的计算机表示、分析与综合。

2.1　CAD/CAM 基础——CAGD

2.1.1　CAGD 的研究对象与核心问题

"CAD/CAM 技术基础"是随着航空、汽车等现代工业的发展与计算机的出现而产生与发展起来的一门新兴学科。尽管研究对象扩展到四维曲面的表示与显示等，但其主要研究对象仍是工业产品的几何形状。工业产品的形状大致上可分为两类：一类仅由初等解析曲面(例如平面、圆柱面、圆锥面、球面、圆环面等)组成，大多数机械零件属于这一类，可以用画法几何与机械制图的方法完全清楚表达和传递所包含的全部形状信息；第二类不能由初等解析曲面组成，而以复杂方式自由变化的曲线曲面(即所谓自由型曲线曲面)组成，例如飞机、汽车、船舶的外形零件。显然，后一类形状单纯用画法几何与机械制图是不能表达清楚的。

在制造飞机或船舶的工厂里，传统上采用模线样板法表示和传递自由型曲线曲面的形状。模线员与绘图员用均匀的带弹性的细木条、有机玻璃条或金属条通过一系列点绘制所需要的曲线(即模线)，依此制成样板作为生产与检验的依据。在曲面上没有模线控制的部分取成光滑过渡。

这种采用模拟量传递信息的设计制造方法所表示与传递的几何形状因人而异，要求设计与制造人员付出繁重的体力劳动，设计制造周期长，制造精度低，互换协调性差，不能适应现代航空、汽车等工业的发展。人们一直在寻求用数学方法唯一地定义自由型曲线曲面的形状，将形状信息从模拟量改变为数值量。由此而来的大量计算工作手工无法完成，只能由计算机来完成。随着计算机的出现，采用数学方法定义自由型曲线曲面才达到实际应用的地步。这导致了本学科的产生与发展。依据定义形状的几何信息，应用本学科所提供的方法，就可建立相应的曲线曲面方程（即数学模型），并通过在计算机上执行计算和处理程序，计算出曲线曲面上大量的点及其他信息。其间，通过分析与综合就可了解所定义形状具有的局部和整体的几何特征，这里实时显示与交互修改工作几乎同步进行。形状的几何定义为所有的后置处理（如数控加工、物性计算、有限元分析等）提供了必要的先决条件。

在形状信息的计算机表示、分析与综合中，核心的问题是计算机表示，即要找到既适合计算机处理且有效地满足形状表示与几何设计要求，又便于形状信息传递和产品数据交换的形状描述的数学方法。

关于实体造型的理论发展落后于曲线曲面，虽然近几年来已取得很大进展并进入实际应用，但仍不及曲线曲面理论那样成熟。本书第2、3章将仅限于介绍曲线曲面的数学描述。即使对于曲线曲面，也将主要介绍曲线曲面表示与设计的基本方法及一些应用，不能涉及实践中遇到的所有问题。

2.1.2 形状数学描述的发展主线

自由型曲线曲面因不能由画法几何与机械制图方法表达清楚，成为工程师们首先要解决的问题。1963年，美国波音（Boeing）飞机公司的弗格森（Ferguson）首先提出了将曲线曲面表示为参数的矢函数方法。他最早引入参数三次曲线，构造了组合曲线和由四角点的位置矢量及两个方向的切矢定义的弗格森双三次曲面片。这些方法由FMILL系统实现，由它可以生成数控纸带。在这之前，曲线的描述一直是采用显式的标量函数 $y=y(x)$ 或隐方程 $F(x,y)=0$ 的形式，曲面的描述相应采用 $z=z(x,y)$ 或 $F(x,y,z)=0$ 的形式。弗格森所采用的曲线曲面的参数形式从此成为形状数学描述的标准形式。

1964年，美国麻省理工学院（Massachusetts Institute of Technology，简称MIT）的孔斯（Coons）发表了具有一般性的曲面描述方法，给定围成封闭曲线的四条边界就可定义一块曲面片。1967年，孔斯进一步推广了他的这一思想。在CAGD实践中应用广泛的只是它的特殊形式——孔斯双三次曲面片，它与弗格森双三次曲面片的区别，仅在于将角点扭矢由零矢量改取为非零矢量。两者都存在形状控制与连接问题。

1964年，由舍恩伯格（Schoenberg）提出的样条函数提供了解决连接问题的一种技术。用于形状描述的样条方法是样条函数的参数形式，即参数样条曲线、曲面。样条方法用于解决插值问题，在构造整体上达到某种参数连续阶（指可微性）的插值曲线、曲面时是很方便的，但不存在局部形状调整的自由度，样条曲线和曲面的形状难以预测。

1971年，法国雷诺（Renault）汽车公司的贝齐埃（Bezier）发表了一种由控制多边形定义曲线的方法。设计员只要移动控制顶点就可方便地修改曲线的形状，而且形状的变化完全在预料之中，贝齐埃方法简单易用，又出色地解决了整体形状控制问题。它是雷诺公司UNISURF CAD系统的数学基础。贝齐埃方法在CAGD学科中占有重要的地位，它广为人们接受，为CAGD的进一步发展奠定了坚实基础。贝齐埃方法仍存在连接问题，还有局部修改问题。稍早于贝齐埃，在法国另一家汽车公司——雪铁龙（Citroen）汽车公司工作的德卡斯特里奥（de Casteljau）也曾独立地研究发展了同样的方法，但结果从未公开发表。

1972年，德布尔（de Boor）给出了关于B样条的一套标准算法。1974年，美国通用汽车公司的戈登（Gordon）和里森费尔德（Riesenfeld）将B样条理论应用于形状描述，提出了B样条

曲线曲面。它几乎继承了贝齐埃方法的一切优点，克服了贝齐埃方法存在的缺点，较成功地解决了局部控制问题，又轻而易举地在参数连续性基础上解决了连接问题。1980 年，分别由伯姆(Boehn)和科恩(Cohen)等人给出的节点插入技术是 B 样条方法中最重要的配套技术。其次，还有福里斯特(Forrest)与普劳茨(Prautzsch)等人的升阶技术。

上述各种方法尤其是 B 样条方法较成功地解决了自由型曲线曲面形状的描述问题。然而，将其应用于圆锥截线及初等解析曲面却是不成功的，都只能给出近似表示，不能满足大多数机械产品的要求。代数几何里的隐方程形式可以满足这一要求：在参数表示范围里，福里斯特(Forrest)首先给出了表达为有理贝齐埃形式的圆锥截线。鲍尔(Ball)在他的 CONSURF 系统中提出的有理方法在英国飞机公司得到广泛的使用。然而，欲在几何设计系统中引入这些与前述自由型曲线曲面描述不相容的方法，将会使得系统变得十分庞杂。唐荣锡教授提到，工业界感到最不满意的是系统中需要并存两种模型，因为这违背了产品几何定义唯一性原则，容易造成生产管理混乱。因此，在以前有理曲线曲面从未像非有理曲线曲面那样得到广泛的接受。人们希望找到一种统一的数学方法。美国锡拉丘兹(Syracuse)大学的弗斯普里尔(Versprille)在他的博士论文中首先提出了有理 B 样条方法。

至 20 世纪 80 年代后期，主要由于皮格尔(Piegl)、蒂勒(Tiller)和法林(Farin)等人的功绩，非均匀有理 B 样条(Non－Uniform Rational B Spline，简称 NURBS)方法成为用于曲线曲面描述的最广为流行的数学方法。非有理与有理贝齐埃曲线曲面和非有理 B 样条曲线曲面都被统一在 NURBS 标准形式之中，因而可以采用统一的数据库。早在 20 世纪 80 年代的美国，NURBS 就首先被纳入创始图形交换规范 IGES(Initial Graphics Exchange specification)，成为美国国家标准(American National Standard，简称 ANS)。国际标准化组织(International Standardization Organization，简称 ISO)于 1991 年颁布了关于工业产品数据交换的 STEP(Standard for The Exchange of Product model data)国际标准，把 NURBS 作为定义工业产品几何形状的唯一数学方法。1992 年，NURBS 又成为规定独立于设备的交互图形编程的 PHIGS(Programmer's Hierarchical Interactive Graphics System)国际标准。NURBS 仍在发展中，一些问题(如权因子怎样影响曲线曲面的参数化及怎样确定合适的权因子等)有待于深入研究。

2.1.3　形状数学描述的要求

对于形状数学描述的要求，有一些是基本的，另一些是随着本学科及其应用的发展不断提出来的。

要在计算机内表示某一工业产品的形状，其数学描述应保留产品形状的尽可能多的性质。从实现计算机对形状处理、便于形状信息传递与产品数据交换的角度来看，形状数学描述应满足下列要求。

1) 唯一性　自由型曲线曲面传统上采用模线样板法按模拟量传递，不能保证形状定义的唯一性，才转而采用数学描述。可见唯一性是对形状数学描述的首项要求。唯一性对所采用的数学方法的要求是，由已给定的有限信息决定的形状应是唯一的。在高等数学与解析几何里，分别用标量显函数 $y=y(x)$、$z=z(x,y)$ 与隐方程 $F(x,y)=0$、$F(x,y,z)=0$ 表示曲线和曲面。只要待定的未知量数目与给定的已知量数目相同，且给定的已知量满足一定的要求，唯一性就能得到满足。用参数表示的曲线曲面，需要附加某些限制，一般也能得到满足。

2）几何不变性　当用有限的信息决定一个形状（例如3个点决定一条抛物线，4个点决定一条三次曲线）时，如果这些点的相对位置确定，所决定的形状也就固定下来，它不应随所取的坐标系的改变而改变。若采用显函数表示，就不具有这样的性质。显函数用表示曲线上一点的两坐标间的关系来表达曲线的形状，这种表示方法必然地依赖于坐标系的选择。不仅是给出的表示（即函数关系），而且所表示的形状都随所取坐标系的改变而改变。图2-1(a)所示为过3个点(0,0)，$\left(1,\frac{1}{2}\right)$，(2,0)决定了唯一的二次多项式函数 $y=-0.5x^2+x$ 的图形。保持3点相对位置不变，当把这3点绕原点逆时针旋转45°后，则得如图2-1(b)所示的另一个二次多项式 $y=-\frac{8}{3\sqrt{2}}x^2+\frac{11}{3}x$，其函数表示及形状与图2-1(a)相比有很大的不同。欲保持曲线形状不变，虽然可将原曲线上的点逐点旋转，但曲线上有无限多点，要逐点进行就行不通了。即使旋转有限多个点，其计算量也远比仅仅旋转3个数据点大得多。如果采用的数学方法不具有几何不变性，那么用同样的数学方法去拟合在不同测量坐标系下测量得的同一组数据点（不考虑测量误差）就会得到不同形状的拟合曲线。显然，这是人们所不希望的。标量函数不具有几何不变性。参数曲线曲面表示在某些情况下具有几何不变性。例如上述3点，分别赋于参数 $u=0, 0.5, 1$，则可得过这3点的一条唯一的参数二次曲线 $\boldsymbol{p}(u)=2(u-0.5)(u-1)\boldsymbol{p}_0-4u(u-1)\boldsymbol{p}_1+2u(u-0.5)\boldsymbol{p}_2$，其中 $\boldsymbol{p}_0, \boldsymbol{p}_1, \boldsymbol{p}_2$ 分别为上述3点的位置矢量。只要它们间的相对位置保持不变，无论将这3点怎样同时旋转和平移，所决定的参数二次曲线表示（即表示曲线的原来那个参数二次曲线方程）保持不变。虽然在3个点与坐标系的新相对位置关系下，表示3个点的位置矢量的坐标分量发生了改变，但在方程中并不反映出来。方程所表达的形状也保持不变。图2-2(a)所示为旋转前的形状，图2-2(b)所示为绕原点逆时针旋转45°后所决定的形状，可见这种表示及所表达的形状与所取坐标系无关。然而，参数曲线曲面表示并不总是具有几何不变性。例如，参数曲线 $\boldsymbol{p}(u)=(1-u^2)\boldsymbol{p}_0+u^2\boldsymbol{p}_1$，$(0\leqslant u\leqslant 1)$，取 $\boldsymbol{p}_0$ 为原点，$\boldsymbol{p}(u)$ 为连接 $\boldsymbol{p}_0$ 与 $\boldsymbol{p}_1$ 两点的直线段，如图2-3(a)所示。若将原点取在不位于过 $\boldsymbol{p}_0$ 与 $\boldsymbol{p}_1$ 两点的直线上，则 $\boldsymbol{p}(u)$ 为具有与直线段相同端点的曲线段，如图2-3(b)所示。

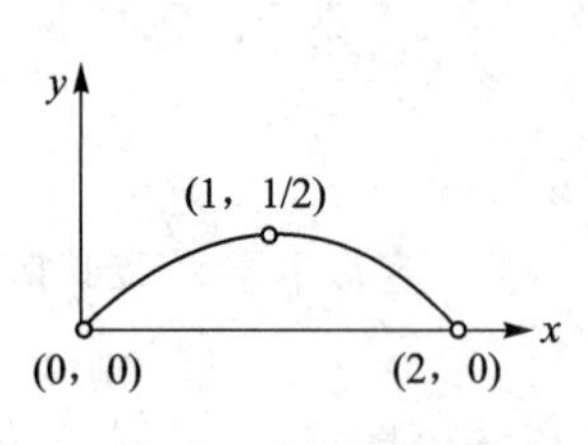

(a) 过图示三点的参数二次多项式图形

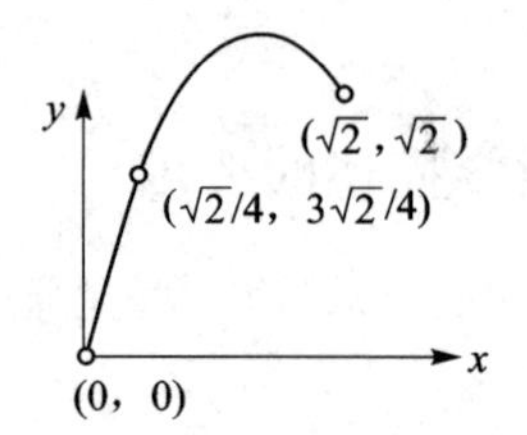

(b) 原图三点绕原点逆时针旋转45° 后过三点的参数二次多项式图形

图2-1　显函数表示不具有几何不变性

3）易于定界　产品的形状总是有界的，形状的数学描述应易于定界。这个要求能否得到满足也与描述形状的数学方法有关。假如在某个 xOy 坐标系里有一条曲线，一些 x 值对应多个 y 值，一些 y 值又对应多个 x 值。若用标量函数描述这样一条曲线，要界定它的范围会是很困难的。但若用参数矢函数 $\boldsymbol{r}(u)=[x(u)\ y(u)]$ 描述，那就可以简单地用 $a\leqslant u\leqslant b$ 界定它的范围。这里 $u=a$ 与 $u=b$ 分别为曲线在首末两端点的参数值。

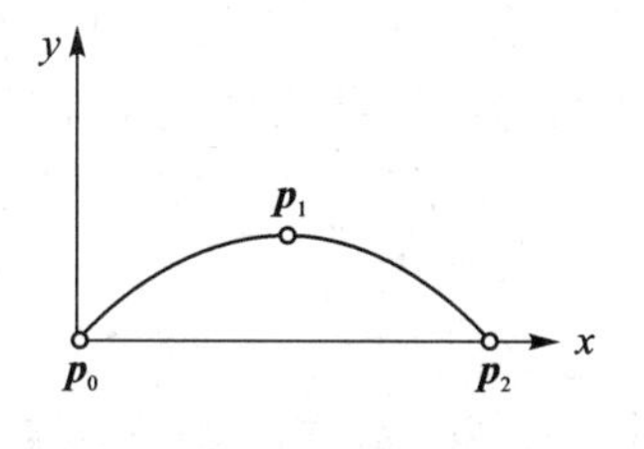

(a) 过图示三点的参数二次多项式图形

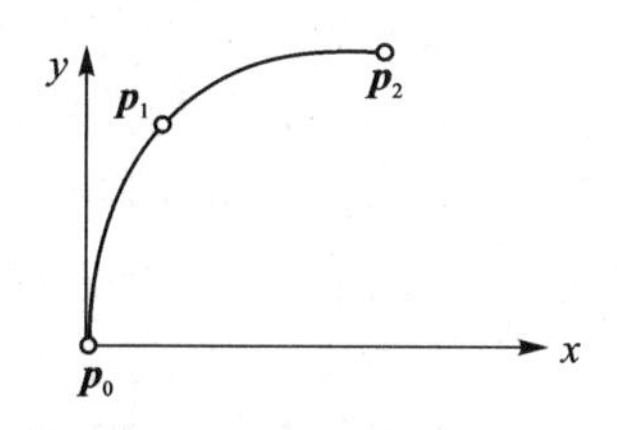

(b) 原图三点绕原点逆时针旋转45°后过三点的参数二次多项式图形

图 2-2　具有几何不变性的参数曲线

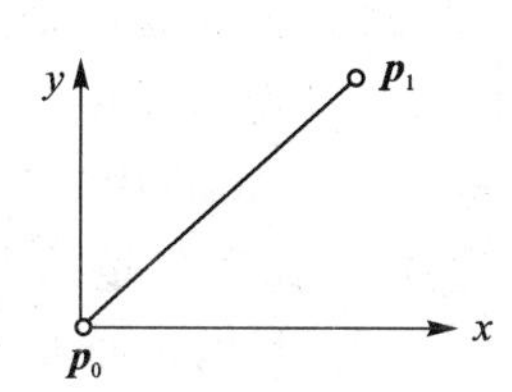

(a) p_0位于原点时的曲线形状

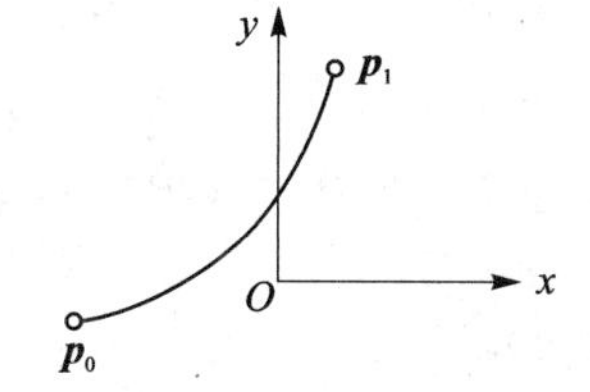

(b) p_0不位于原点时的曲线形状

图 2-3　不具有几何不变性的参数曲线 $p(u)=(1-u^2)p_0+u^2p_1$,$(0\leqslant u\leqslant 1)$

4）统一性　能统一表示各种形状及处理各种情况，包括各种特殊情况。例如，曲线描述要求用一种统一的形式，既能表示平面曲线，也能表示空间曲线。采用非参数的显函数 $y=y(x)$只能描述平面曲线，空间曲线必须定义为两张柱面 $y=y(x)$与 $z=z(x)$的交线，这就不符合表示形式统一性的要求。采用参数表示时，空间曲线能以形式 $\boldsymbol{p}(u)=[x(u)\quad y(u)\quad z(u)]$表示，只比平面曲线增加一个坐标分量，达到了表示形式上的统一。又如，当曲线用 $y=y(x)$表示时，曲线上具有垂直切线的点，斜率为无穷大，这将导致计算机处理时出现上溢或下溢问题。虽然开曲线可以通过旋转坐标系回避这个问题，但对于闭曲线就行不通。采用隐方程表示就可以避开这个问题。采用参数表示时，平行于 y 轴的方向可用 $x=\dfrac{\mathrm{d}x}{\mathrm{d}u}=0$ 表示。

对统一性的高要求是希望能找到统一的数学形式，既能表示自由型曲线曲面，也能表示初等解析曲线曲面，从而能建立统一的数据库，以便进行形状信息传递及产品数据交换。

5）计算处理简便易行　易于在计算机上实现和易于推广应用。

从形状表示与设计的角度来看，形状数学描述还必须满足下列要求。

1）具有丰富的表达力与灵活响应的能力　在形状表示上要求能表示两类基本形状及其复合形状。在形状设计上，由于设计员关于形状的要求是不受限制的，且经常变化，形状的数学描述必须具有灵活响应设计员自由绘制任意形状的能力。

2）易于实现连接，且在许多场合要求光滑连接　通常单一的曲线段或曲面片难以表达复杂的形状，必须将一些曲线段相继连接在一起成为组合曲线，将一些曲面片相继拼接起来成为组合曲面，才能描述复杂的形状。当表示或设计一条光滑曲线或一张光滑曲面时，必须确信曲线段间、曲面片间的连接是光滑的。形状的数学描述要求容易实现这种光滑连接。

3）易于实现对形状的控制　设计员对于显示的曲线或曲面的形状要能随心所欲地操纵。

要求形状的数学描述不仅具有整体控制的能力,而且具有局部控制的能力。人们希望形状的数学描述具有较多的控制灵活性,还希望在对形状进行操纵时能预估到将要发生的变化。

4) 几何直观　几何意义明显,从几何直观上处理问题往往比变成代数问题更易为工程应用人员所接受,从而更具有生命力。这是几何问题本身的要求。

2.2　曲线和曲面的矢量方程与参数方程

2.2.1　矢量、点与直线

矢量定义为具有长度和方向并服从相等、相加、反向、相减和数乘诸法则的量。读者都熟悉矢量与矢量代数,这里仅就 CAGD 中应用于形状描述的矢量问题作些说明。

矢量依其始端是否位于原点分为**绝对矢量**与**相对矢量**。在 CAGD 中,绝对矢量用来表示定义形状的点或形状上的点。一个点意味着空间的一个位置,由绝对矢量的末端即矢端表示。表示空间点的绝对矢量称为该点的**位置矢量**(position vector)。相对矢量是表示点与点间相互位置关系(如边矢量、一阶导矢)和矢量与矢量间相互关系(如高阶导矢)的矢量。相对矢量又称自由矢量,可在空间内任意平移。

矢量由各坐标分量组成。在多数文献中,常用列阵表示矢量。本书中若不特别指明,均采用行阵表示矢量,为的是取其书写方便,即在表示参数曲线时,用诸分量置换便得到矩阵方程之便;矢量所含元素依次是 x 分量、y 分量与 z 分量。注意,当对矢量进行变换时,用列阵与行阵表示矢量的差别。前者是前乘变换矩阵,后者是后乘变换矩阵。两种相乘方式中的变换矩阵互为转置关系。

设计员总是把一个点考虑为空间的一个位置,而不会去考虑它的坐标分量是怎样的。然而,考察空间一个孤立的点是毫无意义的。当考察若干个点时,例如定义形状的点或形状上的点时,它们之间的相对位置决定形状及其间的关系,而它们的各个坐标分量或者说坐标系如何选取就都是无关紧要的和无须考虑的。在进行理论分析与研究时,人们总是把绝对矢量作为一个整体来看待,不依赖于坐标系的选择,也不必考虑其方向与模长。相对矢量亦然。方向与长度都不变的矢量称为**固定矢量**或**常矢量**。方向与长度之一或两者都变化的矢量称为**变矢量**。若变矢量是随着某个变化的标量(即变量或参数)而变化,则称它为该变量或参数的矢函数。微分几何与 CAGD 都是用矢函数来描述曲线与曲面的,前者主要研究曲线、曲面上一点邻近的性质(即微分性质),后者则主要研究符合形状数学描述要求的工业产品形状描述的数学方法。在研究形状数学描述的理论分析与研究中,总是采用矢量记号进行,就是把矢量看作一个整体来考虑的。在具体计算与程序实现时,则均应分别在各个坐标分量上进行,然后合在一起。通常用单位矢量表示方向,单位矢量就是具有单位长度的矢量。一个矢量 $\boldsymbol{a}$ 除以其长度 $|\boldsymbol{a}|$(又称模长)就得到沿该矢量方向的单位矢量。

在本书中,矢量采用单独记号表示时,常用小写黑体英文或希腊字母给出,如 $\boldsymbol{p}$,$\boldsymbol{c}$ 等。这些小写黑体字母所表示矢量的齐次坐标或带权矢量用相应的大写黑体字母表示,在本书中的有理方法中将会遇到。如前所指,空间点用绝对矢量的矢端位置表示。在图形中,将矢量记号写于点的附近以标记该点,不再画出绝对矢量的矢杆与箭头。本书将用给定点 $\boldsymbol{a}$ 表示位于绝对矢量 $\boldsymbol{a}$ 的矢端位置的一空间点。从点 $\boldsymbol{a}$ 到点 $\boldsymbol{b}$ 的矢量为相对矢量 $\boldsymbol{c}=\boldsymbol{b}-\boldsymbol{a}$。相对矢量可以

相加减，仍得相对矢量。绝对矢量加(或减)相对矢量得到绝对矢量。两个绝对矢量相加所得矢量不能判定为绝对矢量还是相对矢量。读者可以在本章后续小节得到解释。若干绝对矢量 $\boldsymbol{p}_i(i=0,1,\cdots,n)$，分别配以权 $\varphi_i(i=0,1,\cdots,n)$，若满足规范性条件 $\sum_{i=0}^{n}\varphi_i\equiv 1$，则称 $\boldsymbol{p}=\sum_{i=0}^{n}\boldsymbol{p}_i\varphi_i$ 为这些矢量的重心组合；若又满足非负性条件 $\varphi_i\geqslant 0(i=0,1,\cdots,n)$ 则称其为凸组合。两者都是绝对矢量。

现在来看看在几何中形状最简单的直线段怎样表示。在 CAGD 中有多种表示直线的方法。最常用的一种是用两点间的线性插值(linear interpolation)表示。已给空间两点 $\boldsymbol{p}_0$ 与 $\boldsymbol{p}_1$，可以是二维的，也可以是三维的，其连线可以看作动点 $\boldsymbol{p}$ 从首点 $\boldsymbol{p}_0$ 到末点 $\boldsymbol{p}_1$ 扫出的轨迹。动点 $\boldsymbol{p}$ 是随着某个参数 u 在规范参数域 $u\in[0,1]$ 内按线性关系运动的：

$$\boldsymbol{p}=\boldsymbol{p}(u),\quad u\in[0,1]$$

$\boldsymbol{p}(u)$ 所包含的线性关系如图 2-4 所示，$\boldsymbol{p}_0,\boldsymbol{p}_1,\boldsymbol{p}_2$ 三点分别对应参数 $0,u,1$。这可看做在 u 参数轴上，u 把参数域 $[0,1]$ 分成两段，其长度比为 $u:(1-u)$。而动点 $\boldsymbol{p}$ 也把连线分成长度比为 $u:(1-u)$ 的两段，即动点 $\boldsymbol{p}$ 使得相对矢量 $(\boldsymbol{p}-\boldsymbol{p}_0)$ 与相对矢量 $(\boldsymbol{p}_1-\boldsymbol{p})$ 有如下关系

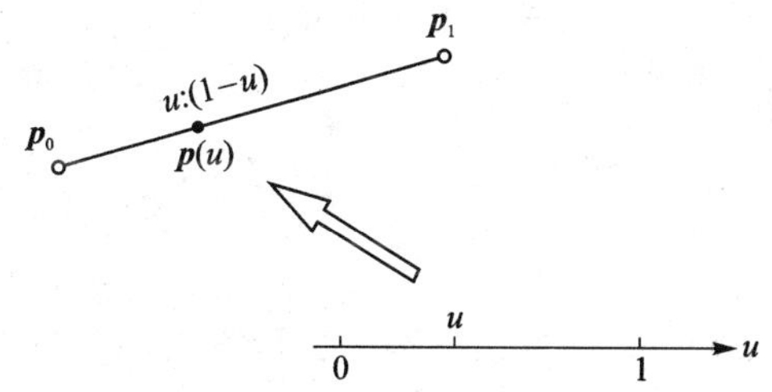

图 2-4　线性插值：两点 $\boldsymbol{p}_0$ 与 $\boldsymbol{p}_1$ 定义一直线段，$\boldsymbol{p}(u)$ 点将其分成长度比为 $u:(1-u)$ 的两子段

$$\boldsymbol{p}-\boldsymbol{p}_0=\frac{u}{1-u}(\boldsymbol{p}_1-\boldsymbol{p})$$

或者动点 $\boldsymbol{p}$ 使得相对矢量 $(\boldsymbol{p}-\boldsymbol{p}_0)$ 与相对矢量 $(\boldsymbol{p}_1-\boldsymbol{p}_0)$ 有如下关系

$$\boldsymbol{p}-\boldsymbol{p}_0=u(\boldsymbol{p}_1-\boldsymbol{p}_0)$$

上两式经整理都得到直线方程

$$\boldsymbol{p}(u)=\boldsymbol{p}_0+u(\boldsymbol{p}_1-\boldsymbol{p}_0),\quad u\in[0,1]$$

但在进行理论分析研究时，人们更偏爱改写成如下形式的直线方程

$$\boldsymbol{p}(u)=(1-u)\boldsymbol{p}_0+u\boldsymbol{p}_1,\quad u\in[0,1] \tag{2.1}$$

该式表明，$\boldsymbol{p}_0$ 与 $\boldsymbol{p}_1$ 两点连线上用位置矢量表示的点 $\boldsymbol{p}$ 是参数 u 的矢函数。当参数 u 从 0 连续变化到 1 时，$\boldsymbol{p}$ 点扫出的轨迹就是连接 $\boldsymbol{p}_0$ 与 $\boldsymbol{p}_1$ 两点的直线段。

由式(2.1)，给定参数域 $[0,1]$ 内一参数 u，就可计算得到直线段上对应一点 $\boldsymbol{p}(u)$。兹举例说明。

例 1　给定空间两点 $\boldsymbol{p}_0=[1\quad 2\quad 4]$，$\boldsymbol{p}_1=[9\quad 6\quad 8]$，写出这两点连线的直线方程，并计算连线上离首点 $\boldsymbol{p}_0$ 距离与连线长度比为 $u=0.25$ 的那一点的位置矢量 $\boldsymbol{p}(0.25)$。

解　该直线方程就是式(2.1)。

$$\boldsymbol{p}(0.25)=(1-0.25)[1\quad 2\quad 4]+0.25[9\quad 6\quad 8]=[3\quad 3\quad 5]$$

式(2.1)中，参数 u 的最高次数为一次，故称为线性插值。与多项式函数不同，那里只有零次与一次多项式定义直线，但在参数多项式里，没有零次的直线，却有高次直线。

例如，$\boldsymbol{p}(u)=(1-u^3)\boldsymbol{p}_0+u^3\boldsymbol{p}_1$，$u\in[0,1]$，也表示连接 $\boldsymbol{p}_0$ 与 $\boldsymbol{p}_1$ 两点的直线段。

一般地，若 $\boldsymbol{p}(u)=F_0(u)\boldsymbol{p}_0+F_1(u)\boldsymbol{p}_1$，满足 $F_0(u)+F_1(u)=1$，就也表示过两点 $\boldsymbol{p}_0$ 与

$\boldsymbol{p}_1$ 的直线。这里 $F_0(u)$ 与 $F_1(u)$ 称为基函数或混合函数。在线性插值下，$F_0(u)=1-u$，$F_1(u)=u$；当 $u=1/2$ 时得直线段中点 $\boldsymbol{p}\left(\frac{1}{2}\right)=\frac{1}{2}(\boldsymbol{p}_0+\boldsymbol{p}_1)$。而前述参数三次直线的例子中，$\boldsymbol{p}\left(\frac{1}{2}\right)$ 不是直线段的中点。

2.2.2 曲线的矢量方程和参数方程

图 2-5 中有一空间点 A，从原点 O 到 A 点的连线 **OA** 表示一个矢量，此矢量称为位置矢量。

空间一点的位置矢量有三个坐标分量，而空间曲线是空间动点运动的轨迹，也就是空间矢量端点运动形成的矢端曲线。其矢量方程为

$$\boldsymbol{r}=\boldsymbol{r}(t)=[x(t),y(t),z(t)] \tag{2.2}$$

此式又称为单参数 t 的矢函数。
它的参数方程为

$$\begin{cases}x=x(t)\\ y=y(t),t\in[t_0,t_n]\\ z=z(t)\end{cases} \tag{2.3}$$

例 2 求空间螺旋线的矢量方程和参数方程。

设动点 M 沿圆柱右螺旋线运动，如图 2-6 所示。M 点作圆周运动的转动角速度为 ω，沿 z 轴做直线运动的线速度为 v，运动的时间为 t，圆柱的半径为 a，总长度为 L。

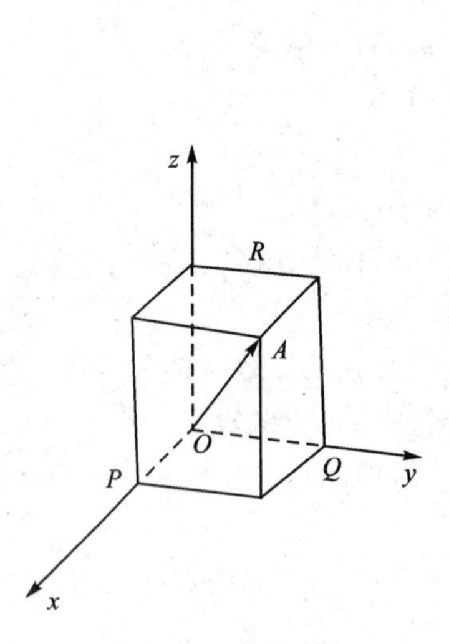

图 2-5 位置矢量

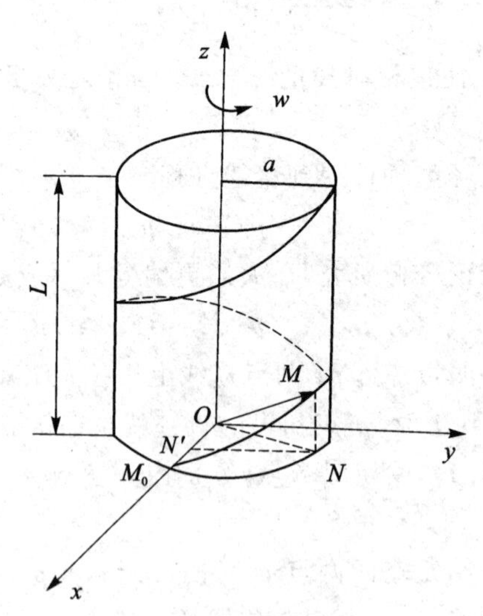

图 2-6 空间螺旋线

首先选取起始下面的圆心 O 为坐标原点，过动点的起始位置 M_0 作 x 轴，建立右手坐标系 $O-xyz$。然后，连接坐标原点 O 和动点的任一位置 M，得矢量 **OM**，**OM** 的端点轨迹是螺旋线。这时，矢端曲线的矢量方程为

$$\boldsymbol{r}(t)=\boldsymbol{OM}=\boldsymbol{ON}+\boldsymbol{NM}$$

又因为

$$\boldsymbol{ON}=\boldsymbol{ON}'+\boldsymbol{N}'\boldsymbol{N}$$
$$=a\cos\omega t\boldsymbol{i}+a\sin\omega t\boldsymbol{j}$$
$$\boldsymbol{NM}=vt\boldsymbol{k}$$

所以

$$\boldsymbol{r}(t)=a\cos\omega t\boldsymbol{i}+a\sin\omega t\boldsymbol{j}+vt\boldsymbol{k}$$
$$=[a\cos\omega t,a\sin\omega t,vt]$$

它的参数方程为

$$\begin{cases}x=a\cos\omega t\\ y=a\sin\omega t,t\in[0,L/v]\\ z=vt\end{cases}$$

2.2.3　矢函数的导矢及其应用

1. 矢函数求导

和数量函数的求导一样，矢函数也可以求导。设当参数 t 变为 $t+\Delta t$ 时（见图 2-7），矢函数 $\boldsymbol{r}(t)$ 对应的位置由 $\boldsymbol{OM}$ 变为 $\boldsymbol{OM}_1$，线段 $\boldsymbol{MM}_1$ 对应的矢量差是

$$\Delta\boldsymbol{r}(t)=\boldsymbol{r}(t+\Delta t)-\boldsymbol{r}(t)$$

其变化率是

$$\frac{\Delta\boldsymbol{r}(t)}{\Delta t}=\frac{\boldsymbol{r}(t+\Delta t)-\boldsymbol{r}(t)}{\Delta t}$$

由此得出的矢量平行于弦矢量 $\boldsymbol{MM}_1$。

当参数变化量 $\Delta t>0$ 时，$\Delta\boldsymbol{r}(t)/\Delta t$ 和弦 $\boldsymbol{MM}_1$ 的方向相同。反之，当 $\Delta t<0$ 时，两者的方向相反。

当 $\Delta t\to0$ 时，这个矢量的极限叫作 $\boldsymbol{r}(t)$ 的导矢（严格地讲应为一阶导矢），记为 $\boldsymbol{r}'(t)$ 或 $\mathrm{d}\boldsymbol{r}(t)/\Delta t$，

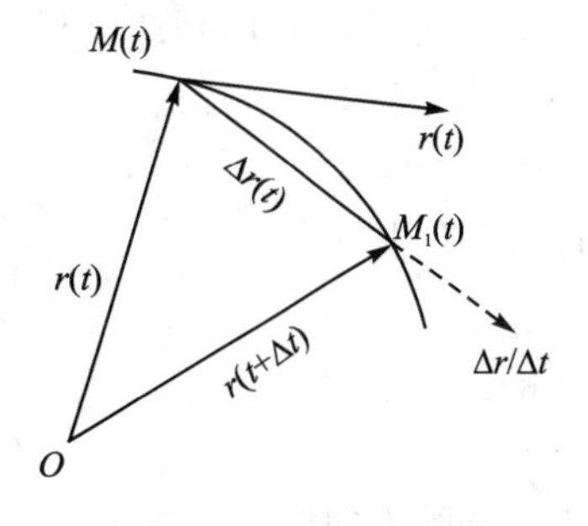

图 2-7　矢函数的导矢

$$\boldsymbol{r}'(t)=\lim_{\Delta t\to0}\frac{\Delta\boldsymbol{r}(t)}{\Delta t}=\frac{\mathrm{d}\boldsymbol{r}(t)}{\mathrm{d}t}$$

又设 $\boldsymbol{r}(t)=[x(t),y(t),z(t)]$

$$\because\quad\frac{\boldsymbol{r}(t+\Delta t)-\boldsymbol{r}(t)}{\Delta t}=\left[\frac{x(t+\Delta t)-x(t)}{\Delta t},\frac{y(t+\Delta t)-y(t)}{\Delta t},\frac{z(t+\Delta t)-z(t)}{\Delta t}\right]$$

$$\therefore\quad\boldsymbol{r}'(t)=[x'(t),y'(t),z'(t)]\tag{2.4}$$

矢函数的导矢也是一个矢函数，因此也有方向和模。矢量 $[\boldsymbol{r}(t+\Delta t)-\boldsymbol{r}(t)]/\Delta t$ 的方向平行于割线 $\boldsymbol{MM}_1$（见图 2-7）。当 $\Delta t\to0$ 时，$\Delta\boldsymbol{r}(t)/\Delta t$ 就转变为 $M(t)$ 点的切线矢量，故又称导矢为切矢，它指向曲线参数增长的方向。

导矢的模为

$$|\boldsymbol{r}'(t)|=\sqrt{[x'(t)]^2+[y'(t)]^2+[z'(t)]^2}\tag{2.5}$$

由导矢的定义，可推出下列运算法则：

$$\boldsymbol{C}'=0,(\boldsymbol{C}\text{ 为常矢})\tag{2.6}$$

$$[\boldsymbol{r}_1(t)+\boldsymbol{r}_2(t)]'=\boldsymbol{r}_1'(t)+\boldsymbol{r}_2'(t)\tag{2.7}$$

$$[\mathrm{K}\boldsymbol{r}(t)]'=\mathrm{K}\boldsymbol{r}'(t)\quad(\text{其中 K 为常数})\tag{2.8}$$

$$[f(t)\cdot \boldsymbol{r}(t)]'=f'(t)\cdot \boldsymbol{r}(t)+f(t)\cdot \boldsymbol{r}'(t) \tag{2.9}$$

其中 $f(t)$ 为数量函数。

$$[\boldsymbol{r}_1(t)\cdot \boldsymbol{r}_2(t)]'=\boldsymbol{r}_1'(t)\cdot \boldsymbol{r}_2(t)+\boldsymbol{r}_1(t)\cdot \boldsymbol{r}_2'(t) \tag{2.10}$$

$$[\boldsymbol{r}_1(t)\times \boldsymbol{r}_2(t)]'=[\boldsymbol{r}_1'(t)\times \boldsymbol{r}_2(t)]+[\boldsymbol{r}_1(t)\times \boldsymbol{r}_2'(t)] \tag{2.11}$$

以上诸式读者可以自行证明其正确性。

高阶导矢

$$\boldsymbol{r}''(t)=[x''(t),y''(t),z''(t)]$$

$$\boldsymbol{r}^{(n)}(t)=[x^{(n)}(t),y^{(n)}(t),z^{(n)}(t)]$$

2. 导矢在几何上的应用

前面已介绍了导矢的几何定义。导矢的物理意义也是明确的，当参数 t 是时间时，一阶导矢就是速度矢，二阶导矢是加速度矢。下面我们着重介绍导矢在飞机外形数学模型建立中的应用。

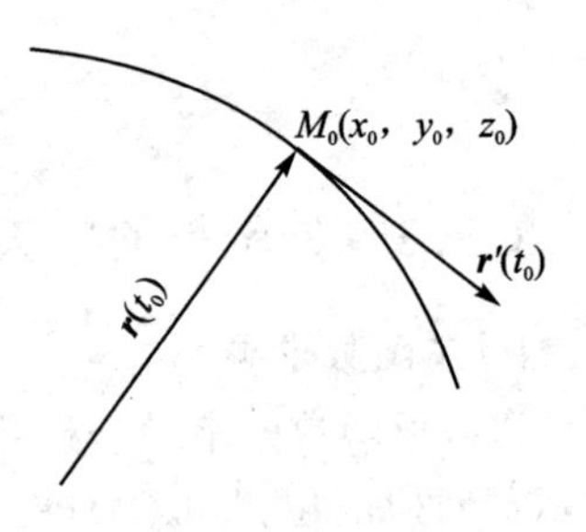

图 2-8 曲线的切矢

(1) 求曲线上任意一点的切线方程和法平面方程

设已知曲线方程 $\boldsymbol{r}=\boldsymbol{r}(t)$（见图 2-8），求曲线上任一点 $M_0(x_0,y_0,z_0)$ 的切线方程和法平面方程。

① 求过 M_0 点的切线方程。

因为曲线方程为

$$\boldsymbol{r}(t)=[x(t),y(t),z(t)]$$

故曲线的切矢为

$$\boldsymbol{r}'(t)=[x'(t),y'(t),z'(t)]$$

切线的方向数为

$$l=x'(t),m=y'(t),n=z'(t)$$

过 M_0 点的方向数为

$$l_0=x'(t_0),m_0=y'(t_0),n_0=z'(t_0)$$

因此，过 M_0 点的切线方程为

$$\frac{x-x_0}{l_0}=\frac{y-y_0}{m_0}=\frac{z-z_0}{n_0}$$

代入得

$$\frac{x-x_0}{x'(t_0)}=\frac{y-y_0}{y'(t_0)}=\frac{z-z_0}{z'(t_0)}$$

令 $\dfrac{x-x_0}{x'(t_0)}=\dfrac{y-y_0}{y'(t_0)}=\dfrac{z-z_0}{z'(t_0)}=\lambda$（$\lambda$ 为实系数），

故过 M_0 点的切线方程又可写为

$$\begin{cases} x=x_0+\lambda x'(t_0) \\ y=y_0+\lambda y'(t_0) \\ z=z_0+\lambda z'(t_0) \end{cases} \tag{2.12}$$

② 求过 M_0 点的法平面方程。

因为 $\boldsymbol{r}'(t_0)$ 是曲线在 M_0 点的导矢（见图 2-9），即 $\boldsymbol{r}'(t_0)$ 是过 M_0 点法平面的法矢。

设 M 是法平面上的一点。所以过 M_0 点法平面的矢量方程为

$$\boldsymbol{r}'(t_0)\cdot \boldsymbol{M}_0\boldsymbol{M}=0$$

$$[x'(t_0),y'(t_0),z'(t_0)]\cdot[x-x(t_0),y-y(t_0),z-z(t_0)]=0$$

即
$$x'(t_0)[x-x(t_0)]+y'(t_0)[y-y(t_0)]+z'(t_0)[z-z(t_0)]=0 \tag{2.13}$$

(2) 平面曲线的等距线

在飞机外形的数学模型中，有理论外形曲线，相应地也有结构内形曲线，它们只相差一个蒙皮厚度或零件的壁厚。又如在数控铣床加工零件时，铣刀中心轨迹和零件外形相差一个铣刀半径的距离。这些都是等距线的应用。

现在我们给出等距线的定义：已知一条曲线 Γ，沿曲线各点法线方向移动一段距离 a，得到一组新的点。这些新点的轨迹 Γ_1 或 Γ_2（见图 2－10）称为 Γ 的等距线。

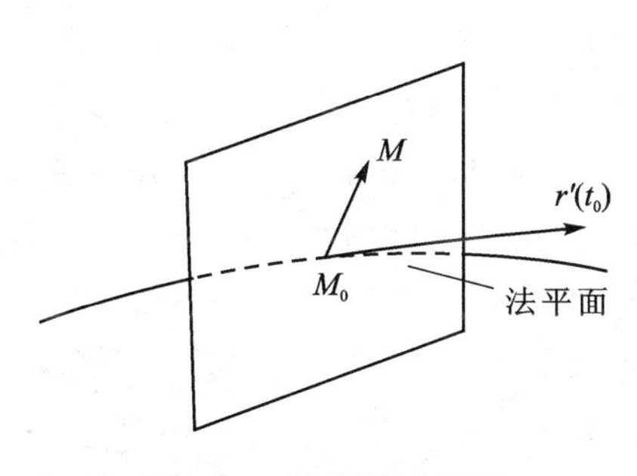

图 2－9　曲线的法平面

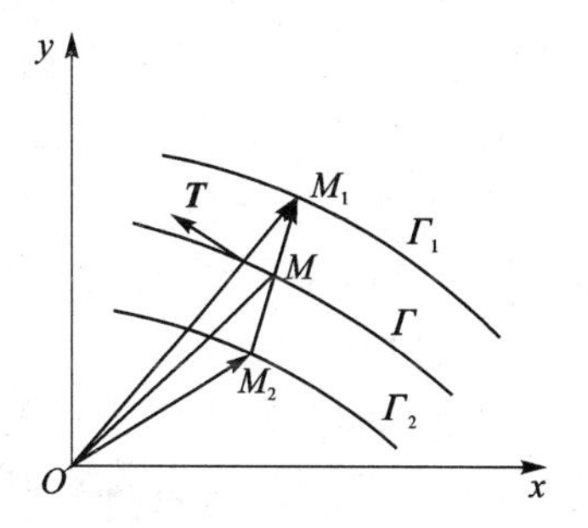

图 2－10　曲线的等距线

设已知曲线 Γ 的矢量方程为

$$\boldsymbol{r}(t)=[x(t),y(t)]$$

法向距离为 a，求它的等距线方程。

在矢量的原点 O，建立坐标系 Oxy。从图 2－10 中可知

$$\boldsymbol{OM}_1=\boldsymbol{OM}+\boldsymbol{MM}_1$$

其中 $\boldsymbol{OM}=\boldsymbol{r}(t)$

设 M 点的单位切矢为 $\boldsymbol{T}$

$$\boldsymbol{T}=\left[\frac{x'(t)}{\sqrt{[x'(t)]^2+[y'(t)]^2}},\frac{y'(t)}{\sqrt{[x'(t)]^2+[y'(t)]^2}}\right] \tag{2.14}$$

$\boldsymbol{T}$ 的正向指向曲线参数 t 增长的方向。

取垂直于 xOy 平面的方向为 z 轴，令 z 轴方向上的单位矢量为 $\boldsymbol{k}$，则法线方向的单位法矢为

$$\boldsymbol{N}=\boldsymbol{T}\times\boldsymbol{k}=\begin{bmatrix}\boldsymbol{i} & \boldsymbol{j} & \boldsymbol{k}\\ \dfrac{x'(t)}{\sqrt{[x'(t)]^2+[y'(t)]^2}} & \dfrac{y'(t)}{\sqrt{[x'(t)]^2+[y'(t)]^2}} & 0\\ 0 & 0 & 1\end{bmatrix}$$

$$=\left[\frac{y'(t)}{\sqrt{[x'(t)]^2+[y'(t)]^2}},-\frac{x'(t)}{\sqrt{[x'(t)]^2+[y'(t)]^2}},0\right]$$

$$\boldsymbol{MM}_1=a\boldsymbol{N}$$

把它代入到 $\boldsymbol{OM}_1$ 的表达式内,得到等距线的矢量方程为

$$\boldsymbol{R}_1(t)=\boldsymbol{OM}_1=\boldsymbol{OM}+\boldsymbol{MM}_1=\boldsymbol{r}(t)+a\boldsymbol{N} \tag{2.15}$$

等距线的参数方程为

$$\begin{cases}x_1=x(t)+ay'(t)\Big/\sqrt{[x'(t)]^2+[y'(t)]^2}\\ y_1=y(t)-ax'(t)\Big/\sqrt{[x'(t)]^2+[y'(t)]^2}\end{cases} \tag{2.16}$$

同理,由矢量 $\boldsymbol{OM}_2$ 可以确定另一条等距线的矢量方程和参数方程。其方法完全与上述方法相同,读者可以自行推导。

2.2.4 曲线的自然参数方程

在曲线的参数方程中,由于参数选取的不同,得到的方程也会是不同的,所以在一般的坐标系中讨论曲线时,由于人们选择坐标的不同而使曲线具有人为的性质。已知曲线自身的弧长是曲线的不变量,即不管坐标系如何选取,只要在其上取一初始点,确定一个方向,取一个单位长度,则曲线的弧长和参数增长方向便完全确定了。它是不依赖于坐标系选取的,所以我们取曲线本身的弧长作为参数,研究曲线的一些性质,这给实际应用和理论分析带来很多方便。

设有一条空间曲线 Γ(见图 2-11),在 Γ 上任取一点 $M_0(x_0,\ y_0,\ z_0)$,作为计算弧长的初始点。曲线上其他点 $M(x,y,z)$ 到 M_0 之间的弧长 s 是可以计算的(用弧长积分公式或累计弦长公式)。这样,曲线上每一点的位置与它的弧长之间有一一对应的关系。以曲线弧长作为曲线方程的参数,这样的方程称为**曲线的自然参数方程**,弧长则称为自然参数。这就是说,曲线上点的坐标(x,y,z)都是以弧长为参数的函数。曲线的参数方程为

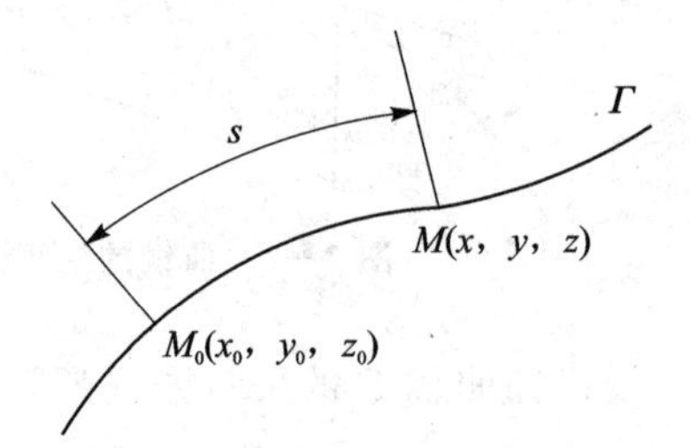

图 2-11 以弧长为参数的曲线点

$$\begin{cases}x=x(s)\\ y=y(s)\\ z=z(s)\end{cases} \tag{2.17}$$

曲线的矢量方程为

$$\boldsymbol{r}=\boldsymbol{r}(s)=[x(s),y(s),z(s)] \tag{2.18}$$

下面叙述曲线的自然参数方程与一般参数方程的联系。设已知曲线一般参数方程(或矢量方程)为

$$\boldsymbol{r}=\boldsymbol{r}(t)=[x(t),y(t),z(t)]$$

如何将它转化为曲线的自然参数方程呢?

为了观察方便,图 2-12 所示为平面曲线的情况,空间曲线的情况类同。

因为
$$\boldsymbol{r}'(t)=[x'(t),y'(t),z'(t)]=\left[\frac{\mathrm{d}x}{\mathrm{d}t},\frac{\mathrm{d}y}{\mathrm{d}t},\frac{\mathrm{d}z}{\mathrm{d}t}\right]$$

又弧长微分公式为

$$(\mathrm{d}s)^2=(\mathrm{d}x)^2+(\mathrm{d}y)^2+(\mathrm{d}z)^2$$

引入参数 t,则上式可改写为

$$\left(\frac{\mathrm{d}s}{\mathrm{d}t}\right)^2=\left(\frac{\mathrm{d}x}{\mathrm{d}t}\right)^2+\left(\frac{\mathrm{d}y}{\mathrm{d}t}\right)^2+\left(\frac{\mathrm{d}z}{\mathrm{d}t}\right)^2=|\boldsymbol{r}'(t)|^2$$

由于矢量的模一定为正或零，不会为负，所以

$$\frac{\mathrm{d}s}{\mathrm{d}t}=|\boldsymbol{r}'(t)|>0$$

故知弧长 s 是 t 的单调增函数，其反函数 $t(s)$ 存在，且一一对应。将 $t(s)$ 代入到曲线方程 $\boldsymbol{r}=\boldsymbol{r}(t)$ 中去，得 $\boldsymbol{r}=\boldsymbol{r}(t(s))=\boldsymbol{r}(s)$，此式即是以弧长为参数的自然参数方程。

自然参数方程有一个重要的性质：

∵
$$\dot{\boldsymbol{r}}(s)=\frac{\mathrm{d}\boldsymbol{r}}{\mathrm{d}s}=\frac{\mathrm{d}\boldsymbol{r}}{\mathrm{d}t}\cdot\frac{\mathrm{d}t}{\mathrm{d}s}=\boldsymbol{r}'(t)\cdot\frac{1}{|\boldsymbol{r}'(t)|}$$

∴
$$|\dot{\boldsymbol{r}}(s)|=1$$

即自然参数方程的切矢为单位矢量。

下面将举一简单的例子来说明如何从一般参数曲线方程求自然参数方程。

例 3　已知圆柱螺线的一般参数方程为

$$\boldsymbol{r}(t)=[a\cos t, a\sin t, bt]$$

其中 a 为柱面半径，螺距为 $2\pi b$（见图 2-13）。求圆柱螺线的自然参数方程

∵
$$s=\int_{t_0}^{t}|\boldsymbol{r}'(t)|\mathrm{d}t$$

令
$$\boldsymbol{r}'(t)=[-a\sin t, a\cos t, b]$$

代入得

$$s=\int_{t_0}^{t}\sqrt{(-a\sin t)^2+(a\cos t)^2+b^2}\,\mathrm{d}t=\sqrt{a^2+b^2}\,t$$

∴
$$t=s\Big/\sqrt{a^2+b^2}$$

代入圆柱螺线的一般参数方程，得到自然参数方程为

$$\boldsymbol{r}(s)=\left[a\cos(s/\sqrt{a^2+b^2}), a\sin(s/\sqrt{a^2+b^2}), bs/\sqrt{a^2+b^2}\right]$$

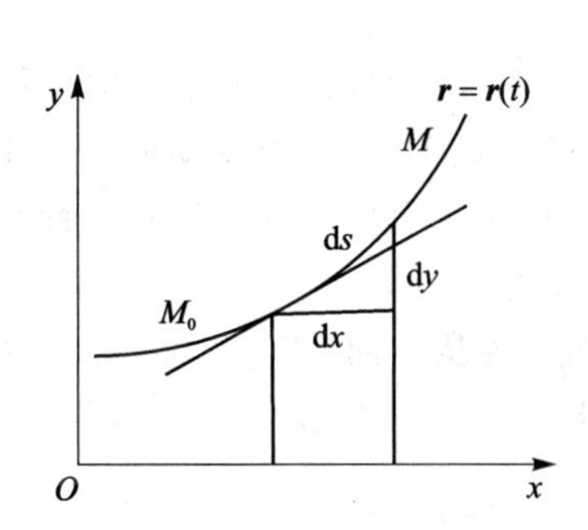

图 2-12　自然参数与一般参数的对应联系

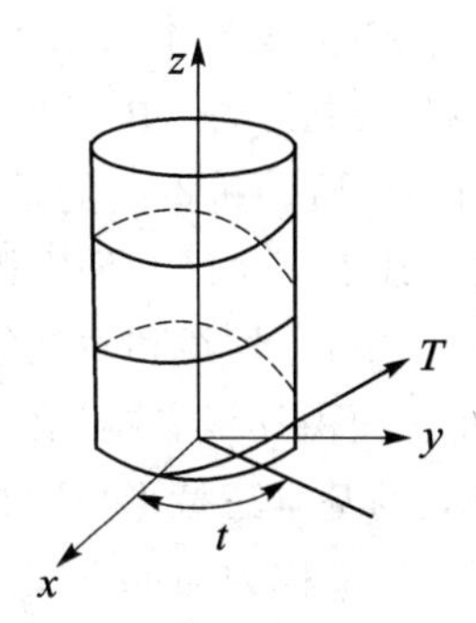

图 2-13　圆柱螺线

2.2.5　曲线论的基本公式

1. 活动坐标系和基本三棱形

如果取坐标系的原点和曲线 Γ 上的动点 M 重合，使整个坐标系随 M 点的运动而跟随运

动，这种坐标系称为活动坐标系（见图 2-14）。

现在我们来讨论活动坐标系中各坐标轴如何选取。

1）确定坐标轴Ⅰ：

设空间曲线 Γ 的方程为 $\boldsymbol{r}=\boldsymbol{r}(s)$，由前面证明的自然参数方程的一个重要性质知，自然参数方程表示的曲线的切矢为单位矢量，记为 $\boldsymbol{T}$。

$$\boldsymbol{T}(s)=\dot{\boldsymbol{r}}(s) \tag{2.19}$$

切矢 $\boldsymbol{T}$ 的方向就取为活动坐标系的第一个坐标轴的方向。

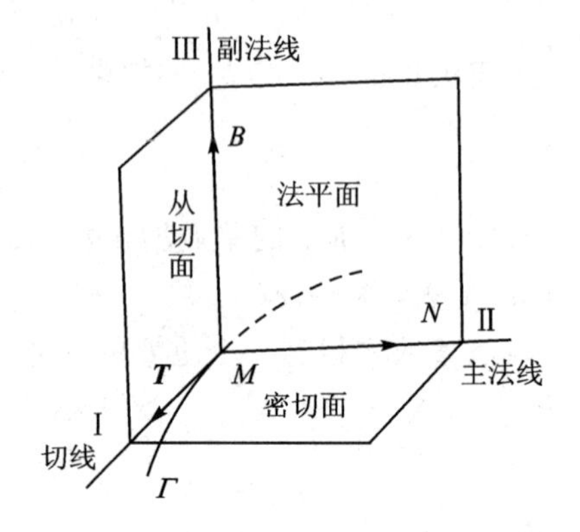

图 2-14 基本三棱形活动坐标系

2）确定坐标轴Ⅱ：

因为 $[\boldsymbol{T}(s)]^2=1$，对左式求导，得

$$2\boldsymbol{T}(s)\cdot\dot{\boldsymbol{T}}(s)=0$$

上式说明 $\boldsymbol{T}(s)$ 和 $\dot{\boldsymbol{T}}(s)$ 垂直。又因为 $\dot{\boldsymbol{T}}(s)$ 不是单位矢量，可以认为

$$\dot{\boldsymbol{T}}(s)=k(s)\cdot\boldsymbol{N}(s) \tag{2.20}$$

式中所定义的单位矢量 $\boldsymbol{N}(s)$ 是曲线 Γ 的**主法线单位矢量**，或称**主法矢**。主法矢 $\boldsymbol{N}(s)$ 总是指向曲线凹入的方向，这也是主法矢正向的几何意义。$k(s)$ 是个数量系数，称为曲线 Γ 的**曲率**。而矢量 $\ddot{\boldsymbol{r}}(s)=\dot{\boldsymbol{T}}(s)$ 称为**曲率矢量**，它的模就是该曲线的曲率。

$$|\ddot{\boldsymbol{r}}(s)|=k(s)$$

记 $\rho(s)=1/k(s)$，$\rho(s)$ 称为**曲率半径**。

取主法线单位矢量 $\boldsymbol{N}$ 的方向作为活动坐标系的第二个坐标轴的方向。

3）确定坐标轴Ⅲ：

令垂直于 $\boldsymbol{T}$ 和 $\boldsymbol{N}$ 的单位矢量为 $\boldsymbol{B}$，称此矢量为次法线单位矢量或副法线单位矢量。

$$\boldsymbol{B}(s)=\boldsymbol{T}(s)\times\boldsymbol{N}(s) \tag{2.21}$$

$\boldsymbol{B}$ 构成活动坐标系的第三个坐标轴的方向。

这三个单位矢量 $\boldsymbol{T}$，$\boldsymbol{N}$，$\boldsymbol{B}$ 是按右手系来建立的，它们与空间直角坐标系的三个单位矢量 $\boldsymbol{i}$，$\boldsymbol{j}$，$\boldsymbol{k}$ 有相同的性质。所不同的是 $\boldsymbol{T}$，$\boldsymbol{N}$，$\boldsymbol{B}$ 是随动点 M 沿曲线变动的。由于 $\boldsymbol{T}$，$\boldsymbol{N}$，$\boldsymbol{B}$ 是三个基矢，故空间曲线 Γ 从 M 点所引出的其他任何矢量都可以在这个活动坐标系上分解。

在图 2-14 中，由切线和主法线所定的平面称为密切平面。由主法线和副法线组成的平面称为法平面。而由切线和副法线构成的平面称为**从切面**（或称次切面）。这三个面构成了曲线 Γ 在 M 点处的**基本三棱形**（或称基本三面形）。当 M 点沿曲线 Γ 移动时，基本三棱形作为一个刚体运动，故又称为动标三棱形。

下面我们将介绍基矢 $\boldsymbol{T}$，$\boldsymbol{N}$，$\boldsymbol{B}$ 之间的相互关系。

1）它们是单位矢量：

$$[\boldsymbol{T}(s)]^2=[\boldsymbol{N}(s)]^2=[\boldsymbol{B}(s)]^2=1 \tag{2.22}$$

2）三个基矢是相互垂直的：

$$\boldsymbol{T}(s)\cdot\boldsymbol{N}(s)=\boldsymbol{N}(s)\cdot\boldsymbol{B}(s)=\boldsymbol{B}(s)\cdot\boldsymbol{T}(s)=0 \tag{2.23}$$

3）它们相互垂直又构成右手系：

$$\boldsymbol{T}\times\boldsymbol{N}=\boldsymbol{B},\boldsymbol{N}\times\boldsymbol{B}=\boldsymbol{T},\boldsymbol{B}\times\boldsymbol{T}=\boldsymbol{N} \tag{2.24}$$

4）三个基矢组成的体积为 1：

$$(\boldsymbol{T}\times\boldsymbol{N})\cdot\boldsymbol{B}=(\boldsymbol{T},\boldsymbol{N},\boldsymbol{B})=1 \tag{2.25}$$

2. 曲线论的基本公式

这组公式是说明活动坐标系中三个基矢的导矢和基矢之间的关系。现在我们先谈公式的内容。

因为

$$\dot{\boldsymbol{T}}(s)=k(s)\cdot\boldsymbol{N}(s) \tag{2.26}$$

其中 $k(s)=|\dot{\boldsymbol{T}}(s)|=|\ddot{\boldsymbol{r}}(s)|=\sqrt{\ddot{x}(s)^2+\ddot{y}(s)^2+\ddot{z}(s)^2}$

又 $\boldsymbol{B}(s)\cdot\boldsymbol{T}(s)=0$，对左式求导，得

$$\dot{\boldsymbol{B}}(s)\cdot\boldsymbol{T}(s)+\boldsymbol{B}(s)\cdot\dot{\boldsymbol{T}}(s)=0$$

又因为

$$\dot{\boldsymbol{T}}(s)=k(s)\cdot\boldsymbol{N}(s),\boldsymbol{B}(s)\cdot\boldsymbol{N}(s)=0$$

所以

$$\dot{\boldsymbol{B}}(s)\cdot\boldsymbol{T}(s)=0$$

又 $[\boldsymbol{B}(s)]^2=1$，对左式求导，得

$$\boldsymbol{B}(s)\cdot\dot{\boldsymbol{B}}(s)=0$$

所以，$\dot{\boldsymbol{B}}(s)$ 既垂直于 $\boldsymbol{T}(s)$，又垂直于 $\boldsymbol{B}(s)$，必有 $\dot{\boldsymbol{B}}(s)//\boldsymbol{N}(s)$。

于是令

$$\dot{\boldsymbol{B}}(s)=-K(s)\cdot\boldsymbol{N}(s) \tag{2.27}$$

式中 $K(s)\in(-\infty,\infty)$，是数量系数，称为曲线 Γ 的**挠率**，$1/K$ 称为**挠率半径**。

再看

$$\boldsymbol{N}(s)=\boldsymbol{B}(s)\times\boldsymbol{T}(s)$$

$$\begin{aligned}\dot{\boldsymbol{N}}(s)&=\dot{\boldsymbol{B}}(s)\times\boldsymbol{T}(s)+\boldsymbol{B}(s)\times\dot{\boldsymbol{T}}(s)\\&=[-K(s)\boldsymbol{N}(s)]\times\boldsymbol{T}(s)+\boldsymbol{B}(s)\times[k(s)\times\boldsymbol{N}(s)]\\&=-k(s)\boldsymbol{T}(s)+K(s)\boldsymbol{B}(s)\end{aligned} \tag{2.28}$$

将式(2.26)、(2.27)、(2.28)综合起来，可写为

$$\begin{cases}\dot{\boldsymbol{T}}(s)=k(s)\boldsymbol{N}(s)\\\dot{\boldsymbol{N}}(s)=-k(s)\boldsymbol{N}(s)+K(s)\boldsymbol{B}(s)\\\dot{\boldsymbol{B}}(s)=-K(s)\boldsymbol{N}(s)\end{cases} \tag{2.29}$$

写成矩阵形式为

$$\begin{pmatrix}\dot{\boldsymbol{T}}\\\dot{\boldsymbol{N}}\\\dot{\boldsymbol{B}}\end{pmatrix}=\begin{pmatrix}0&k&0\\-k&0&K\\0&-K&0\end{pmatrix}\cdot\begin{pmatrix}\boldsymbol{T}\\\boldsymbol{N}\\\boldsymbol{B}\end{pmatrix}$$

这组公式说明了基矢 $\boldsymbol{T},\boldsymbol{N},\boldsymbol{B}$ 关于弧长的导矢，可以用基矢的线性组合来表示。它反映了当 M 点在曲线上移动时，活动坐标系跟随着移动，矢量 $\boldsymbol{T},\boldsymbol{N},\boldsymbol{B}$ 的方向也随着变化，这种变化可以用导矢 $\dot{\boldsymbol{T}},\dot{\boldsymbol{N}},\dot{\boldsymbol{B}}$ 来描述。这组公式还可用来求曲线的曲率 k 和挠率 K。

2.2.6 曲率和挠率

1. 曲 率

(1) 曲率的几何意义

在微积分中,已讨论过平面曲线的曲率,即曲线在一点的曲率等于切线方向对于弧长的导数 $\mathrm{d}\theta/\mathrm{d}s$,即

$$\lim_{\Delta s\to 0}\left|\frac{\Delta\theta}{\Delta s}\right|=k$$

在微分几何中,曲率的几何意义是

$$k=|\dot{\boldsymbol{T}}|=\left|\frac{\mathrm{d}\boldsymbol{T}}{\mathrm{d}s}\right|=\lim_{\Delta s\to 0}\left|\frac{\Delta\boldsymbol{T}}{\Delta s}\right|=\lim_{\Delta s\to 0}\left|\frac{\Delta\boldsymbol{T}}{\Delta\theta}\right|\cdot\left|\frac{\Delta\theta}{\Delta s}\right|$$

由于 $|\boldsymbol{T}(s)|=|\boldsymbol{T}(s+\Delta s)|=1$,都是单位矢量(见图2-15),故弦长 $|\Delta\boldsymbol{T}|$ 与角度 $\Delta\theta$ 之比的极限为1,就得到

$$k=\lim_{\Delta s\to 0}\left|\frac{\Delta\theta}{\Delta s}\right|=\left|\frac{\mathrm{d}\theta}{\mathrm{d}s}\right|$$

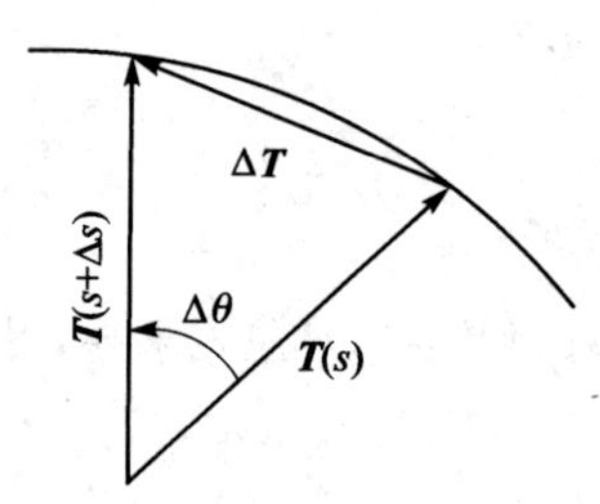

图2-15 曲率的几何意义

这个结果和平面曲线曲率的定义是一致的。所以 k 是空间曲线 Γ 的曲率,平面曲线的曲率只不过是它的特例。**曲率**表示切线方向对于弧长的转动率。转动越"快",曲率越大,弯曲程度越厉害。

由公式 $k=|\ddot{\boldsymbol{r}}(s)|=0$ 可知,**曲率恒等于零的曲线是直线**。

(2) 平面曲线曲率的计算方法

对于曲线方程 $y=f(x)$,微积分中给出的曲率计算公式

$$k=\left|\frac{y''(x)}{[1+(y'(x))^2]^{3/2}}\right| \tag{2.30}$$

对于曲线方程 $F(x,y)=0$,曲率的计算公式是

$$k=\left|-\frac{F_{xx}(F_y)^2-2F_{xy}F_xF_y+F_{yy}(F_x)^2}{[(F_x)^2+(F_y)^2]^{3/2}}\right| \tag{2.31}$$

对于自然参数方程,曲率的计算公式是

$$k=\sqrt{\ddot{x}(s)^2+\ddot{y}(s)^2+\ddot{z}(s)^2} \tag{2.32}$$

现在给出自然参数方程中曲率的另一种表示形式。

∵ $$y'(x)=\dot{y}(s)/\dot{x}(s)$$

对上式求导,得

$$y''(x)=[\ddot{y}(s)\dot{x}(s)-\dot{y}(s)\ddot{x}(s)]/[\dot{x}(s)]^3$$

将以上二式代入式(2.30),得

$$k=\frac{\ddot{y}(s)\dot{x}(s)-\dot{y}(s)\ddot{x}(s)}{[(\dot{x}(s))^2+(\dot{y}(s))^2]^{3/2}}$$

又∵ $$\sqrt{(\dot{x}(s))^2+(\dot{y}(s))^2}=1$$

∴ $$k=\ddot{y}(s)\dot{x}(s)-\dot{y}(s)\ddot{x}(s) \tag{2.33}$$

(3) 空间曲线的曲率计算方法

对于自然参数方程,曲率的计算公式为

$$k=\sqrt{(\ddot{x}(s))^2+(\ddot{y}(s))^2+(\ddot{z}(s))^2} \tag{2.34}$$

对于一般参数方程,曲率的计算方法如下:

∵ $$[\dot{\boldsymbol{r}}(s)]^2=\left(\frac{\mathrm{d}\boldsymbol{r}}{\mathrm{d}t}\right)^2\cdot\left(\frac{\mathrm{d}t}{\mathrm{d}s}\right)^2$$

又 $$|\dot{\boldsymbol{r}}(s)|=|\boldsymbol{T}(s)|=1$$

∴ $$\left(\frac{\mathrm{d}t}{\mathrm{d}s}\right)=1\Big/\sqrt{[\boldsymbol{r}'(t)]^2}$$

则 $$\dot{\boldsymbol{r}}(s)=\boldsymbol{r}'(t)\Big/\sqrt{[\boldsymbol{r}'(t)]^2}$$

又 $$\ddot{\boldsymbol{r}}(s)=\{\boldsymbol{r}''(t)[\boldsymbol{r}'(t)]^2-\boldsymbol{r}'(t)[\boldsymbol{r}'(t)\cdot\boldsymbol{r}''(t)]\}\Big/\left[\sqrt{\{[\boldsymbol{r}'(t)]^2\}^3}\cdot\sqrt{[\boldsymbol{r}'(t)]^2}\right]$$

将上述等式两边平方,得

$$\begin{aligned}[\ddot{\boldsymbol{r}}(s)]^2&=\{[\boldsymbol{r}''(t)]^2[\boldsymbol{r}'(t)]^2-[\boldsymbol{r}'(t)\cdot\boldsymbol{r}''(t)]^2\}\Big/\{[\boldsymbol{r}'(t)]^2\}^3\\&=|\boldsymbol{r}'(t)\times\boldsymbol{r}''(t)|^2/\{[\boldsymbol{r}'(t)]^2\}^3\end{aligned}$$

∴ $$k=\frac{|\boldsymbol{r}'(t)\times\boldsymbol{r}''(t)|}{|\boldsymbol{r}'(t)|^3} \tag{2.35}$$

若用分量表示

$$k=\frac{\left[\begin{vmatrix}y'(t) & z'(t)\\ y''(t) & z''(t)\end{vmatrix}^2+\begin{vmatrix}z'(t) & x'(t)\\ z''(t) & x''(t)\end{vmatrix}^2+\begin{vmatrix}x'(t) & y'(t)\\ x''(t) & y''(t)\end{vmatrix}^2\right]^{1/2}}{\{[x'(t)]^2+[y'(t)]^2+[z'(t)]^2\}^{3/2}} \tag{2.36}$$

(4) 应用举例

1) 已知曲线方程,求任意点的曲率;

2) 在作曲线光顺处理时,使用平面曲线的相对曲率作为判别曲线是否光顺的准则;

3) 已知曲率值 $k(s)$ 和初始条件,求解曲线的方程。

2. 挠　率

(1) 挠率 K 的几何意义

∵ $$\dot{\boldsymbol{B}}=-K\boldsymbol{N}$$

∴ $$|K|=\left|\frac{\mathrm{d}\boldsymbol{B}}{\mathrm{d}s}\right|=\lim_{\Delta s\to 0}\left|\frac{\Delta\boldsymbol{B}}{\Delta s}\right|=\lim_{\Delta s\to 0}\left|\frac{\Delta\boldsymbol{B}}{\Delta\theta}\cdot\frac{\Delta\theta}{\Delta s}\right|$$

和上面曲率的证明方法一样,可得到

$$|K|=\lim_{\Delta s\to 0}\left|\frac{\Delta\theta}{\Delta s}\right|$$

即曲线在一点的挠率,就绝对值而言,等于副法线方向(或密切面)对弧长的转动率(见图 2-16)。

对于平面曲线,密切面是固定不变的,因而副法矢 $\boldsymbol{B}$ 也是固定不变的,即 $\boldsymbol{B}=0$,故挠率 K 恒等于零。

(2) 挠率 K 的正负号的规定

曲线在 M_0 点穿过法平面和密切面,但不穿过从切面。若曲线在 $\boldsymbol{T}$ 正向的一方,反在密切

面的上面，即也在 $\boldsymbol{B}$ 正向的这一面，此时挠率 K 取正(见图 2-17(a))。若曲线在 $\boldsymbol{T}$ 正向的一方，且在密切面的下面，此时挠率 K 取负(见图 2-17(b))。

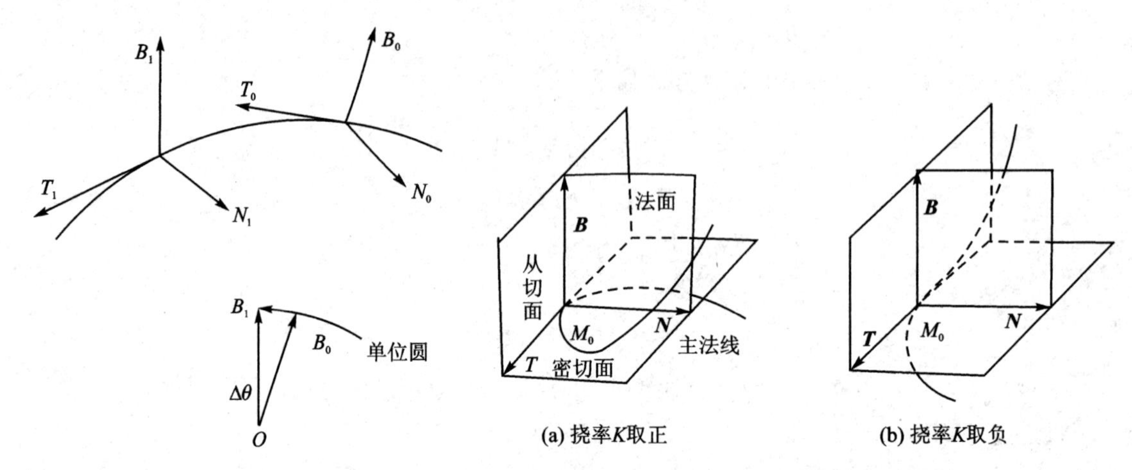

图 2-16　挠率的几何意义　　　　图 2-17　挠率的正负号规定

(3) 挠率的计算公式

挠率 K 的基本公式：

∵
$$\dot{\boldsymbol{B}} = -K\boldsymbol{N}$$

∴
$$K = -\dot{\boldsymbol{B}} \cdot \boldsymbol{N} \tag{2.37}$$

又
$$\dot{\boldsymbol{N}} = -k\boldsymbol{T} + K \cdot \boldsymbol{B}$$

则
$$K = \dot{\boldsymbol{N}} \cdot \boldsymbol{B} + k\boldsymbol{T} \cdot \boldsymbol{B} = \dot{\boldsymbol{N}} \cdot \boldsymbol{B} \tag{2.38}$$

当曲线用自然参数方程表示时，

$$\boldsymbol{B} = \boldsymbol{T} \times \boldsymbol{N}$$
$$\boldsymbol{T} = \dot{\boldsymbol{r}}(s)$$
$$\boldsymbol{N} = \ddot{\boldsymbol{r}}(s)/k$$
$$\dot{\boldsymbol{N}} = \frac{\dddot{\boldsymbol{r}}(s)}{k} + \ddot{\boldsymbol{r}}(s)\frac{\mathrm{d}(1/k)}{\mathrm{d}s}$$

将上面四个式子代入式(2.38)，得

$$K(s) = \left[\frac{\dddot{\boldsymbol{r}}(s)}{k} + \ddot{\boldsymbol{r}}(s)\frac{\mathrm{d}\left(\frac{1}{k}\right)}{\mathrm{d}s}\right] \cdot \left[\dot{\boldsymbol{r}}(s) \times \frac{\ddot{\boldsymbol{r}}(s)}{k}\right]$$
$$= \frac{1}{k^2}\dddot{\boldsymbol{r}}(s) \cdot [\dot{\boldsymbol{r}}(s) \times \ddot{\boldsymbol{r}}(s)] = (\dot{\boldsymbol{r}}, \ddot{\boldsymbol{r}}, \dddot{\boldsymbol{r}}) / [\ddot{\boldsymbol{r}}(s)]^2 \tag{2.39}$$

当曲线用一般参数方程表示时，

$$\dot{\boldsymbol{r}}(s) = \boldsymbol{r}'(t) \cdot \mathrm{d}t/\mathrm{d}s$$
$$[\dot{\boldsymbol{r}}(s) \times \ddot{\boldsymbol{r}}(s)] \cdot \dddot{\boldsymbol{r}}(s) = [\boldsymbol{r}'(t) \times \boldsymbol{r}''(t)] \cdot \boldsymbol{r}'''(t)(\mathrm{d}t/\mathrm{d}s)^6$$
$$[\ddot{\boldsymbol{r}}(s)]^2 = |\boldsymbol{r}'(t) \times \boldsymbol{r}''(t)|^2 / |\boldsymbol{r}'(t)|^6$$
$$(\mathrm{d}t/\mathrm{d}s) = 1/|\boldsymbol{r}'(t)|$$

将以上述式子代入式(2.39)，得

$$K(t)=\frac{[\boldsymbol{r}'(t),\boldsymbol{r}''(t),\boldsymbol{r}'''(t)]}{[\boldsymbol{r}'(t)\times\boldsymbol{r}''(t)]^2} \tag{2.40}$$

2.2.7　曲面的矢量方程和参数方程

在飞机外形设计中，应用的曲面主要是回转面、直纹面和自由型复杂曲面。直纹面应用于翼面类部件。这里主要介绍回转面和复杂曲面的矢量方程和参数方程。

1. 回转面

回转面是由一条平面曲线（数学上称为母线或经线）绕一固定轴线旋转而成的曲面，飞机上的桨帽、发动机短舱和机身前后段等经常就选用这类曲面。

现求回转面的矢量方程和参数方程（见图 2-18）。

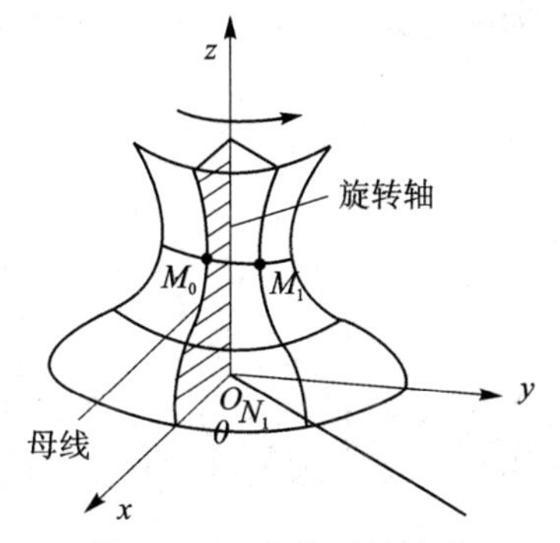

图 2-18　回转面的生成

1）母线方程

$$OM_0=[x_0(t),0,z_0(t)]$$

是单参数 t 的曲线。

2）空间 M_1 点的矢量方程

$$\boldsymbol{OM}_1=\boldsymbol{ON}_1+\boldsymbol{N}_1\boldsymbol{M}_1=[x_0\cos\theta,x_0\sin\theta,z_0]$$

是单参数 θ 的曲线。式中，x_0 是 M_1 点在 xOy 平面上的投影点 N_1 与原点 O 连线 ON_1 的长度。z_0 是 M_1 点的 z 坐标尺寸。

3）回转面的矢量方程

$$\boldsymbol{r}(t,\theta)=[x_0(t)\cos\theta,x_0(t)\sin\theta,z_0(t)]$$

回转面的参数方程

$$\begin{cases}x=x_0(t)\cos\theta & t_0\leqslant t\leqslant t_n\\ y=x_0(t)\sin\theta & \theta_0\leqslant\theta\leqslant\theta_n\\ z=z_0(t)\end{cases}$$

2. 复杂曲面

一般二次曲线生成的回转面方程是二次的，面复杂曲面方程的次数往往更高，通常是三次或三次以上。它们的一般表达式可以写成下列形式。

隐式方程：

$$F(x,y,z)=0$$

显式方程：

$$z=f(x,y)$$

矢量方程：

$$\boldsymbol{r}=\boldsymbol{r}(u,w)=[x(u,w),y(u,w),z(u,w)]$$

式中，u,w 为参数。

参数方程：

$$\begin{cases}x=x(u,w) & u_0\leqslant u\leqslant u_n\\ y=y(u,w) & w_0\leqslant w\leqslant w_n\\ z=z(u,w)\end{cases}$$

上式中双参数 u,w 的变化范围往往取为单位正方形，即 $0\leqslant u\leqslant 1, 0\leqslant w\leqslant 1$，这样讨论曲面方

程时，既简单、方便，又不失一般性。

2.2.8 曲面上的曲线及其切矢和曲面上的法矢

1. 坐标曲线

前面我们介绍了双参数的空间曲面方程为

$$\boldsymbol{r}=\boldsymbol{r}(u,w)=[x(u,w),y(u,w),z(u,w)]$$

对了显函数 $z=f(x,y)$ 可以将它改写成特殊的双参数方程形式：

$$\begin{cases}x=u\\y=w\\z=f(u,w)\end{cases}$$

当 $u=u_0$（常数）时，上式写成矢量方程为

$$\boldsymbol{r}=\boldsymbol{r}(u_0,w)=[x(u_0,w),y(u_0,w),z(u_0,w)]$$

这是单参数 w 的矢函数，它是曲面上的空间曲线，我们称它为 w 线。

当 $w=w_0$（常数）时，上式写成矢量方程为

$$\boldsymbol{r}=\boldsymbol{r}(u,w_0)=[x(u,w_0),y(u,w_0),z(u,w_0)]$$

这是单参数 u 的矢函数，构成曲面上的另一方向的空间曲线，称为 u 线。

这里，u 线和 w 线统称为坐标曲线（或参数曲线）。其特点是：

1） $0\leqslant u,w\leqslant 1$。

2） 在 u 线上，w 值是常数；在 w 线上，u 值是常数。

3） u 线和 w 线组成的坐标网格的夹角不一定为直角。

4） u 线和 w 线组成空间曲面网格，可以用来构造整张曲面。

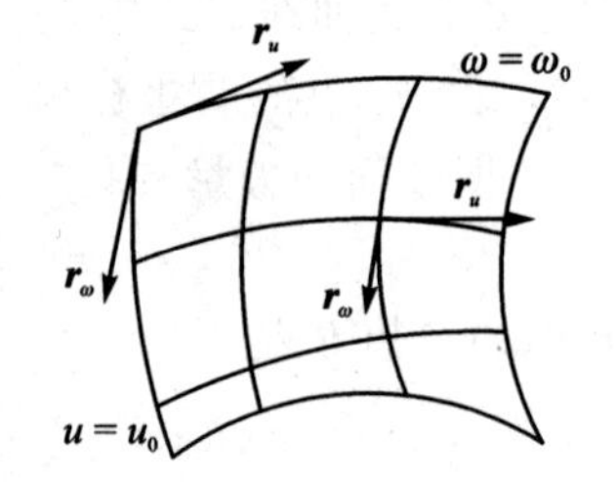

图 2-19 曲面上点的切矢

2. 坐标曲线的切矢

设已知曲面方程（见图 2-19）是：

$$\boldsymbol{r}=\boldsymbol{r}(u,w)=[x(u,w),y(u,w),z(u,w)]$$

将矢函数 $\boldsymbol{r}(u,w)$ 对 u 求偏导数，得切矢

$$\frac{\partial \boldsymbol{r}}{\partial u}=\lim_{\Delta u\to 0}\frac{\boldsymbol{r}(u+\Delta u,w)-\boldsymbol{r}(u,w)}{\Delta u}=[x_u(u,w),y_u(u,w),z_u(u,w)]$$

切矢的方向指向参数 u 增长的方向。

将矢函数 $\boldsymbol{r}(u,w)$ 对 w 求偏导数，得切矢

$$\frac{\partial \boldsymbol{r}}{\partial w}=\lim_{\Delta w\to 0}\frac{\boldsymbol{r}(u,w+\Delta w)-\boldsymbol{r}(u,w)}{\Delta w}=[x_w(u,w),y_w(u,w),z_w(u,w)]$$

它的方向指向参数 w 增长的方向。

若曲面方程是显函数 $z=f(x,y)$，取参数 u 和 w 分别为 x 和 y，对 u 和 w 求导，得切矢

$$\boldsymbol{T}_u=[\partial x/\partial u,\partial y/\partial u,\partial z/\partial u]=[1,0,f_u]$$

$$\boldsymbol{T}_w=[\partial x/\partial w,\partial y/\partial w,\partial z/\partial w]=[0,1,f_w]$$

3. 曲面上任意曲线及其切矢

设已知曲面的矢量方程为

$$\boldsymbol{r}=\boldsymbol{r}(u,w)=[x(u,w),y(u,w),z(u,w)],\quad 0\leqslant u,w\leqslant 1$$

其中双参数 u,w 又是另一参数 t 的函数：

$$u=u(t),w=w(t)$$

求曲面上的曲线方程及其切矢。

将 u,w 代入矢量方程，得

$$\boldsymbol{r}=\boldsymbol{r}[u(t),w(t)]=[x(t),y(t),z(t)]$$

上式是单参数方程，当 t 变动时，就得到一条曲线，这正是曲面上的曲线方程。它也可以写为

$$\begin{cases}\boldsymbol{r}=\boldsymbol{r}(u,w)\\u=u(t)\\w=w(t)\end{cases}$$

曲面上曲线的切矢是

$$\begin{aligned}\frac{\mathrm{d}\boldsymbol{r}(t)}{\mathrm{d}t}&=\boldsymbol{r}_u\frac{\mathrm{d}u}{\mathrm{d}t}+\boldsymbol{r}_w\frac{\mathrm{d}w}{\mathrm{d}t}\\&=\left[x_u\frac{\mathrm{d}u}{\mathrm{d}t}+x_w\frac{\mathrm{d}w}{\mathrm{d}t},y_u\frac{\mathrm{d}u}{\mathrm{d}t}+y_w\frac{\mathrm{d}w}{\mathrm{d}t},z_u\frac{\mathrm{d}u}{\mathrm{d}t}+z_w\frac{\mathrm{d}w}{\mathrm{d}t}\right]\end{aligned}$$

其中，$\boldsymbol{r}_u$，$\boldsymbol{r}_w$ 为坐标曲线的切矢。

4. 曲面上的法矢和法线方程

已知曲面 $\boldsymbol{r}=\boldsymbol{r}(u,w)$和曲面上一点 $M_0(u_i,w_j)$，求过 M_0 点的切平面和法线方程。

先求偏导矢，即切矢

$$\boldsymbol{r}_u(u_i,w_j)=[x_u(u_i,w_j),y_u(u_i,w_j),z_u(u_i,w_j)]$$
$$\boldsymbol{r}_w(u_i,w_j)=[x_w(u_i,w_j),y_w(u_i,w_j),z_w(u_i,w_j)]$$

上两式简写为

$$\boldsymbol{r}_u(u,w)=[x_u,y_u,z_u]$$
$$\boldsymbol{r}_w(u,w)=[x_w,y_w,z_w]$$

因此过 M_0 点的切平面的法矢为

$$\boldsymbol{n}=\boldsymbol{r}_u(u,w)\times\boldsymbol{r}_w(u,w)=\begin{vmatrix}\boldsymbol{i}&\boldsymbol{j}&\boldsymbol{k}\\x_u&y_u&z_u\\x_w&y_w&z_w\end{vmatrix}$$

过 M_0 点的法线方程为

$$\frac{x-x_0}{\begin{vmatrix}y_u&z_u\\y_w&z_w\end{vmatrix}}=\frac{y-y_0}{\begin{vmatrix}z_u&x_u\\z_w&x_w\end{vmatrix}}=\frac{z-z_0}{\begin{vmatrix}x_u&y_u\\x_w&y_w\end{vmatrix}}$$

式中(x_0,y_0,z_0)是 M_0 点与(u_i,w_j)相对应的直角坐标值。

过 M_0 点的切平面方程为

$$\begin{vmatrix}y_u&z_u\\y_w&z_w\end{vmatrix}(x-x_0)+\begin{vmatrix}z_u&x_u\\z_w&x_w\end{vmatrix}(y-y_0)+\begin{vmatrix}x_u&y_u\\x_w&y_w\end{vmatrix}(z-z_0)=0$$

思考题

2-1 为什么说形状数学描述是CAGD的核心问题?

2-2 CAGD发展历史中,遇了哪些需要解决的主要问题?

2-3 在CAGD的研究与发展中,数学理论与实际工作者分别起着怎样的作用?相互间应有怎样的关系?

2-4 对于形状数学描述的要求哪些是基本的?哪些是随着CAGD及其应用的发展不断提出来的?

2-5 已知 xOy 平面第一象限,圆心在原点的1/4单位圆的参数方程 $\boldsymbol{p}=[\cos\theta,\sin\theta]$,$0\leqslant\theta\leqslant\pi/2$,现有一参数 u,$u=\tan(\theta/2)$,试将上述的参数方程变换成以参数 u 表示的参数方程,同时给出相应的参数域。

2-6 求圆柱螺线 $\boldsymbol{p}(\theta)=[a\cos\theta,a\sin\theta,b\theta]$,$0\leqslant\theta\leqslant2\pi$ 的弦长,并将其变换成为用弧长参数 s 表示的自然参数方程。并以此来说明自然参数方程的优点。

2-7 设空间曲线 Γ 的参数方程为 $\boldsymbol{r}=\boldsymbol{r}(t)=[t^2+1,4t-3,2t^2-6t]$,$t\in\mathbf{R}$,求曲线 Γ 在与 $t_0=2$ 相应点处的单位切向量。

2-8 写出曲线 $\boldsymbol{r}(t)=[3t-t^2,3t,3t+t^2]$ 在参数 $t=0$ 处的切线方程和法平面方程。

2-9 求曲线 $x=a\cos^3t$,$y=a\sin^3t$ 在 $t=t_0$ 相应点处的曲率。

2-10 求球面 $x^2+y^2+z^2=14$ 在点(1,2,3)处的切平面及法线方程。

2-11 已知曲面方程 $\boldsymbol{r}=\boldsymbol{r}(u,w)$,和曲面上一点 $M_0(u_i,w_j)$,求过 M_0 点的法线方程和切平面方程。

第3章 曲线曲面基本理论

在CAD/CAM发展史上，人们最先探索采用参数多项式的数学形式来表示曲线和曲面。在用参数多项式构造插值曲线时，可以采用不同的多项式基函数，这导致插值曲线的不同表示形式，它们具有不同的优缺点。与插值方法的精确通过数据点不同，逼近方法给出了在某种意义上最贴近数据点的逼近表示。针对参数多项式插值曲线性质的研究发现出来的问题，使人们考虑怎样用低次参数多项式解决实际问题。这一章主要讲述三次样条曲线与参数样条曲线、孔斯曲面、贝齐埃曲线与曲面、B样条曲线与曲面、非均匀有理B样条曲线和曲面等。

3.1 三次样条曲线与参数样条曲线

在《计算方法》中，采用拉格朗日插值多项式等可用来解决对有限多个数据点的代数多项式插值问题。但数据点越多，插值多项式的次数就越高。高次多项式一是不容易计算，它们需要大量的系数，而这些系数的物理概念有时难于理解；二是会在曲线上产生不希望有的波动。因此，为了通过较多的数据点而盲目提高插值多项式的次数是不恰当的。解决办法之一采用**分段的低次多项式**进行插值。当数据点给得相当密时，用分段线性插值也是可行的，但当给出的型值点不很密时，采用这种办法只能保证各个曲线段本身连续，在型值点处将会出现拐折现象，这是不允许的。本节介绍的三次样条函数，是一种分段三次多项式插值，它不但能保证曲线上斜率连续变化，而且也能保证曲率连续变化。这对飞机、汽车、舰船的外形来说，已能满足要求了。

3.1.1 三次样条函数及其力学背景

数学上的三次样条函数是在生产实践的基础上产生和发展起来的。模线间的设计员在绘制模线时，首先按给定的数据将型值点准确地点在图板上(通常叫“打点”)。然后，采用一种称为“样条”的工具(一根富有弹性的有机玻璃条或木条)，用压铁强迫它通过这些型值点，再适当调整这些压铁，让样条的形态发生变化，直至取得合适的形状，才沿着样条画出所需的曲线。如果我们把样条看成弹性细梁，压铁看成作用在这梁的某些点上的集中载荷，那就可把上述画模线的过程在力学上抽象为：求弹性细梁在外加集中载荷作用下产生的弯曲变形。切出两相邻压铁之间的一段梁来看，只在梁的两端有集中力作用，因此弯矩在这段梁内是线性函数；从整个梁来看，弯矩是连续的折线函数。

按照欧拉公式有

$$\frac{1}{\rho(x)}=\frac{M(x)}{EJ}$$

式中 $M(x)$ 是弯矩，$\rho(x)$ 是梁的曲率半径，它们都随点的位置而变化。E 和 J 是与梁的材料和形状有关的常数。由于平面曲线的曲率为

$$\frac{1}{\rho(x)}=\frac{y''}{(1+y'^2)^{3/2}}$$

因此有

$$\frac{y''}{(1+y'^2)^{3/2}}=\frac{M(x)}{EJ}$$

对于“**小挠度**”曲线，即$|y'(x)|\ll 1$的曲线，上述方程近似于

$$y''(x)=\frac{M(x)}{EJ}$$

由于在各小段上$M(x)$是线性函数，由上式可知，在各小段上函数$y(x)$是x的三次多项式。在整个梁上，$y(x)$就是分段三次函数，但它具有直到二阶的连续导数(因为从整个梁来说弯矩$M(x)$是连续的折线函数)。这一力学背景就导致了数学上三次样条函数概念的建立。

现给出三次样条函数的定义。设在区间$[x_0,x_n]$上给定一个分割$\Delta: x_0<x_1<\cdots<x_n$，已知插值条件为

x	$x_0,\ x_1,\ x_2,\cdots,x_n$
y	$y_0,\ y_1,\ y_2,\cdots,y_n$

若有函数$y(x)$适合下列条件：

1) $y(x_i)=y_i(i=0,1,\cdots,n)$；

2) $y(x)$在整个区间$[x_0,x_n]$上二次连续可导；

3) 在每一个子区间$[x_{i-1},x_i]$上$(i=0,1,\cdots n)$，$y(x)$是x的三次多项式。则称$y(x)$是关于已知插值条件的**三次样条函数**(Cubic Spline Function)。由样条函数构成的曲线称为**样条曲线**。当要求在每个数据点处三阶或更高阶的导数也连续时就要用高次样条，例如，五次样条有四阶导数连续。下面我们着重讨论三次样条。

3.1.2 三次样条曲线

为方便起见，我们先来解决在[0,1]区间上带一阶导数的插值问题。设自变量为$u(0\leqslant u\leqslant 1)$，对应于两个端点的函数值与一阶导数值分别为$y_0,y_1,y'_0,y'_1$。根据埃尔米特(Hermite)插值，可在两个端点之间构作一段三次曲线。设该曲线段的方程为

$$y(u)=a_0+a_1u+a_2u^2+a_3u^3$$

对u求导后有

$$y'(u)=a_1+2a_2u+3a_3u^2$$

将四个已知条件代入以上两式，即可解得方程的四个系数，从而得到

$$y(u)=(2y_0-2y_1+y'_0+y'_1)u^3+(3y_1-3y_0-2y'_0-2y'_1)u^2+y'_0u+y_0$$

可改写为

$$y(u)=y_0(2u^3-3u^2+1)+y_1(-2u^3+3u^2)+y'_0(u^3-2u^2+u)+y'_1(u^3-u^2)$$

令

$$\begin{cases}F_0(u)=2u^3-3u^2+1\\F_1(u)=-2u^3+3u^2\\G_0(u)=u(u-1)^2\\G_1(u)=u^2(u-1)\end{cases}\tag{3.1}$$

则曲线段方程为

$$y(u)=y_0F_0(u)+y_1F_1(u)+y'_0G_0(u)+y'_1G_1(u) \tag{3.2}$$

式中 $F_0(u)$、$F_1(u)$、$G_0(u)$、$G_1(u)$称为**埃尔米特基函数**或**三次混合函数**，注意有

$$F_0(u)+F_1(u)\equiv 1$$

今后我们要经常用到这四个混合函数。由式(3.2)可以看出，F_0 与 F_1 专门控制端点的函数值对曲线形状的影响，而同端点的导数值无关；G_0 与 G_1 则专门控制端点的一阶导数值对曲线形状的影响，而同端点的函数值无关。或者说，F_0 与 G_0 控制左端点的影响，F_1 与 G_1 则控制右端点的影响。图 3－1 给出了这四个混合函数的图形。

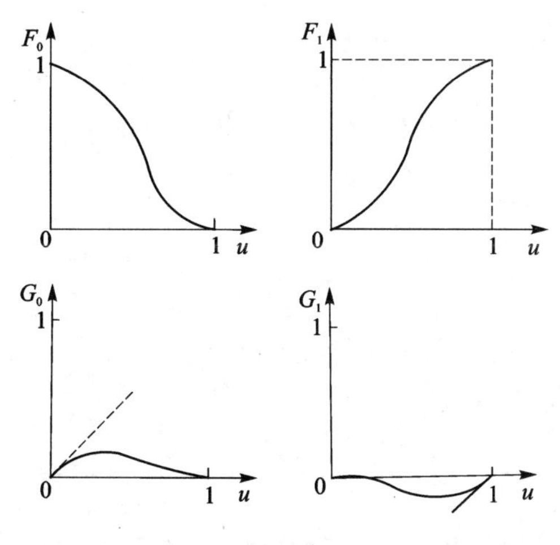

图 3－1　埃尔米特三次混合函数

现在来解决在区间$[x_{i-1},x_i]$上带一阶导数的插值问题。设对应于区间两端的函数值与一阶导数值分别为 y_{i-1},y_i,m_{i-1},m_i。这时可进行变量转换

$$u=\frac{x-x_{i-1}}{x_i-x_{i-1}}=\frac{x-x_{i-1}}{h_i}$$

式中 $h_i=x_i-x_{i-1}(i=1,2,\cdots,n)$。且有

$$y'_u=y'_x\frac{\mathrm{d}x}{\mathrm{d}u}=y'_xh_i$$

由于变换后 u 的变化区间为$[0,1]$，并注意到式(3.2)中的 y'_0,y'_1为对 u 的一阶导数，而 m_{i-1},m_i 则为对 x 的一阶导数，因此可仿照式(3.2)立刻写出第 y'_0段曲线的表达式

$$y_i(x)=y_{i-1}F_0(u)+y_iF_1(u)+h_i[m_{i-1}G_0(u)+m_iG_1(u)] \tag{3.3}$$

上式还可以表为矩阵形式

$$y_i(x)=[F_0(u)\quad F_1(u)\quad G_0(u)\quad G_1(u)]\begin{bmatrix}y_{i-1}\\ y_i\\ h_im_{i-1}\\ h_im_i\end{bmatrix}$$

$$=[1\quad u\quad u^2\quad u^3]\begin{pmatrix}1&0&0&0\\0&0&1&0\\-3&3&-2&-1\\2&-2&1&1\end{pmatrix}\begin{bmatrix}y_{i-1}\\ y_i\\ h_im_{i-1}\\ h_im_i\end{bmatrix}\quad (i=1,2,\cdots,n) \tag{3.4}$$

用式(3.3)或式(3.4)确定的函数 $y(x)$，它本身及其一阶导数 $y'(x)$ 在 $[x_0,x_n]$ 上的连续性，是由各段的插值条件保证了的，不论 $m_0,m_1,\cdots,m_n$ 取什么值，$y(x)$ 及 $y'(x)$ 总是连续的。但是，若任意地选取 $m_0,m_1,\cdots,m_n$，就不能保证 $y''(x)$ 在 $[x_0,x_n]$ 上连续。所以，为了保证各内节点处的 $y''(x)$ 也连续，m_i 就必须适合某些条件。

将式(3.3)对 x 求导两次后，得到

$$y_i''(x)=y_{i-1}F_0''(u)\frac{1}{h_i^2}+y_iF_1''(u)\frac{1}{h_i^2}+m_{i-1}G_0''(u)\frac{1}{h_i}+m_iG_1''(u)\frac{1}{h_i} \tag{3.5}$$

由于

$$F_0''(u)=12u-6$$
$$F_1''(u)=-12u+6$$
$$G_0''(u)=6u-4$$
$$G_1''(u)=6u-2$$

对于第 i 段曲线的末点($u=1$)，有

$$y_i''(x_i)=\frac{6}{h_i^2}y_{i-1}-\frac{6}{h_i^2}y_i+\frac{2}{h_i}m_{i-1}+\frac{4}{h_i}m_i \tag{3.6}$$

对于第 $i+1$ 段曲线的始点($u=0$)，有

$$y_{i+1}''(x_i)=-\frac{6}{h_{i+1}^2}y_i+\frac{6}{h_{i+1}^2}y_{i+1}-\frac{4}{h_{i+1}}m_i-\frac{2}{h_{i+1}}m_{i+1} \tag{3.7}$$

为了让两段曲线的二阶导数在 $x=x_i$ 处连续，则必须令(3.6)与(3.7)两式的右边相等，由此经过简单计算之后得出

$$\frac{h_{i+1}}{h_i+h_{i+1}}m_{i-1}+2m_i+\frac{h_i}{h_i+h_{i+1}}m_{i+1}=3\left(\frac{h_i}{h_i+h_{i+1}}\cdot\frac{y_i-y_{i-1}}{h_i}+\frac{h_i}{h_i+h_{i+1}}\cdot\frac{y_{i+1}-y_i}{h_{i+1}}\right) \tag{3.8}$$

引入记号

$$\lambda_i=\frac{h_{i+1}}{h_i+h_{i+1}},\quad \mu_i=1-\lambda_i$$

$$c_i=3\left(\lambda_i\frac{y_i-y_{i-1}}{h_i}+\mu_i\frac{y_{i+1}-y_i}{h_{i+1}}\right)$$

则式(3.8)又可写为

$$\lambda_im_{i-1}+2m_i+\mu_im_{i+1}=c_i\quad(i=1,2,\cdots,n-1) \tag{3.9}$$

式(3.9)称为**样条函数的 m -关系式**，虽然此时还不知道各内节点上的 m_i，但正可以通过这些为保证二阶导数连续而建立起来的关系式解出 m_i。以上这些关系式包含 $m_0,m_1,\cdots,m_n$ 这 $n+1$ 个未知量的线性方程组，方程的个数是 $n-1$ 个，还不足以完全确定这些 m_i；为了完全确定它们，还必须添加两个条件。这两个条件通常根据对边界节点 x_0 与 x_n 处的附加要求来提供，所以称为端点条件，常用的有以下几种。

1) 已知曲线在两端点处的斜率 m_0 与 m_n，这时式(3.9)就化成 $n-1$ 个未知量 $m_1,\cdots,m_{n-1}$ 的 $n-1$ 个线性方程，其中第一个方程为

$$2m_1+\mu_1m_2=c_1-\lambda_1m_0$$

第 $n-1$ 个方程为

$$\lambda_{n-1} m_{n-2} + 2m_{n-1} = c_{n-1} - \mu_{n-1} m_n$$

从而即可求出唯一的解。

2）给定两端点的二阶导数 M_0 与 M_n，这时可在式(3.7)中令 $i=0$ 及左端项为 M_0，得

$$2m_0 + m_1 = \frac{3(y_1 - y_0)}{h_1} - \frac{h_1}{2} M_0 = c_0$$

在式(3.6)中令 $i=n$ 及左端项为 M_n，得

$$m_{n-1} + 2m_n = \frac{3(y_n - y_{n-1})}{h_n} + \frac{h_n}{2} M_n = c_n$$

特别当 $M_0=0$ 或 $M_n=0$ 时，这种端点条件称为**自由端点条件**。当曲线在端点出现拐点或与一直线相切时，就可以用这种端点条件。

在求得所有 m_i 后，分段三次曲线即可由式(3.3)或式(3.4)确定，整条三次样条曲线的表达式为

$$y(x) = y_i(x) \quad (i = 1, 2, \cdots, n)$$

3.1.3 三次样条的局限性、解决办法及使用中的几个问题

三次样条在曲线拟合中得到广泛应用。它有许多优点，如能达到二阶连续、在构造样条时只需事先给出很少的导数信息等。但也确实存在一些**局限性**，其中主要是：

1）局部修改牵涉到整个样条的重新计算；

2）不能解决具有垂直切线的问题；

3）当曲线中夹有直线段时拟合效果不好；

4）在拟合有二阶导数不连续的曲线时，例如在直线与圆弧接合处，将产生较大的波动。

这四个问题中的第一个，可以用B样条等方法避免；而用参数样条可克服第二个问题。下面着重介绍解决第三个和第四个问题的处理方法。

在实际问题中，有时会遇到在一条曲线中夹有与曲线段相切的一段或多段直线的情况。若统一用三次样条函数去拟合，一方面对于直线部分拟合不好，同时在直线与曲线的连接处还会产生不应有的波动；若分段拟合，程序处理上又不方便。现介绍一种解决这一问题的方法，使得：第一，整条曲线具有统一的表达式；第二，在直线段上严格为直线，而在直线与曲线的连接处不产生额外的波动。

前述式(3.9)加上端点条件可用矩阵形式表为

$$\begin{pmatrix} 2 & \mu_0 & & & & & & 0 \\ \lambda_1 & 2 & \mu_1 & & & & & \\ & \ddots & \ddots & \ddots & & & & \\ & & \lambda_i & 2 & \mu_i & & & \\ & & & \ddots & \ddots & \ddots & & \\ 0 & & & & \lambda_{n-1} & 2 & \mu_{n-1} \\ & & & & & \lambda_n & 2 \end{pmatrix} \begin{pmatrix} m_0 \\ m_1 \\ \vdots \\ m_{i-1} \\ m_i \\ \vdots \\ m_{n-1} \\ m_n \end{pmatrix} = \begin{pmatrix} c_0 \\ c_1 \\ \vdots \\ c_{i-1} \\ c_i \\ \vdots \\ c_{n-1} \\ c_n \end{pmatrix} \tag{3.10}$$

若 $P_{i-1}(x_{i-1}, y_{i-1})$，$P_i(x_i, y_i)$ 两点间为直线，只要在式(3.10)中令

$$\lambda_{i-1} = \mu_{i-1} = \lambda_i = \mu_i = 0$$

$$c_{i-1}=c_i=2\left(\frac{y_i-y_{i-1}}{x_i-x_{i-1}}\right)$$

即把式(3.10)修改为

$$\begin{bmatrix} 2 & \mu_0 & & & & & & \\ \lambda_1 & 2 & \mu_1 & & & & 0 & \\ & \ddots & \ddots & \ddots & & & & \\ & & \lambda_i & 2 & \mu_i & & & \\ & & & \ddots & \ddots & \ddots & & \\ 0 & & & & \lambda_{n-1} & 2 & \mu_{n-1} \\ & & & & & \lambda_n & 2 \end{bmatrix}\begin{bmatrix} m_0 \\ m_1 \\ \vdots \\ m_{i-1} \\ m_i \\ \vdots \\ m_{n-1} \\ m_n \end{bmatrix}=\begin{bmatrix} c_0 \\ c_1 \\ \vdots \\ 2\left(\frac{y_i-y_{i-1}}{x_i-x_{i-1}}\right) \\ 2\left(\frac{y_i-y_{i-1}}{x_i-x_{i-1}}\right) \\ \vdots \\ c_{n-1} \\ c_n \end{bmatrix} \tag{3.11}$$

就可达到上述要求。

经过这样处理之后,显而易见,在 $P_{i-1}P_i$ 两点间严格为直线,它具有所需要的斜率

$$m_{i-1}=m_i=\frac{y_i-y_{i-1}}{x_i-x_{i-1}}$$

其方程为

$$y=y_{i-1}+\frac{y_i-y_{i-1}}{x_i-x_{i-1}}(x-x_{i-1}) \quad (x_{i-1}\leqslant x\leqslant x_i) \tag{3.12}$$

且在直线和曲线的衔接处不会产生波动等现象,同时包括直线段在内的整条曲线有一个统一的表达式。

可以看出,若将式(3.11)中 $n+1$ 个方程一分为二,分成两个方程组;前面一组 i 个方程,后面一组 $n-i+1$ 个方程,将 $(i-1,i)$ 段的直线斜率作为已知边界条件,分别用追赶法求解,获得两条曲线,中间再连以式(3.12)所表示的直线。这就是分段拟合的情况,将得到完全相同的结果,但在程序处理上带来不便。

前述处理方法可以类似地推广到夹有多个直线段的情况。

在以样条作曲线拟合时,从蕴涵二阶导数不连续的数据获得样条曲线,有一固有的困难,样条往往会以不可接受的状态在所期望的曲线附近摆动。究其原因,是因为在用三次样条函数拟合时,所用的 m -关系式或 M -关系式均是在二阶连续的前提下导出的,现在其中存在不连续的二阶导数,由于强使二阶导数连续(用了样条函数的 m -关系式或 M -关系式),就必然使求出的该处附近的一阶及二阶导数偏离实际情况,从而使曲线出现不应有的波动。由于直线的曲率为 0,圆弧的曲率为 $1/R$(R 为曲率半径),在直线和圆弧衔接处的两端,曲率的跳跃值为 $1/R$。因此当 R 越小时,在用样条函数拟合后在原切点附近出现的波动也就越严重。

为了解决这一问题,在有的文献中建议,在上述二阶导数不连续处把曲线分开,分段进行拟合。但这将给程序处理上带来不便。一种可行的处理方法是,找出直线段与圆弧段之间的切点及切点处的斜率,把该点增补为一个型值点,并在线性方程组中把切点处的斜率指定为该点的一阶导数(在作了这样的处理之后,在该切点处二阶导致连续的条件就不再存在了),然后再用 m -关系式求解。例如在图 3-2 中,P_i 之前为三次曲线段,P_iP_1 为直线段,P_1P_0 为圆

弧段。在用三次样条函数拟合时，产生了较大的波动（如图中虚线所示）；但若按上述方法处理，把线性方程组作类似于式（3.11）那样的修改，便能解决波动问题，并且整条曲线具有一个统一的表达式，避免了对曲线进行分段拟合。

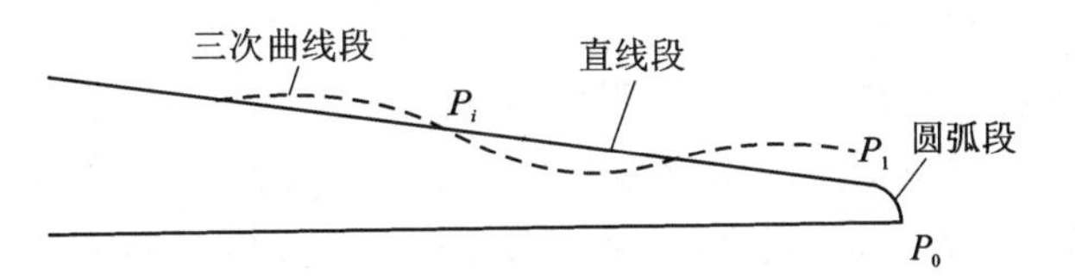

图 3-2　小曲率半径过渡引起的曲线波动

在使用三次样条函数解决实际问题时，首先应根据实际情况，确定端点条件。如果端点条件没有给出，一种处理方法是用数值微分的方法进行近似计算，如根据给出型值点列的前面三点计算曲线首端点处的一阶导数近似值。这时可运用二次插值（抛物线插值）公式

$$y(x)=y_0\frac{(x-x_1)(x-x_2)}{(x_0-x_1)(x_0-x_2)}+y_1\frac{(x-x_0)(x-x_2)}{(x_1-x_0)(x_1-x_2)}+y_2\frac{(x-x_0)(x-x_1)}{(x_2-x_1)(x_2-x_0)}$$

求导一次后用 $x=x_0$ 代入即得

$$m_0=\frac{y_0(2x_0-x_1-x_2)}{(x_0-x_1)(x_0-x_2)}+\frac{y_1(x_0-x_2)}{(x_1-x_0)(x_1-x_2)}+\frac{y_2(x_0-x_1)}{(x_2-x_1)(x_2-x_0)} \tag{3.13}$$

同样可根据给出型值点列的后面三点求得曲线末端点处的一阶导数近似值

$$m_n=\frac{y_{n-2}(x_n-x_{n-1})}{(x_{n-2}-x_{n-1})(x_{n-2}-x_n)}+\frac{y_{n-1}(x_n-x_{n-2})}{(x_{n-1}-x_{n-2})(x_{n-1}-x_n)}+\frac{y_n(2x_n-x_{n-1}-x_{n-2})}{(x_n-x_{n-2})(x_n-x_{n-1})} \tag{3.14}$$

也可用数值微分方法计算曲线首端点处和末端点处的二阶导数 M_0 与 M_n 的近似值。

当确定型值点列时，在可能的情况下（如由使用者在模型上或设计图纸上量取数据时），最好采用均匀分布的节点，这将使计算简单。更为重要的是，均匀分布的节点将使拟合得到的曲线有比较好的品质。实际计算表明，当插值子区间长短不一、交错分布时，得出的曲线可能不光滑，甚至将产生摆动现象，当型值点 $P_0,P_1,\cdots,P_n$ 按弦长的分布比较均匀时，指定点号为 P_i 对应的参数也能得到较好的效果。

在样条函数计算过程中，输出型值点处的一阶导数值 m_i 与二阶导数值 M_i 是有意义的，这可使我们对曲线的几何行为有一个大致的了解。根据 m_i 的符号，能够知道曲线在这些点处是上升的还是下降的；从 $|m_i|$ 的大小可以了解到曲线在这些点附近升降变化的快慢程度。而从 M_i 的符号则可判断曲线在型值点附近是凸还是凹；$|M_i|$ 的大小反映了这些点附近曲线的弯曲程度（因为对于小挠度曲线，二阶导数基本上反映了曲线的曲率）。特别是由于三次样条函数的二阶导数在每一个子区间上是线性函数，所以如果相邻的两个型值点上的二阶导数同号，则对应的这段曲线必然是单凸或单凹的，即这段曲线上没有拐点；如果异号，则这段曲线上必有唯一的拐点。这样就可帮助我们对所拟合或设计的曲线进行分析，判断其是否符合要求。

3.1.4　参数样条曲线

对于平面坐标系中的一批点，可用前述三次样条拟合成一条光滑的曲线，而在笛卡儿坐标系中的一条空间曲线，往往是用它在 xOy 平面和 xOz 平面上的投影来定义的。因此在拟合

一批空间点$(x_i,y_i,z_i)(i=0,1,\cdots,n)$时，可用三次样条先构造一条拟合点列$(x_i,y_i)$和另一条拟合点列$(x_i,z_i)$的平面曲线，然后对任一给定的$x$值计算出相应的$y$和$z$值。这种方法在一定范围内的应用是令人满意的。但如果x_i不满足$x_0<x_1<\cdots x_n$(例如当曲线绕回或打圈时)，函数出现多值，从而会使问题复杂化。特别是，三次样条是模拟小挠度的弹性梁的形变而得到的数学工具，对于大挠度曲线，即有近于垂直切线的曲线(无论是平面曲线或空间曲线)，前面已提到采用三次样条插值的效果不好，会产生剧烈的波动，因为它违背了小挠度的假定。此外，它还有一个严重的缺点，就是用三次样条函数表示的插值曲线，依赖于坐标系的选择，缺乏几何不变性，与曲线的几何特征相脱节。

解决这些问题的一个有效方法是采用参数样条，即用参数方程来表示曲线。曲线的每一个分量——坐标函数都是以某个参数为自变量的某种样条函数，把它们合并起来便组成参数样条。在实际中普遍应用的一种是**累加弦长参数样条**，即以累加弦长(当作曲线的近似弧长)s为参数来表示曲线，然后用三次样条函数去插值各个坐标函数，如对于平面曲线分别插值点列(s_i,x_i)、(s_i,y_i)，对于空间曲线分别插值点列(s_i,x_i)、(s_i,y_i)、(s_i,z_i)，再用这些插值三次样条函数作为坐标函数来构成我们所需要的曲线，这就是**累加弦长三次参数样条曲线**。

为简单起见，现讨论用累加弦长参数样条来插值平面上的一批有序的点$P_i(x_i,y_i)$，$i=0,1,\cdots,n$。与型值点列P_i相对应的累加弦长为

$$s_0=0$$

$$s_k=\sum_{i=1}^{k}l_i=\sum_{i=1}^{k}|P_{i-1}P_i|=\sum_{i=1}^{k}\sqrt{(x_i-x_{i-1})^2+(y_i-y_{i-1})^2}\quad(k=1,2,\cdots,n)$$

因此可得到一张数据表

s	$s_0,s_1,s_2,\cdots,s_n$
x	$x_0,x_1,x_2,\cdots,x_n$
y	$y_0,y_1,y_2,\cdots,y_n$

分别作插值函数

$$x=x(s)$$
$$y=y(s)$$

它们有$x(s_i)=x_i$，$y(s_i)=y_i$，在$[s_0,s_n]$上二次连续可导，都是s的分段三次多项式。

在构作插值函数时，以前的m-关系式及M-关系式都可应用。在得到两个插值函数之后，即可对任一s值插值得出相应的x值与y值，从而构造出一条插值点列$P_i(x_i,y_i)$的曲线，由于$x=x(s)$与$y=y(s)$都是二阶连续的三次样条曲线，因此，所得到的参数样条曲线也是二阶连续的，具有连续的斜率与曲率。

实际表明，不论在二维或三维的情况下，用上述参数样条处理有垂直切线的曲线及封闭曲线都可得到较好的效果。有人采用累加弦长参数样条来拟合单位圆(即圆心在坐标原点、半径为1的圆周)，取圆上均匀分布的点作型值点，用$\delta_1=\left|\sqrt{x^2(s)+y^2(s)}-1\right|$来度量关于半径的误差，结果如下：

型值点数	$\lvert\delta_r\rvert$
4	<0.01
8	0.00112
12	0.000165

以上结果说明参数样条能有效地解决垂直切线问题。

累加弦长三次参数样条计算简单可靠，插值效果良好，因此目前应用较多，可以用于孔斯曲面的网格曲线插值上，并由此获得孔斯曲面片的角点信息矩阵。它的计算量相当于两遍或三遍三次样条函数。

在应用前述 m -关系式或 M -关系式计算累加弦长参数样条曲线时，若以端点切矢作为端点条件，则在实际问题中，对端点切矢的方向容易估计，而对端点切矢的长度则往往难以判断。建议取两型值点间的弦长作为端点切矢的模长。这种做法将有助于保证样条曲线的光滑性。

现着重说明两个问题。

1. 累加弦长参数样条能解决"大挠度"的问题

因为参数 s 是曲线的近似弧长，可以近似地认为

$$\mathrm{d}s^2=[\mathrm{d}x(s)]^2+[\mathrm{d}y(s)]^2$$

即

$$\left[\frac{\mathrm{d}x(s)}{\mathrm{d}s}\right]^2+\left[\frac{\mathrm{d}y(s)}{\mathrm{d}s}\right]^2=1$$

因此下列不等式对一切 s 均成立

$$\left|\frac{\mathrm{d}x}{\mathrm{d}s}\right|\leqslant 1,\quad \left|\frac{\mathrm{d}y}{\mathrm{d}s}\right|\leqslant 1$$

事实上当以累加弦长为参数时，对于各个坐标函数来说，坐标增量总是小于弦长的，即各个坐标增量与弦长的比值为

$$\frac{x_i-x_{i-1}}{s_i-s_{i-1}}=\frac{x_i-x_{i-1}}{P_{i-1}P_i}$$

$$\frac{y_i-y_{i-1}}{s_i-s_{i-1}}=\frac{y_i-y_{i-1}}{P_{i-1}P_i}$$

其绝对值不会大于1，因此不会出现"大挠度"的问题。这就是累加弦长参数样条对于"大挠度"曲线也具有较好的拟合效果的原因。

2. 用参数样条拟合某些封闭曲线

若被插值函数为周期函数，被拟合曲线为类似于图 3-3 所示的封闭曲线(通常飞机机身上的框切面曲线就是这样的曲线)，这时由于具有"大挠度"问题，且曲线为多值函数，不能用一般样条函数处理，而可用参数样条来拟合。在这种场合下，除可以用累加弦长为参数外，也可采用极坐标系，以极角 θ 为参数，这时曲线的极坐标方程可写为

$$\rho=\rho(\theta)\quad(0\leqslant\theta\leqslant 2\pi)$$

设在这曲线上给定了 $n+1$ 个数据点 $(\theta_i,\rho_i)(i=0,1,\cdots,n)$，并且

$$0=\theta_0<\theta_1<\theta_2<\cdots<\theta_n=2\pi$$

此时，只需对数据点(θ_i,ρ_i)进行样条插值，建立一个样条函数$\rho=\rho(\theta)$。然后即可得到曲线的参数方程

$$\begin{cases} y=\rho(\theta)\cos\theta \\ z=\rho(\theta)\sin\theta \end{cases} \quad (0\leqslant\theta\leqslant 2\pi)$$

在这种情况下，只要曲线上的ρ在θ变化时不发生急剧的改变，即在(θ,ρ)平面上$\rho=\rho(\theta)$所表示的曲线为"小挠度"曲线，就可应用前述的m-关系式或M-关系式来建立样条函数。图 3-3 中所示的情况就是这样。若把图 3-3 中的θ,ρ画在图 3-4 的(θ,ρ)平面上，即得到$\rho=\rho(\theta)$的一条"小挠度"曲线。

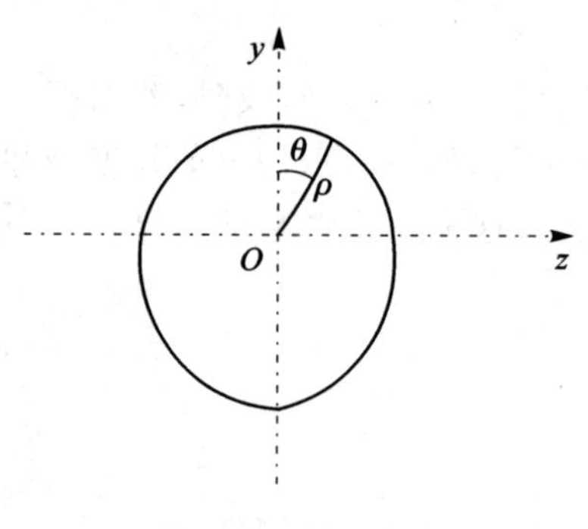

图 3-3　封闭曲线

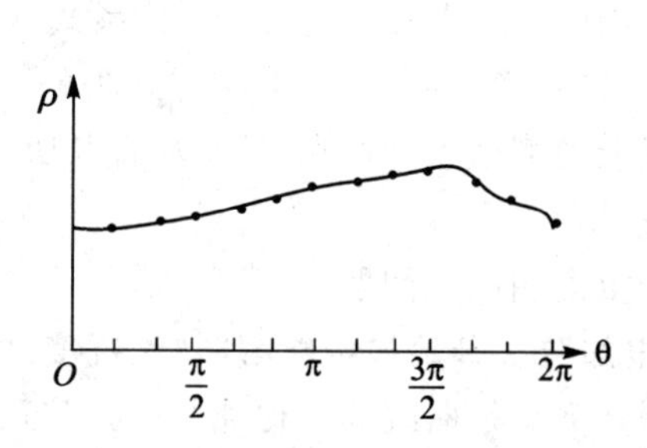

图 3-4　极坐标下的 $\rho-\theta$ 关系曲线

现用m-关系式对(θ_i,ρ_i)进行样条插值。这时，$m=\dfrac{d\rho}{d\theta}$，由于$m_0=m_n$，未知数只有m_1，$m_2,\cdots,m_n$共n个，只需补充一个方程。只要在式(3.9)中，令$i-1=n-1,i=n,i+1=1$即可获得

$$\lambda_n m_{n-1}+2m_n+\mu_n m_1=3\left(\lambda_n\frac{\rho_n-\rho_{n-1}}{h_n}+\mu_n\frac{\rho_1-\rho_0}{h_1}\right)=c_n$$

式中
$$\lambda_n=\frac{h_1}{h_n+h_1},\quad \mu_n=1-\lambda_n$$

加上式(3.9)中的$n-1$个方程

$$\lambda_i m_{i-1}+2m_i+\mu_i m_{i+1}=c_i \quad (i=1,2,\cdots,n-1)$$

式中
$$h_i=\theta_i-\theta_{i-1},\quad c_i=3\left(\lambda_i\frac{\rho_i-\rho_{i-1}}{h_i}+\mu_i\frac{\rho_{i+1}-\rho_i}{h_{i+1}}\right)$$

$$\lambda_i=\frac{h_{i+1}}{h_i+h_{i+1}},\quad \mu_i=1-\lambda_i$$

共有n个方程，可解出n个未知数。

解出m_i后，即可建立$\rho(\theta)$的样条函数

$$\rho_i(\theta)=\rho_{i-1}F_0(u)+\rho_i F_1(u)+h_i\left[m_{i-1}G_0(u)+m_i G_1(u)\right] \quad (i=1,2,\cdots,n) \tag{3.15}$$

式中
$$u=\frac{\theta-\theta_{i-1}}{h_i}$$

我们也可用上述方法来拟合图 3-3 所示曲线的一部分，只要曲线的形状适宜于用极坐标表示。

例　在 yOz 平面中，以极坐标形式给出 11 个数据点 (θ_i,ρ_i)，其中 $\theta_i=i\times7.5^\circ(i=0,1,\cdots,10)$。

作一曲线拟合这 11 个点，使得在 $\theta_0=0^\circ$ 处曲线有水平切线，在 $\theta_{10}=75^\circ$ 处曲线同一中心在原点 O、半径为 ρ_{10} 的圆周相切。

我们对 11 个数据点 (θ_i,ρ_i) 作样条插值，关键是提供合适的端点条件。由于 $\theta_0=0^\circ$ 处曲线有水平切线，故

$$\left.\frac{\mathrm{d}y}{\mathrm{d}z}\right|_{z=0}=0$$

因为

$$\left.\frac{\mathrm{d}y}{\mathrm{d}z}\right|_{z=0}=\left.\left(\frac{\mathrm{d}y}{\mathrm{d}\theta}\Big/\frac{\mathrm{d}z}{\mathrm{d}\theta}\right)\right|_{\theta=0}$$

所以

$$\left.\frac{\mathrm{d}y}{\mathrm{d}\theta}\right|_{\theta=0}=0$$

由于

$$\begin{cases}y=\rho(\theta)\cos\theta\\z=\rho(\theta)\sin\theta\end{cases}\tag{3.16}$$

有

$$\frac{\mathrm{d}y}{\mathrm{d}\theta}=\rho'(\theta)\cos\theta-\rho(\theta)\sin\theta$$

用 $\theta_0=0$ 代入上式后，令其为 0，得到

$$m_0=\rho'(\theta_0)=0$$

又因在 $\theta=\theta_{10}$ 处曲线同一中心在原点的圆周相切，而对圆周来说，$\rho=$常数，故 $\frac{\mathrm{d}\rho}{\mathrm{d}\theta}=0$。由此推知应取

$$m_{10}=\rho'(\theta_{10})=0$$

对 $\rho=\rho(\theta)$ 而言，节点 θ_i 是等距分布的：

$$h_i=\theta_i-\theta_{i-1}=7.5^\circ=0.130\ 9\ \text{rad}\quad(i=0,1,\cdots,10)$$

故

$$\lambda_i=\mu_i=1/2$$

因此 m -关系式可写为

$$\begin{pmatrix}2&\frac{1}{2}&&&&&0\\\frac{1}{2}&2&\frac{1}{2}&&&&\\&\ddots&\ddots&\ddots&&&\\&&\frac{1}{2}&2&\frac{1}{2}&&\\&&&\ddots&\ddots&\ddots&\\0&&&&\frac{1}{2}&2&\frac{1}{2}\\&&&&&\frac{1}{2}&2\end{pmatrix}\begin{pmatrix}m_1\\m_2\\m_3\\\vdots\\m_8\\m_9\end{pmatrix}=\begin{pmatrix}C_1\\C_2\\C_3\\\vdots\\C_8\\C_9\end{pmatrix}$$

其中

$$m_i=\rho'(\theta_i)$$

$$C_i=\frac{3}{0.261\ 8}(\rho_{i+1}-\rho_{i-1})\quad(i=1,2,\cdots,9)$$

解出诸 m_i 后，即可按式(3.15)分段构造 $\rho=\rho(\theta)$，这就是曲线的极坐标方程式。若有需要，还可按式(3.16)得到该曲线的参数方程式。

3.1.5 弗格森曲线

1963 年弗格森(Ferguson)在飞机设计中首先使用三次参数曲线来定义曲线和曲面。

实际上，弗格森三次参数曲线段就是前面用埃尔米特插值得到的三次参数曲线段式(3.2)的矢值形式

$$\boldsymbol{r}(u)=[1 \quad u \quad u^2 \quad u^3]\begin{bmatrix}1 & 0 & 0 & 0\\ 0 & 0 & 1 & 0\\ -3 & 3 & -2 & -1\\ 2 & -2 & 1 & 1\end{bmatrix}\begin{bmatrix}\boldsymbol{r}(0)\\ \boldsymbol{r}(1)\\ \boldsymbol{r}'(0)\\ \boldsymbol{r}'(1)\end{bmatrix} \tag{3.17}$$

导矢 $\boldsymbol{r}'(0)$ 与 $\boldsymbol{r}'(1)$ 同两端的单位切矢 $\boldsymbol{T}(0)$ 与 $\boldsymbol{T}(1)$ 成正比例，于是可写成

$$\boldsymbol{r}'(0)=\alpha_0\cdot\boldsymbol{T}(0),\quad \boldsymbol{r}'(1)=\alpha_0\cdot\boldsymbol{T}(1)$$

切矢模长 α_0 与 α_1 含义是：当 α_0 与 α_1 同时增大时仅仅会使曲线更丰满(见图 3-5)。而若只增大 α_0，则将会使更长的一段曲线在转入 $\boldsymbol{T}(1)$ 的方向之前保持接近 $\boldsymbol{T}(0)$ 的方向(见图 3-6)。当 α_0 与 α_1 的值很大时，曲线会出现弯折(尖点)和打圈圈(二重点)。

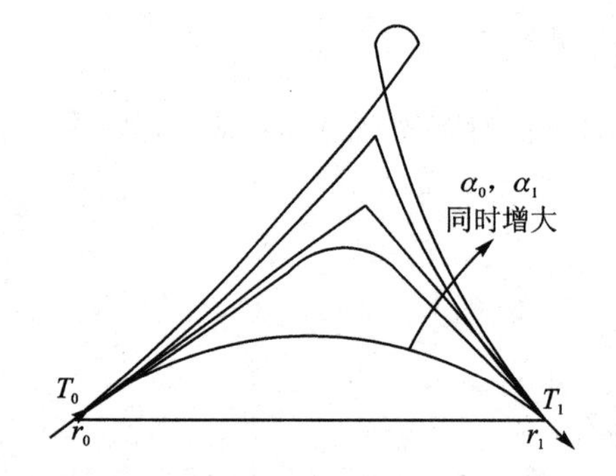

图 3-5　左右端点切矢同时增大对曲线形状的影响

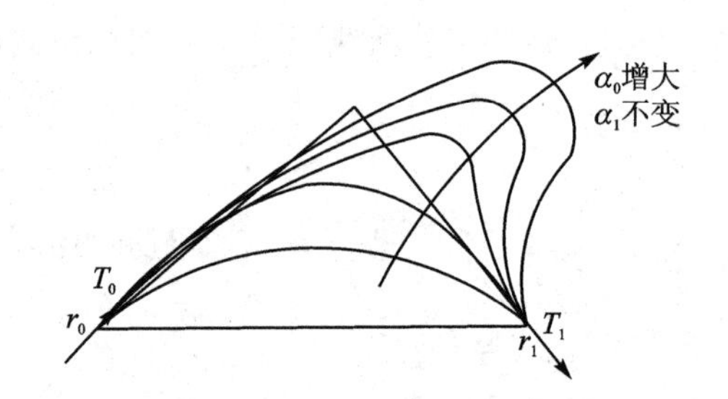

图 3-6　单个端点切矢增大的影响

下面我们讨论如何保证由弗格森三次参数曲线段合成的曲线达到二阶连续。在这之前，我们先来研究**一般参数曲线段之间的连续性条件**，这对于现在讨论弗格森曲线和后面讨论贝齐埃(P. Bézier)曲线的合成都是必要的。

如果我们把一参数曲线段 $\boldsymbol{r}^{(1)}(u_1)$，$0\leqslant u_1\leqslant 1$ 和另一参数曲线段 $\boldsymbol{r}^{(2)}(u_2)$，$0\leqslant u_2\leqslant 1$ 连接起来，在接合处要求位置连续和斜率连续，则必须有

$$\boldsymbol{r}^{(1)}(1)=\boldsymbol{r}^{(2)}(0) \tag{3.18}$$

和

$$\begin{cases}\boldsymbol{r}^{(1)'}(1)=\alpha_1\boldsymbol{T}\\ \boldsymbol{r}^{(2)'}(0)=\alpha_2\boldsymbol{T}\end{cases} \tag{3.19}$$

后者也就是

$$\frac{\boldsymbol{r}^{(2)'}(0)}{\boldsymbol{r}^{(1)'}(1)}=\frac{\alpha_2}{\alpha_1}=\zeta \tag{3.20}$$

其中 $\boldsymbol{T}$ 是在接合点处公切线的单位矢量，α_1 和 α_2 如前所述，是控制曲线段“丰满”程度的数量常数，ζ 为正常数。

如果在接合处要求曲率连续，则必须使

$$\frac{\boldsymbol{r}^{(2)'}(0)\times\boldsymbol{r}^{(2)''}(0)}{|\boldsymbol{r}^{(2)'}(0)|^3}=\frac{\boldsymbol{r}^{(1)'}(1)\times\boldsymbol{r}^{(1)''}(1)}{|\boldsymbol{r}^{(1)'}(1)|^3} \tag{3.21}$$

将式(3.19)代入上式得

$$\boldsymbol{T}\times\boldsymbol{r}^{(2)''}(0)=\zeta^2\boldsymbol{T}\times\boldsymbol{r}^{(1)''}(1) \tag{3.22}$$

这个关系式为

$$\boldsymbol{r}^{(2)''}(0)=\zeta^2\boldsymbol{r}^{(1)''}(1)+\eta\boldsymbol{r}^{(1)'}(1) \tag{3.23}$$

所满足，式中 η 为任意常数。这是因为式(3.23)两端左乘 $\boldsymbol{T}$ 后有

$$\begin{aligned}\boldsymbol{T}\times\boldsymbol{r}^{(2)''}(0)&=\zeta^2\boldsymbol{T}\times\boldsymbol{r}^{(1)''}(1)+\eta\boldsymbol{T}\times\boldsymbol{r}^{(1)'}(1)\\&=\zeta^2\boldsymbol{T}\times\boldsymbol{r}^{(1)''}(1)\end{aligned}$$

此即为(3.22)。η 的作用是在保证接合处曲率相等的前提下使曲线设计者有更大的灵活性。

综上所述，式(3.18)、(3.20)、(3.23)是两参数曲线段之间位置、斜率和曲率连续的条件。

弗格森把他的注意力集中在寻找达到曲率连续的最简单、最明显的方法上，于是他采用 $\zeta=1$、$\eta=0$ 这种最简单的连接办法。为了保证两参数曲线段之间的位置、斜率和曲率连续，有

$$\boldsymbol{r}^{(1)}(1)=\boldsymbol{r}^{(2)}(0) \tag{3.24}$$

$$\boldsymbol{r}^{(1)'}(1)=\boldsymbol{r}^{(2)'}(0) \tag{3.25}$$

$$\boldsymbol{r}^{(1)''}(1)=\boldsymbol{r}^{(2)''}(0) \tag{3.26}$$

二阶导矢 $\boldsymbol{r}''(u)$ 容易从式(3.17)求得，因而可把式(3.26)写成

$$\begin{aligned}&\boldsymbol{r}^{(1)}(0)-6\boldsymbol{r}^{(1)}(1)+2\boldsymbol{r}^{(1)'}(0)+4\boldsymbol{r}^{(1)'}(1)\\&=-6\boldsymbol{r}^{(2)}(0)+6\boldsymbol{r}^{(2)}(1)-4\boldsymbol{r}^{(2)'}(0)-2\boldsymbol{r}^{(2)'}(1)\end{aligned}$$

利用式(3.24)和式(3.25)，上式可化简。为了便于使用，其结果最好用另外一种符号来表示。如果我们是拟合一条合成弗格森曲线，使之通过一批点 $\boldsymbol{r}_0,\boldsymbol{r}_1,\cdots,\boldsymbol{r}_n$，这些点的切矢量为 $\boldsymbol{t}_0,\boldsymbol{t}_1,\cdots,\boldsymbol{t}_n$ 则可把上式化简后的结果表示为

$$\boldsymbol{t}_{i-1}+4\boldsymbol{t}_i+\boldsymbol{t}_{i+1}=3(\boldsymbol{r}_{i+1}-\boldsymbol{r}_{i-1})\quad(i=1,2,\cdots,n-1) \tag{3.27}$$

这是相邻三点的切矢量之间的递推关系式(**三切矢方程**)。只要指定 t_0 和 t_n，就能根据这个方程组，仅仅利用位置信息确定所有其余的切矢量。当切矢量取这些值时即可保证合成曲线的曲率连续。

这个过程和上述的建立一般三次样条曲线的过程十分类似。比较一下式(3.27)和式(3.9)的异同是很有意义的。如果令式(3.9)中的 $h_i=h_{i+1}=1$，则有 $\lambda_i=\mu_i=1/2$，代入式(3.9)并化简即得

$$m_{i-1}+4m_i+m_{i+1}=3(y_{i+1}-y_{i-1})$$

由此可以看出，当节点均匀分布且适当选择坐标系的度量单位，使得所有的 $h_i=1$ 的情况下，合成弗格森曲线的切矢量关系式和三次样条的 m -关系式实质上完全一样，所以可以认为合成弗格森曲线是三次参数样条曲线的一种特殊情况。两者不同的地方是，在三次样条中考虑到子区间的长度 h_i，在累加弦长三次参数样条的情况下即为弦长 l_i(这时 $\zeta=l_{i+1}/l_i$)，而在合成弗格森曲线中则假定弦长 l_i 为 l(这时 $\zeta=1$)；两者相同的地方是，它们都取 $\eta=0$，即都以二阶导数连续作为曲率连续的条件(对于合成弗格森曲线为 $\boldsymbol{r}^{(2)''}(0)=\boldsymbol{r}^{(1)''}(1)$，对于参数样条曲线为 $\boldsymbol{r}^{(2)''}(0)=\zeta^2\boldsymbol{r}^{(1)''}(1)$)，也就是说为了简单而牺牲了曲线设计的灵活性。因此这两种曲线都比较适合于拟合，而不像后面介绍的贝齐埃曲线主要适合于设计。贝齐埃在选择曲线段

之间的连续条件时比弗格森限制要少，因而给曲线设计提供了所需的额外自由度。特别对合成弗格森曲线来说，主要适合于拟合型值点间隔 l_i 比较均匀的曲线，否则将会出现不好的效果。日本的穗板卫主张用 $\zeta_i=l_{i+1}/l_i$，实际上就是以累加弦长为参数来解决这个问题。

3.2 孔斯曲面与定义曲面的基本方法

3.2.1 概 述

1964 年，孔斯(S. A. Coons)提出了适合于计算机辅助几何设计用的构作曲面的方法。正如 3.1 节中的三次样条是用光滑拼接的分段三次曲线来描述一条复杂曲线一样，**孔斯方法的基本思想**是，把所要描述的曲面看作是由若干个曲面片光滑拼接而成的。每个曲面片一般用四条边界曲线来定义：在设计曲面时，设计人员从单个的曲面或很少的曲面片开始，如果得到的这张原始曲面不符合自己的愿望，设计者可以修改原始的输入信息，同时添加一些新的用来控制曲面形状的曲线，于是就可以用这些曲线作为边界，划分出更小的曲面片，让计算机重新生成一张曲面。在曲面片之间相邻接的边界上，可以使得位置、斜率、曲率等任何高阶偏导矢互相匹配，这就在很大程度上保证了整张曲面具有足够的光滑性。举例来说，飞机机身可以通过描绘几条主要的纵向和横向曲线(如上、下顶点线，最大半宽线及几根主要的横切面线)来开始设计。一般说来，这张曲面需要通过增加若干新的控制曲线进行修正。当这些新的曲线被引入之后，原始曲面就被分割为更小的曲面片，并自动保证由这些曲面片合成的曲面具有所要求的光滑性。上述过程可以反复进行下去，直到最后得到的曲面完全符合设计者的要求为止。

在本书的第 2 章中，我们介绍了曲面的矢量方程和参数方程。当用参数形式表示时，曲面上点的每一个坐标都是双参数 u 与 w 的函数，即

$$\begin{cases}x=x(u,w)\\y=y(u,w)\\z=z(u,w)\end{cases}\tag{3.28}$$

写成矢量形式为

$$\boldsymbol{r}=\boldsymbol{r}(u,w)=[x(u,w),y(u,w),z(u,w)]\tag{3.29}$$

式(3.28)与(3.29)分别称为曲面的参数方程和矢量方程。参数 u 与 w 在 uw 平面上某一区域中变化。

如上所述，孔斯方法是用若干曲面片拼接成整张曲面。因此，正像在样条函数的分段表达式中参数 u 在[0,1]区间变化一样，在今后讨论曲面片的场合，参数 u 与 w 的变化区域是单位正方形域[0,1]×[0,1]，即 u 与 w 独立地在[0,1]中变化，记为 $0\leqslant u,w\leqslant 1$。

图 3-7 画出了当 u,w 在单位正方形域中变化时，所对应的点在曲面上变化的情形。

像图 3-8 所示的那样，$\boldsymbol{r}(u,0)$，$\boldsymbol{r}(u,1)$，$\boldsymbol{r}(0,w)$，$\boldsymbol{r}(1,w)$为曲面片的四条边界。$\boldsymbol{r}(0,0)$，$\boldsymbol{r}(0,1)$，$\boldsymbol{r}(1,0)$，$\boldsymbol{r}(1,1)$为曲面片的四个角点。

将 w 看成常数，而只有 u 在变化时，对 u 求偏导矢，就是 u 线上的**切矢**，即

$$\boldsymbol{r}_u(u,w)=\frac{\partial \boldsymbol{r}(u,w)}{\partial u}$$

同样，w 线上的切矢为

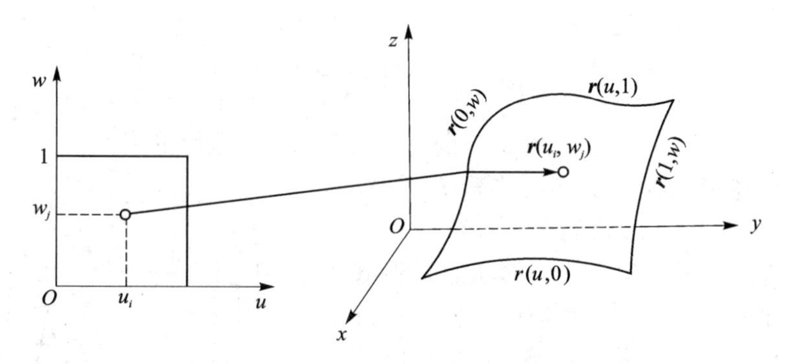

图 3-7 参数域点向曲面点的映射

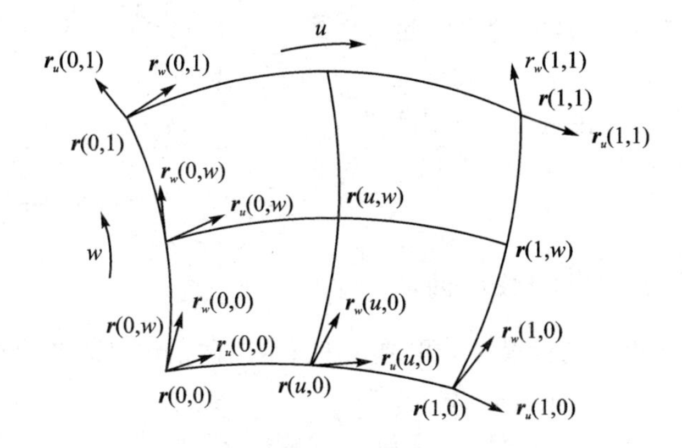

图 3-8 孔斯曲面片的边界和角点

$$\boldsymbol{r}_w(u,w)=\frac{\partial \boldsymbol{r}(u,w)}{\partial w}$$

边界曲线 $\boldsymbol{r}(u,0)$上的切矢为

$$\boldsymbol{r}_u(u,0)=\left.\frac{\partial \boldsymbol{r}(u,w)}{\partial u}\right|_{w=0}$$

同理,$\boldsymbol{r}_u(u,1)$,$\boldsymbol{r}_w(0,w)$,$\boldsymbol{r}_w(1,w)$均为边界曲线上的切矢。

边界曲线 $\boldsymbol{r}(u,0)$上的法向(指参数 w 方向)偏导矢

$$\boldsymbol{r}_w(u,0)=\left.\frac{\partial \boldsymbol{r}(u,w)}{\partial w}\right|_{w=0}$$

称为边界曲线的**跨界斜率**。同理,$\boldsymbol{r}_w(u,1)$,$\boldsymbol{r}_u(0,w)$,$\boldsymbol{r}_u(1,w)$均为边界曲线的跨界斜率。

依此类推

$$\boldsymbol{r}_u(0,0)=\left.\frac{\partial \boldsymbol{r}(u,w)}{\partial u}\right|_{\substack{u=0\\w=0}}$$

$$\boldsymbol{r}_w(0,0)=\left.\frac{\partial \boldsymbol{r}(u,w)}{\partial w}\right|_{\substack{u=0\\w=0}}$$

称为角点 $\boldsymbol{r}(0,0)$的 u 向切矢或 ω 向切矢。在曲面片的每个角点上,都有两个这样的切矢量。

$$\boldsymbol{r}_{uw}(u,w)=\frac{\partial \boldsymbol{r}^2(u,w)}{\partial u \partial w}$$

称为**混合偏导矢**(或扭矢),它反映了 $\boldsymbol{r}_u$ 对 w 的变化率或 $\boldsymbol{r}_w$ 对 u 的变化率。图 3-9 表示出了

$u=u_i$ 时 $\boldsymbol{r}_u$ 随 w 变化的情况。而

$$\boldsymbol{r}_{uw}(0,0)=\left.\frac{\partial^2\boldsymbol{r}(u,w)}{\partial u\partial w}\right|_{\substack{u=0\\w=0}}$$

则称为角点 $\boldsymbol{r}(0,0)$的扭矢。显然,曲面片的每个角点都有这样的扭矢。

在这里我们还要引入一套混合函数 $F_0(u)$, $F_1(u)$,$G_0(u)$和 $G_1(u)$等,它们在孔斯曲面的生成和表示中起着重要的作用。它们的功能是将给定的两个端点和端点斜率加权平均而产生一条曲线段,正如我们在3.1节中构造一条三次曲线段时所看到的那样,或者像我们即将在下面看到的——把给定的两对边界及其跨界斜率"混合"起来生成一块曲面。

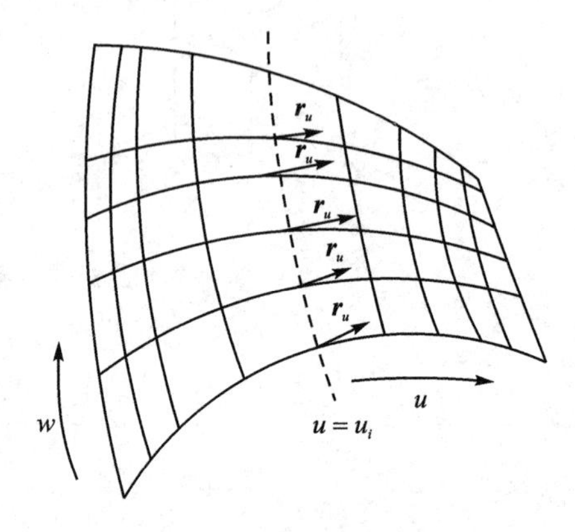

图3-9　曲面片 u_i 处的 r_u 切矢随 w 变化情形

我们规定,当混合函数在行矩阵中出现时,其自变量是 u;在列矩阵中出现时,则以 w 为自变量。

3.2.2　具有给定边界的孔斯曲面

首先考虑一种较为简单的情况——构造一块仅给出两条边界的曲面片。这时我们要用到一对混合函数 F_0 与 F_1,它们应具备以下性质:

$$F_i(j)=\begin{cases}1, & 当\ i=j\\0, & 当\ i\neq j\end{cases}\qquad i=0,1;j=0,1 \tag{3.30}$$

如果给出的两条边界是 $\boldsymbol{r}(0,w)$与 $\boldsymbol{r}(1,w)$,要构造一块具有这两条边界的曲面片,我们便可在 u 向使用混合函数,从而得到

$$\boldsymbol{r}_1(u,w)=F_0(u)\boldsymbol{r}(0,w)+F_1(u)\boldsymbol{r}(1,w) \tag{3.31}$$

可以验证:这块曲面片有两条边界正好是事先给定的 $\boldsymbol{r}(0,w)$与 $\boldsymbol{r}(1,w)$。这是因为当 $u=0$ 时,

$$\boldsymbol{r}_1(u,w)=\boldsymbol{r}(0,w)$$

当 u 从0开始逐渐向1变化时,$F_0(u)$减小,即 $\boldsymbol{r}(0,w)$对曲面形状的影响减弱;$F_1(u)$增大,即 $\boldsymbol{r}(1,w)$对曲面形状的影响增强。最后当 $u=1$ 时,曲面片的另一边界正好是

$$\boldsymbol{r}_1(u,w)=\boldsymbol{r}(1,w)$$

这就是说,混合函数 F_0 和 F_1 的作用是通过给定的边界曲线控制和影响曲面片的形状。

混合函数不是唯一的。如果要在两条边界之间进行线性插值,可令 $F_0(u)=1-u$,$F_1(u)=u$,此时

$$\begin{aligned}\boldsymbol{r}_1(u,w)&=(1-u)\boldsymbol{r}(0,w)+u\boldsymbol{r}(1,w)\\&=\boldsymbol{r}(0,w)+u\left[\boldsymbol{r}(1,w)-\boldsymbol{r}(0,w)\right]\end{aligned} \tag{3.32}$$

这正是用孔斯方法定义的**直纹曲面**(见图3-10)。如果是构造三次曲面,则采用式(3.1)给出的三次混合函数。当然不一定限于以上这些混合函数,但一定要满足式(3.41)的要求。

如果构造具有另外两条边界 $\boldsymbol{r}(u,0)$与 $\boldsymbol{r}(u,1)$的曲面片,我们在 w 向使用混合函数,得到

$$\boldsymbol{r}_2(u,w)=F_0(w)\boldsymbol{r}(u,0)+F_1(w)\boldsymbol{r}(u,1) \tag{3.33}$$

然而如果我们要构造具有给定的上述四条边界的曲面片，则显然不是 $\boldsymbol{r}_1$ 和 $\boldsymbol{r}_2$ 的简单叠加。可以验证，当 $w=0$ 和 $w=1$ 时，曲面 $\boldsymbol{r}_1+\boldsymbol{r}_2$ 对应的边界分别是

$$\boldsymbol{r}(u,0)+[F_0(u)\boldsymbol{r}(0,0)+F_1(u)\boldsymbol{r}(1,0)]$$

$$\boldsymbol{r}(u,1)+[F_0(u)\boldsymbol{r}(0,1)+F_1(u)\boldsymbol{r}(1,1)]$$

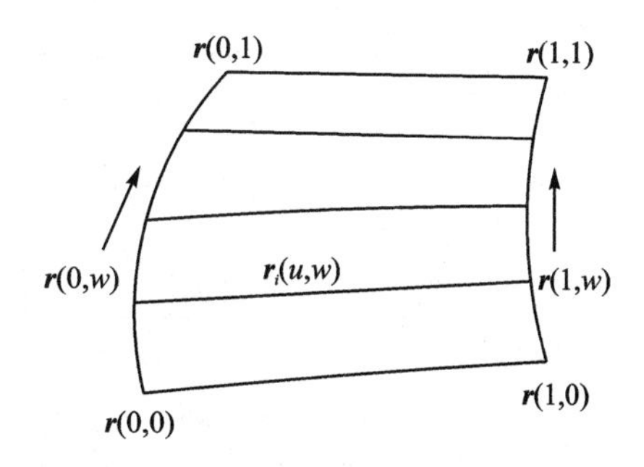

图 3-10　直纹曲面

因此，只要我们构造这样的曲面片 $\boldsymbol{r}_3$，当 $w=0$ 和 $w=1$ 时，它具有对应的边界 $[F_0(u)\boldsymbol{r}(0,0)+F_1(u)\boldsymbol{r}(1,0)]$ 和 $[F_0(u)\boldsymbol{r}(0,1)+F_1(u)\boldsymbol{r}(1,1)]$，即

$$\boldsymbol{r}_3(u,w)=F_0(w)[F_0(u)\boldsymbol{r}(0,0)+F_1(u)\boldsymbol{r}(1,0)]+F_1(w)[F_0(u)\boldsymbol{r}(0,1)+F_1(u)\boldsymbol{r}(1,1)] \tag{3.34}$$

则 $\boldsymbol{r}_1+\boldsymbol{r}_2+\boldsymbol{r}_3$ 便是我们要构造的具有给定的四条边界曲曲面片。可方便地把它表示为矩阵形式：

$$\boldsymbol{r}(u,w)=[F_0(u)\quad F_1(u)]\begin{bmatrix}\boldsymbol{r}(0,w)\\ \boldsymbol{r}(1,w)\end{bmatrix}+[\boldsymbol{r}(u,0)\quad \boldsymbol{r}(u,1)]\begin{bmatrix}F_0(w)\\ F_1(w)\end{bmatrix}-[F_0(u)\quad F_1(u)]\begin{bmatrix}\boldsymbol{r}(0,0) & \boldsymbol{r}(0,1)\\ \boldsymbol{r}(1,0) & \boldsymbol{r}(1,1)\end{bmatrix}\begin{bmatrix}F_0(w)\\ F_1(w)\end{bmatrix} \tag{3.35}$$

逐个代入 $u=0,u=1,w=0$ 及 $w=1$，我们可以很快证实由式(3.35)所定义的曲面片具有给定的四条边界。

从式(3.35)的第三项可以看出，只要用角点信息，把同样的插值方法应用于 u 向和 w 向两个方向，就可获得 $\boldsymbol{r}_3(u,w)$。

用上述方法构造出来的曲面片称为**简单曲面片**(或基本曲面)。除了给出四条边界以外，再没有任何限制。从这个意义上说，简单曲面片是相当一般、灵活的一类曲面。只要给出一张曲线网格，就可构造一张由这种类型的曲面片组成的合成曲面。

为了寻找孔斯曲面表达式的规律，可以把式(3.35)改写为数学上更完美的形式：

$$\boldsymbol{r}(u,w)=[-1\quad F_0(u)\quad F_1(u)]\begin{bmatrix}0\\ \boldsymbol{r}(0,w)\\ \boldsymbol{r}(1,w)\end{bmatrix}+[0\quad \boldsymbol{r}(u,0)\quad \boldsymbol{r}(u,1)]\begin{bmatrix}-1\\ F_0(w)\\ F_1(w)\end{bmatrix}-[-1\quad F_0(u)\quad F_1(u)]\begin{bmatrix}0 & 0 & 0\\ 0 & \boldsymbol{r}(0,0) & \boldsymbol{r}(0,1)\\ 0 & \boldsymbol{r}(1,0) & \boldsymbol{r}(1,1)\end{bmatrix}\begin{bmatrix}-1\\ F_0(w)\\ F_1(w)\end{bmatrix}$$

$$=[-1\quad F_0(u)\quad F_1(u)]\begin{bmatrix}0 & 0 & 0\\ -\boldsymbol{r}(0,w) & 0 & 0\\ -\boldsymbol{r}(1,w) & 0 & 0\end{bmatrix}\begin{bmatrix}-1\\ F_0(w)\\ F_1(w)\end{bmatrix}+[-1\quad F_0(u)\quad F_1(u)]\begin{bmatrix}0 & -\boldsymbol{r}(u,0) & -\boldsymbol{r}(u,1)\\ 0 & 0 & 0\\ 0 & 0 & 0\end{bmatrix}\begin{bmatrix}-1\\ F_0(w)\\ F_1(w)\end{bmatrix}-$$

$$[-1\quad F_0(u)\quad F_1(u)]\begin{bmatrix}0 & 0 & 0\\0 & \boldsymbol{r}(0,0) & \boldsymbol{r}(0,1)\\0 & \boldsymbol{r}(1,0) & \boldsymbol{r}(1,1)\end{bmatrix}\begin{bmatrix}-1\\F_0(w)\\F_1(w)\end{bmatrix}$$

$$=-[-1\quad F_0(u)\quad F_1(u)]\begin{bmatrix}0 & \boldsymbol{r}(u,0) & \boldsymbol{r}(u,1)\\\boldsymbol{r}(0,\omega) & \boldsymbol{r}(0,0) & \boldsymbol{r}(0,1)\\\boldsymbol{r}(1,\omega) & \boldsymbol{r}(1,0) & \boldsymbol{r}(1,1)\end{bmatrix}\begin{bmatrix}-1\\F_0(w)\\F_1(w)\end{bmatrix}\tag{3.36}$$

式(3.36)右边的三阶矩阵中，第一行与第一列包含着曲面片的四条边界，右下角的二阶子矩阵的元素是曲面片的四个角点。所以该三阶矩阵称为**曲面片的边界信息矩阵**。

上述简单曲面片上有它自己固有的跨界斜率。在式(3.35)两边对 w 求偏导后，令 $w=0$，根据式(3.41)有 $F'_0(0)=F'_1(0)=0$，因此得

$$\boldsymbol{r}_w(u,0)=F_0(u)\boldsymbol{r}_w(0,0)+F_1(u)\boldsymbol{r}_w(1,0)\tag{3.37}$$

这说明，边界 $\boldsymbol{r}(u,0)$ 上任一点处的跨界斜率，等于这条边界的两个端点上的跨界斜率的线性组合，而与边界曲线 $\boldsymbol{r}(u,0)$ 本身的形状无关。

类似地，其他三条边界的跨界斜率为

$$\boldsymbol{r}_w(u,1)=F_0(u)\boldsymbol{r}_w(0,1)+F_1(u)\boldsymbol{r}_w(1,1)\tag{3.38}$$

$$\boldsymbol{r}_u(0,w)=F_0(w)\boldsymbol{r}_u(0,0)+F_1(w)\boldsymbol{r}_u(0,1)\tag{3.39}$$

$$\boldsymbol{r}_u(1,w)=F_0(w)\boldsymbol{r}_u(1,0)+F_1(w)\boldsymbol{r}_u(1,1)\tag{3.40}$$

在式(3.37)两边再对 u 求导，得

$$\boldsymbol{r}_{uw}(u,0)=F'_0(u)\boldsymbol{r}_w(0,0)+F'_1(u)\boldsymbol{r}_w(1,0)$$

分别用 $u=0$ 与 $u=1$ 代入上式，可得

$$\boldsymbol{r}_{uw}(0,0)=\boldsymbol{r}_{uw}(1,0)=\boldsymbol{0}$$

类似地有

$$\boldsymbol{r}_{uw}(0,1)=\boldsymbol{r}_{uw}(1,1)=\boldsymbol{0}$$

这说明，**简单曲面片的角点扭矢是零矢量**。

可应用简单曲面片边界上跨界斜率的式(3.37)～(3.40)，来解决简单曲面片之间的光滑拼接问题。设两张简单曲面片 $\boldsymbol{r}^{(1)}$ 与 $\boldsymbol{r}^{(2)}$ 有一条公共的边界，分别用 $\boldsymbol{r}^{(1)}(u,1)$ 与 $\boldsymbol{r}^{(2)}(u,0)$ 表示，所以

$$\boldsymbol{r}^{(1)}(u,1)=\boldsymbol{r}^{(2)}(u,0)\quad(0\leqslant u\leqslant 1)$$

很显然，在公共边界上两曲面是连续的，但在跨过曲面时，两曲面却是不光滑的，因为它们各有自己的跨界斜率。

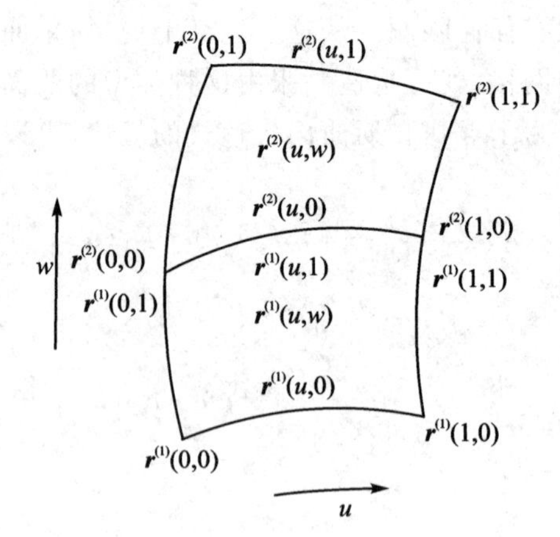

图 3-11　孔斯曲面片的拼接

假设在公共边界的两端点上，两曲面片的两对边界分别相切，即切矢共线(见图 3-11)：

$$\boldsymbol{r}_w^{(1)}(0,1)=\lambda\boldsymbol{r}_w^{(2)}(0,0)$$

$$\boldsymbol{r}_w^{(1)}(1,1)=\lambda\boldsymbol{r}_w^{(2)}(1,0)$$

其中 λ 为常数，于是根据式(3.38)与式(3.37)有

$$\begin{aligned} \boldsymbol{r}_w^{(1)}(u,1) &= F_0(u)\boldsymbol{r}_w^{(1)}(0,1) + F_1(u)\boldsymbol{r}_w^{(1)}(1,1) \\ &= \lambda[F_0(u)\boldsymbol{r}_w^{(2)}(0,0) + F_1(u)\boldsymbol{r}_w^{(2)}(1,0)] \\ &= \lambda\boldsymbol{r}_w^{(2)}(u,0) \end{aligned}$$

这表明，只要上述假设成立，则**两曲面片在公共边界上各点的跨界切矢共线，这就足以保证两块曲面片在公共边界的每一点上有公共的切平面**。

3.2.3　具有给定边界及其跨界斜率的孔斯曲面

简单曲面片有其本身固有的跨界斜率。设计曲面时，常常需要在已有的曲面上拼接曲面片，但由于它们有各自的跨界斜率，因此很难与相邻曲面片的跨界斜率相匹配。为了保证由多块曲面片拼接而成的曲面是光滑的，而用来拼接的曲面片的跨界斜率又可以任意给定，必须构造具有给定的四条边界，又有给定的跨界斜率的曲面片。

这时，要用到两对混合函数 F_0，F_1，G_0 和 G_1，它们必须具备下列性质：

$$\begin{cases} F_i(j) = G_i'(j) = \begin{cases} 1, 当\ i = j \\ 0, 当\ i \neq j \end{cases} \\ F_i'(j) = G_i(j) = 0 \end{cases} \tag{3.41}$$

其中 $$i = 0,1;j = 0,1$$

设已知四条边界曲线为

$$\boldsymbol{r}(u,0), \boldsymbol{r}(u,1), \boldsymbol{r}(0,w), \boldsymbol{r}(1,w)$$

四条边界上的跨界斜率为

$$\boldsymbol{r}_w(u,0), \boldsymbol{r}_w(u,1), \boldsymbol{r}_u(0,w), \boldsymbol{r}_u(1,w)$$

则满足上述条件的曲面片方程，可用和推导式(3.35)相类似的方法导出。

我们先构造这样一张曲面片，使它以 $\boldsymbol{r}(0,w)$ 与 $\boldsymbol{r}(1,w)$ 为边界，并以 $\boldsymbol{r}_u(0,w)$ 与 $\boldsymbol{r}_u(1,w)$ 为两条边界上的跨界斜率。与样条函数中解决带一阶导数的插值问题相类似，我们采用广义的埃尔米特插值：

$$\boldsymbol{r}_1(u,w) = [F_0(u) \quad F_1(u) \quad G_0(u) \quad G_1(u)] \begin{bmatrix} \boldsymbol{r}(0,w) \\ \boldsymbol{r}(1,w) \\ \boldsymbol{r}_u(0,w) \\ \boldsymbol{r}_u(1,w) \end{bmatrix} \tag{3.42}$$

其结果读者可以通过简单的计算而直接验证，只要在式(3.42)中以及(3.42)对 u 求偏导后代入 $u=0$ 和 $u=1$ 就行了。类似地，曲面片

$$\boldsymbol{r}_2(u,w) = [\boldsymbol{r}(u,0) \quad \boldsymbol{r}(u,1) \quad \boldsymbol{r}_w(u,0) \quad \boldsymbol{r}_w(u,1)] \begin{bmatrix} F_0(w) \\ F_1(w) \\ G_0(w) \\ G_1(w) \end{bmatrix} \tag{3.43}$$

以 $\boldsymbol{r}(u,0)$，$\boldsymbol{r}(u,1)$ 为一对边界且以 $\boldsymbol{r}_w(u,0)$，$\boldsymbol{r}_w(u,1)$ 为相应的跨界斜率。

和式(3.35)的推导相类似，$\boldsymbol{r}_1$ 和 $\boldsymbol{r}_2$ 的简单叠加并不能给出原始问题的解答，还必须从中减去 $\boldsymbol{r}_3(u,w)$；同样我们只要用角点信息，把相同的插值方法应用于 u 向和 w 向两个方向，即可获得 $\boldsymbol{r}_3(u,w)$，由此所产生的曲面片方程是

$$\boldsymbol{r}(u,w)=[F_0(u)\quad F_1(u)\quad G_0(u)\quad G_1(u)]\begin{bmatrix}\boldsymbol{r}(0,w)\\\boldsymbol{r}(1,w)\\\boldsymbol{r}_u(0,w)\\\boldsymbol{r}_u(1,w)\end{bmatrix}+$$

$$[\boldsymbol{r}(u,0)\quad \boldsymbol{r}(u,1)\quad \boldsymbol{r}_w(u,0)\quad \boldsymbol{r}_w(u,1)]\begin{bmatrix}F_0(w)\\F_1(w)\\G_0(w)\\G_1(w)\end{bmatrix}-$$

$$[F_0(u)\quad F_1(u)\quad G_0(u)\quad G_1(u)]\times$$

$$\begin{bmatrix}\boldsymbol{r}(0,0)&\boldsymbol{r}(0,1)&\boldsymbol{r}_w(0,0)&\boldsymbol{r}_w(0,1)\\\boldsymbol{r}(1,0)&\boldsymbol{r}(1,1)&\boldsymbol{r}_w(1,0)&\boldsymbol{r}_w(1,1)\\\boldsymbol{r}_u(0,0)&\boldsymbol{r}_u(0,1)&\boldsymbol{r}_{uw}(0,0)&\boldsymbol{r}_{uw}(0,1)\\\boldsymbol{r}_u(1,0)&\boldsymbol{r}_u(1,1)&\boldsymbol{r}_{uw}(1,0)&\boldsymbol{r}_{uw}(1,1)\end{bmatrix}\begin{bmatrix}F_0(w)\\F_1(w)\\G_0(w)\\G_1(w)\end{bmatrix}\tag{3.44}$$

上式中在等式右边的三项分别是 $\boldsymbol{r}_1,\boldsymbol{r}_2,\boldsymbol{r}_3$。注意角点的混合偏导矢对于构造 $\boldsymbol{r}_3$ 是必需的。读者详细核对一下即可证实，只要混合函数满足式(3.41)，由式(3.44)所表示的曲面片就有给定的边界曲线和跨界斜率。使用这种曲面片我们能构造出在跨越边界时光滑的合成曲面。

可以仿照改写式(3.35)的方法，把式(3.44)改写为

$$\boldsymbol{r}(u,w)=-[-1\quad F_0(u)\quad F_1(u)\quad G_0(u)\quad G_1(u)]$$

$$\left[\begin{array}{c|cccc}0&\boldsymbol{r}(u,0)&\boldsymbol{r}(u,1)&\boldsymbol{r}_w(u,0)&\boldsymbol{r}_w(u,1)\\\hline\boldsymbol{r}(0,w)&\boldsymbol{r}(0,0)&\boldsymbol{r}(0,1)&\boldsymbol{r}_w(0,0)&\boldsymbol{r}_w(0,1)\\\boldsymbol{r}(1,w)&\boldsymbol{r}(1,0)&\boldsymbol{r}(1,1)&\boldsymbol{r}_w(1,0)&\boldsymbol{r}_w(1,1)\\\boldsymbol{r}_u(0,w)&\boldsymbol{r}_u(0,0)&\boldsymbol{r}_u(0,1)&\boldsymbol{r}_{uw}(0,0)&\boldsymbol{r}_{uw}(0,1)\\\boldsymbol{r}_u(1,w)&\boldsymbol{r}_u(1,0)&\boldsymbol{r}_u(1,1)&\boldsymbol{r}_{uw}(1,0)&\boldsymbol{r}_{uw}(1,1)\end{array}\right]\begin{bmatrix}-1\\F_0(w)\\F_1(w)\\G_0(w)\\G_1(w)\end{bmatrix}\tag{3.45}$$

在式(3.45)右边的五阶矩阵中，第一行与第一列包含着给定的两对边界与相应的跨界斜率；剩下的四阶子矩阵的元素由四个角点上的信息组成，包括角点的位置矢量、切矢及扭矢，它们都可由第一行或第一列相应位置上的矢函数计算得到。这个五阶矩阵称为**曲面片的边界信息矩阵**，把它作式(3.45)中那样的分块，使得元素的分布规律十分清楚，有利于把结果加以推广。

具有给定边界及其跨界斜率、跨界曲率的孔斯曲面则可推广到七阶的边界信息矩阵。

3.2.4 双三次曲面

孔斯的表达式充分地揭示了这种曲面方程的构成规律，可以推广到满足任何高阶边界条件的曲面上。从理论上看，这是孔斯工作中最精彩的部分。但在实际应用中，往往无法提供这么多的边界信息，所以应当寻求需要条件较少、更便于实际计算的曲面。为此，孔斯提出对边界曲线和跨界斜率采用一种特定的定义形式，即直接利用角点信息和混合函数来定义边界曲线和跨界斜率。这将大大简化式(3.44)。

用上述混合函数，仿照带一阶导数的插值公式，可将边界曲线和跨界斜率写为

$$\boldsymbol{r}(i,w)=F_0(w)\boldsymbol{r}(i,0)+F_1(w)\boldsymbol{r}(i,1)+G_0(w)\boldsymbol{r}_w(i,0)+G_1(w)\boldsymbol{r}_w(i,1)\tag{3.46}$$

$$\boldsymbol{r}_u(i,w)=F_0(w)\boldsymbol{r}_u(i,0)+F_1(w)\boldsymbol{r}_u(i,1)+G_0(w)\boldsymbol{r}_{uw}(i,0)+G_1(w)\boldsymbol{r}_{uw}(i,1) \tag{3.47}$$

其中 $i=0,1$。同样

$$\boldsymbol{r}(u,j)=F_0(u)\boldsymbol{r}(0,j)+F_1(u)\boldsymbol{r}(1,j)+G_0(u)\boldsymbol{r}_u(0,j)+G_1(u)\boldsymbol{r}_u(1,j) \tag{3.48}$$

$$\boldsymbol{r}_w(u,j)=F_0(u)\boldsymbol{r}_w(0,j)+F_1(u)\boldsymbol{r}_w(1,j)+G_0(u)\boldsymbol{r}_{uw}(0,j)+G_1(u)\boldsymbol{r}_{uw}(1,j) \tag{3.49}$$

其中 $j=0,1$。将式(3.46)～(3.49)代入式(3.44)后，可以发现，除了第三项带负号之外，式中三项是相同的。因此式(3.44)简化为

$$\boldsymbol{r}(u,w)=\begin{bmatrix}F_0(u) & F_1(u) & G_0(u) & G_1(u)\end{bmatrix}\begin{bmatrix}\boldsymbol{r}(0,0) & \boldsymbol{r}(0,1) & \boldsymbol{r}_w(0,0) & \boldsymbol{r}_w(0,1)\\ \boldsymbol{r}(1,0) & \boldsymbol{r}(1,1) & \boldsymbol{r}_w(1,0) & \boldsymbol{r}_w(1,1)\\ \boldsymbol{r}_u(0,0) & \boldsymbol{r}_u(0,1) & \boldsymbol{r}_{uw}(0,0) & \boldsymbol{r}_{uw}(0,1)\\ \boldsymbol{r}_u(1,0) & \boldsymbol{r}_u(1,1) & \boldsymbol{r}_{uw}(1,0) & \boldsymbol{r}_{uw}(1,1)\end{bmatrix}\begin{bmatrix}F_0(w)\\ F_1(w)\\ G_0(w)\\ G_1(w)\end{bmatrix} \tag{3.50}$$

其中 $0\leqslant u,w\leqslant 1$。

也可用另一种方法直接推出式(3.50)。在我们仿照带一阶导数的插值公式得到式(3.46)和式(3.47)表示的两条边界曲线 $\boldsymbol{r}(0,w)$，$\boldsymbol{r}(1,w)$ 及其跨界斜率 $\boldsymbol{r}_u(0,w)$，$\boldsymbol{r}_u(1,w)$ 之后，把两条边界曲线上有相同参数值 w 的点视为对应点，在这两个对应点之间按同样方式拉起曲线来，把它当成曲面上的 u 线

$$\boldsymbol{r}(u,w)=\begin{bmatrix}F_0(u) & F_1(u) & G_0(u) & G_1(u)\end{bmatrix}\begin{bmatrix}\boldsymbol{r}(0,w)\\ \boldsymbol{r}(1,w)\\ \boldsymbol{r}_u(0,w)\\ \boldsymbol{r}_u(1,w)\end{bmatrix} \tag{3.51}$$

让这条 u 线作为"母线"，在两条"基线"$\boldsymbol{r}(0,w)$ 与 $\boldsymbol{r}(1,w)$ 上滑动，即让 w 从 0 变化到 1，这样就得到了全部 u 线，也就是扫出了整张曲面。于是式(3.51)就是一张曲面片的方程了。将 $\boldsymbol{r}(0,w)$，$\boldsymbol{r}(1,w)$，$\boldsymbol{r}_u(0,w)$，$\boldsymbol{r}_u(1,w)$ 的表达式(3.46)和式(3.47)代入式(3.51)，就可立即得到式(3.50)。

采用上述两种方法所以能够得到式(3.50)这样的曲面片(称为**张量积**或**笛卡儿乘积曲面片**)，关键在于这两种方法都是用角点信息和混合函数来定义边界信息；而且在定义边界信息和构造曲面时采用了同样的混合函数。

注意式(3.50)完全是利用它的四个角点的矢量 $\boldsymbol{r}$，$\boldsymbol{r}_u$，$\boldsymbol{r}_w$，$\boldsymbol{r}_{uw}$ 来定义的，我们把该角点信息矩阵记为 $\boldsymbol{B}$。式(3.50)中的分块显示了 $\boldsymbol{B}$ 中元素的分布规律：左上角的二阶子矩阵是角点位置矢量，右下角的二阶子矩阵是角点的混合偏导矢(扭矢)，其余两个二阶子矩阵是角点沿 u 向和 w 向的切矢。$\boldsymbol{B}$ 中的信息可以根据实际情况提供，且式(3.50)也便于数值计算。根据曲面片角点处的 $\boldsymbol{r}_u$，$\boldsymbol{r}_w$，$\boldsymbol{r}_{uw}$ 用式(3.47)和式(3.49)来确定跨界斜率有着重大的意义。当用这种类型的曲面片来构造合成曲面时，为达到现有边界的跨界斜率连续，只需要匹配相邻曲面片的相应角点处的三个矢量($\boldsymbol{r}_u$，$\boldsymbol{r}_w$，$\boldsymbol{r}_{uw}$)就行了。另外，由式(3.46)～(3.49)可以看出，扭矢对式(3.50)的边界形状并无影响，调整扭矢只会改变为面片四条边界的跨界斜率，引起曲面内部形状的变化。

图 3-12 表示孔斯曲面片的形状控制。(a)表示原始的平面状态。(b)为抬高中心点。(c)为将中心点的 u 向切矢从[1 0 0]变为[1 0 1],使曲面产生一峰一谷。(d)为进一步再将 w 向切矢从[0 1 0]变为[0 1 1],使曲面的波峰和波谷产生在斜对角上。

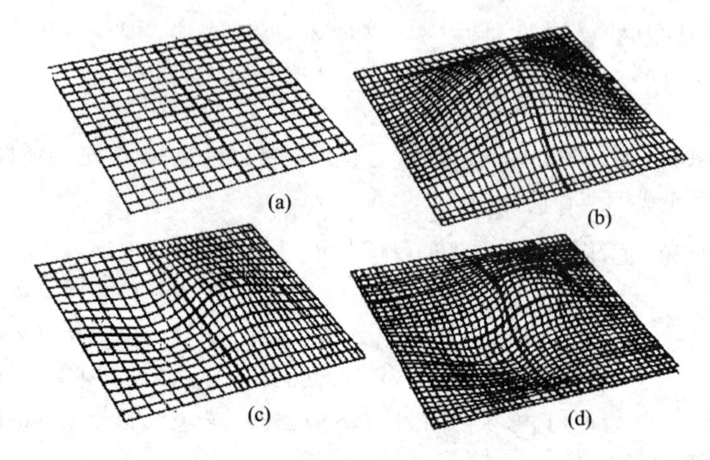

图 3-12　孔斯曲面的形状控制

在这里,按照习惯把混合偏导矢 $\boldsymbol{r}_{uw}$ 称为扭矢。但必须指出,使用这个术语容易使人误解。因为参数曲面上一点 $\boldsymbol{r}_{uw}$ 的值,它受曲面几何特性的影响不如受曲面参数方程表示形式的影响那么明显。一个简单的例子可说明这一点。例如 $\boldsymbol{a},\boldsymbol{b},\boldsymbol{c}$ 是常矢量并有 $\boldsymbol{b}\times\boldsymbol{c}\neq 0$,$u$,$w$ 为两个参数,则

$$\boldsymbol{r}(u,w)=\boldsymbol{a}+u\boldsymbol{b}+w\boldsymbol{c}$$

定义一个平面,它包含位置矢量为 $\boldsymbol{a}$ 的点并平行于矢量 $\boldsymbol{b}$ 和 $\boldsymbol{c}$。平面不是扭曲的曲面,因此毫无疑问可求得 $\boldsymbol{r}_{uw}=0$。现将方程改写成

$$\boldsymbol{r}(u,w)=\boldsymbol{a}+u\boldsymbol{b}+uw\boldsymbol{c}$$

这个方程定义着同一个平面。但现在 $\boldsymbol{r}_{uw}=\boldsymbol{c}\neq 0$。由此得出结论,在解释几何术语中的"扭矢"时必须小心,因为 $\boldsymbol{r}_{uw}\neq 0$ 不一定意味着曲面是扭曲的。

为不失一般性,前面我们对于混合函数 F_0,F_1,G_0、G_1,除了式(3.41)之外没有提出更多的要求,这并不影响以前的讨论。现在具体采用式(3.1)给出的三次混合函数,根据式(3.4)有

$$[F_0(u)\quad F_1(u)\quad G_0(u)\quad G_1(u)]=[1\quad u\quad u^2\quad u^3]\boldsymbol{M}_c$$

式中

$$\boldsymbol{M}_c=\begin{bmatrix}1 & 0 & 0 & 0\\ 0 & 0 & 1 & 0\\ -3 & 3 & -2 & -1\\ 2 & -2 & 1 & 1\end{bmatrix}\tag{3.52}$$

令

$$\boldsymbol{U}=[1\quad u\quad u^2\quad u^3]$$
$$\boldsymbol{W}=[1\quad w\quad w^2\quad w^3]$$

这样,便可将式(3.50)改写为

$$\boldsymbol{r}(u,w)=\boldsymbol{U}\boldsymbol{M}_c\boldsymbol{B}\boldsymbol{M}_c^{\mathrm{T}}\boldsymbol{W}^{\mathrm{T}}\tag{3.53}$$

由于 $\boldsymbol{B}$ 是一个以矢量为元素的四阶矩阵,取出其中各元素的 x 分量、y 分量和 z 分量,放

在相应的位置上，组成三个以数量为元素的四阶矩阵，分别记为 $\boldsymbol{B}_x,\boldsymbol{B}_y,\boldsymbol{B}_z$，则曲面的参数方程为

$$\begin{cases} x(u,\omega)=\boldsymbol{U}\boldsymbol{M}_c\boldsymbol{B}_x\boldsymbol{M}_c^{\mathrm{T}}\boldsymbol{W}^{\mathrm{T}} \\ y(u,\omega)=\boldsymbol{U}\boldsymbol{M}_c\boldsymbol{B}_y\boldsymbol{M}_c^{\mathrm{T}}\boldsymbol{W}^{\mathrm{T}} \\ z(u,\omega)=\boldsymbol{U}\boldsymbol{M}_c\boldsymbol{B}_z\boldsymbol{M}_c^{\mathrm{T}}\boldsymbol{W}^{\mathrm{T}} \end{cases} \tag{3.54}$$

在式(3.53)和式(3.54)中，当 u 固定时，它们是 w 的三次多项式；当 w 固定时，它们是 u 的三次多项式。所以式(3.50)、式(3.53)或式(3.54)称为双三次曲面。许多资料指出，利用这种曲面片分片地描述实用中常见的曲面，一般能满足要求。在一些实用性的文章中提到的所谓“孔斯曲面”，多半就是指的这种双三次曲面，实际上它只是式(3.44)所表示的一类孔斯曲面在特定情况下的一种特殊形式。特别是，由于弗格森在孔斯之前(1963 年)，就曾经把弗格森曲线推广到曲面，用前面讲的一套三次混合函数构造了这种双三次曲面片，所以国外计算机辅助几何设计学术界的许多人都把它称为弗格森三次曲面片，尤其是孔斯本人更是一再强调这一点。

3.2.5 三种定义曲面的基本方法

1. 笛卡儿乘积法

由式(3.50)和式(3.53)所表示的曲面称为**笛卡儿乘积曲面**(Cartesian product surfaces)，又称为**张量积曲面**(Tensor - product surfaces)或**直积曲面**。就像前面能用对点插值的方法来定义曲线一样，我们也可用对点阵插值的方法来定义曲面。因此，这种方法就是用笛卡儿乘积把两个单变量算子 ϕ 和 ψ 组合在一起，构成一个双变量算子($\phi \cdot \psi$)，用它对给出的空间点阵插值出曲面

$$\boldsymbol{r}(u,w)=(\phi \cdot \psi)\boldsymbol{P}(u_i,w_j)$$

也就是说，这类曲面是用常值数据(如网格交点信息)来定义的。由于所采用的单变量算子的类型不同，用这种方法可构造多种笛卡儿乘积曲面，既包括上述的双三次曲面式(3.50)，也包括后面要介绍的贝齐埃曲面和 B 样条曲面。其中所用的常值数据可以是角点信息，也可以是顶点信息。这种方法用得较普遍。

2. 母线法

由式(3.31)和式(3.32)所表示的曲面就是**母线曲面**(Lofted surfaces)。飞机、汽车和船舶制造业中长久以来的习惯做法是用曲面上的一组平面截线来描述曲面，所以母线法就是用单变量算子对给出的一组曲线插值出曲面来，它可以是

$$\boldsymbol{r}(u,w)=\phi\boldsymbol{P}(u,w_j)$$

也可以是

$$\boldsymbol{r}(u,w)=\psi\boldsymbol{P}(u_i,w)$$

因此，母线曲面是用 u 向或 w 向的单变量数据(如一组或另一组网格曲线)来定义的。笛卡儿乘积曲面是母线曲面的一种特例。一般说来，因为母线曲面是用曲线定义的，与笛卡儿乘积曲面所用的离散数据比较起来，前者要用较多的几何信息。

3. 布尔和法

由式(3.35)和式(3.44)所表示的孔斯曲面就是布尔和曲面。若用 $\oplus$ 来标记布尔和，则这类曲面可以表示有

$$r(u,w)=(\phi\oplus\psi)P(u,w)$$

它是用 u 向和 w 向的单变量数据(即两个方向的网格曲线和跨界斜率等边界信息)来定义的,所以它包括作为特例的沿任一方向的母线法。但构造布尔和曲面不能简单地把两张母线曲面相加,因为母线法用了一组或另一组网格曲线上的数据,它包括了网格点上的所有数据。如果简单地把两张母线曲面相加,就会把相交的网络点数据算上两次。因此必须减去这些双重数据,方法是减去有这些数据定义的曲面——笛卡儿乘积曲面(见图 3-13)

$$\phi\oplus\psi=\phi+\psi-\phi\cdot\psi$$

即　　布尔和曲面 $=u$ 向母线曲面 $+w$ 向母线曲面 $-$ 笛卡儿乘积曲面

这反映了用布尔和构造孔斯曲面的实质及三种曲面定义方法之间的内在联系。

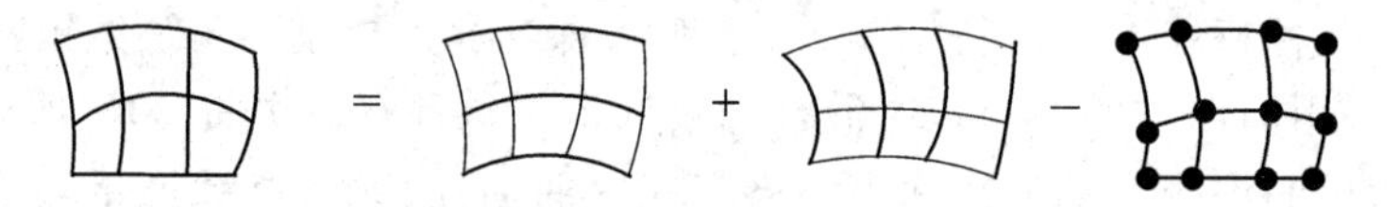

图 3-13　曲面的布尔和原理

3.3 贝齐埃曲线与曲面

3.3.1 引　言

法国雷诺汽车公司的贝齐埃(P. Bézier)于 1962 年着手研究一种以逼近为基础的构造曲线与曲面的方法,并以这种方法建立了一种自由型曲线与曲面的设计系统——UNISURF 系统。该系统于 1972 年投入使用,至今已有了很大发展。1971 年,英国剑桥大学计算机辅助设计研究中心应用贝齐埃构造曲线和曲面的方法,在带光笔的图形显示器上完成了名为 MULTIOBJECT 的试验性系统,以后剑桥大学又在这个基础上发展了 DUCT 应用系统。美国瑞安飞机公司于 1972 年起着手建立数模系统,采用了两种最基本的曲面定义方法,即 BBP(Bernstein-Bézier Patches)和 FCP(Ferguson-Coons Patches)。这就说明,贝齐埃方法和孔斯方法一样,已经成为计算机辅助几何设计中先进的数学方法之一。

对贝齐埃方法继续进行深入研究的有福雷斯特、戈登(W. J. Gordon)和里森费尔德(R. F. Riesenfeld)等人。他们对贝齐埃方法做了进一步的探讨和改进,从中找出了贝齐埃方法与伯恩斯坦多项式及现代的 B 样条理论之间的密切联系,把函数逼近理论同几何表示紧密地结合起来。

在计算机辅助几何设计中,最常用、最方便的办法是把曲线表示为参数矢量形式:

$$r(u)=\sum_{i=0}^{n}b_iu^i \tag{3.55}$$

其中 b_i 为系数矢量,参数 u 在区间[0,1]中变化。这种表达式的特点是多数系数矢量的几何意义不明显,难以从系数矢量来推断曲线的特征。为了克服这一缺点,如在 3.1.5 中所述,弗格森把参数三次曲线表示为

$$r(u)=r(0)F_0(u)+r(1)F_1(u)+r'(0)G_0(u)+r'(1)G_1(u)$$

$$=[1\quad u\quad u^2\quad u^3]\begin{bmatrix}1&0&0&0\\0&0&1&0\\-3&3&-2&-1\\2&-2&1&1\end{bmatrix}\begin{bmatrix}\boldsymbol{r}(0)\\\boldsymbol{r}(1)\\\boldsymbol{r}'(0)\\\boldsymbol{r}'(1)\end{bmatrix}$$

其中 $F_0(u)$,$F_1(u)$,$G_0(u)$,$G_1(u)$为式(3.1)给出的三次混合函数。$\boldsymbol{r}(0)$和 $\boldsymbol{r}(1)$是曲线在起点和终点的位置矢量，而 $\boldsymbol{r}'(0)$和 $\boldsymbol{r}'(1)$是曲线在起点和终点处的切矢量。因此上述表达式中的四个系数矢量的几何意义很明显，而贝齐埃则对式(3.55)作了另一番改造。

在开始介绍贝齐埃方法之前，有必要强调以下两点。

第一，在这之前所介绍的构造曲线和曲面的方法，要求曲线和曲面通过所有给定的点并满足给定的切矢和扭矢。当使用人机对话的手段进行交互设计时，这些方法有不足之处。尤其是用切矢和扭矢的方向和大小等信息去控制曲线和曲面，不能给设计者提供所需要的直观感觉。而贝齐埃方法和后面要介绍的 B 样条方法，却不通过所有给定的点，更不考虑切矢和扭矢，而一般是用曲线外和曲面外的点来定义曲线和曲面。这种方法能使使用者明显地感觉到输入与输出之间的关系，使他们能够利用可控制的输入参数来改变曲线与曲面的形状，直到输出的结果与预期的形状完全相符为止。

第二，在三次样条函数与孔斯曲面中，采用了一套三次混合函数即埃尔米特基函数。如果不是用这些基函数而是用另外一些基函数，就可以得到另外的曲线与曲面。比如，用伯恩斯坦基函数或贝齐埃基函数就可构造贝齐埃曲线与曲面，用 B 样条基函数就可构造 B 样条曲线与曲面。

3.3.2　贝齐埃曲线的定义

二次曲线可由曲线上三点以及不在这曲线上的由曲线两端点的切线相交而得出的第四点来确定，弗格森参数三次曲线则是由曲线两个端点和两端切矢所确定。贝齐埃成功地应用了另外一种构造曲线的方法，一条贝齐埃曲线由两个端点和若干个不在曲线上但能够决定曲线形状的点来确定。图 3-14 表示了一条三次贝齐埃曲线，它由两个端点 $\boldsymbol{V}_0$,$\boldsymbol{V}_3$ 和两个不在曲线上的点 $\boldsymbol{V}_1$,$\boldsymbol{V}_2$ 所确定。$\boldsymbol{V}_0$,$\boldsymbol{V}_1$,$\boldsymbol{V}_2$,$\boldsymbol{V}_3$ 构成了一个与三次贝齐埃曲线相对应的开口多边形，称为**特征多边形**。这四个点称为特征多边形的顶点。**一般地，n 次贝齐埃曲线由 $n+1$ 个顶点构成的特征多边形所确定**。特征多边形大致勾画出了对应曲线的形状。

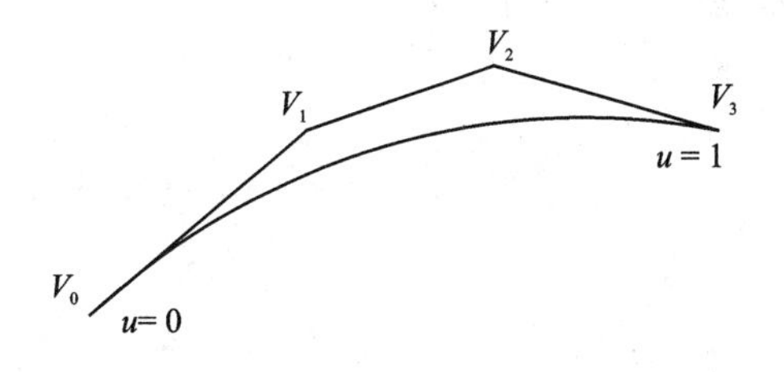

图 3-14　三次贝齐埃曲线

现在普遍采用的贝齐埃曲线的表达式是由特征多边形顶点的位置矢量与伯恩斯坦基函数线性组合得到的：

$$\boldsymbol{r}(u)=\sum_{i=0}^{n}J_{n,i}(u)\boldsymbol{V}_i \tag{3.56}$$

其中，$\boldsymbol{V}_i$ 是特征多边形顶点的位置矢量，$J_{n,i}(u)$是伯恩斯坦基函数。

$$J_{n,i}(u)=C_n^i u^i(1-u)^{n-i} \tag{3.57}$$

C_n^i 是组合数，它也可以表示为$\binom{n}{i}$：

$$C_n^i=\frac{n!}{i!\ (n-i)!}$$

n 为贝齐埃曲线的次数；i 为特征多边形顶点的标号，$0\leqslant i\leqslant n$；u 为参数，$0\leqslant u\leqslant 1$。

图 3-15 表示了 $n=5$ 时的 6 个伯恩斯坦基函数的图形。

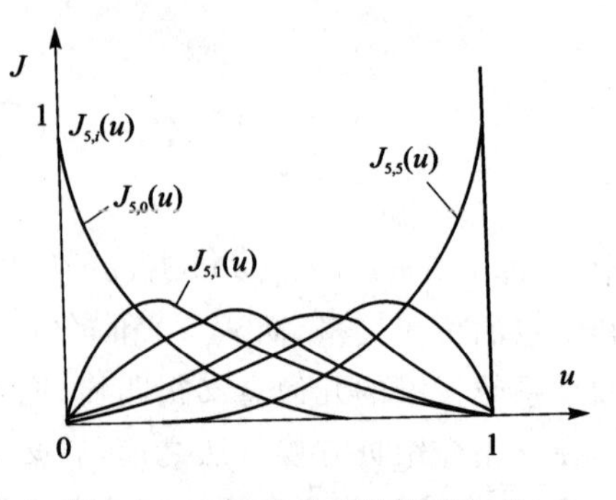

图 3-15　五次伯恩斯坦基函数

根据式(3.57)可以得到三次伯恩斯坦基函数：

$$\begin{cases}J_{3,0}(u)=C_3^0u^0(1-u)^3=(1-u)^3\\J_{3,1}(u)=C_3^1u(1-u)^2=3u(1-u)^2\\J_{3,2}(u)=C_3^2u^2(1-u)=3u^2(1-u)\\J_{3,3}(u)=C_3^3u^3(1-u)^0=u^3\end{cases}\tag{3.58}$$

因此，可把三次贝齐埃曲线表示为

$$\boldsymbol{r}(u)=\sum_{i=0}^{3}J_{3,i}(u)\boldsymbol{V}_i=[(1-u)^3\quad 3u(1-u)^2\quad 3u^2(1-u)\quad u^3]\begin{bmatrix}\boldsymbol{V}_0\\\boldsymbol{V}_1\\\boldsymbol{V}_2\\\boldsymbol{V}_3\end{bmatrix},\quad 0\leqslant u\leqslant 1\tag{3.59}$$

上式可改写为矩阵形式

$$\boldsymbol{r}(u)=[1\quad u\quad u^2\quad u^3]\begin{bmatrix}1&0&0&0\\-3&3&0&0\\3&-6&3&0\\-1&3&-3&1\end{bmatrix}\begin{bmatrix}\boldsymbol{V}_0\\\boldsymbol{V}_1\\\boldsymbol{V}_2\\\boldsymbol{V}_3\end{bmatrix},\quad 0\leqslant u\leqslant 1\tag{3.60}$$

为了建立一条三次曲线，只要确定多边形的 4 个顶点，然后利用式(3.59)或式(3.60)即可计算曲线上($0\leqslant u\leqslant 1$)的点，显然已不再需要考虑对参数的导矢。对于曲线设计来说，采用改进多边形顶点的位置矢量的方法，比确定不同的切矢长度或其他类似的参数更有直观性。

3.3.3　贝齐埃曲线的几何性质

下面我们从伯恩斯坦基函数的性质出发，讨论贝齐埃曲线的一系列重要性质。

1. 伯恩斯坦基函数的性质

(1) 正　性

$$0\leqslant J_{n,i}(u)\leqslant 1,\quad u\in[0,1]\tag{3.61}$$

具体来说，当 $i=0$ 或 $i=n$ 时，可通过直接计算得到

$$J_{n,0}(0)=J_{n,n}(0)=1$$

$$J_{n,0}(1)=J_{n,n}(0)=0$$

$$0<J_{n,0}(u),J_{n,n}(u)<1,\quad 当\ u\in(0,1)$$

当 $i=1,2,\cdots,n-1$ 时，则有

$$J_{n,i}(u)\begin{cases}=0, & \text{当 } u=0,1\\ >0, & \text{当 } u\in(0,1)\end{cases}$$

(2) 权　性

$$\sum_{i=0}^{n}J_{n,i}(u)\equiv 1,u\in[0,1] \tag{3.62}$$

这是因为 $J_{n,i}(u)$是一个两项之和为 1 的二项式的各展开项：

$$\sum_{i=0}^{n}J_{n,i}(u)=\sum_{i=0}^{n}C_n^iu^i(1-u)^{n-i}=[u+(1-u)]^n=1$$

(3) 对称性

$$J_{n,n-i}(u)=J_{n,i}(1-u) \tag{3.63}$$

这是由于组合数有对称性 $C_n^i=C_n^{n-i}$，因此有

$$\begin{aligned}J_{n,n-i}(u)&=C_n^{n-i}u^{n-i}(1-u)^i=C_n^i(1-u)^i[1-(1-u)]^{n-i}\\&=J_{n,i}(1-u)\end{aligned}$$

(4) 导函数

$$J'_{n,i}(u)=n\{J_{n-1,i-1}(u)-J_{n-1,i}(u)\}\quad(i=0,1,\cdots n) \tag{3.64}$$

因为

$$J'_{n,i}(u)=C_n^iiu^{i-1}(1-u)^{n-i}-C_n^iu^i(n-i)(1-u)^{n-i-1}$$

而

$$C_n^ii=\frac{n!\ i}{i!\ (n-i)!}=\frac{n(n-1)!}{(i-1)!\ (n-i)!}=nC_{n-1}^{i-1}$$

$$C_n^i(n-i)=\frac{n!\ (n-i)}{i!\ (n-i)!}=\frac{n(n-1)!}{i!\ (n-i-1)!}=nC_{n-1}^i$$

因此有

$$\begin{aligned}J'_{n,i}(u)&=nC_{n-1}^{i-1}u^{i-1}(1-u)^{n-i}-nC_{n-1}^iu^i(1-u)^{n-i-1}\\&=n\{J_{n-1,i-1}(u)-J_{n-1,i}(u)\}\end{aligned}$$

(5) 递推性

$$J_{n,i}(u)=(1-u)J_{n-1,i}(u)+uJ_{n-1,i-1}(u)\quad(i=0,1,\cdots n) \tag{3.65}$$

由于组合数的递推性

$$C_n^i=C_{n-1}^i+C_{n-1}^{i-1}$$

因此有

$$\begin{aligned}J_{n,i}(u)&=C_n^iu^i(1-u)^{n-i}=(C_{n-1}^i+C_{n-1}^{i-1})u^i(1-u)^{n-i}\\&=(1-u)C_{n-1}^iu^i(1-u)^{n-i-1}+uC_{n-1}^{i-1}u^{i-1}(1-u)^{n-i}\\&=(1-u)J_{n-1,i}(u)+uJ_{n-1,i-1}(u)\end{aligned}$$

在以上公式中，凡当指标超出范围以致记号不具意义时，例如 $J_{n,-1}(u)$和 $J_{n-1,n}(u)$等，都应理解为 0。

2. 贝齐埃曲线的几何性质

了解这些性质极有好处，可以从伯恩斯坦基函数的性质导出贝齐埃曲线的下列几何性质。

(1) 端点性质

由伯恩斯坦基函数的性质(1)，可以立即推得

$$\boldsymbol{r}(0)=\boldsymbol{V}_0$$

$$\boldsymbol{r}(1)=\boldsymbol{V}_n$$

由伯恩斯坦基函数的性质(4)，可得

$$\boldsymbol{r}'(u)=\sum_{i=0}^{n}J'_{n,i}(u)\boldsymbol{V}_i=n\sum_{i=0}^{n}\boldsymbol{V}_i\{J_{n-1,i-1}(u)-J_{n-1,i}(u)\}$$

$$=n\sum_{i=1}^{n}(\boldsymbol{V}_i-\boldsymbol{V}_{i-1})J_{n-1,i-1}(u)$$

因而

$$\boldsymbol{r}'(0)=n(\boldsymbol{V}_1-\boldsymbol{V}_0)=n\boldsymbol{a}_1 \tag{3.66}$$

$$\boldsymbol{r}'(1)=n(\boldsymbol{V}_n-\boldsymbol{V}_{n-1})=n\boldsymbol{a}_n \tag{3.67}$$

类似地有

$$\boldsymbol{r}''(0)=n(n-1)[(\boldsymbol{V}_2-\boldsymbol{V}_1)-(\boldsymbol{V}_1-\boldsymbol{V}_0)]$$

$$=n(n-1)(\boldsymbol{a}_2-\boldsymbol{a}_1) \tag{3.68}$$

$$\boldsymbol{r}''(1)=n(n-1)[(\boldsymbol{V}_n-\boldsymbol{V}_{n-1})-(\boldsymbol{V}_{n-1}-\boldsymbol{V}_{n-2})]$$

$$=n(n-1)(\boldsymbol{a}_n-\boldsymbol{a}_{n-1}) \tag{3.69}$$

因此曲线在起点和终点处的副法矢分别为

$$\boldsymbol{B}(0)=\boldsymbol{r}'(0)\times\boldsymbol{r}''(0)=n^2(n-1)(\boldsymbol{V}_1-\boldsymbol{V}_0)\times(\boldsymbol{V}_2-\boldsymbol{V}_1)$$

$$=n^2(n-1)\boldsymbol{a}_1\times\boldsymbol{a}_2 \tag{3.70}$$

$$\boldsymbol{B}(1)=\boldsymbol{r}'(1)\times\boldsymbol{r}''(1)=n^2(n-1)(\boldsymbol{V}_{n-1}-\boldsymbol{V}_{n-2})\times(\boldsymbol{V}_n-\boldsymbol{V}_{n-1})$$

$$=n^2(n-1)\boldsymbol{a}_{n-1}\times\boldsymbol{a}_n \tag{3.71}$$

还可以证明曲线在起点和终点处的第 k 阶导矢分别是

$$\boldsymbol{r}^{(k)}(0)=\frac{n!}{(n-k)!}\sum_{i=0}^{k}(-1)^{k-i}C_k^i\boldsymbol{V}_i \tag{3.72}$$

$$\boldsymbol{r}^{(k)}(1)=\frac{n!}{(n-k)!}\sum_{i=0}^{k}(-1)^{i}C_k^i\boldsymbol{V}_{n-i} \tag{3.73}$$

以上说明，贝齐埃曲线的起点和终点分别是它的特征多边形的第一个顶点和最后一个顶点；曲线在起点和终点处分别同特征多边形的第一条边和最后一条边相切，且切矢量的模长分别为第一条边长和最后一条边长的 n 倍；曲线在起点处的密切平面是特征多边形的第一条边与第二条边所张成的平面，在终点处的密切平面是最后两条边所张成的平面；曲线在两端点处的 k 阶导矢，只与最靠近它们的 $k+1$ 个顶点有关。

(2) 对称性

我们保持贝齐埃曲线式(3.56)的诸顶点 $\boldsymbol{V}_i$ 的位置不变，只把它们的次序完全颠倒过来。这样得到的新多边形顶点记为 $\boldsymbol{V}_i^*=\boldsymbol{V}_{n-i}(i=0,1,\cdots,n)$，由它们构成的新的贝齐埃曲线为

$$\boldsymbol{r}^*(u)=\sum_{i=0}^{n}J_{n,i}(u)\boldsymbol{V}_i^*=\sum_{i=0}^{n}J_{n,i}(u)\boldsymbol{V}_{n-i}$$

令 $i=n-j$，则上式可写为

$$\boldsymbol{r}^*(u)=\sum_{j=0}^{n}J_{n,n-j}(u)\boldsymbol{V}_j$$

再利用前述伯恩斯坦基函数性质(3)，即得

$$r^{*}(u)=\sum_{j=0}^{n}J_{n,j}(1-u)V_{j}=r(1-u)$$

这说明所得的是同一条曲线，只不过走向相反（见图 3 - 16）。

（3）凸包性质

对于其一个 u 值，$r(u)$ 是特征多边形各顶点 $V_i(i=0,1,\cdots,n)$ 的加权平均，权因子依次是 $J_{n,i}(u)$。这是由伯恩斯坦基函数性质（1）和（2）所决定的。这个事实反映到几何图形上，就是对于任何 $u\in[0,1]$，$r(u)$ 必落在由其特征多边形顶点张成的凸包内，即贝齐埃曲线完全包含在这一凸包之中。这就是凸包性质，它有助于设计人员根据多边形顶点的位置事先估计相应曲线的存在范围。

当 $n=1$ 时，V_0 和 V_1 张成的凸包就是线段 V_0V_1 上的全部点；当 $n=2$ 时，V_0,V_1,V_2 张成的凸包就是 $\Delta V_0V_1V_2$；当特征多边形有凸有凹时，其相应的凸包如图 3 - 17 所示。

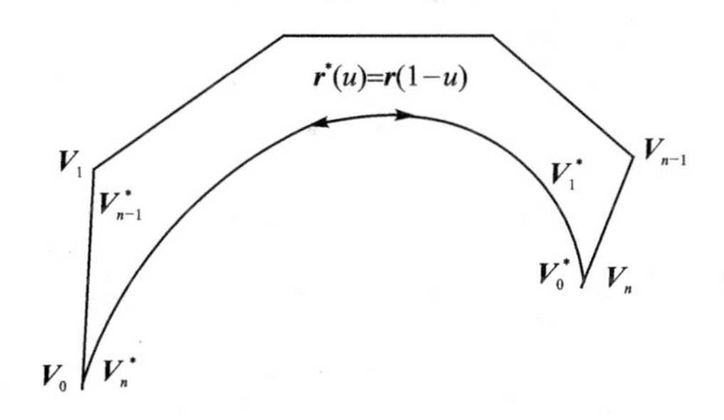

图 3 - 16　贝齐埃曲线不受多变形走向颠倒的影响

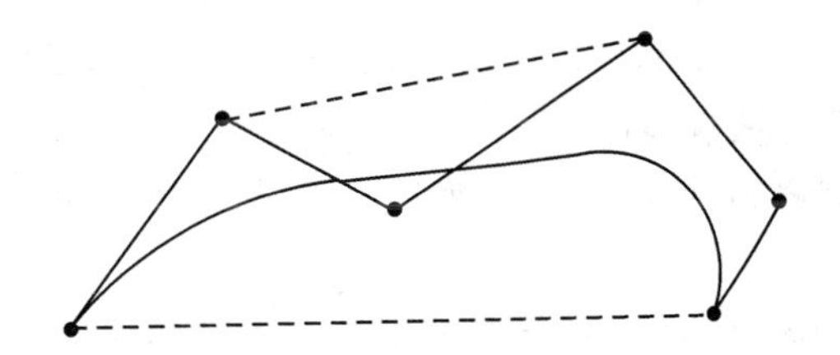

图 3 - 17　贝齐埃曲线的凸包性质

（4）保凸性

如前所述，当三次贝齐埃曲线的特征多边形为凸时，相应的三次贝齐尔曲线也是凸的。可以证明，对于平面 n 次贝齐埃曲线，当其多边形为凸时，贝齐埃曲线也是凸的。

（5）几何不变性

贝齐埃曲线式（3.56）是矢量表达式。曲线的形态由特征多边形顶点唯一地确定，而与坐标系的选择无关。根据伯恩斯坦基函数性质（1）和（2），对每一个固定的 $u\in[0,1]$，由式（3.56）表示的点 $r(u)$ 正好是一个质点系的重心，其中各质点位置在 $V_0,V_1,V_2,\cdots,V_n$，而相应的质量为 $J_{n,0}(u),J_{n,1}(u),\cdots,J_{n,n}(u)$。当 u 在 $[0,1]$ 中变化时，各点上放置的质量也变化，因而重心也在变化。变化着的重心就描出了一条曲线。由于一质点系的重心是一个内在的概念，它与坐标系的选择无关，这就说明了贝齐埃曲线具有几何不变性。

（6）变差减小性质

贝齐埃曲线和任一直线相交的次数，不会超过被逼近的多边形和同一直线相交的次数。也就是说，波动的次数少了，光滑的程度提高了。

总之，伯恩斯坦多项式在很大程度上继承了被逼函数的几何特性。这样一个优良的逼近性质，使得伯恩斯坦多项式特别适用于几何设计，这是因为在这个领域里，逼近式的大范围几何性质比逼近的接近性更为重要的缘故。贝齐埃曲线在逼近其特征多边形的过程中，一般说来继承了伯恩斯坦多项式良好的几何逼近性质。这样，就有可能通过调整特征多边形的顶点来有效地控制贝齐埃曲线的形状。

可是应当指出，虽然高次贝齐埃曲线的特征多边形仍然在某种程度上象征着曲线的形状，

但随着次数的增高，两者之间的关系有所减弱。

3.3.4 贝齐埃曲线的几何作图法

当特征多边形顶点$\boldsymbol{V}_i(i=0,1,\cdots,n)$给定时，为求出曲线上任意一点，贝齐埃给出了一种几何作图法，这种作图法给贝齐埃曲线的生成提供了一个形象的几何解释。

对于固定的$u\in[0,1]$，可在特征多边形的每条边上找一分割点，将边分成比值$u:(1-u)$，对于$\boldsymbol{V}_i$和$\boldsymbol{V}_{i+1}$为端点的第i条边，分点$\boldsymbol{r}_{i,1}(u)$的位置矢量为

$$\boldsymbol{r}_{i,1}(u)=(1-u)\boldsymbol{V}_i+u\boldsymbol{V}_{i+1}\quad(i=0,1,\cdots,n-1)\tag{3.74}$$

新得到的n个点组成一个开的$n-1$边形。对这个新的多边形重复上述操作，可得到一个$n-2$边形的$n-1$个顶点$\boldsymbol{r}_{i,2}(u)(i=0,1,\cdots,n-2)$。依次类推，连续作$n$次以后，即得到一点$\boldsymbol{r}_{0,n}(u)$，它就是贝齐埃曲线式(3.56)上对应于参数$u$的点$\boldsymbol{r}(u)$，且矢量$n\boldsymbol{r}_{0,n-1}\boldsymbol{r}_{1,n-1}$即为曲线在该点的切矢量。让$u$在[0,1]之间变动，就可得到一条贝齐埃曲线。图3-18示出了求$n=4$时$u=1/3$的点的作图过程。

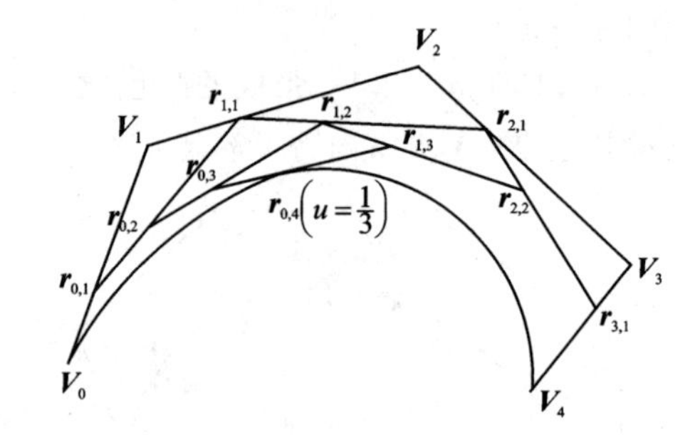

图3-18 贝齐埃曲线的几何作图法

这一几何作图过程对应于如下的递推算式

$$\boldsymbol{r}_{i,l}(u)=(1-u)\boldsymbol{r}_{i,l-1}(u)+u\boldsymbol{r}_{i+1,l-1}(u),\quad 0\leqslant u\leqslant 1\tag{3.75}$$
$$(l=1,2,\cdots,n;\ i=0,1,\cdots,n-l)$$

式中，$\boldsymbol{r}_{i,0}=\boldsymbol{V}_i(i=0,1,\cdots,n)$；下标$l$表示递推次数的序号；$i$表明该点属于相应多边形的第$i+1$条边。

从这一作图法可以看出，只要特征多边形像刚体一样在空间中运动，不管运动到哪个地方，所对应的曲线也和多边形一道运动而形状不变。这就是说，曲线的形状由特征多边形唯一决定，而与坐标系的选择无关。这就又一次证明了贝齐埃曲线的几何不变性。

还可以看到，当把特征多边形顶点的顺序全部颠倒过来，然后再以$l-u$为比例因子按上述方法作图，显然最后所得到的将是同一个点$\boldsymbol{r}_{0,n}$。这也又一次证明了贝齐埃曲线的对称性。

贝齐埃曲线虽有许多良好性质，但也存在一些明显缺点，比如：1) 当特征多边形的顶点分布不均匀时，参数u在曲线上对应点的分布也不均匀；2) 贝齐埃曲线的形状与定义它的特征多边形相距甚远；3) 改变特征多边形的一个顶点将影响整条曲线。这三个缺点可分别用参数均匀化、增加贝齐埃曲线次数、采用B样条曲线来克服。

在实际应用中，贝齐埃方法主要用于自由型曲线的设计，即根据给定的特征多边形顶点$\{\boldsymbol{V}_i\}$构造贝齐埃曲线。除此之外，也可把贝齐埃曲线作为插值曲线用来拟合给定的数据点。如构造一条n次贝齐埃曲线，使其通过以$\boldsymbol{r}_0$为起点，以$\boldsymbol{r}_n$为终点的$n+1$个已知点$\boldsymbol{r}_0,\boldsymbol{r}_1,\cdots,\boldsymbol{r}_n$。为此，需要首先算出特征多边形顶点$\boldsymbol{V}_i$。通常可取参数$u_j$与已知点$\boldsymbol{r}_j(j=0,1,\cdots,n)$相对应，依此反推顶点$\boldsymbol{V}_i$。当型值点分布比较均匀时，可取$u_j=j/n$；而当型值点分布不均匀时，则可取累加弦长参数作为$u_j$的值，即令

$$u_j=\begin{cases}0 & j=0\\ \sum_{k=1}^{j}l_k\Big/\sum_{k=1}^{n}l_k & j=1,2,\cdots,n\end{cases}$$

式中 $l_j=\boldsymbol{r}_{j-1}\boldsymbol{r}_j$。于是由式(3.56)得到

$$\begin{cases}\boldsymbol{r}_0=\boldsymbol{V}_0\\ \boldsymbol{r}_j=\sum_{i=0}^{n}J_{n,i}(u_j)\boldsymbol{V}_i \quad (j=1,2,\cdots,n)\\ \boldsymbol{r}_n=\boldsymbol{V}_n\end{cases} \tag{3.76}$$

可用型值点作为顶点的初值,用迭代法由上述线性方程组解出 $\boldsymbol{V}_0,\boldsymbol{V}_1,\boldsymbol{V}_2,\cdots,\boldsymbol{V}_n$。然后即可取 $\boldsymbol{V}_0,\boldsymbol{V}_1,\boldsymbol{V}_2,\cdots,\boldsymbol{V}_n$ 为特征多边形顶点,构造一条 n 次贝齐埃曲线

$$\boldsymbol{r}(u)=\sum_{i=0}^{n}J_{n,i}(u)\boldsymbol{V}_i$$

这条贝齐埃曲线必然通过原先已定的点 $\boldsymbol{r}_0,\boldsymbol{r}_1,\cdots,\boldsymbol{r}_n$。也可采用最小二乘法,在优化的意义下用贝齐埃曲线拟合给定的数据点。

3.3.5 贝齐埃曲线的合成

在几何设计中,设计者往往难以用一条贝齐埃曲线来描述复杂的形状,因而有时采用分段逼近,然后将各段曲线相互连接起来,在接合处保持一定的连续条件。连接成的曲线从整体来看是一条光滑曲线。下面着重讨论两条贝齐埃曲线在接合处保持连续条件的处理方法。

现以三次为例,根据式(3.18)、式(3.19)和式(3.21)来讨论贝齐埃曲线段之间的连续性条件。假定我们希望构造一曲线段 $\boldsymbol{r}^{(2)}(u_2)$,它与已有的曲线段 $\boldsymbol{r}^{(1)}(u_1)$ 在接合处有位置、斜率和曲率连续。由于 $\boldsymbol{r}(0)=\boldsymbol{V}_0$ 和 $\boldsymbol{r}(1)=\boldsymbol{V}_3$,为了位置连续,首先要求

$$\boldsymbol{V}_0^{(2)}=\boldsymbol{V}_3^{(1)} \tag{3.77}$$

同样还有 $\boldsymbol{r}'(0)=3(\boldsymbol{V}_1-\boldsymbol{V}_0)$ 和 $\boldsymbol{r}'(1)=3(\boldsymbol{V}_3-\boldsymbol{V}_2)$,为了切线方向的连续性,要求

$$\frac{3}{\alpha_1}(\boldsymbol{V}_3^{(1)}-\boldsymbol{V}_2^{(1)})=\frac{3}{\alpha_2}(\boldsymbol{V}_1^{(2)}-\boldsymbol{V}_0^{(2)})=\boldsymbol{T} \tag{3.78}$$

因此

$$\boldsymbol{V}_1^{(2)}=\frac{\alpha_2}{\alpha_1}(\boldsymbol{V}_3^{(1)}-\boldsymbol{V}_2^{(1)})+\boldsymbol{V}_0^{(2)} \tag{3.79}$$

式中 α_1,α_2 分别是 $\boldsymbol{r}^{(1)'}(1)$ 和 $\boldsymbol{r}^{(2)'}(0)$ 的模长,允许它们不同。显然,式(3.77)和式(3.78)要求三顶点 $\boldsymbol{V}_2^{(1)},\boldsymbol{V}_3^{(1)}=\boldsymbol{V}_0^{(2)}$ 和 $\boldsymbol{V}_1^{(3)}$ 必须共线。此外还有

$$\boldsymbol{r}^{(1)''}(1)=6(\boldsymbol{V}_1^{(1)}-2\boldsymbol{V}_2^{(1)}+\boldsymbol{V}_3^{(1)})$$

和

$$\boldsymbol{r}^{(2)''}(0)=6(\boldsymbol{V}_0^{(2)}-2\boldsymbol{V}_1^{(2)}+\boldsymbol{V}_2^{(2)})$$

将 $\boldsymbol{r}^{(1)'}(1)$,$\boldsymbol{r}^{(1)''}(1)$ 和 $\boldsymbol{r}^{(2)''}(0)$ 代入曲线在接合处曲率连续的条件(3.23),可得到

$$6(\boldsymbol{V}_0^{(2)}-2\boldsymbol{V}_1^{(2)}+\boldsymbol{V}_2^{(2)})=6\zeta^2(\boldsymbol{V}_1^{(1)}-2\boldsymbol{V}_2^{(1)}+\boldsymbol{V}_3^{(1)})+3\eta(\boldsymbol{V}_3^{(1)}-\boldsymbol{V}_2^{(1)})$$

现用式(3.79)消去 $\boldsymbol{V}_1^{(2)}$,用式(3.77)消去 $\boldsymbol{V}_0^{(2)}$,上式即变为

$$\boldsymbol{V}_2^{(2)}=\zeta^2\boldsymbol{V}_1^{(1)}-(2\zeta^2+2\zeta+\eta/2)\boldsymbol{V}_2^{(1)}+(\zeta^2+2\zeta+1+\eta/2)\boldsymbol{V}_3^{(1)} \tag{3.80}$$

现可利用式(3.80)并选择 ζ 和 η 的值来确定曲线段 $\boldsymbol{r}^{(2)}(u_2)$ 的特征多边形顶点 $\boldsymbol{V}_2^{(2)}$,而顶点 $\boldsymbol{V}_0^{(2)}$ 和 $\boldsymbol{V}_1^{(2)}$ 已被位置连续和斜率连续的条件式(3.77)和式(3.79)所确定。如果要达到曲

率连续的话，就只剩下第四个顶点可以根据需要自由选取。

如果从式(3.80)的两边都减去 $\boldsymbol{V}_3^{(1)}$，则等式右边可以表示为$(\boldsymbol{V}_3^{(1)}-\boldsymbol{V}_2^{(1)})$和$(\boldsymbol{V}_2^{(1)}-\boldsymbol{V}_1^{(1)})$的组合

$$\boldsymbol{V}_2^{(2)}-\boldsymbol{V}_3^{(1)}=(\zeta^2+2\zeta+\eta/2)(\boldsymbol{V}_3^{(1)}-\boldsymbol{V}_2^{(1)})-\zeta^2(\boldsymbol{V}_2^{(1)}-\boldsymbol{V}_1^{(1)})$$

这表明 $\boldsymbol{V}_1^{(1)}$、$\boldsymbol{V}_2^{(1)}$、$\boldsymbol{V}_3^{(1)}=\boldsymbol{V}_0^{(2)}$、$\boldsymbol{V}_1^{(2)}$ 与 $\boldsymbol{V}_2^{(2)}$ 五点必须共面，如图 3-19 所示。

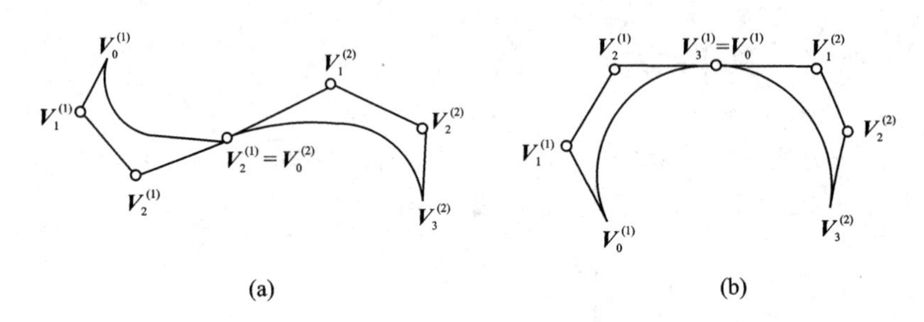

图 3-19　曲线拼接

必须指出，**前述三点共线和五点共面只是保证两曲线段在接合处斜率连续和曲率连续的必要条件而不是充分条件**。要产生一根具有位置、斜率和曲率连续的合成贝齐埃曲线，必须利用式(3.77)、式(3.79)和式(3.80)依次确定下一段曲线的诸顶点。我们可以从曲线的一端开始，一次加一段曲线。对于每一新的曲线段，仅仅 ζ，η 和顶点 $\boldsymbol{V}_3$ 可以为确定曲线段的形状而自由选择，因为正如在前面所看到的那样，一旦 ζ 和 η 被选定之后，顶点 $\boldsymbol{V}_0$，$\boldsymbol{V}_1$ 和 $\boldsymbol{V}_2$ 都可以利用前一曲线段的顶点直接确定。

仅仅在平面曲线的情况下，才可能构造两个端点处具有指定位置、切线方向和曲率的三次曲线段。在平面中，一个位置矢量由两个标量确定，单位切矢的方向由一个标量确定，曲率半径由一个标量确定。于是有 8 个标量，它们原则上足够确定定义特征多边形的 4 个二维位置矢量。在三维情况下则不可能做到这一点。因为确定一个位置矢量和一个曲率矢量各需要 3 个标量，确定一个切线方向需要 2 个标量，于是有 16 个条件要满足，但仅仅有 12 个自由度，因为定义特征多边形要用 4 个顶点矢量，它们当中的每一个需要 3 个标量来确定。

对于高阶的贝齐埃曲线，合成时可以有更多的自由度。因此为了保持较高阶的连续性，可以采用增加曲线阶数的做法，也就是增加多边形顶点的数量。这种增加曲线段的阶次而又保持曲线的形状不变以达到更好地控制曲线形状的灵活性是贝齐埃方法的优点之一。

3.3.6　贝齐埃曲面

在 3.2 节中提到，贝齐埃曲面将和前述双三次曲面式(3.50)一样采用张量积的方法定义。运用这个想法，可以把贝齐埃曲线的构作方法推广到贝齐埃曲面。我们先讨论双三次贝齐埃曲面片。

设在空间给出 16 个点，这些点的位置矢量用 $\boldsymbol{V}_{ij}$ 表示($i,j=0,1,2,3$)。将这些点沿参数 u 和 w 方向连接起来，以构成一个空间的特征网格(或特征多面形)，这些点即称为网格(或多面形)的顶点(见图 3-20)。

可将这 16 个顶点的位置矢量排成一个 4×4 阶矩阵

$$V=\begin{bmatrix} V_{0,0} & V_{0,1} & V_{0,2} & V_{0,3} \\ V_{1,0} & V_{1,1} & V_{1,2} & V_{1,3} \\ V_{2,0} & V_{2,1} & V_{2,2} & V_{2,3} \\ V_{3,0} & V_{3,1} & V_{3,2} & V_{3,3} \end{bmatrix}$$

我们把它称为**顶点信息矩阵**。

可以先对矩阵中的每一列，以其元素为顶点连成特征多边形，它们相应地定义了 4 条以 u 为参数的三次贝齐埃曲线：

$$S_0(u)=\sum_{i=0}^{3} J_{3,i}(u)V_{i,0}$$

$$S_1(u)=\sum_{i=0}^{3} J_{3,i}(u)V_{i,1}$$

$$S_2(u)=\sum_{i=0}^{3} J_{3,i}(u)V_{i,2}$$

$$S_3(u)=\sum_{i=0}^{3} J_{3,i}(u)V_{i,3}$$

$$(0\leqslant u\leqslant 1)$$

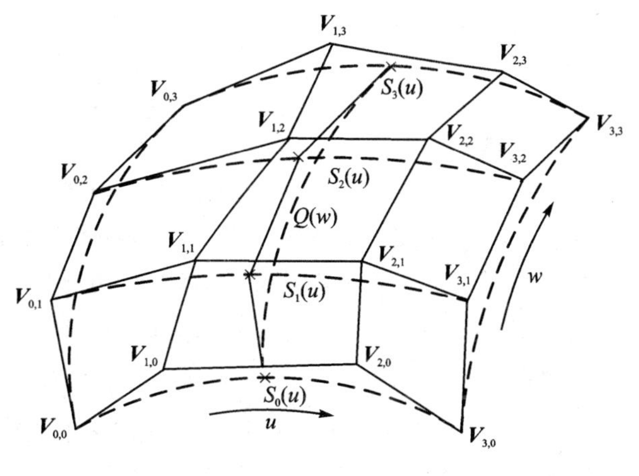

图 3-20　贝齐埃曲面

固定一个 u 值，令 $u=u^*$，于是在上述四条曲线上分别得到相应的点 $S_0(u^*)$，$S_1(u^*)$，$S_2(u^*)$，$S_3(u^*)$。以这 4 个点为顶点形成特征多边形，它又定义了一条以 w 为参数的三次贝齐埃曲线：

$$Q(w)=\sum_{j=0}^{3} J_{3,j}(w)S_j(u^*)\quad (0\leqslant w\leqslant 1)$$

我们可把 $Q(w)$设想为母线，而把 $S_0(u)$，$S_1(u)$，$S_2(u)$，$S_3(u)$当成基线。当 u^* 从 0 连续变化到 1 时，相当于母线 $Q(w)$的特征多边形沿着 4 条基线活动，从而形成了双三次贝齐埃曲面：

$$r(u,w)=[S_0(u)\quad S_1(u)\quad S_2(u)\quad S_3(u)]\begin{bmatrix} J_{3,0}(w) \\ J_{3,1}(w) \\ J_{3,2}(w) \\ J_{3,3}(w) \end{bmatrix}\quad (0\leqslant u,w\leqslant 1)$$

图 3-20 表示了双三次贝齐埃曲面的形成过程。

将 $S_0(u)$，$S_1(u)$，$S_2(u)$，$S_3(u)$的表达式代入上式，即可得到

$$r(u,w)=[J_{3,0}(u)\quad J_{3,1}(u)\quad J_{3,2}(u)\quad J_{3,3}(u)]V\begin{bmatrix} J_{3,0}(w) \\ J_{3,1}(w) \\ J_{3,2}(w) \\ J_{3,3}(w) \end{bmatrix}\quad (0\leqslant u,w\leqslant 1) \tag{3.81}$$

上式中

$$[J_{3,0}(u)\quad J_{3,1}(u)\quad J_{3,2}(u)\quad J_{3,3}(u)]=[1\quad u\quad u^2\quad u^3]M_{BE}$$

其中

$$\boldsymbol{M}_{BE}=\begin{bmatrix}1 & 0 & 0 & 0\\ -3 & 3 & 0 & 0\\ 3 & -6 & 3 & 0\\ -1 & 3 & -3 & 1\end{bmatrix} \tag{3.82}$$

我们令

$$\boldsymbol{U}=\begin{bmatrix}1 & u & u^2 & u^3\end{bmatrix}$$
$$\boldsymbol{W}=\begin{bmatrix}1 & w & w^2 & w^3\end{bmatrix}$$

式(3.81)便可写为

$$\boldsymbol{r}(u,w)=\boldsymbol{U}\boldsymbol{M}_{BE}\boldsymbol{V}\boldsymbol{M}_{BB}^{\mathrm{T}}\boldsymbol{W}^{\mathrm{T}} \tag{3.83}$$

式中 $\boldsymbol{V}$ 是一个以矢量为元素的矩阵。可以取各矢量的 x 分量、y 分量和 z 分量相应地组成3个以数量为元素的四阶矩阵,则式(3.83)可用下列参数方程表示

$$\begin{cases}x(u,w)=\boldsymbol{U}\boldsymbol{M}_{BE}\boldsymbol{V}_x\boldsymbol{M}_{BE}^{\mathrm{T}}\boldsymbol{W}^{\mathrm{T}}\\ y(u,w)=\boldsymbol{U}\boldsymbol{M}_{BE}\boldsymbol{V}_y\boldsymbol{M}_{BE}^{\mathrm{T}}\boldsymbol{W}^{\mathrm{T}}\\ z(u,w)=\boldsymbol{U}\boldsymbol{M}_{BE}\boldsymbol{V}_z\boldsymbol{M}_{BE}^{\mathrm{T}}\boldsymbol{W}^{\mathrm{T}}\end{cases} \tag{3.84}$$

还可以将式(3.81)写成以下的和式表达式

$$\boldsymbol{r}(u,w)=\sum_{i=0}^{3}\sum_{j=0}^{3}J_{3,i}(u)J_{3,j}(w)\boldsymbol{V}_{ij} \tag{3.85}$$

通过对式(3.81)或式(3.83)的直接计算得知

$$\boldsymbol{r}(0,0)=\boldsymbol{V}_{0,0}\quad \boldsymbol{r}(0,1)=\boldsymbol{V}_{0,3}$$
$$\boldsymbol{r}(1,0)=\boldsymbol{V}_{3,0}\quad \boldsymbol{r}(1,1)=\boldsymbol{V}_{3,3}$$

这说明4个角上的顶点落在曲面上,并成为曲面的4个角点,而特征网格的其他顶点一般不落在曲面上。

还可计算出曲面片的四条边界

$$\boldsymbol{r}(u,0)=\sum_{i=0}^{3}J_{3,i}(u)\boldsymbol{V}_{i,0}$$

$$\boldsymbol{r}(u,1)=\sum_{i=0}^{3}J_{3,i}(u)\boldsymbol{V}_{i,3}$$

$$\boldsymbol{r}(0,w)=\sum_{j=0}^{3}J_{3,j}(u)\boldsymbol{V}_{0,j}$$

$$\boldsymbol{r}(1,w)=\sum_{j=0}^{3}J_{3,j}(u)\boldsymbol{V}_{3,j}$$

这表明最外面的一圈顶点决定了曲面片的4条边界,而中间的顶点与边界曲线无关。

可以用顶点的位置矢量来表示曲面片的全部角点信息。对于同一张双三次参数曲面而言,它的表达式可以写成弗格森—孔斯形式(3.53),也可以写成贝齐埃形式(3.83),这时对于 $0\leqslant u,w\leqslant 1$,下式成立

$$\boldsymbol{U}\boldsymbol{M}_C\boldsymbol{B}\boldsymbol{M}_C^{\mathrm{T}}\boldsymbol{W}^{\mathrm{T}}=\boldsymbol{U}\boldsymbol{M}_{BE}\boldsymbol{V}\boldsymbol{M}_{BE}^{\mathrm{T}}\boldsymbol{W}^{\mathrm{T}}$$

于是得到

$$\boldsymbol{M}_C\boldsymbol{B}\boldsymbol{M}_C^{\mathrm{T}}=\boldsymbol{M}_{BE}\boldsymbol{V}\boldsymbol{M}_{BE}^{\mathrm{T}}$$

所以

$$\boldsymbol{B}=(\boldsymbol{M}_C^{-1}\boldsymbol{M}_{BE})\boldsymbol{V}(\boldsymbol{M}_C^{-1}\boldsymbol{M}_{BE})^{\mathrm{T}}$$

引入矩阵

$$\boldsymbol{K}=\boldsymbol{M}_C^{-1}\boldsymbol{M}_{BE}=\begin{bmatrix}1 & 0 & 0 & 0\\ 0 & 0 & 0 & 1\\ -3 & 3 & 0 & 0\\ 0 & 0 & -3 & 3\end{bmatrix}$$

因此

$$\boldsymbol{B}=\boldsymbol{KVK}^{\mathrm{T}}$$

即
$$\begin{bmatrix}\boldsymbol{r}(0,0) & \boldsymbol{r}(0,1) & \boldsymbol{r}_w(0,0) & \boldsymbol{r}_w(0,1)\\ \boldsymbol{r}(1,0) & \boldsymbol{r}(1,1) & \boldsymbol{r}_w(1,0) & \boldsymbol{r}_w(1,1)\\ \boldsymbol{r}_u(0,0) & \boldsymbol{r}_u(0,1) & \boldsymbol{r}_{uw}(0,0) & \boldsymbol{r}_{uw}(0,1)\\ \boldsymbol{r}_u(1,0) & \boldsymbol{r}_u(1,1) & \boldsymbol{r}_{uw}(1,0) & \boldsymbol{r}_{uw}(1,1)\end{bmatrix}$$

$$=\begin{bmatrix}\boldsymbol{V}_{0,0} & \boldsymbol{V}_{0,3} & 3(\boldsymbol{V}_{0,1}-\boldsymbol{V}_{0,0}) & 3(\boldsymbol{V}_{0,3}-\boldsymbol{V}_{0,2})\\ \boldsymbol{V}_{3,0} & \boldsymbol{V}_{3,3} & 3(\boldsymbol{V}_{3,1}-\boldsymbol{V}_{3,0}) & 3(\boldsymbol{V}_{3,3}-\boldsymbol{V}_{3,2})\\ 3(\boldsymbol{V}_{1,0}-\boldsymbol{V}_{0,0}) & 3(\boldsymbol{V}_{1,3}-\boldsymbol{V}_{0,3}) & 9(\boldsymbol{V}_{0,0}-\boldsymbol{V}_{0,1}-\boldsymbol{V}_{1,0}+\boldsymbol{V}_{1,1}) & 9(\boldsymbol{V}_{1,3}-\boldsymbol{V}_{0,3}-\boldsymbol{V}_{1,2}+\boldsymbol{V}_{0,2})\\ 3(\boldsymbol{V}_{3,0}-\boldsymbol{V}_{2,0}) & 3(\boldsymbol{V}_{3,3}-\boldsymbol{V}_{2,3}) & 9(\boldsymbol{V}_{2,0}-\boldsymbol{V}_{3,0}-\boldsymbol{V}_{2,1}+\boldsymbol{V}_{3,1}) & 9(\boldsymbol{V}_{3,3}-\boldsymbol{V}_{2,3}-\boldsymbol{V}_{3,2}+\boldsymbol{V}_{2,2})\end{bmatrix} \tag{3.86}$$

从式(3.86)可以看出，在角点处例如在 $u=\omega=0$ 处的 u 向切矢及 w 向切矢分别为

$$\boldsymbol{r}_u(0,0)=3(\boldsymbol{V}_{1,0}-\boldsymbol{V}_{0,0})$$

$$\boldsymbol{r}_w(0,0)=3(\boldsymbol{V}_{0,1}-\boldsymbol{V}_{0,0})$$

这说明和三次贝齐埃曲线的端点性质完全一致。

还可以看出角点处 $u=w=0$ 的混合偏导矢为

$$\boldsymbol{r}_{uw}(0,0)=9(\boldsymbol{V}_{0,0}-\boldsymbol{V}_{0,1}-\boldsymbol{V}_{1,0}+\boldsymbol{V}_{1,1})$$

这表明该角点处的扭矢除了和 $\boldsymbol{V}_{0,0}$ 及网格边上靠近它的 2 个顶点 $\boldsymbol{V}_{0,1}$，$\boldsymbol{V}_{1,0}$ 有关外，还和特征网格中央的顶点 $\boldsymbol{V}_{1,1}$ 有关。其他 3 个角点的扭矢也有同样的性质。这就说明，双三次弗格森—孔斯曲面的 4 个角点的扭矢，明显地同双三次贝齐埃曲面的特征网格的中央 4 个顶点 $\boldsymbol{V}_{1,1}$，$\boldsymbol{V}_{1,2}$，$\boldsymbol{V}_{2,1}$，$\boldsymbol{V}_{2,2}$ 有着密切的关系。一旦给定了双三次贝齐埃曲面的 4 条边界，我们调整顶点 $\boldsymbol{V}_{1,1}$，$\boldsymbol{V}_{1,2}$，$\boldsymbol{V}_{2,1}$，$\boldsymbol{V}_{2,2}$ 的位置，也就等价于变动角点信息矩阵的 4 个扭矢。这样，就进一步理解了孔斯曲面角点扭矢的几何意义。

将双三次曲面表示成弗格森—孔斯形式或者贝齐埃形式，尽管是等价的，但采用后者却更有直观性。这是因为，根据贝齐埃曲面对于它的特征网格的逼近性质，给定了网格顶点矩阵 $\boldsymbol{V}$，曲面就具有了相应的形状；通过调整 $\boldsymbol{V}$ 中诸元素，就能实现对于曲面形状的控制；特别是不需要设计者确定切矢和扭矢，这是一个突出的优点。

下面，给出一般形式的贝齐埃曲面方程。若给定$(n+1)\times(m+1)$个网格顶点的位置矢量 $\boldsymbol{V}_{i,j}(i=0,1,\cdots,n;j=0,1,\cdots,m)$，构成顶点信息矩阵

$$\boldsymbol{V}=\begin{bmatrix}\boldsymbol{V}_{0,0} & \boldsymbol{V}_{0,1} & \cdots & \cdots & \boldsymbol{V}_{0,m}\\ \boldsymbol{V}_{1,0} & \boldsymbol{V}_{1,1} & \cdots & \cdots & V_{1,m}\\ \vdots & \vdots & \cdots & \cdots & \vdots\\ \boldsymbol{V}_{n,0} & \boldsymbol{V}_{n,1} & \cdots & \cdots & \boldsymbol{V}_{n,m}\end{bmatrix}$$

则它所定义的$(n+1)\times(m+1)$阶贝齐埃曲面方程为

$$\boldsymbol{r}(u,w)=[J_{n,0}(u)\quad J_{n,1}(u)\quad\cdots\quad J_{n,n}(u)]\,\boldsymbol{V}\begin{bmatrix}J_{m,0}(w)\\ J_{m,1}(w)\\ \vdots\\ J_{m,m}(w)\end{bmatrix}$$

$$=\sum_{i=0}^{n}\sum_{j=0}^{m}J_{n,i}(u)J_{m,j}(w)\boldsymbol{V}_{i,j}\quad(0\leqslant u,w\leqslant 1)\tag{3.87}$$

显然，双三次贝齐埃曲面是一般形式的贝齐埃曲面的特例，即$n=m=3$。

在法国雷诺汽车公司的UNISURF系统中，4×4阶的贝齐埃曲面应用最多，6×6阶贝齐埃曲面的应用也相当广泛。

下面，根据贝齐埃曲面的定义方式和贝齐埃曲面的性质，归纳特征网格顶点的作用：

1）网格四个角上的顶点落在曲面上；

2）网格最外一圈的顶点定义曲面的4条边界；

3）曲面边界的跨界斜率只与定义这一条边界的顶点和与它相邻的另一排顶点有关；

4）曲面边界的跨界曲率只与定义这一条边界的顶点和与它相邻的另外两排顶点有关。

由上述结论可知，只要不去移动特征网格的最外一圈顶点，则不论其余顶点如何移动，也不会引起曲面边界的变化；只要不去移动特征网格的最外两圈顶点，则不论其余顶点如何移动，也不会改变曲面边界的跨界斜率，从而不会改变曲面同相邻曲面之间的一阶连续状态；只要不去移动特征网格的最外三圈顶点，则不论其余顶点如何移动，曲面边界的跨界曲率也就不会改变。

图3-21形象地说明了上述结论。

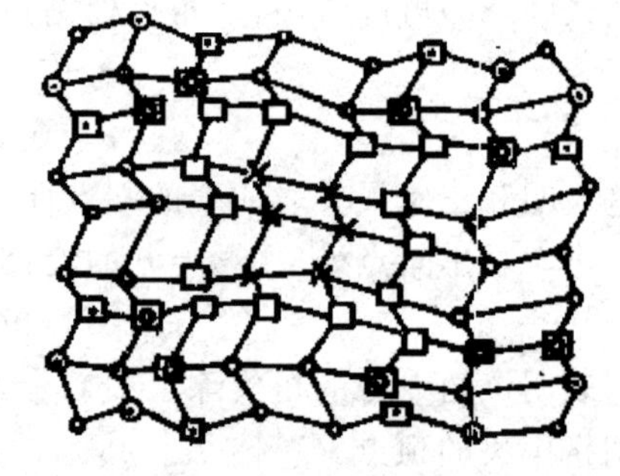

•表示定义边界曲线的顶点；
◦和•一起定义边界的跨界斜率；
□和◦•一起定义边界的跨界曲率；
×表示对边界、跨界斜率和跨界曲率均无影响的点

图3-21 特征网格顶点的不同作用

3.3.7 贝齐埃曲面的合成

下面来研究一下合成贝齐埃曲面的连续性是如何达到的，图3-22示出了两个相邻的三次贝齐埃曲面片，它们的方程分别是

$$\begin{aligned}\boldsymbol{r}^{(1)}(u,w)&=\boldsymbol{U}\boldsymbol{M}_{BE}\boldsymbol{V}^{(1)}\boldsymbol{M}_{BE}^{\mathrm{T}}\boldsymbol{W}^{\mathrm{T}}\\ \boldsymbol{r}^{(2)}(u,w)&=\boldsymbol{U}\boldsymbol{M}_{BE}\boldsymbol{V}^{(2)}\boldsymbol{M}_{BE}^{\mathrm{T}}\boldsymbol{W}^{\mathrm{T}}\end{aligned}\tag{3.88}$$

如果对于$0\leqslant w\leqslant 1$所有的w有$\boldsymbol{r}^{(1)}(1,w)=\boldsymbol{r}^{(2)}(0,w)$，可得到位置的跨界连续。应用式(3.88)，这个条件可写成

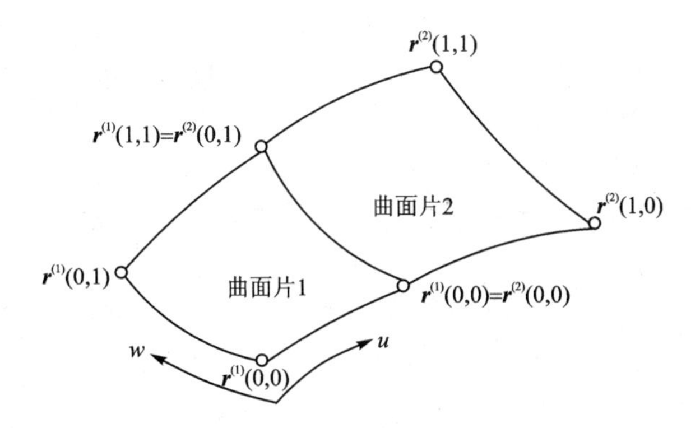

图 3-22　曲面拼接中边界连续

$$[1\quad 1\quad 1\quad 1]\boldsymbol{M}_{BE}\boldsymbol{V}^{(1)}\boldsymbol{M}_{BE}^{\mathrm{T}}\boldsymbol{W}^{\mathrm{T}}=[1\quad 0\quad 0\quad 0]\boldsymbol{M}_{BE}\boldsymbol{V}^{(2)}\boldsymbol{M}_{BE}^{\mathrm{T}}\boldsymbol{W}^{\mathrm{T}}$$

两条边都是 w 的三次多项式。按 w 的乘幂使对应的系数相等，可得到

$$[1\quad 1\quad 1\quad 1]\boldsymbol{M}_{BE}\boldsymbol{V}^{(1)}\boldsymbol{M}_{BE}^{\mathrm{T}}=[1\quad 0\quad 0\quad 0]\boldsymbol{M}_{BE}\boldsymbol{V}^{(2)}\boldsymbol{M}_{BE}^{\mathrm{T}}$$

上式两边右乘$(\boldsymbol{M}_{BE}^{T})^{-1}$，然后乘开即可得到四个关系式

$$\boldsymbol{V}_{3,i}^{(1)}=\boldsymbol{V}_{0,i}^{(2)},\quad i=0,1,2,3 \tag{3.89}$$

这说明两个曲面片之间要有一个公共的边界曲线，就需要两个特征多面形之间有一个公共的边界多边形（见图 3-23）。

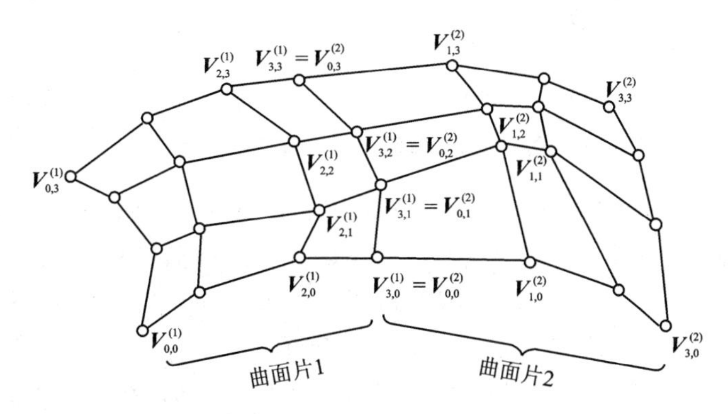

图 3-23　曲面跨界斜率连续条件

为了跨界斜率连续，对于 $0\leqslant w\leqslant 1$ 所有的 w，曲面片 l 在 $u=1$ 处的切平面必须与曲面片 2 在 $u=0$ 处的切平面重合。因此曲面法线的方向应当是跨界连续的。必须满足以下条件：

$$\boldsymbol{r}_{u}^{(2)}(0,w)\times\boldsymbol{r}_{w}^{(2)}(0,w)=\zeta(w)\boldsymbol{r}_{u}^{(1)}(1,w)\times\boldsymbol{r}_{w}^{(1)}(1,w) \tag{3.90}$$

上式中引入了正值的比例函数 $\zeta(w)$，这是考虑到曲面法矢量的大小可以不连续。我们来研究满足这个方程的两种方法。

情况 1：

鉴于 $\boldsymbol{r}_{w}^{(2)}(0,w)=\boldsymbol{r}_{w}^{(1)}(1,w)$，式(3.90)中最简单的解是取

$$\boldsymbol{r}_{u}^{(2)}(0,w)=\zeta(w)\boldsymbol{r}_{u}^{(1)}(1,w) \tag{3.91}$$

这相当于要求合成曲面上 w 为常数的所有曲线，在跨界时有切线方向的连续性。理所当然，这个条件适合于形成曲面片边界的合成曲线。可用式(3.91)以矩阵形式把式(3.88)表为

$$[0\quad 1\quad 0\quad 0]\boldsymbol{M}_{BE}\boldsymbol{V}^{(2)}\boldsymbol{M}_{BE}^{\mathrm{T}}\boldsymbol{W}^{\mathrm{T}}=\zeta(w)[0\quad 1\quad 2\quad 3]\boldsymbol{M}_{BE}\boldsymbol{V}^{(1)}\boldsymbol{M}_{BE}^{\mathrm{T}}\boldsymbol{W}^{\mathrm{T}} \tag{3.92}$$

因为等式右边是 w 的三次多项式，必须明确地取 $\zeta(w)=\zeta$（一个正常数），否则右边就不会是三次的。该方程必须考虑到所有相应的 w，因此使方程两边对应的系数相等且右乘 $(\boldsymbol{M}_{BE}^{T})^{-1}$。像前面那样，得到 4 个方程

$$(\boldsymbol{V}_{1,i}^{(2)}-\boldsymbol{V}_{0,i}^{(2)})=\zeta(\boldsymbol{V}_{3,i}^{(1)}-\boldsymbol{V}_{2,i}^{(1)}) \quad (i=0,1,2,3) \tag{3.93}$$

从两个曲面片的特征多面形方面来看，这 4 个方程要求在边界上相遇的多面形的 4 对边必须是共线的，如图 3-23 所示。

上述分析表明跨界斜率大小的比值沿着公共边界必须是常数。用这样的方法匹配合成曲面的曲面片角点条件，相当于要求 u 向偏导矢大小的比值在跨过曲面片边界网格上的整条合成 w 线时必须是常数。对于 w 向偏导矢也是如此，如图 3-24 所示。根据式(3.93)，所有合成 u 线和 w 线将是光滑和连续的。

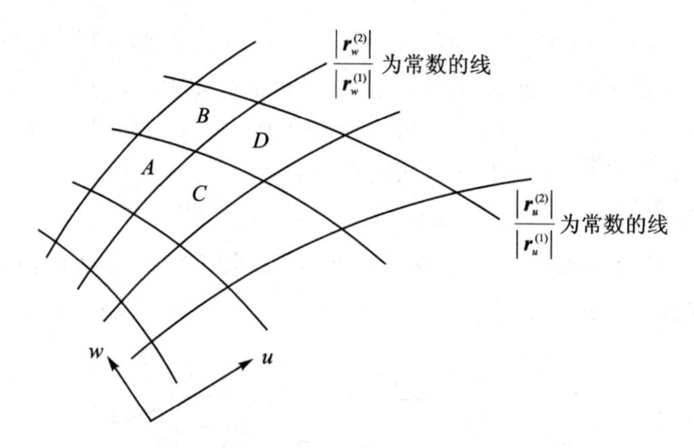

图 3-24　曲面拼接中顶点自由度

实际上，由这个切矢大小比值不变所增加的限制是苛刻的。例如，我们来构造图 3-24 所示的光滑合成曲面。一开始，可以像我们所希望的那样选择曲面片 A 的特征多面形的 16 个顶点。然后必须确定曲面片 A 和 B 之间的跨界切矢大小的比值。之后，发现曲面片 B 的特征多面形的 8 个顶点被位置和斜率连续的条件确定了，仅剩下 8 个顶点可以自由选择。类似地，一旦曲面片 A 和 C 之间的跨界切矢大小的比值被确定之后，在定义曲面片 C 时也仅剩下 8 个顶点可以选择。对于曲面片 D，受到的限制就更大了，曲面片 B 和 D 之间以及 C 和 D 之间切矢大小的比值已被确定，因而在定义这张曲面片的 16 个顶点中只有 4 个可以自由选择。

如果在预先确定的三次贝齐埃曲线的网格上构造合成曲面，对应于每个曲面片的多面形边界上的 12 个顶点都已被确定，因而在曲面片 A，B，C 和 D 中可自由选择的中间顶点的数目分别是 4，2，2，1，它们和扭矢 $\boldsymbol{r}_{uw}$ 尚未被确定的角点数目相一致。

情况 2：

为了在构造合成曲面时有更大的灵活性，贝齐埃在 1972 年放弃把式(3.91)作为斜率匹配的条件而以

$$\boldsymbol{r}_u^{(2)}(0,w)=\zeta(w)\boldsymbol{r}_u^{(1)}(1,w)+\eta(w)\boldsymbol{r}_w^{(1)}(1,w) \tag{3.94}$$

来满足式(3.90)，式中 $\eta(w)$ 是 w 的另一个比例函数。这仅仅要求 $\boldsymbol{r}_u^{(2)}(0,w)$ 位于 $\boldsymbol{r}_u^{(1)}(1,w)$ 和 $\boldsymbol{r}_w^{(1)}(1,w)$ 所在的同一个平面内，也就是在曲面片边界上相应点处的切平面内。这样就有了大得多的余地，可以用矩阵把式(3.94)表示为

$$[0\quad 1\quad 0\quad 0]\boldsymbol{M}_{BE}\boldsymbol{V}^{(2)}\boldsymbol{M}_{BE}^{\mathrm{T}}\boldsymbol{W}^{\mathrm{T}}=\zeta(w)[0\quad 1\quad 2\quad 3]\boldsymbol{M}_{BE}\boldsymbol{V}^{(1)}\boldsymbol{M}_{BE}^{\mathrm{T}}\boldsymbol{W}^{\mathrm{T}}+\eta(w)[1\quad 1\quad 1\quad 1]\boldsymbol{M}_{BE}\boldsymbol{V}^{(1)}\boldsymbol{M}_{BE}^{\mathrm{T}}\begin{bmatrix}0\\1\\2w\\3w^2\end{bmatrix}\tag{3.95}$$

如果我们希望完全用三次曲面片来构造我们所需要的曲面，由式(3.95)可知 $\zeta(w)$ 是任意正常数而 $\eta(w)$ 是 w 的任意线性函数。但是，在用式(3.94)作为光滑度的条件后，跨界切矢在跨越曲面片的边界时在方向上就不再连续了。因而在边界上相遇的曲面片特征多面形的对应边之间的共线性条件就应当放弃。可从式(3.94)推断出，在一个曲面片角点上相遇的曲面片的所有 4 条边界的切线方向必须是共面的。如果在式(3.95)中设 $\zeta(w)=\zeta$ 和 $\eta(w)=\eta_0+\eta_1(w)$，像早先对式(3.92)那样，按 w 的乘幂使其对应的系数相等，就可得到下面 4 个关系式：

$$(\boldsymbol{V}_{1,0}^{(2)}-\boldsymbol{V}_{0,0}^{(2)})=\zeta(\boldsymbol{V}_{3,0}^{(1)}-\boldsymbol{V}_{2,0}^{(1)})+\eta_0(\boldsymbol{V}_{3,1}^{(1)}-\boldsymbol{V}_{3,0}^{(1)})$$

$$(\boldsymbol{V}_{1,1}^{(2)}-\boldsymbol{V}_{0,1}^{(2)})=\zeta(\boldsymbol{V}_{3,1}^{(1)}-\boldsymbol{V}_{2,1}^{(1)})+\eta_0(2\boldsymbol{V}_{3,2}^{(1)}-\boldsymbol{V}_{3,1}^{(1)}-\boldsymbol{V}_{3,0}^{(1)})+\eta_1(\boldsymbol{V}_{3,1}^{(1)}-\boldsymbol{V}_{3,0}^{(1)})/3$$

$$(\boldsymbol{V}_{1,2}^{(2)}-\boldsymbol{V}_{0,2}^{(2)})=\zeta(\boldsymbol{V}_{3,2}^{(1)}-\boldsymbol{V}_{2,2}^{(1)})+\eta_0(\boldsymbol{V}_{3,3}^{(1)}+\boldsymbol{V}_{3,2}^{(1)}-2\boldsymbol{V}_{3,1}^{(1)})/3+2\eta_1(\boldsymbol{V}_{3,2}^{(1)}-\boldsymbol{V}_{3,1}^{(1)})/3$$

$$(\boldsymbol{V}_{1,3}^{(2)}-\boldsymbol{V}_{0,3}^{(2)})=\zeta(\boldsymbol{V}_{3,3}^{(1)}-\boldsymbol{V}_{2,3}^{(1)})+(\eta_0+\eta_1)(\boldsymbol{V}_{3,3}^{(1)}-\boldsymbol{V}_{3,2}^{(1)})$$

在 $\eta_0=\eta_1=0$ 的情况下，它们可化为式(3.93)。由于位置连续 $\boldsymbol{V}_{0,0}^{(2)}=\boldsymbol{V}_{3,0}^{(1)}$，第一个方程表明$(\boldsymbol{V}_{1,0}^{(2)}-\boldsymbol{V}_{0,0}^{(2)})$，$(\boldsymbol{V}_{3,0}^{(1)}-\boldsymbol{V}_{2,0}^{(1)})$，$(\boldsymbol{V}_{3,1}^{(1)}-\boldsymbol{V}_{3,0}^{(1)})$3 个矢量必须共面。但由式(3.86)得知，这些矢量分别是 $\boldsymbol{r}_u^{(2)}(0,0)$，$\boldsymbol{r}_u^{(1)}(1,0)$，$\boldsymbol{r}_w^{(1)}(1,0)$的 1/3。于是就证实了上面关于在曲面片角点处曲面片边界的切线方向必须共面这一结论。同样，第四个方程表明 $\boldsymbol{r}_u^{(2)}(0,1)$，$\boldsymbol{r}_u^{(1)}(1,1)$，$\boldsymbol{r}_w^{(1)}(1,1)$必须共面。这两个共面条件通过特征多面形表示在图 3-25 中。第二个和第三个斜率连续条件没有这样简单的几何解释。

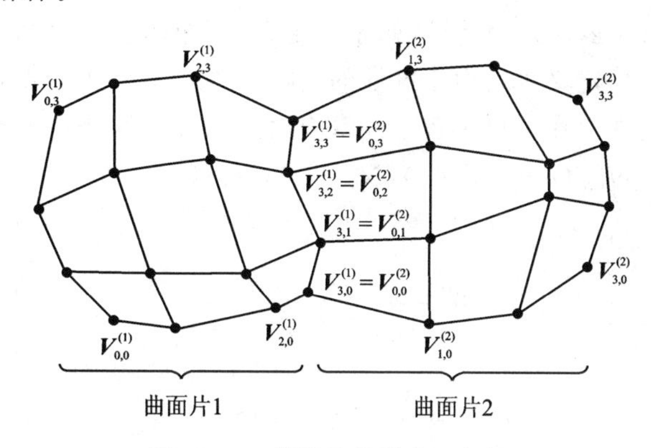

图 3-25　拼接边界的共面条件

即使由于用式(3.94)而不是用式(3.91)带来了较大的灵活性，如果首先设计一个单一的曲面片，然后像早先那样向外扩展以构造合成曲面，要在跨过所有曲面片边界时达到曲率连续的自由度还是不够的。如要达到上述要求，必须用高于三次的曲面片。前面已提到，UNISURF 系统允许用这样的曲面片。对于高阶的贝齐埃曲面，确保各种阶数连续的条件可用本节类似的方法导出。

3.4 B样条曲线与曲面

在3.3节介绍了贝齐埃曲线，它的实质是：给定一个特征多边形顶点系列$\{\boldsymbol{V}_i\}$ $(i=0,1,\cdots,n)$，将它们与伯恩斯坦基函数$J_{n,i}(u)$线性组合，便可得出一条光滑曲线。贝齐埃曲线直观，使用方便，便于进行计算机交互设计。但贝齐埃曲线和定义它的特征多边形有时相距甚远。修改一个顶点或改变顶点数量时，将影响整条曲线，对曲线要全部重新计算。

在1972—1976年期间，里森费尔德、戈登、福雷斯特等人推广了贝齐埃曲线，改用B样条基代替贝齐埃曲线的伯恩斯坦基。用这种方法构造的曲线叫B样条曲线。

B样条基早在1964年由舍恩伯格提出。数学家对B样条基函数进行了深入的研究，使B样条曲线与曲面具备了坚实的理论基础。由于B样条基具有良好的性质，导致B样条曲线与曲面也具有良好的性质。它继承了贝齐埃曲线的直观性等优良属性，又克服了贝齐埃方法的不足之处，B样条曲线与特征多边形相当接近，便于局部修改。

近几年来，国内许多部门对B样条曲线与曲面进行深入研究，应用中也取得了良好的效果。B样条曲线与曲面在计算机辅助几何设计中是一种很有前途的造型工具。

3.4.1 均匀B样条曲线

首先介绍工程上常用的三次B样条曲线，然后再对B样条曲线作进一步讨论。

1. 三次B样条曲线段

样条曲线的基本思想是：既分段又连续，B样条曲线自然也不例外。先讨论各分段的特性，再解决各分段间的连续性问题。

(1) 三次B样条基

B样条基函数可以由多种方法推导：如差商定义、德布尔—考克斯的递推定义、考虑曲线段之间连续性要求的几何定义等。由于推导的途径不一，B样条基函数的表达式各有不同，但实质是完全一致的。现在直接引出工程上经常应用的三次B样条基函数的矩阵表达式

$$
\begin{aligned}
&[N_{0,4}(u), N_{1,4}(u), N_{2,4}(u), N_{3,4}(u)] \\
&= [1 \quad u \quad u^2 \quad u^3] \frac{1}{3!} \begin{bmatrix} 1 & 4 & 1 & 0 \\ -3 & 0 & 3 & 0 \\ 3 & -6 & 3 & 0 \\ -1 & 3 & -3 & 1 \end{bmatrix} \\
&= [1 \quad u \quad u^2 \quad u^3] \boldsymbol{M}_B \quad (0 \leqslant u \leqslant 1)
\end{aligned}
\tag{3.96}
$$

$N_{j,4}(u)$ $(j=0,1,2,3)$是一组重要的基函数，利用它和4个相邻顶点线性组合，构成**三次B样条曲线段**。

(2) 三次B样条曲线段

$$
\boldsymbol{r}_i(u) = [N_{0,4}(u), N_{1,4}(u), N_{2,4}(u), N_{3,4}(u)] \begin{bmatrix} \boldsymbol{V}_i \\ \boldsymbol{V}_{i+1} \\ \boldsymbol{V}_{i+2} \\ \boldsymbol{V}_{i+3} \end{bmatrix} \quad (0 \leqslant u \leqslant 1) \tag{3.97}
$$

它的端点具有如下的一些性质：

$$
\begin{cases}
\boldsymbol{r}_i(0)=\dfrac{1}{6}(\boldsymbol{V}_i+4\boldsymbol{V}_{i+1}+\boldsymbol{V}_{i+2})=\boldsymbol{V}_{i+1}+\dfrac{1}{3}\left[\dfrac{1}{2}(\boldsymbol{V}_i+\boldsymbol{V}_{i+2})-\boldsymbol{V}_{i+1}\right]\\
\boldsymbol{r}_i(1)=\dfrac{1}{6}(\boldsymbol{V}_{i+1}+4\boldsymbol{V}_{i+2}+\boldsymbol{V}_{i+3})=\boldsymbol{V}_{i+2}+\dfrac{1}{3}\left[\dfrac{1}{2}(\boldsymbol{V}_{i+1}+\boldsymbol{V}_{i+3})-\boldsymbol{V}_{i+2}\right]\\
\boldsymbol{r}'_i(0)=\dfrac{1}{2}(\boldsymbol{V}_{i+2}-\boldsymbol{V}_i)\\
\boldsymbol{r}'_i(1)=\dfrac{1}{2}(\boldsymbol{V}_{i+3}-\boldsymbol{V}_{i+1})\\
\boldsymbol{r}''_i(0)=(\boldsymbol{V}_{i+2}-\boldsymbol{V}_{i+1})+(\boldsymbol{V}_i-\boldsymbol{V}_{i+1})\\
\boldsymbol{r}''_i(1)=(\boldsymbol{V}_{i+3}-\boldsymbol{V}_{i+2})+(\boldsymbol{V}_{i+1}-\boldsymbol{V}_{i+2})
\end{cases}
\tag{3.98}
$$

因此，三次 B 样条曲线段式(3.97)的起点 $\boldsymbol{r}_i(0)$落在 $\Delta\boldsymbol{V}_i\boldsymbol{V}_{i+1}\boldsymbol{V}_{i+2}$ 的中线 $\boldsymbol{V}_{i+1}m$ 上离 $\boldsymbol{V}_{i+1}$ 的$\dfrac{1}{3}$处(见图 3-26)。起点的切矢量 $\boldsymbol{r}'_i(0)$平行于 $\Delta\boldsymbol{V}_i\boldsymbol{V}_{i+1}\boldsymbol{V}_{i+2}$ 的底边 $\boldsymbol{V}_i\boldsymbol{V}_{i+2}$，长度为其一半。起点的二阶导矢量 $\boldsymbol{r}''_i(0)$等于中线向量 $\boldsymbol{V}_{i+1}m$ 的二倍。终点的情况同起点的情况相对称，这里就不再赘述。根据上述几何性质，三次 B 样条曲线段的形状就大体确定了。

2. 三次 B 样条曲线

当特征多边形的顶点超过四点时，其上每增加一个顶点，则相应地在样条上增加一段曲线。图 3-27 表示 B 特征多边形及其对应的 B 样条曲线。多边形中每四个相邻的顶点按式(3.97)定义一段曲线。

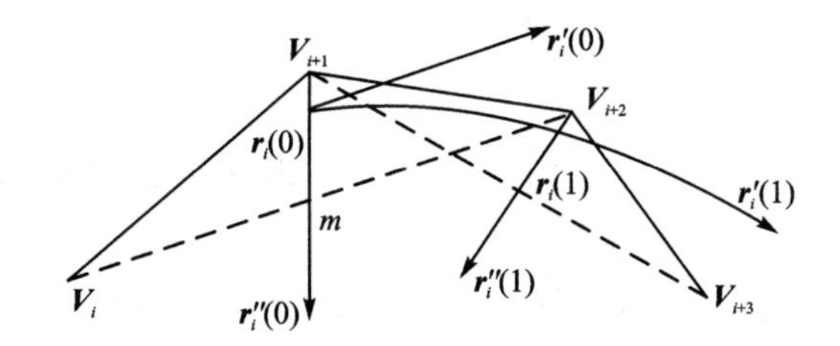

图 3-26　三次 B 样条曲线的绘制

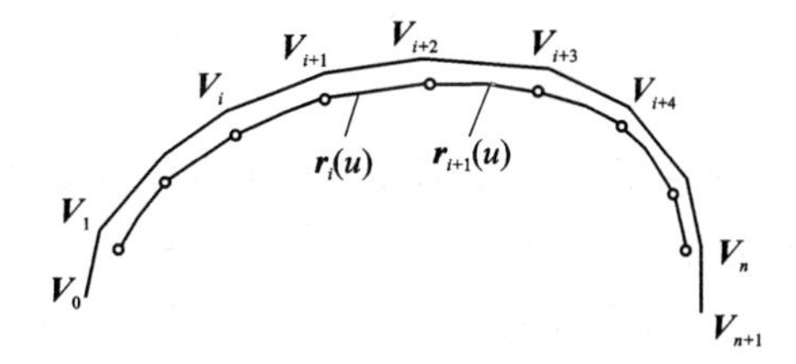

图 3-27　多段 B 样条曲线

现在从曲线连续、光滑的要求出发，推导出三次(四阶)B 样条曲线方程。推导过程的几何意义十分明显。

已知 $n+2$ 个按顺序排列的位置矢量 $\boldsymbol{V}_0,\boldsymbol{V}_1,\cdots,\boldsymbol{V}_{n+1}$(见图 3-27)即 B 特征多边形顶点矢量；设 $N_{0,4}(u),N_{1,4}(u),N_{2,4}(u),N_{3,4}(u)$分别为 u 的三次多项式。顺次以相邻的四个顶点 $\boldsymbol{V}_i,\boldsymbol{V}_{i+1},\boldsymbol{V}_{i+2},\boldsymbol{V}_{i+3}$ 作为一组，共得到$(n-1)$个线性组合

$$
\boldsymbol{r}_i(u)=N_{0,4}(u)\boldsymbol{V}_i+N_{1,4}(u)\boldsymbol{V}_{i+1}+N_{2,4}(u)\boldsymbol{V}_{i+2}+N_{3,4}(u)\boldsymbol{V}_{i+3}\tag{3.99}
$$

$$(i=0,1,2,\cdots,n-2;\quad 0\leqslant u\leqslant 1)$$

这些线性组合在连接点处要求直到二阶连续，即

$$\boldsymbol{r}_i(1)=\boldsymbol{r}_{i+1}(0)$$

$$\boldsymbol{r}'_1(1)=\boldsymbol{r}'_{i+1}(0)$$

$$\boldsymbol{r}''_1(1)=\boldsymbol{r}''_{i+1}(0)$$

由于

$$\boldsymbol{r}_i(1)-\boldsymbol{r}_{i+1}(0)=0$$

将 $u=1$ 代入第 i 段曲线方程，$u=0$ 代入第 $i+1$ 段曲线方程，得到

$$[N_{0,4}(1)\boldsymbol{V}_i+N_{1,4}(1)\boldsymbol{V}_{i+1}+N_{2,4}(1)\boldsymbol{V}_{i+2}+N_{3,4}(1)\boldsymbol{V}_{i+3}]-$$
$$[N_{0,4}(0)\boldsymbol{V}_{i+1}+N_{1,4}(0)\boldsymbol{V}_{i+2}+N_{2,4}(0)\boldsymbol{V}_{i+3}+N_{3,4}(0)\boldsymbol{V}_{i+4}]=0$$

为使上式成立，则必须满足

$$\begin{cases} N_{0,4}(1)=0 \\ N_{1,4}(1)=N_{0,4}(0) \\ N_{2,4}(1)=N_{1,4}(0) \\ N_{3,4}(1)=N_{2,4}(0) \\ N_{3,4}(0)=0 \end{cases} \tag{3.100}$$

同理，为了在连接点处 C^1 连接，下式必须成立

$$\begin{cases} N'_{0,4}(1)=0 \\ N'_{1,4}(1)=N'_{0,4}(0) \\ N'_{2,4}(1)=N'_{1,4}(0) \\ N'_{3,4}(1)=N'_{2,4}(0) \\ N'_{3,4}(0)=0 \end{cases} \tag{3.101}$$

为了在连接点处 C^2 连接，下式必须成立

$$\begin{cases} N''_{0,4}(1)=0 \\ N''_{1,4}(1)=N''_{0,4}(0) \\ N''_{2,4}(1)=N''_{1,4}(0) \\ N''_{3,4}(1)=N''_{2,4}(0) \\ N''_{3,4}(0)=0 \end{cases} \tag{3.102}$$

再考虑到4个相邻顶点重合的情况，即 $\boldsymbol{V}_i=\boldsymbol{V}_{i+1}=\boldsymbol{V}_{i+2}=\boldsymbol{V}_{i+3}$，这时第 i 段曲线退化为一点，即 $\boldsymbol{r}_i(u)=\boldsymbol{V}_i$，因此有附加条件

$$N_{0,4}(u)+N_{1,4}(u)+N_{2,4}(u)+N_{3,4}(u)\equiv 1 \tag{3.103}$$

$N_{0,4}(u)$，$N_{1,4}(u)$，$N_{2,4}(u)$，$N_{3,4}(u)$ 分别为 u 的三次多项式，共有16个待定系数。式(3.100)～式(3.103)共计16个关系式，构成线性方程组。解此方程组得到

$$\begin{cases} N_{0,4}=\dfrac{1}{3!}(1-3u+3u^2-u^3) \\ N_{1,4}=\dfrac{1}{3!}(4-6u^2+3u^3) \\ N_{2,4}=\dfrac{1}{3!}(1+3u+3u^2-3u^3) \\ N_{3,4}=\dfrac{1}{3!}(u^3) \end{cases} \tag{3.104}$$

式(3.104)正是前述的三次B样条基。

在式(3.99)中，特征多边形顶点 $\boldsymbol{V}_{i+j}$ 和三次B样条基函数 $N_{j,4}(u)(j=0,1,2,3)$ 线性组合得到 $\boldsymbol{r}_i(u)$。当参数 u 从0变化到1时，上式描绘出第 i 段曲线。各段曲线在连接点处保持 C^2 连续。由于 $N_{j,4}(u)$ 是三次B样条基，故上述曲线叫**三次B样条曲线**。它在工程上的应用最普遍。

将式(3.104)代入式(3.99),写成矩阵形式得三次 B 样条曲线公式为

$$
\begin{aligned}
\boldsymbol{r}_i(u) &= [N_{0,4}(u), N_{1,4}(u), N_{2,4}(u), N_{3,4}(u)]\begin{bmatrix}\boldsymbol{V}_i\\ \boldsymbol{V}_{i+1}\\ \boldsymbol{V}_{i+2}\\ \boldsymbol{V}_{i+3}\end{bmatrix}\\
&= \sum_{i=0}^{3} N_{j,4}(u)\boldsymbol{V}_{i+j}\\
&= [1\quad u\quad u^2\quad u^3]\frac{1}{3!}\begin{bmatrix}1 & 4 & 1 & 0\\ -3 & 0 & 3 & 0\\ 3 & -6 & 3 & 0\\ -1 & 3 & -3 & 1\end{bmatrix}\cdot\begin{bmatrix}\boldsymbol{V}_i\\ \boldsymbol{V}_{i+1}\\ \boldsymbol{V}_{i+2}\\ \boldsymbol{V}_{i+3}\end{bmatrix}\\
&= [1\quad u\quad u^2\quad u^3]\boldsymbol{M}_B\begin{bmatrix}\boldsymbol{V}_i\\ \boldsymbol{V}_{i+1}\\ \boldsymbol{V}_{i+2}\\ \boldsymbol{V}_{i+3}\end{bmatrix}
\end{aligned}
\tag{3.105}
$$

$$(i=0,1,\cdots,n-2;\quad 0\leqslant u\leqslant 1)$$

3. B 样条曲线的几何性质

除了图 3-26 所示的曲线端点性质外,B 样条曲线还具备另一些性质。下面以三次 B 样条曲线为例加以说明,但这些性质对任意次 B 样条曲线也都成立。

(1) 直观性

B 样条曲线的形状决定于 B 特征多边形,而且曲线和多边形相当逼近。

(2) 局部性

由于三次 B 样条曲线段 $\boldsymbol{r}_i(u)$仅由 4 个顶点矢量确定,而与其他顶点矢量无关,所以改变特征多边形的某一顶点矢量,只对相邻的 4 个曲线段产生影响,而对其他曲线段不会引起变化。B 样条所具备的局部性在 B 样条曲线的几何性质中占有非常重要的地位。

(3) 凸包性

由于
$$\sum_{i=0}^{3} N_{j,4}(u)\equiv 1 \quad 及 \quad 0\leqslant u\leqslant 1$$

曲线段必在 $\boldsymbol{V}_i,\boldsymbol{V}_{i+1},\boldsymbol{V}_{i+2},\boldsymbol{V}_{i+3}$ 所张成的凸包外。这就是说,三次 B 样条的每一曲线段必定落在决定该曲线段的相邻 4 个顶点张成的凸包之内,而整条 B 样条曲线必定落在这种由相继的 4 个多边形顶点所组成的凸包的并集之中,如图 3-28 所示。

(4) 保凸性

从图 3-29 中看出,如果三次 B 特征多边形 $\boldsymbol{V}_i\boldsymbol{V}_{i+1}\boldsymbol{V}_{i+2}\boldsymbol{V}_{i+3}$ 是凸的,与其等价的三次贝齐埃多边形 $b_ib_{i+1}b_{i+2}b_{i+3}$ 也一定是凸的。前已证明,三次贝齐埃曲线是保凸的,因此 B 样条曲线段 $\boldsymbol{r}_i(u)$也是保凸的。

(5) 对称性

由于三次 B 样条基函数有对称性

$$N_{j,4}(u)=N_{3-j,4}(1-u)\quad (j=0,1,2,3)$$

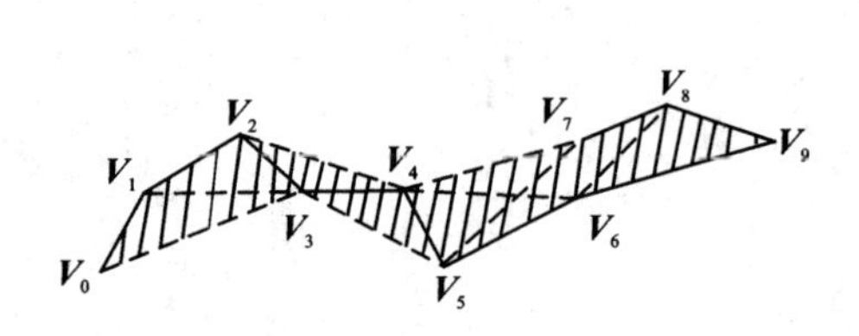

图3-28　B样条曲线的凸包性

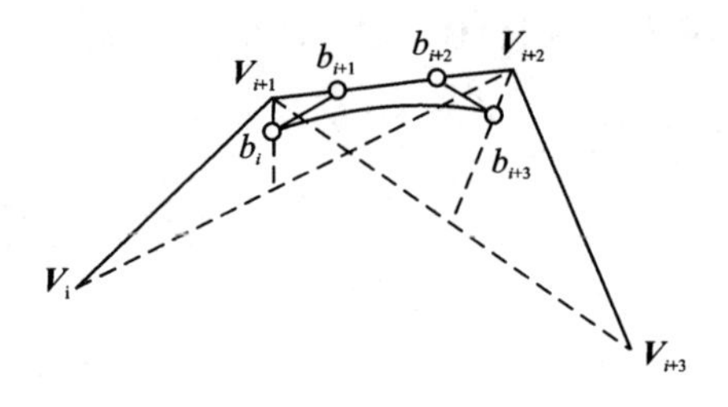

图3-29　B样条的凸包性

把特征多边形的顶点 $\boldsymbol{V}_0,\boldsymbol{V}_1,\cdots,\boldsymbol{V}_n$ 反序排成 $\boldsymbol{V}_n,\boldsymbol{V}_{n-1},\cdots,\boldsymbol{V}_0$，接此顶点矢量序列用式(3.105)构成曲线，就将沿相反的方向描画出同一条曲线。

除上述性质外，与贝齐埃曲线一样，B样条曲线具有几何不变性和变差减少性质。

三次B样条曲线的几种退化情况在几何设计中很有用，下面扼要介绍。

(1) 三顶点 $\boldsymbol{V}_i,\boldsymbol{V}_{i+1},\boldsymbol{V}_{i+2}$ 共线

m 是线 $\boldsymbol{V}_i\boldsymbol{V}_{i+2}$ 的中点，如图3-30所示，则三次B样条曲线段的起点 $\boldsymbol{r}_i(0)$所在位置为

$$\boldsymbol{r}_i(0)\boldsymbol{V}_{i+1}=\frac{1}{3}m\boldsymbol{V}_{i+1}$$

而且 $\boldsymbol{r}_i(0)$处的曲率 $K=0$。利用此性质可设计出需要的拐点。

(2) 四顶点 $\boldsymbol{V}_i,\boldsymbol{V}_{i+1},\boldsymbol{V}_{i+2},\boldsymbol{V}_{i+3}$ 共线

4个相邻顶点共线，构作的B样条曲线退化为直线，如图3-31所示。

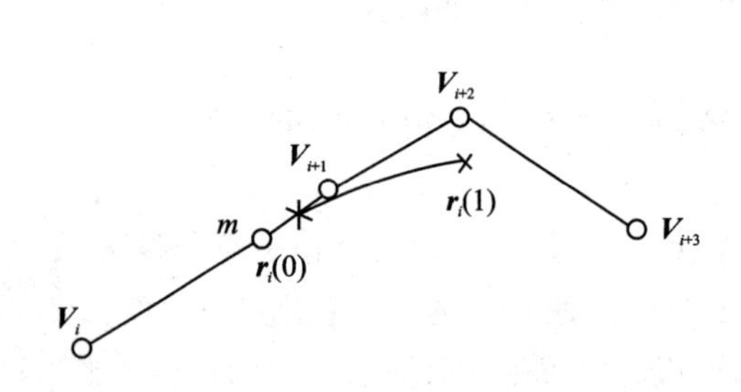

图3-30　三顶点共线的情况

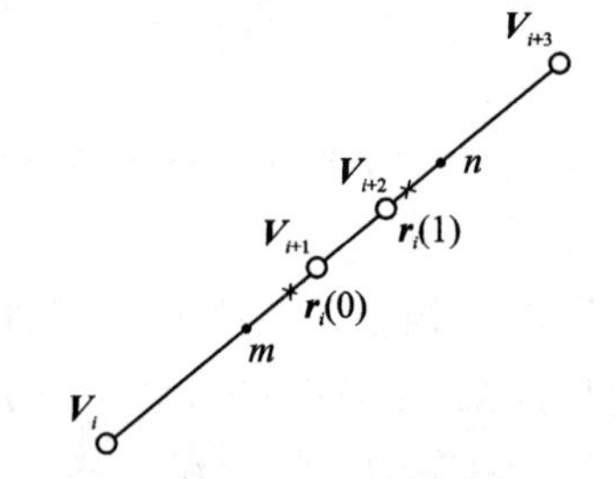

图3-31　四顶点共线的情况

(3) 两顶点重合

相当于三顶点共线，三次B样条曲线段的端点 $\boldsymbol{r}_i(0)$满足关系式 $\boldsymbol{r}_i(0)\boldsymbol{V}_{i+1}=\frac{1}{6}\boldsymbol{V}_i\boldsymbol{V}_{i+1}$ 而且端点曲率 $K=0$，如图3-32所示。

(4) 三顶点重合

为了构作含有尖点的B样条曲线，可以取三次重合顶点，即把一个顶点重复取三次。如图3-33所示，由顶点 $\boldsymbol{V}_i$，$\boldsymbol{V}_{i+1}$，$\boldsymbol{V}_{i+2}$，$\boldsymbol{V}_{i+3}$，$\boldsymbol{V}_{i+4}$ 可以定义两段三次B样条曲线 $\overset{\frown}{\boldsymbol{r}_i(0)\boldsymbol{r}_{i+1}(0)\boldsymbol{r}_{i+2}(0)}$，具有 C^2 连续条件。若把 V_{i+2} 看作为重复的两个顶点，则由顶点 $\boldsymbol{V}_i$，$\boldsymbol{V}_{i+1},\boldsymbol{V}_{i+2},\boldsymbol{V}_{i+2},\boldsymbol{V}_{i+3},\boldsymbol{V}_{i+4}$ 可以构作三段B样条曲线$\overset{\frown}{\boldsymbol{r}_i(0)AB\boldsymbol{r}_{i+2}(0)}$。若把 $\boldsymbol{V}_{i+2}$ 看作为重复的三个顶点，则由顶点 $\boldsymbol{V}_i,\boldsymbol{V}_{i+1},\boldsymbol{V}_{i+2},\boldsymbol{V}_{i+2},\boldsymbol{V}_{i+2},\boldsymbol{V}_{i+3},\boldsymbol{V}_{i+4}$ 可以定义四段三次B样条曲线 $\overset{\frown}{\boldsymbol{r}_i(0)A\boldsymbol{V}_{i+2}B\boldsymbol{r}_{i+2}(0)}$。三重顶点 $\boldsymbol{V}_{i+2}$ 处，曲线的斜率不连续，形成尖点，而且两侧含有直线段

AV_{i+2} 和 $V_{i+2}B$。在尖点处斜率尽管不连续，然而对于参数曲线来说，确实是达到了 C^2 连续，因为在三重顶点处的一阶和二阶导矢都退化为 0。

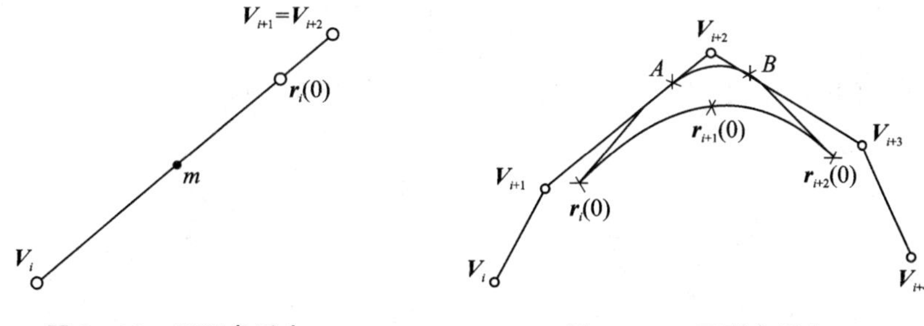

图 3－32　两顶点重合　　**图 3－33　三顶点重合**

上述退化情况表明：

1）如果我们想在样条曲线上造成一段直线，只要使四个顶点共线就可以了。

2）为了使样条曲线和特征多边形相切，可以采用三顶点共线或两重顶点的技巧。

3）要使样条曲线通过某一顶点，即在曲线上使之形成一个尖点，可以运用三重顶点的技巧。

综合起来看，**B 样条曲线的优点**是根据特征多边形形状可以相当准确地预测曲线的形状，可以局部修改设计，曲线的形态控制灵活，再加上方程的阶次低，计算程序简单，计算速度快等，故 B 样条曲线和曲面深受工程人员欢迎。

4. 三次 B 样条曲线的算法

从已知 B 特征多边形顶点 $\{V_i\}$ 计算三次 B 样条曲线的结点 $\{P_i\}$ 以及曲线上的任意点，是逼近问题，称为**正算**。而从已知型值点列 $\{P_i\}$ 反推多边形顶点 $\{V_i\}$，是应用于插值的反问题，称为**反算**。

（1）正　算

给定特征多边形顶点 $\{V_i\}$，构作 B 样条曲线，按式(3.105)计算曲线上结点以及任意点的位置矢量，这是不用赘述的。在数控绘图和数控加工中往往需要对参数进行等间隔插值，这时不必将参数代入式(3.105)逐点计算，而可采用差分运算，使计算可以高速进行。

（2）反　算

在许多实际工程问题中，常常是给出曲线上一批型值点，希望用 B 样条来拟合这些点，然后求出其他需要的插值点。这里首先要求出 B 特征多边形顶点，才能构造曲线，并对曲线进行插值计算。

设已知 $(n+1)$ 个有序型值点列 $\{P_i\}$ $(i=0,1,\cdots,n)$，求特征多边形顶点位置矢量 $\{V_i\}$ $(i=-1,0,1,\cdots,n+1)$。

从式(3.98)的第一、第二式可看出，反算问题归结为下列线性代数方程组的求解：

$$\frac{1}{6}(V_{i-1}+4V_i+V_{i+1})=P_i \quad (i=0,1,\cdots,n) \tag{3.106}$$

如果补充两个适当的端点条件，方程组就有唯一解。工程中常见的情况有：

1）两端点给出切矢量。补充条件为

$$\begin{cases} \frac{1}{2}(\boldsymbol{V}_1 - \boldsymbol{V}_{-1}) = \boldsymbol{P}_0' \\ \frac{1}{2}(\boldsymbol{V}_{n+1} - \boldsymbol{V}_{n-1}) = \boldsymbol{P}_n' \end{cases} \tag{3.107}$$

由式(3.106)的第一式和式(3.107)的第一式联立消去 $\boldsymbol{V}_1$，得

$$\frac{2}{6}\boldsymbol{V}_{-1} + \frac{4}{6}\boldsymbol{V}_0 = \boldsymbol{P}_0 - \frac{\boldsymbol{P}_0'}{3} \tag{3.108}$$

由式(3.106)的最后一式和式(3.107)的后一式联立消去 $\boldsymbol{V}_{n-1}$，得

$$\frac{4}{6}\boldsymbol{V}_n + \frac{2}{6}\boldsymbol{V}_{n+1} = \boldsymbol{P}_n + \frac{\boldsymbol{P}_0'}{3} \tag{3.109}$$

由式(3.106)、式(3.108)、式(3.109)构成三对角线性方程组，可用追赶法求解。

2) 没给出端点条件　此时可采用前述的数值微分方法，求出两端点的切矢(可参看式(3.13))，然后用 1)的方法求解。

对上述两种情况，还可以采用迭代法计算，程序简单，计算效率高。

根据 B 样条的局部性，顶点对结点的影响是局部的。反过来，结点 $\{\boldsymbol{P}_i\}$ 的变动对于顶点 $\{\boldsymbol{V}_i\}$ 所产生的影响又是怎样的呢？

当 $\{\boldsymbol{P}_i\}$ 给定时，对于式(3.106)中的不靠近边界的顶点 $\boldsymbol{V}_i$，按线性方程组解的叠加原理可以近似地表成

$$\boldsymbol{V}_i = \sqrt{3}\left\{\boldsymbol{P}_i + \sum_{i=1}^{4}(\boldsymbol{P}_{i+j} + \boldsymbol{P}_{i-j})\lambda^j\right\} \tag{3.110}$$

式中
$$\lambda \approx -0.268 \qquad \lambda^2 \approx 0.071\,8$$
$$\lambda^3 \approx -0.019\,2 \qquad \lambda^4 \approx 0.000\,515$$

从式(3.110)得知，结点 $\boldsymbol{P}_i$ 对于隔开它的 j 个顶点的影响是以的 $\lambda^{|j|}$ 速度迅速衰减的。由此可知，三次 B 样条曲线无论在正问题或反问题中的计算都是稳定的。

必须指出，B 样条曲线的长处在于逼近，就是通过 B 特征多边形的顶点设计，来控制 B 样条曲线的形状。这样会带来直观性、局部性、保凸性等优越性质。

当三次 B 样条曲线被用作为插值样条时，我们需要解一个三对角方程式(3.106)，以求出顶点 $\{\boldsymbol{V}_i\}$，而累加弦长三次参数样条也要解一个三对角方程组，计算量是一样的。但三次 B 样条只需保存一组信息 $\{\boldsymbol{V}_i\}$，而一般三次样条要保存两组信息 $\{\boldsymbol{P}_i\}$ 和 $\{\boldsymbol{m}_i\}$ ($\{\boldsymbol{M}_i\}$)，前者的信息量少一半。这一点引申到曲面时，B 样条的优点就更明显了。因此以三次 B 样条曲线作为插值样条也是有其长处的。

在配有图形显示器的交互设计系统中，如果已经有了一个外形的轮廓草图，为了找对应的 B 特征多边形顶点位置，可以用上述方法反算。如果用式(3.106)的解或近似表达式(3.110)的解作为交互设计的顶点初值，是很可取的，计算变得极其简单。

5. 三次参数曲线段的三种等价表示

三次参数曲线段可以用不同的方法构造。为了清晰起见，列成表 3-1。

三种构作方法有其内在联系。从几何角度分析，如图 3-34 所示。

$\boldsymbol{B}_0$ 和 $\boldsymbol{B}_3$ 是曲线段 $\boldsymbol{r}(u)$ 的始点 $\boldsymbol{r}(0)$ 和终点 $\boldsymbol{r}(1)$，$\boldsymbol{r}'(0)$ 和 $\boldsymbol{r}'(1)$ 是曲线段始点和终点的切矢量。根据贝齐埃曲线的端点性质可知，从 $\boldsymbol{B}_0$ 开始，沿 $\boldsymbol{r}'(0)$ 的方向截取其模长的 1/3，得

$\boldsymbol{B}_1$ 点；从 $\boldsymbol{B}_3$ 开始，沿 $\boldsymbol{r}'(1)$ 反方向截取其模长的 1/3，得 $\boldsymbol{B}_2$ 点，则 $\boldsymbol{B}_0\boldsymbol{B}_1\boldsymbol{B}_2\boldsymbol{B}_3$ 即为 $\boldsymbol{r}(u)$ 曲线段的贝齐埃特征多边形。再根据 B 样条的端点性质，将线段 $\boldsymbol{B}_1\boldsymbol{B}_2$ 向两侧各延长自身的长度，分别得 $\boldsymbol{V}_1$ 和 $\boldsymbol{V}_2$。用线段连接 $\boldsymbol{V}_1\boldsymbol{B}_0$ 并延长两倍到 d_0，再用线段连接 $\boldsymbol{V}_2 d_0$，并延长自身的长度到点 $\boldsymbol{V}_0$，在 $\boldsymbol{V}_2$ 和 $\boldsymbol{B}_3$ 方面作对称的操作，得到 $\boldsymbol{V}_3$。则 $\boldsymbol{V}_0\boldsymbol{V}_1\boldsymbol{V}_2\boldsymbol{V}_3$ 即为 $\boldsymbol{r}(u)$ 曲线段的 B 特征多边形。

表 3-1　三次参数曲线的三种构作方法

曲线名称	弗格森曲线	贝齐埃曲线	B样条曲线
曲线方程	$\boldsymbol{r}(u)=[1\quad u\quad u^2\quad u^3]\boldsymbol{M}_C\begin{bmatrix}\boldsymbol{r}(0)\\\boldsymbol{r}(1)\\\boldsymbol{r}'(0)\\\boldsymbol{r}'(1)\end{bmatrix}$	$\boldsymbol{r}(u)=[1\quad u\quad u^2\quad u^3]\boldsymbol{M}_{BE}\begin{bmatrix}\boldsymbol{B}_0\\\boldsymbol{B}_1\\\boldsymbol{B}_2\\\boldsymbol{B}_3\end{bmatrix}$	$\boldsymbol{r}(u)=[1\quad u\quad u^2\quad u^3]\boldsymbol{M}_B\begin{bmatrix}\boldsymbol{V}_0\\\boldsymbol{V}_1\\\boldsymbol{V}_2\\\boldsymbol{V}_3\end{bmatrix}$
图形	r′(0)　r(0)　r(1)　r′(1)	B1　B2　B0　B3	V1　V2　V0　V3
基函数系数阵	$\boldsymbol{M}_C=\begin{bmatrix}1&0&0&0\\0&0&1&0\\-3&3&-2&-1\\2&-2&1&1\end{bmatrix}$	$\boldsymbol{M}_{BE}=\begin{bmatrix}1&0&0&0\\-3&0&3&0\\3&-6&3&0\\-1&3&-3&1\end{bmatrix}$	$\boldsymbol{M}_B=\dfrac{1}{6}\begin{bmatrix}1&4&1&0\\-3&0&3&0\\3&-6&3&0\\-1&3&-3&1\end{bmatrix}$

三者的几何关系是明显的，三种几何表示方法可以相互转换。由一种几何表示方法很容易用作图法找出另外两种等价的几何表示。

从上述等价表示中可以看出，贝齐埃方法和 B 样条方法用特征多边形表示曲线，比一般参数曲线更加直观。

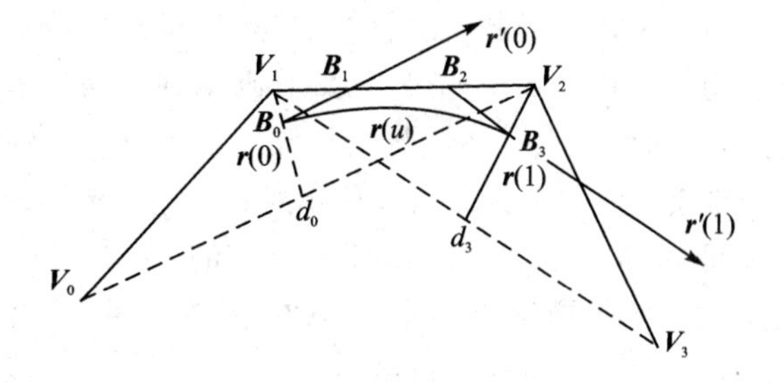

图 3-34　弗格森、贝齐埃、B样条曲线的等价表示

6. 二次 B 样条曲线

在实际应用中，用得最多的是三次 B 样条曲线，其次就是二次 B 样条曲线。正如高次样条函数那样，高于三次的 B 样条曲线在计算机辅助几何设计中较少应用。

三次均匀 B 样条曲线已在前面作过详细介绍，现在考察二次均匀 B 样条曲线，其公式为

$$\boldsymbol{r}_i(u)=[N_{0,3}(u),N_{1,3}(u),N_{2,3}(u)]\begin{bmatrix}\boldsymbol{V}_i\\\boldsymbol{V}_{i+1}\\\boldsymbol{V}_{i+2}\end{bmatrix}\quad(0\leqslant u\leqslant 1)\tag{3.111}$$

二次均匀 B 样条曲线是抛物线，它的端点具有性质

$$\begin{cases}\boldsymbol{r}_i(0)=\dfrac{1}{2}(\boldsymbol{V}_i+\boldsymbol{V}_{i+1})\\[2mm]\boldsymbol{r}_i(1)=\dfrac{1}{2}(\boldsymbol{V}_{i+1}+\boldsymbol{V}_{i+2})\end{cases}\qquad\begin{cases}\boldsymbol{r}'_i(0)=\boldsymbol{V}_{i+1}-\boldsymbol{V}_i\\\boldsymbol{r}'_i(1)=\boldsymbol{V}_{i+2}-\boldsymbol{V}_{i+1}\end{cases}$$

这些关系表明：曲线段的两端点是二次B特征多边形两边的中点，并且以两边为其端点切线（见图3-35）。式(3.111)可写成

$$\boldsymbol{r}_i(u)=[1 \quad u \quad u^2]\frac{1}{2}\begin{bmatrix}1 & 1 & 0\\ -2 & 2 & 0\\ 1 & -2 & 1\end{bmatrix}\begin{bmatrix}\boldsymbol{V}_i\\ \boldsymbol{V}_{i+1}\\ \boldsymbol{V}_{i+2}\end{bmatrix} \tag{3.112}$$

一次B样条曲线就是B特征多边形本身。

对于同一特征多边形而言，随着曲线次数的增高，曲线拉紧，离特征多边形越来越远。三次B样条能保持 C^2 连续，对特征多边形又相当逼近，所以最常用。二次B样条曲线由于简单，与特征多边形更加逼近，尽管只能保持 C^1 连续，在工程中也经常应用。

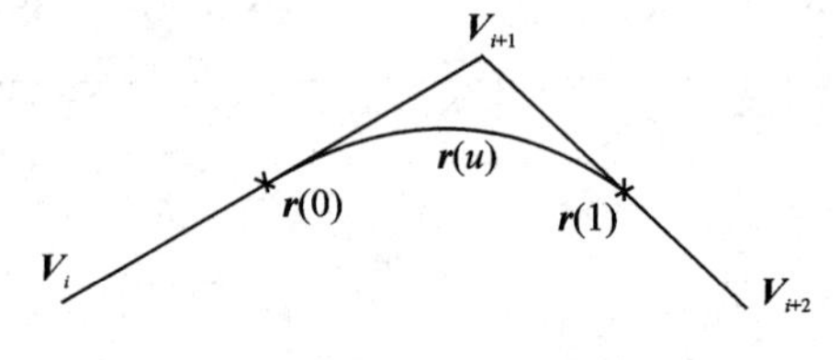

图3-35 二次B样条曲线

3.4.2 非均匀B样条曲线及其他

前面对工程上常用的均匀B样条作了较全面的介绍。在一般的场合要用到非均匀B样条曲线，要用到重顶点与重节点技巧；近几年还发展了离散B样条和多维B样条。本节拟对B样条曲线作更深入的讨论，尽量避免繁琐的数学推导，着重从工程应用角度阐述它的原理和方法。

1. B样条基函数

B样条基函数的推导方法很多，这里介绍最常用的递推定义。

为了讨论基函数，需要引入**节点**的概念。节点是参数轴上的分割点。将参数轴等距分割，得到均匀节点。如果非等距分割，则得到非均匀节点。前而提到过的**结点**，是指曲线段间的连接点，又称**型值点**。不应将结点和节点混淆，前者是曲线上的点，后者是参数轴上的点。

定义：在区间$[a,b]$上，取分割 $a=x_0<x_1<\cdots<x_n=b$ 为节点，构造B样条基函数。仅在区间 $x_i\leqslant x\leqslant x_{i+M}$ 内其值不为0的 M 阶（$M-1$ 次）B样条基函数 $N_{i,M}(x)$ 称为在$[x_i,x_{i+M}]$上具有**局部支集性**。其中 i 为节点序号；M 为阶数（为大于1的整数）。基函数 $N_{i,M}(x)$ 由下列递推关系给出：

$$\left.\begin{aligned}N_{i,1}(x)&=\begin{cases}1 & x_i\leqslant x\leqslant x_{i+1}\\ 0 & x\notin[x_i,x_{i+1}]\end{cases}\\ N_{i,M}(x)&=\frac{x-x_i}{x_{i+M-1}-x_i}N_{i,M-1}(x)+\frac{x_{i+M}-x}{x_{i+M}-x_{i+1}}N_{i+1,M-1}(x)\end{aligned}\right\} \tag{3.113}$$

式中约定 $0/0=0$。

式(3.113)的几何意义可以归结为："移位""升阶"和"线性组合"。$N_{i,M-1}(x)$"移位"得 $N_{i+1,M-1}(x)$（对非均匀节点而言则指 $N_{i,M-1}(x)$的下一个基函数为 $N_{i+1,M-1}(x)$；$M-1$ 阶的基函数乘以 x 的线性函数，就是"升阶"；再将其"线性组合"，得到 M 阶B样条基。

由上述递推关系可知，M 阶B样条基是一个只在 M 个子区间上$[x_i,x_{i+M}]$非零的分段 $M-1$ 次多项式，它具有直到 $M-2$ 阶连续导数。

现在具体地讨论零次到三次B样条基。

1）当 $M=1$ 时，零次（一阶）B样条基为

$$N_{i,1}(x)=\begin{cases}1 & x_i \leqslant x \leqslant x_{i+1}\\0 & x \notin [x_i, x_{i+1}]\end{cases} \tag{3.114}$$

$N_{i,1}(x)$的图形如图 3-36 所示。在区间$[a,b]$上，它只在一个子区间$[x_i, x_{i+1}]$上非零，且为常数 1(即为零次多项式)。在其他子区间上均为零。$N_{i,1}(x)$称为平台函数。

2) 当 $M=2$ 时，一次(二阶)B 样条基：

由式(3.114)的 $N_{i,1}(x)$“移位”得

$$N_{i+1,1}(x)=\begin{cases}1 & x_{i+1} \leqslant x \leqslant x_{i+2}\\0 & x \notin [x_{i+1}, x_{i+2}]\end{cases}$$

将 $N_{i,1}(x)$和 $N_{i+1,1}(x)$代入递推公式，得

$$N_{i,2}(x)=\begin{cases}\dfrac{x-x_i}{x_{i+1}-x_i} & x_i \leqslant x < x_{i+1}\\[2ex]\dfrac{x_{i+2}-x}{x_{i+2}-x_{i+1}} & x_{i+1} \leqslant x < x_{i+2}\\[2ex]0 & x \notin [x_i, x_{i+2}]\end{cases} \tag{3.115}$$

$N_{i,1}(x)$和 $N_{i+1,1}(x)$及由递推所得到的 $N_{i,2}(x)$如图 3-37 所示。人们形象地称 $N_{i,2}(x)$为**屋顶函数**。$N_{i,2}(x)$只在两个子区间$[x_i, x_{i+1}]$，$[x_{i+1}, x_{i+2}]$上非零，且各段均为 x 的一次多项式。

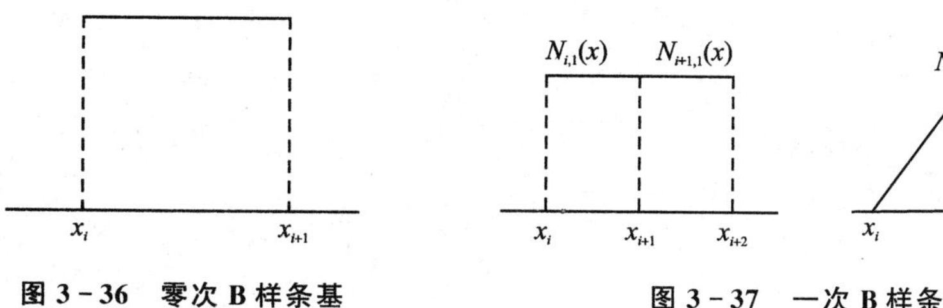

图 3-36　零次 B 样条基

图 3-37　一次 B 样条基

3) 当 $M=3$ 时，二次(三阶)B 样条基：

将式(3.115)的下标 i 换成 $i+1$，即得到 $N_{i+1,2}(x)$的表达式。再将 $N_{i,2}(x)$和 $N_{i+1,2}(x)$代入递推公式，即可得到 $N_{i,3}(x)$。但随着阶数的增高，由递推公式推得的 B 样条基表达式极为繁琐。递推公式适用于进行递推计算，B 样条基函数的表达式则大多由截尾幂函数的差商推得。因此对于二次和三次 B 样条基函数，将在下面给出由截尾幂函数的差商推出的表达式。

二次 B 样条基为

$$N_{i,3}(x)=\begin{cases}\dfrac{(x-x_i)^2}{(x_{i+2}-x_i)(x_{i+1}-x_i)} & x_i \leqslant x < x_{i+1}\\[2ex]\dfrac{(x-x_i)^2}{(x_{i+2}-x_i)(x_{i+1}-x_i)}\\ \quad+\dfrac{(x_{i+3}-x_i)(x-x_{i+1})^2}{(x_{i+3}-x_{i+1})(x_{i+2}-x_{i+1})(x_i-x_{i+1})} & x_{i+1} \leqslant x < x_{i+2}\\[2ex]\dfrac{(x_{i+3}-x)^2}{(x_{i+3}-x_{i+2})(x_{i+3}-x_{i+1})} & x_{i+2} \leqslant x < x_{i+3}\\[2ex]0 & x \notin [x_i, x_{i+3}]\end{cases} \tag{3.116}$$

$N_{i,2}(x)$，$N_{i+1,2}(x)$以及递推所得到的$N_{i,3}(x)$如图3－38所示。

$N_{i,3}(x)$在三个子区间上非零，且为分段的二次多项式，形象地被称为钟形函数。

4）当$M=4$时，三次（四阶）B样条基$N_{i,4}(x)$：

$N_{i,4}(x)$是工程上经常用到的一种B样条基，它只在四个子区间上非零，且为分段的三次多项式。其图形如图3－39所示，人们称$N_{i,4}(x)$为草帽函数。

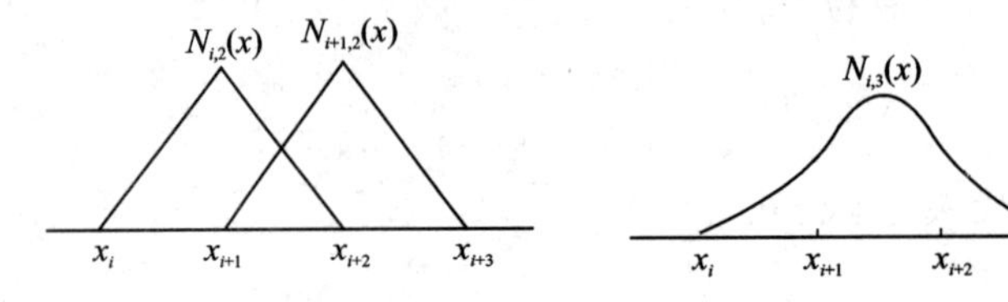

图3－38　二次B样条基

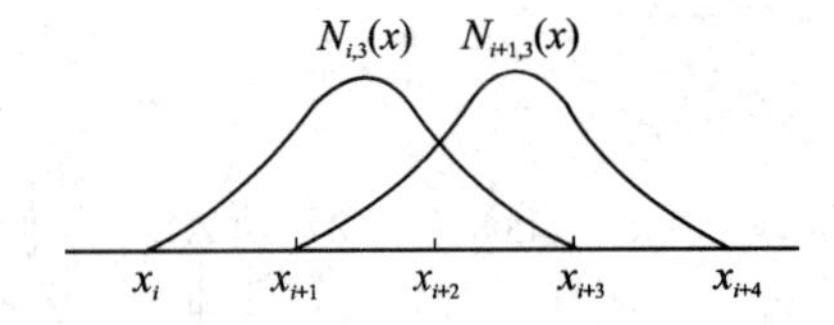

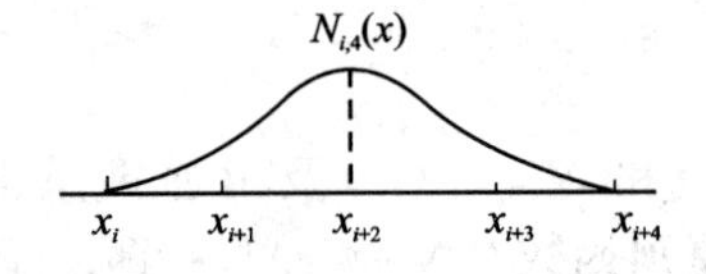

图3－39　三次B样条基

三次B样条基的表达式为

$$N_{i,4}(x)=\begin{cases} \dfrac{(x-x_i)^3}{(x_{i+3}-x_i)(x_{i+2}-x_i)(x_{i+1}-x_i)} & x_i \leqslant x < x_{i+1} \\ \dfrac{(x-x_i)^3}{(x_{i+3}-x_i)(x_{i+2}-x_i)(x_{i+1}-x_i)} \\ +\dfrac{(x-x_{i+1})^3(x_{i+4}-x_i)}{(x_{i+1}-x_i)(x_{i+1}-x_{i+2})(x_{i+1}-x_{i+3})(x_{i+1}-x_{i+4})} & x_{i+1} \leqslant x < x_{i+2} \\ \dfrac{(x_{i+3}-x)^3(x_{i+4}-x_i)}{(x_{i+3}-x_i)(x_{i+3}-x_{i+1})(x_{i+3}-x_{i+2})(x_{i+3}-x_{i+4})} \\ +\dfrac{(x_{i+4}-x)^3}{(x_{i+4}-x_{i+1})(x_{i+4}-x_{i+2})(x_{i+4}-x_{i+3})} & x_{i+2} \leqslant x < x_{i+3} \\ \dfrac{(x_{i+4}-x)^3}{(x_{i+4}-x_{i+1})(x_{i+4}-x_{i+2})(x_{i+4}-x_{i+3})} & x_{i+3} \leqslant x < x_{i+4} \\ 0 & x \notin [x_i, x_{i+4}] \end{cases} \tag{3.117}$$

依次递推，可得任意次B样条基函数的分段表达式。

按式（3.113）可编制十分简捷的程序，用以计算任意次B样条基函数。

下面是一个以0，1，3，6为节点的二次B样条基函数，如图3－40所示。

再一个例子是以0，1，3，6，10为节点的三次B样条基函数，如图3－41所示。

取参数$x_i=i$ $(i=0,1,\cdots,n)$为节点，即可在等距节点参数轴上形成均匀B样条基。由式（3.113）或直接由式（3.114）～式（3.117）可得均匀B样条基的表达式。

$$N_{i,1}(u)=\begin{cases}1 & i\leqslant x\leqslant i+1\\0 & x\notin[i,i+1]\end{cases}$$

$$N_{i,2}(x)=\begin{cases}x-i & i\leqslant x<i+1\\(i+2)-x & i+1\leqslant x\leqslant i+2\\0 & x\notin[i,i+2]\end{cases}$$

$N_{i,3}(x)$、$N_{i,4}(x)$的均匀表达式不一一列出。

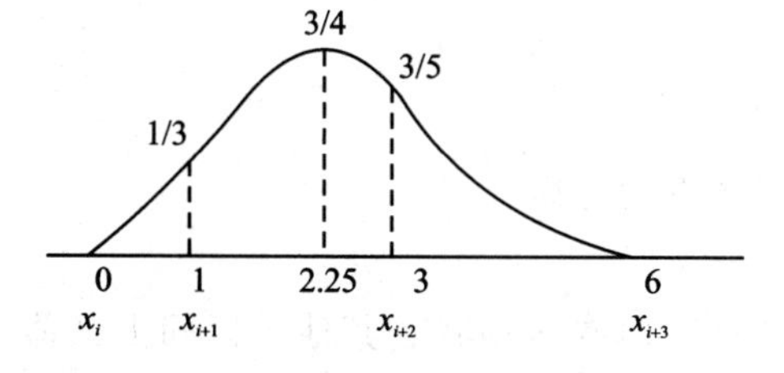

图 3-40　非均匀节点 B 样条基

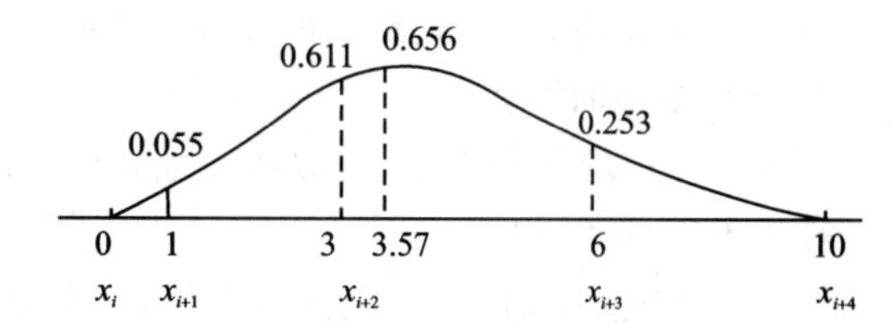

图 3-41　另一种节点分布的 B 样条基

再对均匀 B 样条基作参数变换，在每个子区间内以参数 u 代换 x，使 u 在每个子区间的值均为 $0\leqslant u\leqslant 1$。

参数变换后，0～3 次均匀 B 样条基函数表达式依次为

$$N_{i,1}(u)=1\qquad 0\leqslant u\leqslant 1 \tag{3.118}$$

$$N_{i,2}(u)=\begin{cases}u & 0\leqslant u\leqslant 1\\1-u & 0\leqslant u\leqslant 1\end{cases} \tag{3.119}$$

$$N_{i,3}(u)=\begin{cases}\frac{1}{2}u^2\\\frac{1}{2}(-2u^2+2u+1) & 0\leqslant u\leqslant 1\\\frac{1}{2}(u^2-2u+1)\end{cases} \tag{3.120}$$

$$N_{i,4}(u)=\begin{cases}\frac{1}{6}u^3\\\frac{1}{6}(-3u^3+3u^2+3u+1)\\\frac{1}{6}(3u^3-6u^2+4) & 0\leqslant u\leqslant 1\\\frac{1}{6}(-u^3+3u^2-3u+1)\end{cases} \tag{3.121}$$

以上的分段表达式又可写为矩阵形式

$$N_{i,2}(u)=[1\quad u]\frac{1}{(2-1)!}\begin{bmatrix}0 & 1\\1 & -1\end{bmatrix}\quad(0\leqslant u\leqslant 1) \tag{3.122}$$

$$N_{i,3}(u)=[1\quad u\quad u^2]\frac{1}{(3-1)!}\begin{bmatrix}0 & 1 & 1\\0 & 2 & -2\\1 & -2 & 1\end{bmatrix}\quad(0\leqslant u\leqslant 1) \tag{3.123}$$

$$N_{i,4}(u)=[1\quad u\quad u^2\quad u^3]\frac{1}{(4-1)!}\begin{bmatrix}0&1&4&1\\0&3&0&-3\\0&3&-6&3\\1&-3&3&-1\end{bmatrix}\quad(0\leqslant u\leqslant 1)\tag{3.124}$$

由此可以推断 M 阶均匀B样条基为

$$N_{i,M}(u)=[1,u,\cdots,u^{M-1}]\frac{1}{(M-1)!}\boldsymbol{A}\quad(0\leqslant u\leqslant 1)\tag{3.125}$$

式中 $\boldsymbol{A}$ 为系数矩阵,其中元素也可以找出递推算法。

2. B样条基的性质

由前面介绍的B样条基,可以明显地看出它们具备下列性质。

性质1:局部性。

$N_{i,M}(x)$只在$[x_i,x_{i+M}]$范围内有值,且为分段$(M-1)$次多项式。其他子区间上其值为零。随着阶数 M 的增高,B样条基非零的跨度增加,而基函数的最大值则相应减小。

性质2:全正性。

在$[x_i,x_{i+M}]$区间之内,$N_{i,M}(x)\geqslant 0$。

性质3:单调性。

$N_{i,M}(x)$是单调函数。

性质4:规范性。

$$\int_{-\infty}^{\infty}N_{i,M}(x)\mathrm{d}x=1$$

$$\sum_{j=0}^{M-1}N_{j,M}(u)\equiv 1$$

性质5 :对称性。

均匀B样条基具备对称性。

$$N_{j,M}(u)=N_{M-1-j,M}(1-u)\quad(j=0,1,\cdots,M-1)$$

3. 非均匀B样条曲线

前面介绍了B样条基函数及其性质。在均匀节点情况下,导出均匀B样条基,将其与顶点线性组合,构作了均匀B样条曲线。如在讨论参数轴上不等距分割的情况,着重分析一至三次非均匀B样条曲线。

(1) 一次非均匀B样条曲线

一次非均匀B样条曲线由位于所在区间内的两个一次非均匀B样条基与特征多边形顶点矢量线性组合而成。

$$\boldsymbol{r}_i(x)=\boldsymbol{V}_i\frac{x_{i+1}-x}{x_{i+1}-x_i}+\boldsymbol{V}_{i+1}\frac{x-x_i}{x_{i+1}-x_i}\quad(i=0,1,\cdots,n;\ x_i\leqslant x\leqslant x_{i+1})\tag{3.126}$$

注意,在引用式(3.115)的非均匀B样条基函数时,要进行区间变换,使基函数在区间$[x_i,x_{i+1}]$内,如图3-42中的实线部分所示。

令 $u=\dfrac{x-x_i}{x_{i+1}-x_i}$,可将式(3.126)改写为参数形式

$$\boldsymbol{r}_i(u)=\boldsymbol{V}_i(1-u)+\boldsymbol{V}_{i+1}u\quad(i=0,1,\cdots,n;\ 0\leqslant u\leqslant 1)$$

还可以写成矩阵形式

$$\boldsymbol{r}_i(u)=[1\quad u]M_2\begin{bmatrix}\boldsymbol{V}_i\\ \boldsymbol{V}_{i+1}\end{bmatrix}\tag{3.127}$$

式中

$$\boldsymbol{M}_2=\begin{bmatrix}1 & 0\\ -1 & 1\end{bmatrix}$$

一次非均匀 B 样条曲线为折线多边形，与特征多边形重合，而且与一次均匀 B 样条曲线没有区别。

(2) 二次非均匀 B 样条曲线

它由位于所在区间内的 3 个二次非均匀 B 样条基函数与特征多边形顶点线性组合而成，表达式为

$$\begin{aligned}\boldsymbol{r}_i(x)=&\boldsymbol{V}_i\frac{(x_{i+1}-x)^2}{(x_{i+1}-x_i)(x_{i+1}-x_{i-1})}+\\ &\boldsymbol{V}_{i+1}\left[\frac{(x-x_{i-1})^2}{(x_i-x_{i-1})(x_{i+1}-x_{i-1})}+\frac{(x-x_i)^2(x_{i+2}-x_{i-1})}{(x_{i+2}-x_i)(x_{i+1}-x_i)(x_{i-1}-x_i)}\right]+\\ &\boldsymbol{V}_{i+2}\frac{(x-x_i)^2}{(x_{i+1}-x_i)(x_{i+2}-x_i)}\quad(i=0,1,\cdots,n-1;\ x_i\leqslant x\leqslant x_{i+1})\end{aligned}\tag{3.128}$$

在引用式(3.116)的 B 样条基函数时，要进行区间变换，使基函数都在区间$[x_i,x_{i+1}]$内。在$[x_i,x_{i+1}]$区间的 3 个 B 样条基如图 3－43 中实线部分所示。

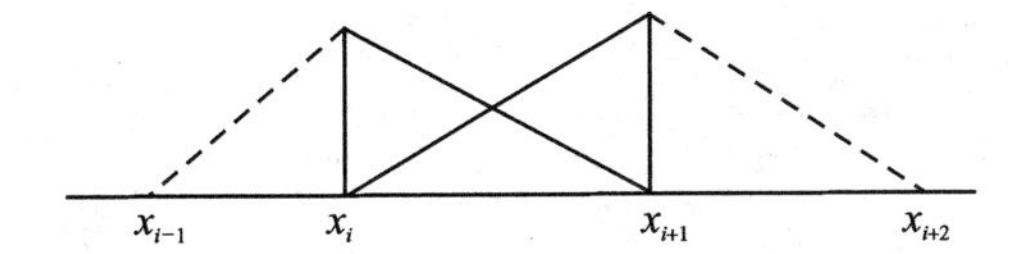

图 3－42　基函数的区间变换

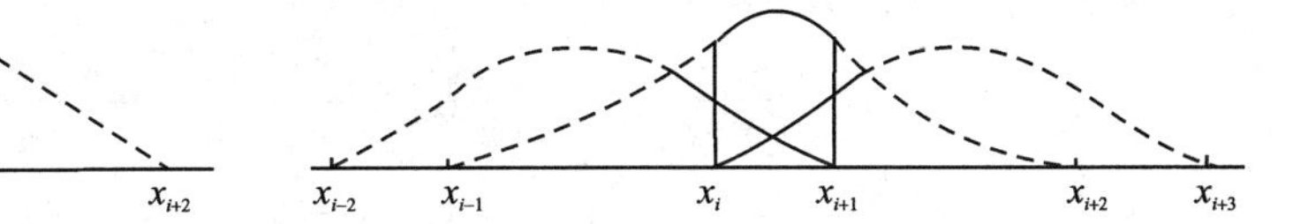

图 3－43　二次非均匀 B 样条基的区间变换

令 $u=\dfrac{(x-x_i)}{(x_{i+1}-x_i)}$，可将式(3.128)改写为参数形式

$$\begin{aligned}\boldsymbol{r}_i(u)=&\boldsymbol{V}_i(1-u)^2\frac{(x_{i+1}-x_i)}{(x_{i+1}-x_{i-1})}+\\ &\boldsymbol{V}_{i+1}\left\{u^2\left[\frac{(x_{i+2}-x_{i+1})(x_{i+1}-x_i)}{(x_{i+2}-x_i)(x_{i-1}-x_i)}+\frac{(x_{i+1}-x_i)^2}{(x_i-x_{i+1})(x_{i+1}-x_{i-1})}\right]+\right.\\ &\left.2u\frac{(x_{i+1}-x_i)}{(x_{i+1}-x_{i-1})}+\frac{(x_i-x_{i-1})}{(x_{i+1}-x_{i-1})}\right\}+\\ &\boldsymbol{V}_{i+2}u^2\frac{(x_{i+1}-x_i)}{(x_{i+2}-x_i)}\quad(i=0,1,\cdots,n-1;\ 0\leqslant u\leqslant 1)\end{aligned}\tag{3.129}$$

还可以写成矩阵形式

$$\boldsymbol{r}_i(u)=[1\quad u\quad u^2]\boldsymbol{M}_3\begin{bmatrix}\boldsymbol{V}_i\\ \boldsymbol{V}_{i+1}\\ \boldsymbol{V}_{i+2}\end{bmatrix}\tag{3.130}$$

式中

$$M_3 = \begin{bmatrix} m_{1,1} = \dfrac{(x_{i+1} - x_i)}{(x_{i+1} - x_{i-1})} & m_{1,2} = \dfrac{(x_i - x_{i-1})}{(x_{i+1} - x_{i-1})} & m_{1,3} = 0 \\ m_{2,1} = -2m_{1,1} & m_{2,2} = 2m_{1,1} & m_{2,3} = 0 \\ m_{3,1} = m_{1,1} & m_{3,2} = \dfrac{(x_{i+1} - x_i)}{(x_i - x_{i-1})} \cdot \left[\dfrac{(x_{i+1} - x_i)}{(x_{i+1} - x_{i-1})} - \dfrac{(x_{i+2} - x_{i+1})}{(x_{i+2} - x_i)}\right] & m_{3,3} = \dfrac{(x_{i+1} - x_i)}{(x_{i+2} - x_i)} \end{bmatrix} \tag{3.131}$$

(3) 三次非均匀 B 样条曲线

任何一段三次非均匀 B 样条曲线可由位于该曲线所在区间内的 4 个三次非均匀 B 样条基与特征多边形顶点线性组合而成。

在引用式(3.117)非均匀 B 样条基函数时，同样要进行区间变换，使基函数都在$[x_i, x_{i+1}]$区间内。在$[x_i, x_{i+1}]$区间内的 4 个三次非均匀 B 样条基如图 3 - 44 中的实线部分所示。

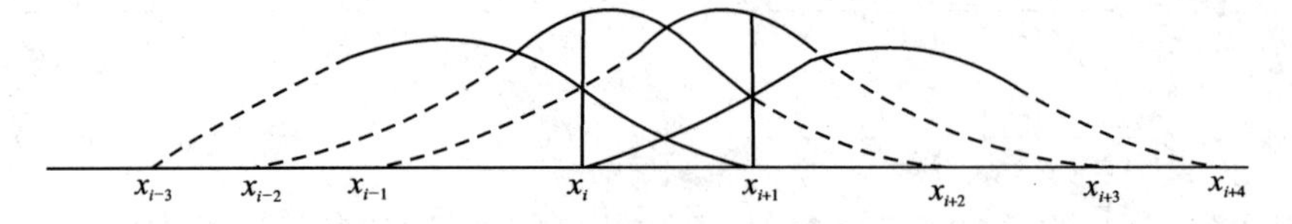

图 3 - 44　三次非均匀 B 样条基的区间变换

三次非均匀 B 样条曲线的公式为

$$\begin{aligned} \boldsymbol{r}_i(x) = {} & \boldsymbol{V}_i \frac{(x_{i+1} - x)^3}{(x_{i+1} - x_{i-2})(x_{i+1} - x_{i-1})(x_{i+1} - x_i)} + \\ & \boldsymbol{V}_{i+1} \left[\frac{(x_{i+1} - x)^3 (x_{i+2} - x_{i-2})}{(x_{i+1} - x_{i-2})(x_{i+1} - x_{i-1})(x_{i+1} - x_i)(x_{i+1} - x_{i+2})} + \right. \\ & \left. \frac{(x_{i+2} - x)^3}{(x_{i+2} - x_{i-1})(x_{i+2} - x_i)(x_{i+2} - x_{i+1})}\right] + \\ & \boldsymbol{V}_{i+2} \left[\frac{(x - x_{i-1})^3}{(x_{i+2} - x_{i-1})(x_{i+1} - x_{i-1})(x_i - x_{i-1})} + \right. \\ & \left. \frac{(x - x_i)^3 (x_{i+3} - x_{i-1})}{(x_i - x_{i-1})(x_i - x_{i+1})(x_i - x_{i+2})(x_i - x_{i+3})}\right] + \\ & \boldsymbol{V}_{i+3} \frac{(x - x_i)^3}{(x_{i+3} - x_i)(x_{i+2} - x_i)(x_{i+1} - x_i)} \\ & (i = 0, 1, \cdots, n-2;\ x_i \leqslant x \leqslant x_{i+1}) \end{aligned} \tag{3.132}$$

令 $u = \dfrac{(x - x_i)}{(x_{i+1} - x_i)}$，将式(3.132)改写为参数形式

$$\begin{aligned} \boldsymbol{r}_i(u) = {} & \boldsymbol{V}_i \left[(1-u)^3 \frac{(x_{i+1} - x_i)^2}{(x_{i+1} - x_{i-2})(x_{i+1} - x_{i-1})}\right] + \\ & \boldsymbol{V}_{i+1} \left[(1-u)^3 \frac{(x_{i+2} - x_{i-2})(x_{i+1} - x_i)^2}{(x_{i+1} - x_{i-2})(x_{i+1} - x_{i-1})(x_{i+1} - x_{i+2})} + \right. \end{aligned}$$

$$\left(\frac{x_{i+2}-x_i}{x_{i+1}-x_i}-u\right)^3 \frac{(x_{i+1}-x_i)^3}{(x_{i+2}-x_{i-1})(x_{i+2}-x_i)(x_{i+2}-x_{i+1})}\Bigg]+$$

$$\mathbf{V}_{i+2}\left[\left(u+\frac{x_i-x_{i-1}}{x_{i+1}-x_i}\right)^3 \frac{(x_{i+1}-x_i)^3}{(x_{i+2}-x_{i-1})(x_{i+1}-x_{i-1})(x_i-x_{i-1})}-\right.$$

$$\left.u^3\frac{(x_{i+3}-x_{i-1})(x_{i+1}-x_i)^2}{(x_i-x_{i-1})(x_i-x_{i+2})(x_i-x_{i+3})}\right]+$$

$$\mathbf{V}_{i+3}\left[u^3\frac{(x_{i+1}-x_i)^2}{(x_{i+3}-x_i)(x_{i+2}-x_i)}\right]$$

$$(i=0,1,\cdots,n-2;\ 0\leqslant u\leqslant 1) \tag{3.133}$$

同样可以写出其矩阵表达式

$$\boldsymbol{r}_i(u)=[1\quad u\quad u^2\quad u^3]\,\boldsymbol{M}\begin{bmatrix}\mathbf{V}_i\\ \mathbf{V}_{i+1}\\ \mathbf{V}_{i+2}\\ \mathbf{V}_{i+3}\end{bmatrix}\quad (i=0,1,\cdots,n-2;\ 0\leqslant u\leqslant 1) \tag{3.134}$$

$$M=\begin{bmatrix}
m_{1,1}=\dfrac{(x_i-x_{i+1})^2}{(x_{i+1}-x_{i-2})(x_{i+1}-x_{i-1})} & m_{1,2}=1-(m_{1,1}+m_{1,3}) & m_{1,3}=\dfrac{(x_{i-1}-x_i)^2}{(x_{i-1}-x_{i+2})(x_{i-1}-x_{i+1})} & m_{1,4}=0\\
m_{2,1}=-3m_{1,1} & m_{2,2}=-(m_{2,1}+m_{2,3}) & m_{2,3}=\dfrac{3(x_{i+1}-x_i)(x_i-x_{i-1})}{(x_{i-1}-x_{i+2})(x_{i-1}-x_{i+1})} & m_{2,4}=0\\
m_{3,1}=3m_{1,1} & m_{3,2}=-(m_{3,1}+m_{3,3}) & m_{3,3}=\dfrac{3(x_{i+1}-x_i)^3}{(x_{i-1}-x_{i+2})(x_{i-1}-x_{i+1})} & m_{3,4}=0\\
m_{4,1}=-m_{1,1} & \begin{aligned}m_{4,2}=-(m_{4,1}+m_{4,3}\\ +m_{4,4})\end{aligned} & \begin{aligned}&m_{4,3}=-(x_{i+1}-x_i)^2\\ &\left[\dfrac{1}{(x_{i-1}-x_{i+1})(x_{i-1}-x_{i+2})}\right.\\ &+\dfrac{1}{(x_i-x_{i+2})(x_i-x_{i+3})}\\ &\left.+\dfrac{1}{(x_{i+2}-x_{i-1})(x_{i+2}-x_i)}\right]\end{aligned} & \begin{aligned}&m_{4,4}=\\ &\dfrac{(x_{i+1}-x_i)^2}{(x_i-x_{i+3})(x_i-x_{i+2})}\end{aligned}
\end{bmatrix} \tag{3.135}$$

以上方程中的系数矩阵 $\boldsymbol{M}$ 的元素由相应的节点距离确定。式(3.130)、式(3.134)在等距节点的情况下，分别退化为二、三次均匀 B 样条曲线。

比较均匀 B 样条曲线与非均匀 B 样条曲线得知：两者的公式相似，前者系数矩阵 $\boldsymbol{M}$ 的元素是固定值；而后者的元素随节点距离而改变。换句话说，均匀 B 样条曲线的形状只取决于特征多边形顶点；而非均匀 B 样条曲线不仅取决于特征多边形顶点，而且还受基函数节点距离的影响。

在工程应用中，非均匀 B 样条基节点距离如何选择呢？显然，对一次曲线，节点距离取成与型值点的实际距离（也就是折线边长）成比例。对于二次和三次曲线，在正算情况下，可取节点距离与特征多边形顶点距离（边长）成比例；在反算情况下，可取节点距离与曲线上型值点的实际距离成比例。

两端需要补充的节点，可向端点外等距离延伸；也可用重节点方法。

非均匀 B 样条的反算方法与均匀的类似，不再详述。

上面对一次、二次、三次非均匀 B 样条曲线进行了全面的讨论，下面给出任意次 B 样条曲线的表达式。

定义：设有一组节点$\{x_i\}$，由其确定的B样条基函数为$N_{i,M}(x)(i=0,1,\cdots,n)$，并有一顶点系列$\{\boldsymbol{V}_i\}$ $(i=0,1,\cdots,n)$，将$N_{i,M}(x)$与$\boldsymbol{V}_i$线性组合，得到$(M-1)$次(M阶)B样条曲线方程为

$$\boldsymbol{r}(x)=\sum_{i=0}^{n}N_{i,M}(x)\boldsymbol{V}_i \quad (a\leqslant x\leqslant b) \tag{3.136}$$

式中，$r(x)$是参数x的$(M-1)$次分段多项式，各段之间具有直到$C^{(M-2)}$的连续性。

当一段B样条曲线的对应顶点为$\boldsymbol{V}_0,\boldsymbol{V}_1,\cdots,\boldsymbol{V}_{M-1}$时，德布尔—考克斯递推算式为

$$\boldsymbol{V}_{j,k}=\begin{cases}\boldsymbol{V}_j & (k=0)\\ \lambda\boldsymbol{V}_{j,k-1}+(1-\lambda)\boldsymbol{V}_{j-1,k-1} & (k>0)\end{cases} \quad (j=0,1,\cdots,M-1) \tag{3.137}$$

式中k为递推次数；

$$\lambda=\frac{x-x_j}{x_{j-k+M}-x_j}$$

对于均匀B样条曲线则

$$\lambda=\frac{x-x_j}{M-k}$$

对应于$\boldsymbol{V}_0,\boldsymbol{V}_1,\boldsymbol{V}_2,\boldsymbol{V}_3$顶点的一段三次B样条曲线的递推过程如图3－45所示，图中$\boldsymbol{V}_3$为曲线上对应于$u=(x-x_j)/(x_{j-1}-x_i)$的递推点。

4. 重顶点B样条曲线

B样条曲线的形状取决于特征多边形。采用重顶点可以进一步控制曲线形状。

(1) 两端重顶点的B样条

图3－46中根据特征多边形$\boldsymbol{V}_0\boldsymbol{V}_1\boldsymbol{V}_2\boldsymbol{V}_3$构作三次均匀B样条曲线，要求曲线通过特征多边形的首末点$\boldsymbol{V}_0$和$\boldsymbol{V}_3$。现在将$\boldsymbol{V}_0$和$\boldsymbol{V}_3$重复输入三次。

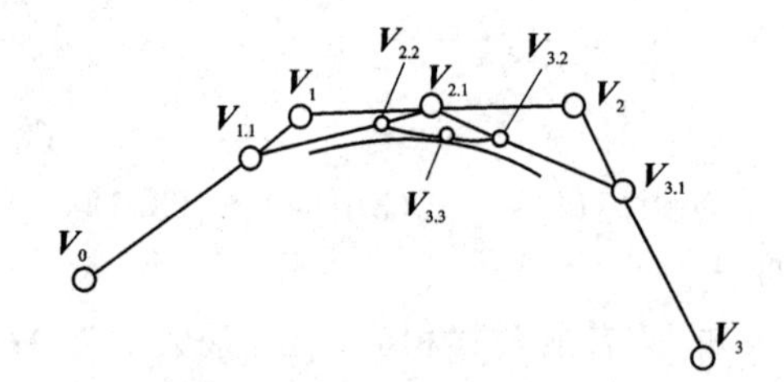

图3－45 三次B样条曲线的作图方法

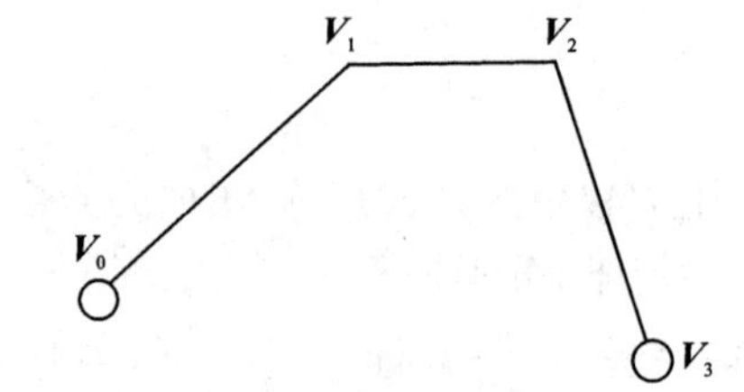

图3－46 重顶点端点条件

以顶点$\boldsymbol{V}_0\boldsymbol{V}_0\boldsymbol{V}_0\boldsymbol{V}_1$作特征多边形来构造曲线

$$\boldsymbol{r}(u)=[1\quad u\quad u^2\quad u^3]\frac{1}{3!}\boldsymbol{M}_B[\boldsymbol{V}_0\boldsymbol{V}_0\boldsymbol{V}_0\boldsymbol{V}_1]^{\mathrm{T}}$$

$$\boldsymbol{r}(0)=\boldsymbol{V}_0$$

$$\boldsymbol{r}(1)=\boldsymbol{V}_0+\frac{1}{6}(\boldsymbol{V}_1-\boldsymbol{V}_0)$$

这段曲线退化为一段直线，其长度为$\frac{1}{6}\boldsymbol{V}_0\boldsymbol{V}_1$。

再由顶点$\boldsymbol{V}_0\boldsymbol{V}_0\boldsymbol{V}_1\boldsymbol{V}_2$作特征多边形来构作曲线

$$\boldsymbol{r}(u)=\begin{bmatrix}1 & u & u^2 & u^3\end{bmatrix}\frac{1}{3!}\boldsymbol{M}_B\begin{bmatrix}\boldsymbol{V}_0\boldsymbol{V}_0V_1\boldsymbol{V}_2\end{bmatrix}^{\mathrm{T}}$$

$$\boldsymbol{r}(0)=\boldsymbol{V}_0+\frac{1}{6}(\boldsymbol{V}_1-\boldsymbol{V}_0)$$

$$\boldsymbol{r}(1)=\boldsymbol{V}_1+\frac{1}{3}\left[\frac{1}{2}(\boldsymbol{V}_0+\boldsymbol{V}_2)-\boldsymbol{V}_1\right]$$

接着由顶点 $\boldsymbol{V}_0\boldsymbol{V}_1\boldsymbol{V}_2\boldsymbol{V}_3$ 作特征多边形来构作曲线

$$\boldsymbol{r}(0)=\boldsymbol{V}_1+\frac{1}{3}\left[\frac{1}{2}(\boldsymbol{V}_0+\boldsymbol{V}_2)-\boldsymbol{V}_1\right]$$

$$\boldsymbol{r}(1)=\boldsymbol{V}_2+\frac{1}{3}\left[\frac{1}{2}(\boldsymbol{V}_1+\boldsymbol{V}_3)-\boldsymbol{V}_2\right]$$

最后由 $\boldsymbol{V}_1\boldsymbol{V}_2\boldsymbol{V}_3\boldsymbol{V}_3$ 以及 $\boldsymbol{V}_2\boldsymbol{V}_3\boldsymbol{V}_3\boldsymbol{V}_3$ 构作两段曲线，这样就得出一条通过特征多边形首末点、由5段B样条曲线组成的光滑曲线。

一般说来，在B特征多边形两端采用$(M-1)$重顶点，构作通过首末点的曲线，这就是所谓的两端重顶点B样条曲线。

(2) 内部重顶点的B样条曲线

在三次B样条曲线中，为了形成一个尖点，可运用三重顶点。一般而言，如果对$(M-1)$次B样条曲线采用$(M-1)$重顶点，都将在曲线上形成尖点。这给曲线设计提供了很大的灵活性。

(3) 重顶点B样条曲线的反算

在曲线拟合中，有些曲线常包含尖点。当根据型值点反求顶点时，尖点要与三重顶点对应。若 $\boldsymbol{P}_i$ 为尖点，则必须在第 i 行取

$$\boldsymbol{V}_i=\boldsymbol{P}_i$$

在线性方程组中的第 $i-1$ 和第 $i+1$ 行再分别补充

$$\boldsymbol{V}_{i-1}-\boldsymbol{V}_i=0$$

$$\boldsymbol{V}_i-\boldsymbol{V}_{i+1}=0$$

经过这样处理的方程组，显然可以得到

$$\boldsymbol{V}_{i-1}=\boldsymbol{V}_i=\boldsymbol{V}_{i+1}=\boldsymbol{P}_i$$

采用上述方程反解顶点，然后再利用它进行插值，则三重顶点形成的尖点必然通过所要求的点，并且在尖点的两侧不出现多余的拐折。由于增加了两个顶点，曲线的段数增加了。在插值计算时应加以注意。

5. 重节点B样条曲线

在外形设计中，不但需要用到光滑曲线，也需要在曲线段和曲线段之间产生转折、尖点，甚至断开。一般样条曲线都是 C^2 级连续，重节点B样条基函数有一个重要性质，当节点重复度为 k_i 时，基函数在重节点处的可微性下降为 $C^{[M-k_i-1]}$。基函数可微性的降低将曲线继承下来，使曲线的可微性相应降低。这种性质给曲线设计与拟合提供了很大的方便。

所谓重节点，就是在节点系列中 x_i 重复出现 k_i 次，$k_i\leqslant M$。运用德布尔—考克斯递推式(3.113)，并约定 $0/0=0$，容易算出重节点B样条基的表达式。当 $k_i=M$ 时，$N_{i,M}(x_{i+M-1})=1$，$N_{i,M}(x_i)=0$。

在上述情况下，二阶、三阶、四阶基函数的图形分别如图 3－47(a)(b)(c)所示。

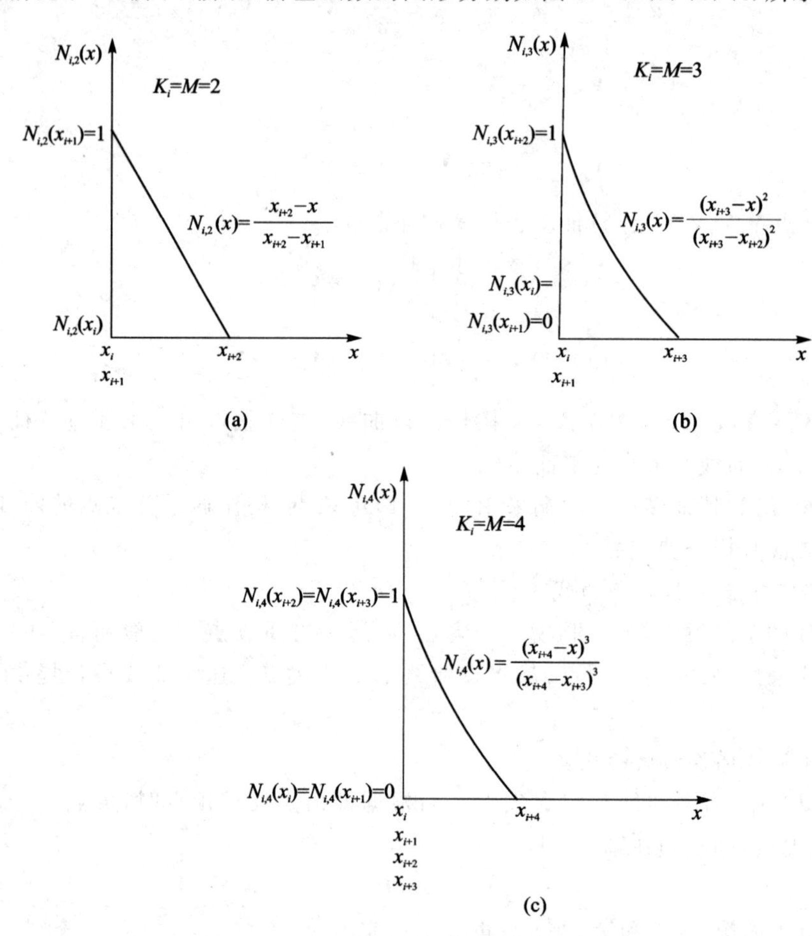

图 3－47　重节点条件下的二、三、四阶基函数

同样由递推公式可以算出，当 $k_i \leqslant M$ 时，重节点处基函数的值为

$$N_{i,M}(x_i)=N_{i,M}(x_{i+1})=\cdots=N_{i,M}(x_{i+k_i-1})=0$$

三阶和四阶非均匀 B 样条基在非重节点区间的基函数图形分别如图 3－48(a)(b)所示。

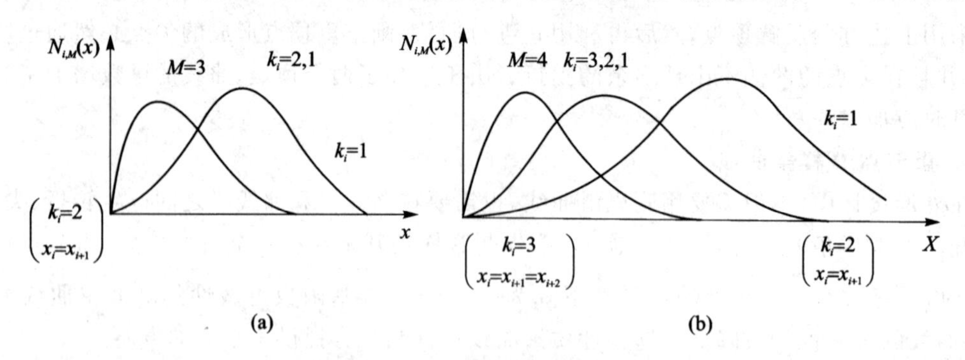

图 3－48　重节点对基函数的影响

图 3－49 显示了 $M=4$ 时节点重复度不同的各种 B 样条基函数图形。

掌握了重节点 B 样条基的计算和性质后，可以进一步讨论重节点 B 样条曲线的形态。

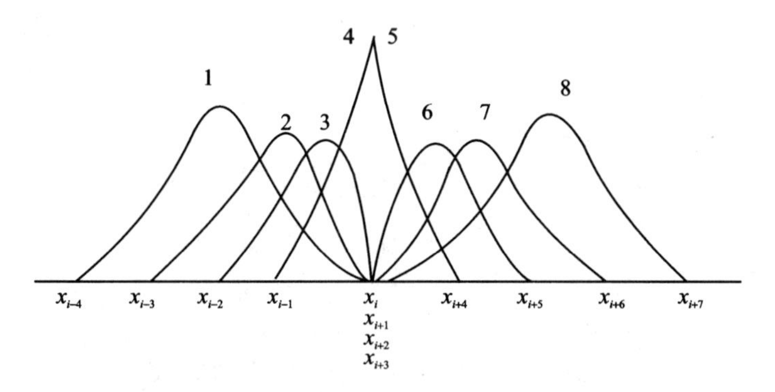

图 3-49　中间重节点对基函数的影响

(1) 两端具有重节点的 B 样条曲线

给出特征多边形顶点 $\boldsymbol{V}_0,\boldsymbol{V}_1,\cdots,\boldsymbol{V}_n$，以三次 B 样条曲线为例，两端取四重节点，中间取均匀节点，按递推公式计算得

$$N_{-3,4}(u)=\begin{bmatrix}1 & u & u^2 & u^3\end{bmatrix}\frac{1}{3!}\begin{bmatrix}0 & 0 & 0 & 6\\0 & 0 & 0 & -18\\0 & 0 & 0 & 18\\0 & 0 & 0 & -6\end{bmatrix}$$

$$N_{-2,4}(u)=\begin{bmatrix}1 & u & u^2 & u^3\end{bmatrix}\frac{1}{3!}\begin{bmatrix}0 & 0 & 0 & \frac{3}{2}\\0 & 0 & 18 & -\frac{9}{2}\\0 & 0 & -27 & \frac{9}{2}\\0 & 0 & \frac{21}{2} & -\frac{3}{2}\end{bmatrix}$$

$$N_{-1,4}(u)=\begin{bmatrix}1 & u & u^2 & u^3\end{bmatrix}\frac{1}{3!}\begin{bmatrix}0 & 0 & \frac{7}{2} & 1\\0 & 0 & \frac{3}{2} & -3\\0 & 9 & -\frac{15}{2} & 3\\0 & -\frac{11}{2} & \frac{7}{2} & -1\end{bmatrix}$$

$$N_{i,4}(u)=\begin{bmatrix}1 & u & u^2 & u^3\end{bmatrix}\frac{1}{3!}\begin{bmatrix}0 & 1 & 4 & 1\\0 & 3 & 0 & -3\\0 & 3 & -6 & 3\\1 & -3 & 3 & -1\end{bmatrix}$$

$$(i=0,1,\cdots,n-6)$$

利用 B 样条基函数的对称性，将 $(1-u)$ 代入上述 $N_{-3,4}(u)$，$N_{-2,4}(u)$，$N_{-1,4}(u)$，即可得到 $N_{n-3,4}(u)$，$N_{n-4,4}(u)$，$N_{n-5,4}(u)$ 的表达式。

从公式和图 3-50 均可看出，重节点导致长度为 0 的节，也导致基函数支集的宽度相应缩减。

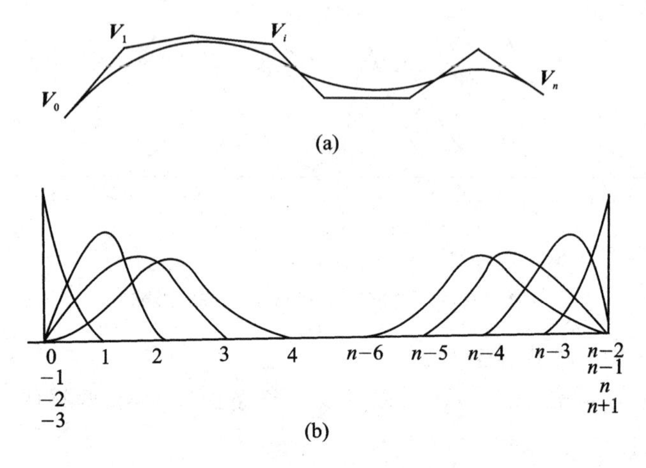

图 3-50　端点重节点的影响

用上述基函数与顶点线性组合，两端取四重节点，得到通过首末点的三次 B 样条曲线，如图 3-50(a)所示，这在使用上是很方便的。

两端重节点 B 样条曲线与两端重顶点 B 样条曲线尽管都通过特征多边形首末两顶点，但后者在始末各有一段退化的直线段。

重节点端点条件的 B 样条曲线，中间当然也可以用非均匀 B 样条基。

(2) 中间具有重节点的 B 样条曲线

利用基函数在节点处可微性的降低，可以使 B 样条曲线在曲线段连接处的可微性也相应降低。

例如，对于三次非均匀 B 样条曲线可以在曲率不连续处(如直线与曲线段连接点)，取节点重复度 $k_i=2$，使曲线连续性为 $C^{[M-k_i-1]}=C^{[1]}$；当曲线需要出现尖点时，取节点重复度 $k_i=3$，则曲线连续性为 C^0；当曲线需要断开时，取节点重复度 $k_i=4$，曲线连续性为 C^{-1}，即曲线出现间断。

由此可见，利用 B 样条基函数的重节点效应，可以设计任意复杂的 B 样条曲线。

(3) 中间具有重节点的 B 样条曲线的反算

对于曲线拟合，由于重节点的出现，在反求特征多边形顶点时将引起线性方程组降秩，由此失去解的唯一性。需要适当补充方程才能求解。

尽管有时使用“重顶点”和“重节点”技巧都可以达到相近的实际效果，但在概念上不应混淆。**重顶点技巧**是为了加强某些顶点对所生成的曲线形态的影响；而**重节点技巧**则用来控制 B 样条基以达到控制整条曲线在节点处的连续性的目的。是否采用重节点技巧，这主要是 B 样条系统设计者所要考虑的问题；对于使用系统的用户而言，一般只关心如何定出控制多边形的顶点。

B 样条的理论研究仍在不断深入，有两个方面值得我们重视，即多维 B 样条和离散 B 样条。前者是将基函数向二维、三维领域扩展，以便解决更复杂的逼近和插值问题；后者允许将基函数的原有节点序列加密，以便用离散化的方法来表达和处理连续型的 B 样条函数。例如

我们可以重复加密 B 样条曲线的某一中间节点，产生四重节点，将原有的一条三次 B 样条曲线离散为严格等价的两条曲线。利用这一原理，可以方便可靠地设计 B 样条曲线和曲面的分割求交算法。楚马克(Schumaker)于 1973 年在均匀节点分割情况下导出了离散 B 样条基函数。1976 年德布尔推广到非均匀节点分割情况，从而导出了一般离散 B 样条函数。里森费尔德等人导出了离散 B 样条的递推公式，并将它应用到计算机辅助几何设计领域中，为计算几何提供了新的得力工具。

3.4.3　双三次 B 样条曲面

从 B 样条曲线到 B 样条曲面的推广完全类似于贝齐埃曲线到贝齐埃曲面的推广，前者也可看作是两个参数方向的 B 样条曲线的张量积。

1. 双三次 B 样条曲面片

给定空间 16 个点的位置矢量$\{\boldsymbol{V}_{i,j}\}$($i=0,1,2,3$; $j=0,1,2,3$)，并按序排成一个四阶矩阵

$$\boldsymbol{V}=\begin{bmatrix}\boldsymbol{V}_{0,0} & \boldsymbol{V}_{0,1} & \boldsymbol{V}_{0,2} & \boldsymbol{V}_{0,3}\\ \boldsymbol{V}_{1,0} & \boldsymbol{V}_{1,1} & \boldsymbol{V}_{1,2} & \boldsymbol{V}_{1,3}\\ \boldsymbol{V}_{2,0} & \boldsymbol{V}_{2,1} & \boldsymbol{V}_{2,2} & \boldsymbol{V}_{2,3}\\ \boldsymbol{V}_{3,0} & \boldsymbol{V}_{3,1} & \boldsymbol{V}_{3,2} & \boldsymbol{V}_{3,3}\end{bmatrix}$$

我们把这些矢量的端点叫作顶点，上述的四阶矩阵叫顶点信息矩阵。将这些顶点沿参数方向分别连成特征多边形，构成特殊网格，如图 3 - 51 所示。

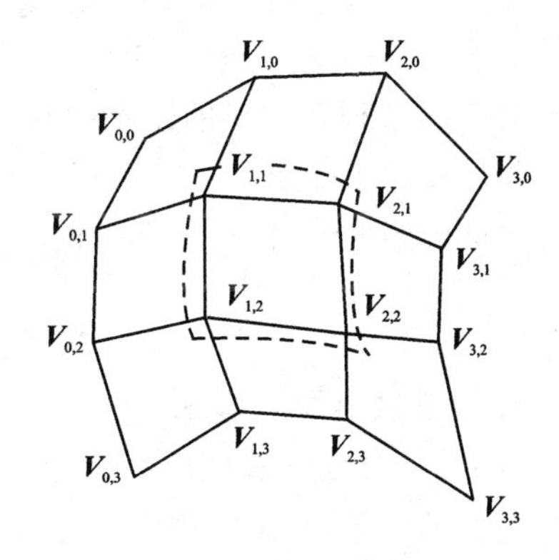

图 3 - 51　B 样条曲线

取矩阵中的每一列元素，作为一个特征多边形的 4 个顶点，用来构作三次 B 样条曲线，并将它表示为矩阵形式

$$\boldsymbol{S}_j(u)=[N_{0,4}(u),N_{1,4}(u),N_{2,4}(u),N_{3,4}(u)]\begin{bmatrix}\boldsymbol{V}_{0,j}\\ \boldsymbol{V}_{1,j}\\ \boldsymbol{V}_{2,j}\\ \boldsymbol{V}_{3,j}\end{bmatrix}\quad(0\leqslant u\leqslant 1;\ j=0,1,2,3)$$

将以上 4 条三次 B 样条曲线用下列矩阵表示

$$[\boldsymbol{S}_0(u),\boldsymbol{S}_1(u),\boldsymbol{S}_2(u),\boldsymbol{S}_3(u)]=[N_{0,4}(u),N_{1,4}(u),N_{2,4}(u),N_{3,4}(u)]\boldsymbol{V}$$

对于[0,1]之间的每个 u 值，再把 $\boldsymbol{S}_0(u),\boldsymbol{S}_1(u),\boldsymbol{S}_2(u),\boldsymbol{S}_3(u)$看成一个特征多边形的四个顶点，构作一条关于参数 w 的 B 样条曲线

$$\boldsymbol{r}(u,w)=[\boldsymbol{S}_0(u),\boldsymbol{S}_1(u),\boldsymbol{S}_2(u),\boldsymbol{S}_3(u)]\begin{bmatrix}N_{0,4}(w)\\ N_{1,4}(w)\\ N_{2,4}(w)\\ N_{3,4}(w)\end{bmatrix}$$

将 $\boldsymbol{S}_k(u)$($k=0,1,2,3$)代入上式，得到

$$\boldsymbol{r}(u,w)=[N_{0,4}(u),N_{1,4}(u),N_{2,4}(u),N_{3,4}(u)]\boldsymbol{V}\begin{bmatrix}N_{0,4}(w)\\N_{1,4}(w)\\N_{2,4}(w)\\N_{3,4}(w)\end{bmatrix}\quad(0\leqslant u\leqslant 1,\ 0\leqslant w\leqslant 1)$$

(3.138)

如果把参数 u 和 w 都看成相互独立地在[0,1]中变化，那么式(3.138)就是双三次 B 样条曲面片的方程。

由于 $[N_{0,4}(u),N_{1,4}(u),N_{2,4}(u),N_{3,4}(u)]=[1\quad u\quad u^2\quad u^3]M_B$，则式(3.138)可以表示为紧凑的形式

$$\boldsymbol{r}(u,w)=\boldsymbol{U}\boldsymbol{M}_B\boldsymbol{V}\boldsymbol{M}_B^{\mathrm{T}}\boldsymbol{W}^{\mathrm{T}}\tag{3.139}$$

如果改变构造曲面片的方式，先按行后按列，得出的结果是完全相同的。由此可以断定，双三次 B 样条曲面片是由 16 个顶点唯一确定的。

由三次 B 样条曲线的性质和双三次 B 样条曲面片的构造方式可知，曲面片一般不通过顶点。曲面片的 4 个角点接近于顶点 $\boldsymbol{V}_{11}\boldsymbol{V}_{12}\boldsymbol{V}_{21}\boldsymbol{V}_{22}$，参看图 3-51，图中曲面片用虚线表示。

还可以用公式将式(3.138)改写成

$$\boldsymbol{r}(u,w)=\sum_{k=0}^{3}\sum_{l=0}^{3}N_{k,4}(u)N_{l,4}(w)\boldsymbol{V}_{k,l}\tag{3.140}$$

2. 双三次 B 样条曲面

给定 $(n+1)(m+1)$ 个空间顶点，把它们排成一个 $(n+1)(m+1)$ 阶矩阵 $\{\boldsymbol{V}_{i,j}\}$ $(i=0,1,\cdots,n;j=0,1,\cdots,m)$。它们构成双三次 B 样条曲面的特征网格。相应的双三次 B 样条曲面方程为

$$\begin{gathered}\boldsymbol{r}(u,w)=\boldsymbol{r}_{i,j}(u,w)=[1\quad u\quad u^2\quad u^3]\boldsymbol{M}_B\boldsymbol{V}\boldsymbol{M}_B^{\mathrm{T}}[1\quad w\quad w^2\quad w^3]^{\mathrm{T}}\\(0\leqslant u,w\leqslant 1;\ i=0,1,\cdots n-3;\ j=0,1,\cdots,m-3)\end{gathered}\tag{3.141}$$

它是由 $(n-2)(m-2)$ 块双三次 B 样条曲面片拼合而成的，每两相邻曲面片之间都理所当然地达到了 C^2 连续。这一点自然是从三次 B 样条基函数的 C^2 连续得到保证的。所以说，**双三次 B 样条曲面相当简单地解决了曲面片之间的拼合问题。**

3. 双三次 B 样条曲面的计算

1) 给定特征网格顶点 $\boldsymbol{V}_{i,j}$，构造 B 样条曲面，再计算曲面上任意点的位置矢量及法矢量。

按式(3.140)计算曲面上任意参数 $(0\leqslant u,w\leqslant 1)$ 的位置矢量是不用赘述的。为了计算等距面，需要求出曲面上点的法矢量。为此对式(3.140)求 u 向偏导矢

$$\frac{\partial}{\partial u}\boldsymbol{r}(u,w)=\sum_{k=0}^{2}\sum_{l=0}^{3}N_{k,3}(u)N_{l,4}(w)\boldsymbol{V}_{i,j}^{k}$$

式中

$$\boldsymbol{V}_{i,j}^{k}=\boldsymbol{V}_{i+k+1,j+1}-\boldsymbol{V}_{i+k,j+1}\quad(k=0,1,2;\ l=0,1,2,3)$$

对式(3.140)求 w 向偏导矢

$$\frac{\partial}{\partial w}\boldsymbol{r}(u,w)=\sum_{k=0}^{3}\sum_{l=0}^{2}N_{k,4}(u)N_{l,3}(w)\boldsymbol{V}_{i,j}^{l}$$

式中 $\boldsymbol{V}_{i,j}^{l}=\boldsymbol{V}_{i+k,j+l+1}-\boldsymbol{V}_{i+k,j+l}\quad(k=0,1,2,3;\ l=0,1,2)$

再对上述两偏导矢作矢积，即可得到曲面上点的法矢量。

2）曲面的反算。飞机理论图一般沿切面外形给出一批型值点。要构造通过这些型值点的B样条曲面，先要反算出B样条特征网格顶点，这就是曲面反算问题。

如图3-52所示，首先对u向的$m+1$组型值点（如最常见的框切面数据），按B样条曲线的反算法，得到各条插值曲线的特征多边形顶点

$$Q_{i,j}=\begin{pmatrix}i=-1,0,1,\cdots,n,n+1\\j=0,1,\cdots,m\end{pmatrix}$$

然后，把上面算出的$Q_{i,j}$看成在w方向的$n+3$组型值点列，再按B样条曲线的反算法得到

$$\mathbf{V}_{i,j}=\begin{pmatrix}i=-1,0,1,\cdots,n,n+1\\j=-1,0,1,\cdots,m,m+1\end{pmatrix}\quad(3.142)$$

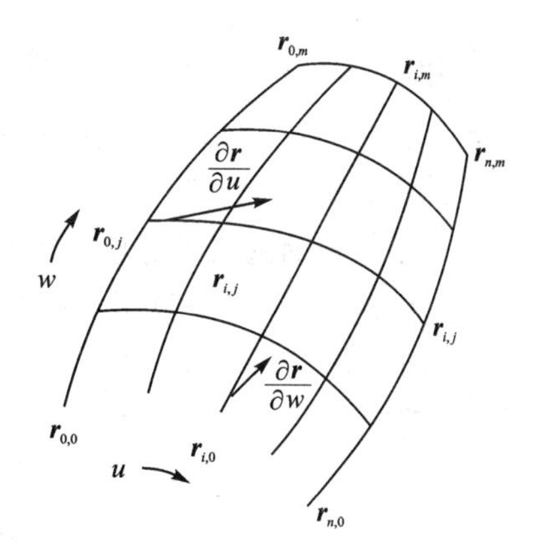

图3-52　从已知型值点网格构造B样条曲线

这批$\mathbf{V}_{i,j}$就是双三次B样条曲面的特征网格的顶点。利用式(3.141)可以算出曲面上任意的位置矢量。

下面讨论边界条件的处理问题。

从$r_{i,j}$反算$Q_{i,j}$所需的端点条件按曲面给定的边界条件$\frac{\partial \boldsymbol{r}}{\partial u}(i=0,n;j=0,1,\cdots,m)$，这是显而易见的。从$Q_{i,j}$反算$\mathbf{V}_{i,j}$所需的端点条件可根据曲面边界条件$\frac{\partial \boldsymbol{r}}{\partial w}(i=0,1,\cdots,n;j=0,m)$及$\frac{\partial^2 \boldsymbol{r}}{\partial u\partial w}(i=0,n;j=0,m)$换算。换算方法分析如下：

由$Q_{i,j}$反解$\mathbf{V}_{i,j}$时，对任一个i值而言（即暂时将i看作固定值），把u向线顶点$Q_{i,j}(j=0,1,2,\cdots,m)$当作型值点，在$w$方向反求顶点。根据三次B样条曲线性质，在$Q_{i,0}$处的切矢量为

$$Q'_{i,0}=\frac{1}{2}(\mathbf{V}_{i,1}-\mathbf{V}_{i,-1})$$

这样，问题就转化为如何求出顶点矢量差$(\mathbf{V}_{i,1}-\mathbf{V}_{i,-1})$，如图3-53所示。

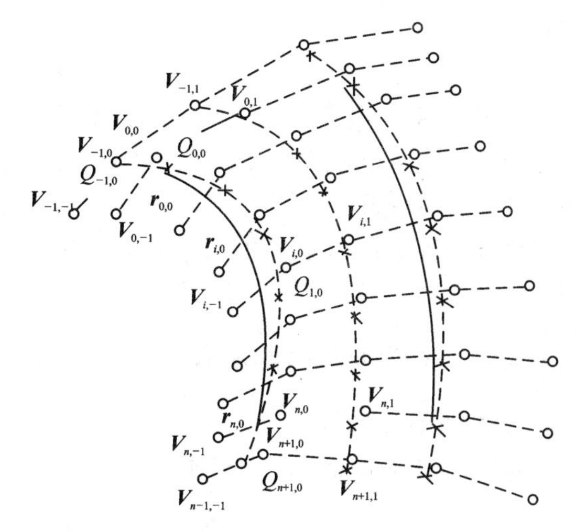

· 曲面上型值点 $r_{i,j}=\begin{pmatrix}i=0,\cdots,n\\j=0,\cdots,m\end{pmatrix}$

· u 向线顶点 $Q_{i,j}=\begin{pmatrix}i=-1,0,\cdots,n+1\\j=0,\cdots,m\end{pmatrix}$

· 曲面网格顶点 $V_{ij}=\begin{pmatrix}i=-1,0,\cdots,n+1\\j=-1,0,\cdots,m+1\end{pmatrix}$

图3-53　B样条曲线型值点与控制顶点的对应关系

从曲面方程求导可得

$$\left.\frac{\partial \boldsymbol{r}}{\partial w}\right|_{i,0}=\frac{1}{12}(\mathbf{V}_{i-1,1}-\mathbf{V}_{i-1,-1})+\frac{1}{3}(\mathbf{V}_{i,1}-\mathbf{V}_{i,-1})+\frac{1}{12}(\mathbf{V}_{i+1,1}-\mathbf{V}_{i+1,-1})\quad(i=0,1,\cdots,n)$$

$$\left.\frac{\partial^2 \boldsymbol{r}}{\partial u,\partial w}\right|_{i,0}=-\frac{1}{4}(\mathbf{V}_{i-1,1}-\mathbf{V}_{i-1,-1})+\frac{1}{4}(\mathbf{V}_{i+1,1}-\mathbf{V}_{i+1,-1})\quad(i=0,n)\qquad(3.143)$$

因为$\left.\frac{\partial \boldsymbol{r}}{\partial w}\right|_{i,0}(i=0,1,\cdots,n)$和$\left.\frac{\partial^2 \boldsymbol{r}}{\partial u,\partial w}\right|_{i,0}(i=0,n)$为曲面边界条件，将$(\boldsymbol{V}_{i,1}-\boldsymbol{V}_{i,-1})$ $(i=-1,0,1,\cdots,n+1)$看成未知数，上面恰好提供了$(n+3)$个方程。解此线性方程组即可求出顶点矢量差$(V_{i,1}-V_{i,-1})$。在另一端同样可求出$(\boldsymbol{V}_{i,n+1}-\boldsymbol{V}_{i,n-1})$从而问题得到解决。

4. 双三次曲面的三种等价表示

双三次参数曲面片可以用不同的方法构作。

对于同一张双三次曲面片而言，它可以写成孔斯形式，也可以写成贝齐埃形式或B样条形式。三种构作方法有其内在联系。

$$\begin{aligned}\boldsymbol{r}_c(u,w)&=\boldsymbol{U}\boldsymbol{M}_C\boldsymbol{V}_C\boldsymbol{M}_C^{\mathrm{T}}\boldsymbol{W}^{\mathrm{T}}\\ \boldsymbol{r}_{BE}(u,w)&=\boldsymbol{U}\boldsymbol{M}_{BE}\boldsymbol{V}_{BE}\boldsymbol{M}_{BE}^{\mathrm{T}}\boldsymbol{W}^{\mathrm{T}}\\ \boldsymbol{r}_B(u,w)&=\boldsymbol{U}\boldsymbol{M}_B\boldsymbol{V}_B\boldsymbol{M}_B^{\mathrm{T}}\boldsymbol{W}^{\mathrm{T}}\end{aligned} \tag{3.144}$$

式中，$\boldsymbol{V}_c$为孔斯形式的角点信息矩阵；$\boldsymbol{V}_{BE}$为贝齐埃形式的顶点信息矩阵；$\boldsymbol{V}_B$为B样条形式的顶点信息矩阵；$\boldsymbol{M}_C$，$\boldsymbol{M}_{BE}$，$\boldsymbol{M}_B$分别为三种形式的基函数系数矩阵。

由于在$0\leqslant u,w\leqslant 1$域内，有

$$\boldsymbol{r}_c(u,w)=\boldsymbol{r}_{BE}(u,w)=\boldsymbol{r}_B(u,w)$$

从而获得

$$\boldsymbol{M}_C\boldsymbol{V}_C\boldsymbol{M}_C^{\mathrm{T}}=\boldsymbol{M}_{BE}\boldsymbol{V}_{BE}\boldsymbol{M}_{BE}^{\mathrm{T}}=\boldsymbol{M}_B\boldsymbol{V}_B\boldsymbol{M}_B^{\mathrm{T}}$$

通过矩阵运算，孔斯形式的角点信息矩阵$\boldsymbol{V}_C$与贝齐埃或B样条形式的项点信息矩阵可以相互转换。这些矩阵的元素自然也可以相互转换。这些等价表示的关系式反映了三种构作方法信息的内在联系。

尽管这三种形式是等价的，但B样条形式直观，有良好的局部性，便于实现对曲面形状的控制。

3.4.4 B样条曲面的构作

1. 均匀B样条曲面

任意次B样条曲面片的方程如下：

$$\boldsymbol{r}(u,w)=\sum_{k=0}^{n-1}\sum_{l=0}^{m-1}N_{k,n}(u)N_{l,m}(w)\boldsymbol{V}_{k,l}\quad(0\leqslant u,\ w\leqslant 1) \tag{3.145}$$

1）当B样条基的阶数$n=m=2$时，B样条曲面片为双一次曲面片，它的边界是由顶点张成的四边形。

2）当$n=m=3$时，B样条曲面片为双二次曲面片。图3-54示意了曲面片与特征网格之间的关系。图中只画了一片B样条曲面。如果网格向外扩展，则曲面片也相应延伸，而且相邻两片之间保持C^1连续。这是因为二次B样条基函数族$N_{i,3}(u)$是C^1连续的缘故。

3）当$n=m=4$时，B样条曲面片为双三次曲面片。

4）当$n=4,m=2$时，B样条曲面片为3×1次曲面片。

翼面类直母线部件用3×1次B样条曲面可获得良好的效果，图3-55所示的两相邻基准翼型之间的一段曲面方程为

$$\boldsymbol{r}(u,w)=\begin{bmatrix}1 & u & u^2 & u^3\end{bmatrix}\boldsymbol{M}_B\boldsymbol{V}\begin{bmatrix}1 & -1\\ 0 & 1\end{bmatrix}\begin{bmatrix}1\\ w\end{bmatrix}\quad(0\leqslant u,\ w\leqslant 1) \tag{3.146}$$

式中，
$$\boldsymbol{V}=\begin{bmatrix}\boldsymbol{V}_{i,j} & \boldsymbol{V}_{i,j+1}\\ \boldsymbol{V}_{i+1,j} & \boldsymbol{V}_{i+1,j+1}\\ \boldsymbol{V}_{i+2,j} & \boldsymbol{V}_{i+2,j+1}\\ \boldsymbol{V}_{i+3,j} & \boldsymbol{V}_{i+3,j+1}\end{bmatrix}\quad (i=0,1,\cdots,n-3)$$

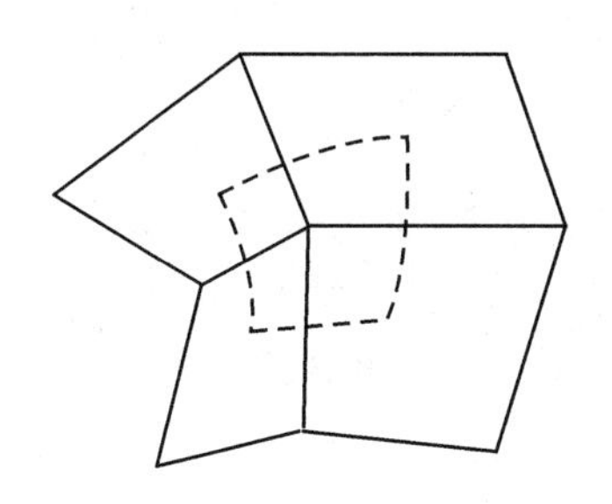

图 3-54　双二次 B 样条曲面片

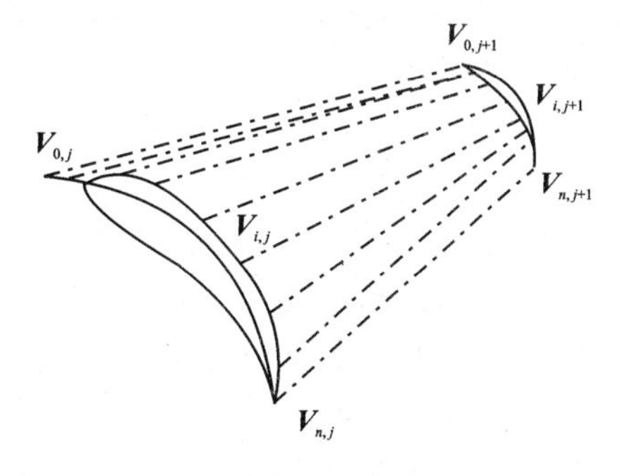

图 3-55　翼面类直母线曲面

2. 非均匀 B 样条曲面

均匀 B 样条曲面在两个参数方向都采用均匀基，而非均匀 B 样条曲面允许在两个参数方向选用不同的基，因此具有更大的灵活性，有更广的适用范围。

非均匀 B 样条曲面取决于 u 向与 w 向的节点分布与特征网格顶点。节点的分布情况决定了 B 样条基函数的类型，设 u 向点列 $i=1,2,\cdots,n$，w 向点列 $j=1,2,\cdots,m$，p 为 u 向 B 样条的阶数，q 为 w 向 B 样条的阶数，$\{\boldsymbol{V}_{i,j}\}$ 为特征网格顶点，则 B 样条基函数及相应的 B 样条曲面，根据工程上的不同要求及所描述曲面的复杂程度可分为以下四类。

(1) 正方形网格基

当 u 向与 w 向的节点均为均匀分布时，基函数为正方形网格基，即均匀 B 样条基函数，这时 B 样条曲面的表达式为

$$\boldsymbol{r}_{i,j}(u,w)=\sum_{k=0}^{p-1}\sum_{l=0}^{q-1}N_{k,p}(u)N_{l,q}(w)\boldsymbol{V}_{i+k,j+l}\tag{3.147}$$

这种构作方法计算最小，适用于曲面型值点分布比较均匀的情况。当型值点分布不均匀时，尽管所构造的曲面在 u 向与 w 向能分别达到$(p-2)$阶与$(q-2)$阶连续，但曲面的品质并不好，往往会出现不应有的波动。

(2) 矩形网格适

当 u 向与 w 向节点分布不均匀，但 u 向具有同一个节点序列，w 向也具有同一个节点序列时，在 u 向与 w 向各采用一组统一的非均匀基，这样的基函数为矩形网格基，即 1×1 型非均匀基，这时 B 样条曲面的表达式为

$$\boldsymbol{r}_{i,j}(u,w)=\sum_{k=0}^{p-1}\sum_{l=0}^{q-1}N_{i+k,p}(u)N_{j+l,q}(w)\boldsymbol{V}_{i+k,j+l}\tag{3.148}$$

这种构作方法在一定程度上反映了 u 向和 w 向型值点分布不均匀的情况，它的计算量比均匀 B 样条曲面增加不多。但当各条 u 线(或 w 线)节点分布很不一致时，选用一组统一的非均匀基不足以反映各条 u 线(或 w 线)节点各自的不均匀程度。但可以将各条 u 线(或 w 线)的节点作并集，然后用插入节点的方法使各条 u 线(或 w 线)具有相同的节点，这时便可用矩

形网格基构造非均匀B样条曲面。

(3) 梯形网格基

当 u 向节点分布不均匀且各条 u 向线的节点分布各不相同，w 向节点分布虽不均匀但各条 w 向线具有同一个节点序列时(或相反，各条 u 向线具有同一个节点序列，各条 w 向线节点分布各不相同)，基函数为梯形网格基，即 $m\times1$ 型(或 $1\times n$ 型)非均匀基，这时非均匀B样条曲面的表达式为

$$\boldsymbol{r}_{i,j}(u,w)=\sum_{l=0}^{p-1}N_{i+l,p}(w)\sum_{k=0}^{q-1}N_{i+k,q}^{j+l}(u)\boldsymbol{V}_{i+k,j+l} \tag{3.149}$$

这种做法是符合工程实际的。因为在飞机、汽车和船舶制造业中，传统的做法是按平行截面给出数据，且在曲面形状变化急剧处，平行截面往往取得密一些。这就和在一个方向取统一的不均匀节点相吻合，因此客观的实际情况也为这种算法提供了方便条件。

(4) 任意四边形网格基

若 u 向与 w 向均非同一个节点序列，即各条 u 向线和 w 向线的节点都为任意分布，则基函数为任意四边形网格基，即 $m\times n$ 型非均匀基。这种情况比较复杂，保证各曲面片跨界连续的难度将增加。

在构造B样条曲线时采用的重节点技巧，同样可用于构造作均匀B样条曲面。重节点非均匀B样条曲面在重节点处具有和前述重节点非均匀B样条曲线相同的性质，我们可以在两块相切的曲面或曲面与平面的洽接处，采用二重节点；在曲面与曲面或曲面与平面相交处，采用三重节点；而利用四重节点来使曲面断开，从而可以把原来需要分几次构造的若干块曲面统一起来一次生成。图3-56为用重节点非均匀B样条方法一次构造成的某型无人机的翼尖吊舱。在构造该曲面时只需要在各切面的圆弧和直线段相切处采用二重节点即可。

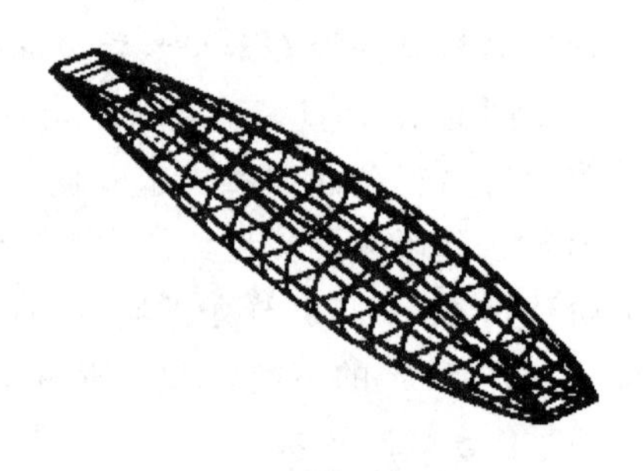

图3-56 翼尖吊舱

在构造均匀B样条曲面时反求特征网格顶点的方法(包括边界条件的处理)同样也可推广到非均匀B样条曲面中去，这里就不再一一赘述了。

3.5 非均匀有理B样条曲线和曲面

前面介绍的各种形式的参数样条和参数曲线、曲面被广泛地用于表示自由曲线、曲面。本节介绍另一种形式的参数样条——非均匀有理B样条曲线、曲面(简称NURBS曲线、曲面)。和其他有理样条一样，它的主要特点是可以用统一的数学形式表示圆、直线、圆锥曲线、曲面及自由曲线、曲面。

对NURBS的研究起源于20世纪70年代，沃斯坡瑞(Versprille)在总结了许多人先前研究工作的基础上，以博士论文的形式发表了第一篇有关NURBS的文章。随后，美国的波音公司、犹他人学、结构动力研究公司(SDRC)等分别对NURBS进行了深入的理论研究和应用开发工作。1980年，波音公司首先建议在初始图形信息交换标准(IGES)中，以NURBS曲线、曲面作为定义曲线、曲面的标准；1983年，SDRC公司第一个将基于NURBS的几何造型系

统——GEOMOD系统推向市场，同年，NURBS曲线、曲面开始成为IGES中的曲线、曲面定义标准。目前，越来越多的几何造型系统采用NURBS作为系统内部主要的表示形式。

NURBS曲线与曲面能够迅速地被接受的主要原因在于：

第一，可精确表示规则曲线与曲面（如圆锥曲线、二次曲面、旋转曲面等），而孔斯方法、贝齐埃方法、非有理B样条方法做不到这一点，为了用上述方法构造的参数曲面逼近它们，往往需把它们离散化，使造型不便且影响精度；第二，可把规则曲面（一般用解析曲面表示）和自由曲面（一般用参数曲面表示）统一在一起，因而便于用统一的算法予以处理和用统一的数据库加以存贮，程序量可明显减少；第三，由于增加了额外的自由度（权因子），若应用得当，有利于曲线与曲面形状的控制和修改，使设计者能更方便地实现自己的设计意图。此外，由于NURBS是非有理贝齐埃和B样条形式的真正推广，大多数非有理形式的著名性质和计算技术很容易推广到有理形式，NURBS能够嵌入到已有的非有理几何设计系统中或对已有的几何设计系统加以改造，而需要增加的存贮和计算量较少。

本节将介绍NURBS曲线、曲面的定义、几何性质、形状修改以及如何用NURBS方法表示圆锥曲线和常见的列表柱面、直纹面、旋转曲面、蒙皮曲面等。

3.5.1　NURBS曲线、曲面的定义

NURBS曲线和曲面的数学定义很简单，NURBS曲线是一向量值的分段有理多项式函数，形式如下：

$$\boldsymbol{r}(u)=\frac{\sum_{i=0}^{n} w_i N_{i,p}(u)\boldsymbol{V}_i}{\sum_{i=0}^{n} w_i N_{i,p}(u)} \tag{3.150}$$

其中，w_i 称为权因子；$\boldsymbol{V}_i$ 是控制顶点（同非有理曲线的控制顶点定义相同）；$N_{i,p}$ 是 p 次规范B样条基函数，其递归定义为式(3.113)。

我们称 u_i 为节点，把由它们组成的向量

$$\boldsymbol{U}=\{u_0,u_1,u_2,\cdots,u_m\}$$

称为节点向量。NURBS曲线的次数、节点数、控制顶点数三者满足关系式

$$m=n+1+p$$

其中，$m+1$ 为节点数；$n+1$ 为控制顶点数；p 为次数。

一般情况下，节点向量具有形式

$$\boldsymbol{U}=\{\alpha,\alpha,\cdots,\alpha,u_{p+1},\cdots,u_{m-p-1},\beta,\beta,\cdots,\beta\}$$

其中两端节点的 α 和 β 为 $p+1$ 重。

在绝大多数的应用场合，我们都选 $\alpha=0$ 和 $\beta=1$，而且具有上述节点向量的NURBS曲线具有贝齐埃曲线的端点性质，曲线的首末点与控制顶点的首末点相重合，而且在首末两端点处曲线与控制多边形的首末两条边相切。

以上NURBS的数学定义，也可以通过齐次坐标的概念，由NURBS曲线的几何定义得到。

设在 xyw 坐标系中，有 $n+1$ 个顶点，如图3-57所示。记为

$$\boldsymbol{V}_i^w=(w_ix_i,w_iy_i,w_i)\ i=0,\cdots,n$$

显然，在此坐标系中的非有理 B 样条曲线可写为

$$\boldsymbol{r}^w(u)=\sum_{i=0}^{n}N_{i,p}(u)\boldsymbol{V}_i^w$$

若以坐标原点为投影中心，将此空间曲线投影到 $w=1$ 的平面上，则得到平面曲线

$$\boldsymbol{r}(u)=\frac{\sum_{i=0}^{n}w_iN_{i,p}(u)\boldsymbol{V}_i}{\sum_{i=0}^{n}w_iN_{i,p}(u)} \tag{3.151}$$

此曲线即是 NURBS 曲线在二维情况下的定义形式。

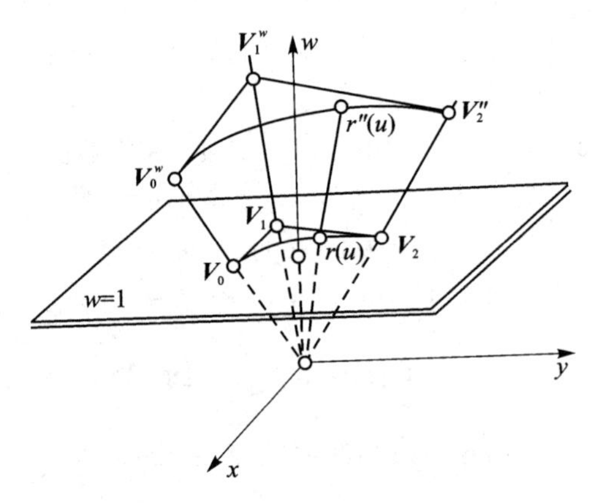

图 3-57　齐次坐标的投影变换

类似地，我们可将 $xyzw$ 坐标系中的曲线投影到 $w=1$ 平面上，定义这样得到的空间三维曲线为 NURBS 曲线。

上述 NURBS 曲线的几何模型不仅使我们便于更好地理解，同时也提示我们，在四维空间中的非均匀有理 B 样条的计算完全与在三维空间中的非均匀非有理 B 样条的计算方法一致。非均匀非有理 B 样条的一套算法，如求曲线上的点、升阶、插入节点等完全可以推广应用于 NURBS 曲线、曲面，只是应在齐次坐标系下进行。

NURBS 曲面是非有理张量积 B 样条曲面的有理推广，定义

$$\boldsymbol{r}(u,w)=\frac{\sum_{i=0}^{m}\sum_{j=0}^{n}\omega_{i,j}N_{i,p}(u)N_{j,q}(w)\boldsymbol{V}_{i,j}}{\sum_{i=0}^{m}\sum_{j=0}^{n}\omega_{i,j}N_{i,p}(u)N_{j,q}(w)} \tag{3.152}$$

其中，$\omega_{i,j}$ 是权因子；$\boldsymbol{V}_{i,j}$ 构成控制网；$N_{i,p}(u)$和 $N_{j,q}(w)$分别是 u 向和 w 向的 p 次和 q 次规范 B 样条，定义在下述节点向量上：

$$\boldsymbol{U}=\{0,0,\cdots,0,u_{p+1},\cdots,u_{r-p-1},1,1,\cdots,1\}$$
$$\boldsymbol{W}=\{0,0,\cdots,0,w_{q+1},\cdots,w_{s-q-1},1,1,\cdots,1\}$$

这里，端节点为 $p+1$ 重和 $q+1$ 重，$r=m+p+1$，$s=n+q+1$，虽然曲面方程式(3.152)是由推广张量积曲面形式获得的，但一般来说 NURBS 曲面并非张量积曲面。

3.5.2　NURBS 曲线的几何性质

式(3.150)可写成下述等价形式：

$$\boldsymbol{r}(u)=\sum_{i=0}^{n}R_{i,p}(u)\boldsymbol{V}_i \tag{3.153}$$

$$R_{i,p}(u)=w_iN_{i,p}(u)\Big/\sum_{i=0}^{n}w_iN_{i,p}(u) \tag{3.154}$$

式中，$R_{i,p}(u)$为有理 B 样条基函数。

正如非有理 B 样条曲线的几何性质是由 B 样条基函数确定的一样，非均匀有理 B 样条曲线的几何性质也由 $R_{i,p}(u)$确定，因此，我们首先来看一下 $R_{i,p}(u)$的性质。

性质 1：局部性。

只在$[u_i, u_{i+p+1}]$范围内有非零值。

性质 2：非负性。

对所有的 i，p 和 u 值，$R_{i,p}(u) \geqslant 0$

性质 3：可微性。

$R_{i,p}(u)$在节点跨的内部各阶导数存在，在节点处 $R_{i,p}(u)$是 $p-k$ 次连续可微，其中 k 是该节点的重数。

性质 4：规范性。

$$\sum R_{i,p}(u) = 1$$

性质 5：非均匀非有理 B 样条基函数是非均匀有理 B 样条基函数的特例。

图 3－58 及图 3－59 分别是二次、三次有理 B 样条基函数的例子。其节点向量及权因子分别为

$$\boldsymbol{U} = \{0,0,0,1/3,2/3,1,1,1\} \text{ 和 } (w_0,\cdots,w_4) = \{1,4,1,1,1\}$$

$$\boldsymbol{U} = \{0,0,0,0,1/4,1/2,3/4,1,1,1,1\} \text{ 和 } (w_0,\cdots,w_6) = \{1,1,1,3,1,1,1\}$$

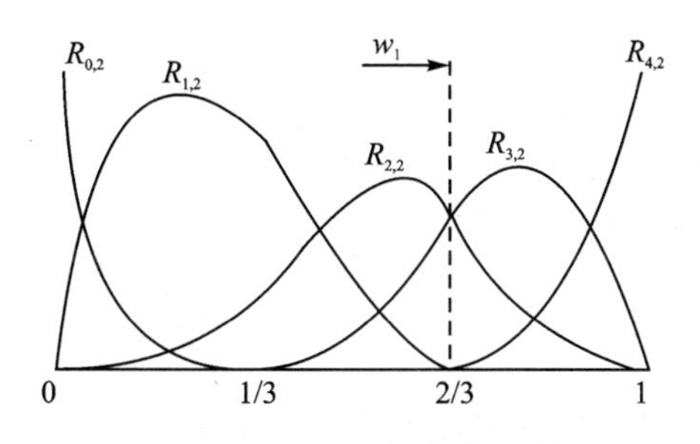

图 3－58　非均匀 B 样条基函数示例

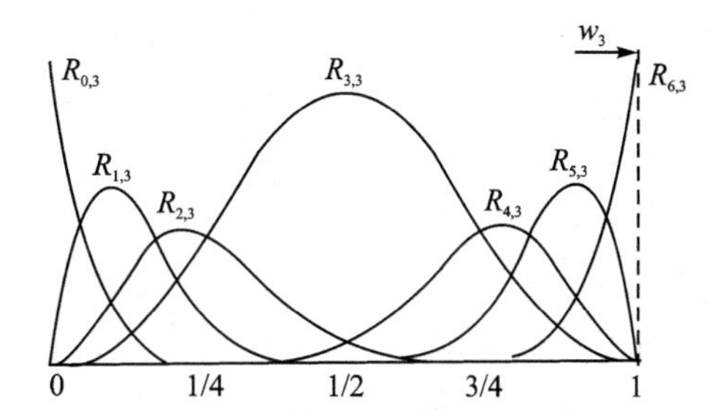

图 3－59　另一种节点分布下的非均匀 B 样条基

由上述 $R_{i,p}(u)$的性质，可以很容易推出 NURBS 曲线的几何性质，它们类似于非有理 B 样条曲线的几何性质。

1）端点条件满足

$$\boldsymbol{r}(0) = \boldsymbol{V}_0, \quad \boldsymbol{r}(1) = \boldsymbol{V}_n$$

$$\boldsymbol{r}'(0) = [pw_1(\boldsymbol{V}_1 - \boldsymbol{V}_0)]/(w_0 u_{p+1}), \quad \boldsymbol{r}'(1) = [pw_{n-1}(\boldsymbol{V}_n - \boldsymbol{V}_{n-1})]/[w_n(1 - u_{m-p-1})]$$

2）射影不变性。对曲线的射影变换等价于对其控制顶点的射影变换。

3）凸包性。若 $u \in [u_j, u_{j+1}]$，$p \leqslant j < m-p-1$，那么 $\boldsymbol{r}(u)$是位于三维控制顶点 $\boldsymbol{V}_{j-p},\cdots,\boldsymbol{V}_j$ 的凸包之中。

4）如同函数 $N_{i,p}(u)$一样，$R_{i,p}(u)$在节点处对 $\boldsymbol{V}_i$ 起开关控制作用。

5）$\boldsymbol{r}(u)$在节点跨的内部无限可微，在重数为 k 的节点处 $p-k$ 次可微。

6）无内节点的有理 B 样条曲线为有理的贝齐埃曲线，有理 B 样条曲线是非有理 B 样条曲线和有理、非有理贝齐埃曲线的真正推广。因此，有理和非有理 B 样条实质上具有相同的几何性质。大多数有关非有理曲线的理论和算法能够直接而方便地推广到有理曲线。

3.5.3 NURBS 曲线形状的修改

由 NURBS 曲线的定义式(3.150)可知，改变权因子，移动控制顶点，改变节点向量都将使 NURBS 曲线形状发生变化。实践经验证明，采用改变节点向量的方法修改 NURBS 曲线缺乏直观的几何意义，使用者很难预料修改的结果。因此，在实际应用中，往往通过调整权因子或移动控制顶点来达到修改曲线形状的目的。

为分析 w_i 的几何意义，我们现假设其他量均不变，只有 w_i 变化；此外，由于 w_i 只影响区间$[u_i, u_{i+p+1}]$内的曲线，我们现只研究此区间，如图 3-60 所示。

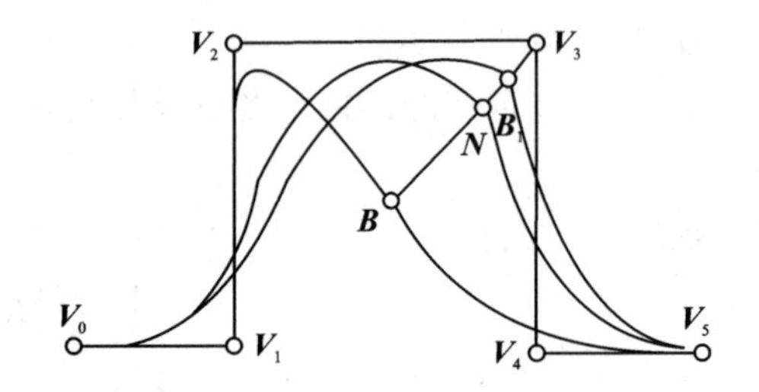

图 3-60　权因子对曲线形状的作用

定义 $\boldsymbol{B}, \boldsymbol{N}, \boldsymbol{B}_i$ 分别是 $w_i=0, w_i=1, w_i \neq \{0,1\}$的对应的曲线上的点，即 $\boldsymbol{B}=\boldsymbol{r}(u; w_i=0)$，$\boldsymbol{N}=\boldsymbol{r}(u; w_i=1)$和 $\boldsymbol{B}_i=\boldsymbol{r}(u; \omega_i \neq \{0,1\})$借助参数

$$\alpha = R_{i,p}(u; \omega_i = 1), \quad \beta = R_{i,p}(u) \tag{3.155}$$

$\boldsymbol{N}$ 和 $\boldsymbol{B}_i$ 表示如下：

$$\boldsymbol{N} = (1-\alpha)\boldsymbol{B} + \alpha \boldsymbol{V}_i$$

$$\boldsymbol{B}_i = (1-\beta)\boldsymbol{B} + \beta \boldsymbol{V}_i$$

用 α 和 β 的表达式可得到恒等式

$$\frac{1-\alpha}{\alpha} : \frac{1-\beta}{\beta} = \frac{\boldsymbol{V}_i\boldsymbol{N}}{\boldsymbol{BN}} : \frac{\boldsymbol{V}_i\boldsymbol{B}_i}{\boldsymbol{BB}_i} = w_i \tag{3.156}$$

这是四点 $\boldsymbol{V}_i, \boldsymbol{B}, \boldsymbol{N}$ 和 $\boldsymbol{B}_i$ 的交比或二重比。现在用式(3.155)和式(3.156)，我们能够容易地分析 w_i 对形状的影响：

1）若 w_i 增大或减小，那么 β 增大或减小，所以曲线被拉向或推离点 $\boldsymbol{V}_i$；

2）若 w_i 增大或减小，那么曲线被推离或拉向 $\boldsymbol{V}_j\ (j \neq i)$；

3）当 $\boldsymbol{B}_i$ 移动时，它扫掠出一直线段；

4）当 $\boldsymbol{B}_i$ 趋于 $\boldsymbol{V}_i$ 时，β 趋于 1，因此 w_i 趋于无限大。

也可以用类似的方法分析曲面的权因子的作用。

控制顶点的改变对 NURBS 曲线形状的影响与本章第 3.4 节介绍的非有理 B 样条曲线一样，在此就不一一叙述了。

在实际应用中，当需要较大程度地修改曲线形状时，往往是调整控制顶点。当控制顶点确定以后，NURBS 曲线的形状也就大致确定了，然后再根据应用的要求在小范围内调整权因子，使曲线从整体到局部达到协调。

3.5.4 圆锥曲线、圆弧及圆的 NURBS 表示

我们知道，当节点向量为 $\boldsymbol{U}=\{0,0,\cdots,0,1,1,\cdots,1\}$时，$p$ 次有理 B 样条基函数与 p 次贝齐埃曲线的基函数完全等同。对于 NURBS 曲线 $\boldsymbol{r}(u)=\sum_{i=0}^{n} R_{i,p}(u)\boldsymbol{V}_i$，若取 $n=2$，$\boldsymbol{U}=\{0,0,0,1,1,1\}$，则二次 NURBS 曲线退化为

$$\boldsymbol{r}(u)=\frac{(1-u^2)w_0\boldsymbol{V}_0+2u(1-u)w_1\boldsymbol{V}_1+u^2w_2\boldsymbol{V}_2}{(1-u^2)w_0+2u(1-u)w_1+u^2w_2} \tag{3.157}$$

可以证明，上式是圆锥曲线的方程，其中比率 $w_1^2/w_0w_2=\mathrm{CSF}$ 对某一确定的圆锥曲线段是一个常数。我们称该比率为圆锥曲线形状因子。CSF 的值确定了圆锥曲线的类型，如图 3-61 所示。

当 CSF<1 时，上式表示椭圆；当 CSF=1 时，上式表示抛物线；当 CSF>1 时，上式表示双曲线。由于圆是椭圆的特例，所以，若取 w_0 及 w_2 为 1，则 w_1 必小于 1。已经证明，上式表示一小于 180°的圆弧必须满足的条件是：

$\boldsymbol{V}_0,\boldsymbol{V}_1,\boldsymbol{V}_2$ 是等腰三角形，其中 $\boldsymbol{V}_0\boldsymbol{V}_1$ 与 $\boldsymbol{V}_1\boldsymbol{V}_2$ 是等腰三角形的腰；若取 $w_0=w_2=1$，则

$$w_1=\frac{|\boldsymbol{V}_0-\boldsymbol{V}_2|}{2|\boldsymbol{V}_1-\boldsymbol{V}_0|}=\frac{e}{f} \tag{3.158}$$

从图 3-62 中可见，w_1 是$\angle V_1V_0V_2$ 的余弦值。由此得到圆弧在两端点 $\boldsymbol{V}_0$ 与 $\boldsymbol{V}_2$ 处分别与 $\boldsymbol{V}_0\boldsymbol{V}_1$ 和 $\boldsymbol{V}_1\boldsymbol{V}_2$ 相切。

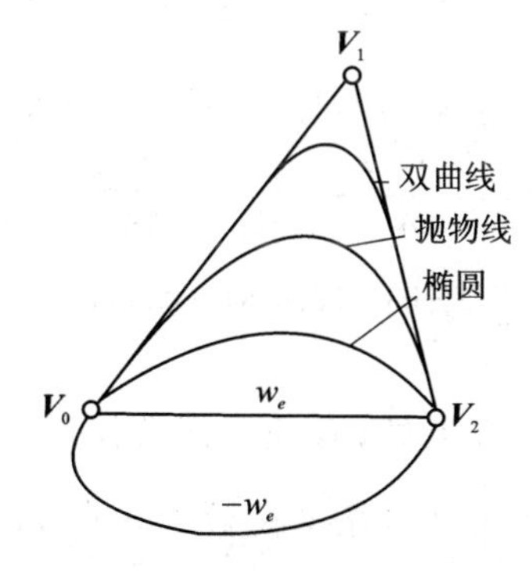

图 3-61　圆锥曲线的 NURBS 表示

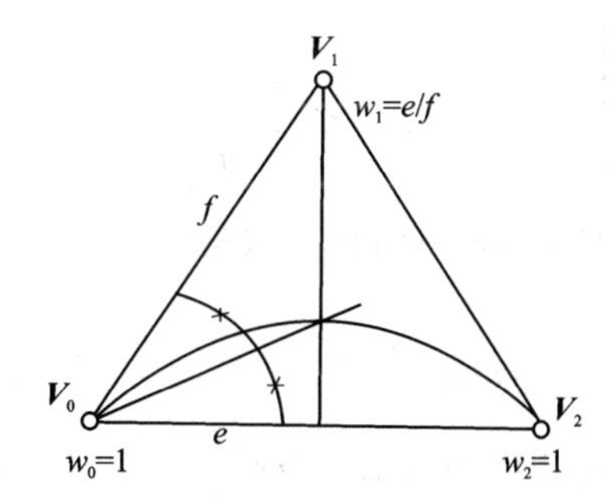

图 3-62　圆弧的 NURBS 表示

对于圆心角等于或大于 π 的圆弧，仍可以采用上述方法，利用重节点将两段或三段 NURBS 小圆弧段拼起来表示。

内部重节点的一种给法是采用二重节点（端点仍为三重），其值可分别取为 $1/i,\cdots,i-1/i$（i 为小圆弧段的段数），以使参数变化均匀，权因子的取法仍同一段圆弧时的取法类似。

例如，若要用两段圆弧组成圆心角为 180°的圆弧，如图 3-63 所示，由于 $i=2$，内部重节点的值应取为 $1/i=1/2$，所以节点向量为$\left\{0,0,0,\frac{1}{2},\frac{1}{2},1,1,1\right\}$。

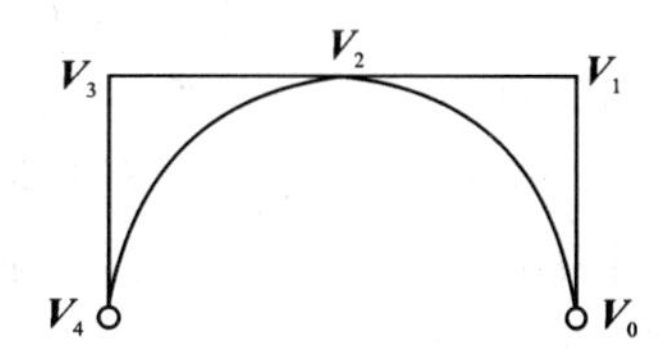

图 3-63　NURBS 生成半圆

由于 $\cos\theta=\cos 45°=\frac{\sqrt{2}}{2}$，所以权因子取为$\left\{1,\frac{\sqrt{2}}{2},1,\frac{\sqrt{2}}{2},1\right\}$，此圆弧的 NURBS 表示为

$$\boldsymbol{r}(u)=\sum_{i=0}^{4}R_{i,2}(u)\boldsymbol{V}_i \tag{3.159}$$

图 3-64 所示为采用所述方法用四段圆弧组成整圆的例子。

节点向量应取为$\left\{0,0,0,\frac{1}{4},\frac{1}{4},\frac{2}{4},\frac{2}{4},\frac{3}{4},\frac{3}{4},1,1,1\right\}$。

权因子应取为$(w_0, w_1, \cdots, w_8)=\left(1, \frac{\sqrt{2}}{2}, 1, \frac{\sqrt{2}}{2}, 1, \frac{\sqrt{2}}{2}, 1, \frac{\sqrt{2}}{2}, 1\right)$。

相应的圆表示为

$$\boldsymbol{r}(u)=\sum_{i=0}^{8} R_{i,2}(u)\boldsymbol{V}_i \tag{3.160}$$

图 3-65 所示为上述节点向量情况下，有理基函数的图形。由此图可见，在节点 1/4 处，$R_{0,2}$，$R_{1,2}$ 为 0，$R_{2,2}$ 为 1，所以有 $\boldsymbol{r}\left(\frac{1}{4}\right)=R_{2,2}\left(\frac{1}{4}\right)\cdot\boldsymbol{V}_2=\boldsymbol{V}_2$。

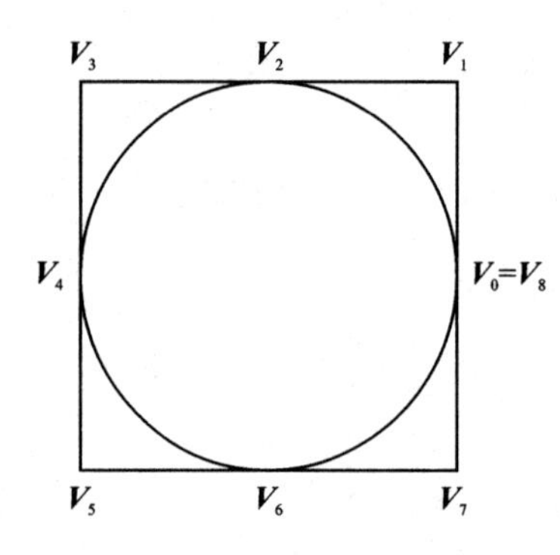

图 3-64　NURBS 生成整圆

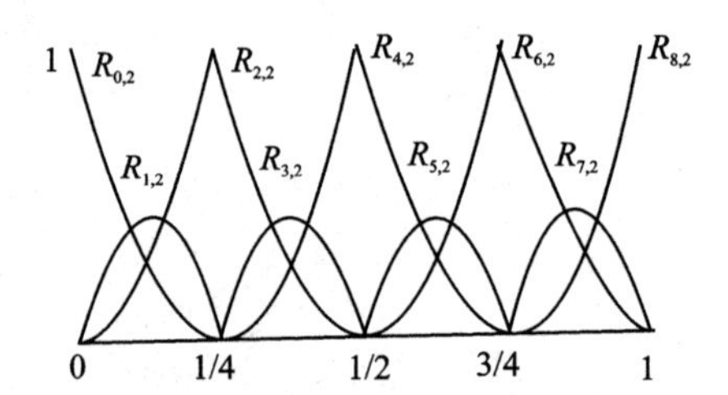

图 3-65　圆的 NURBS 基函数

由图 3-65 还可看出，在 $u=\frac{1}{4}, \frac{2}{4}, \frac{3}{4}$ 这些二重节点处，有理基函数仅是 C^0 连续，事实上，上述曲线在相应的四维非射映曲线 $\boldsymbol{r}^w(u)$ 和非有理 B 样条基函数 $N_{i,2}(u)$ 在这些节点处确实仅 C^0 连续。但有理 B 样条曲线 $\boldsymbol{r}(u)$ 实际上是 C^1 连续。例如，在 $u=\frac{1}{4}$ 处，曲线的左右导数分别为

$$\boldsymbol{r}'(1/4)=(2w_1(\boldsymbol{V}_2-\boldsymbol{V}_1))/(w_2/4)=4\times 2^{1/2}(\boldsymbol{V}_2-\boldsymbol{V}_1)$$

和

$$\boldsymbol{r}'(1/4)=(2w_3(\boldsymbol{V}_3-\boldsymbol{V}_2))/(w_2/4)=4\times 2^{1/2}(\boldsymbol{V}_3-\boldsymbol{V}_2)$$

由于 $\boldsymbol{V}_2-\boldsymbol{V}_1=\boldsymbol{V}_3-\boldsymbol{V}_2$，所以左右导数相等。

用 NURBS 表示圆还有其他一些方法，如用三段圆弧组成整圆时，可表示为图 3-66 的形式，用两段圆弧组成整圆时，可表示为图 3-67 的形式，这里就不详细介绍了，读者可用前述方法自行推出。

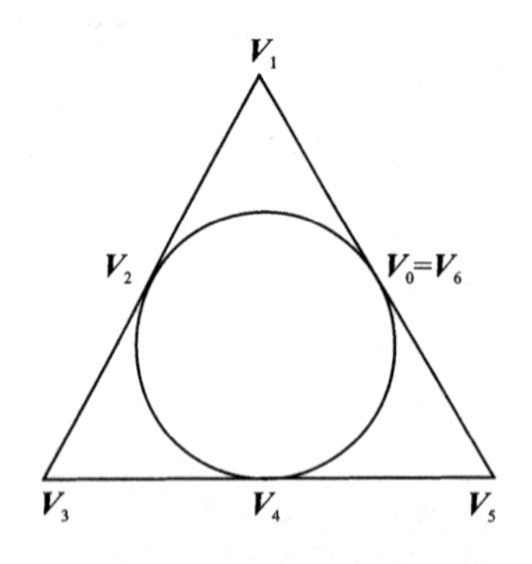

图 3-66　用三段 NURBS 组成整圆

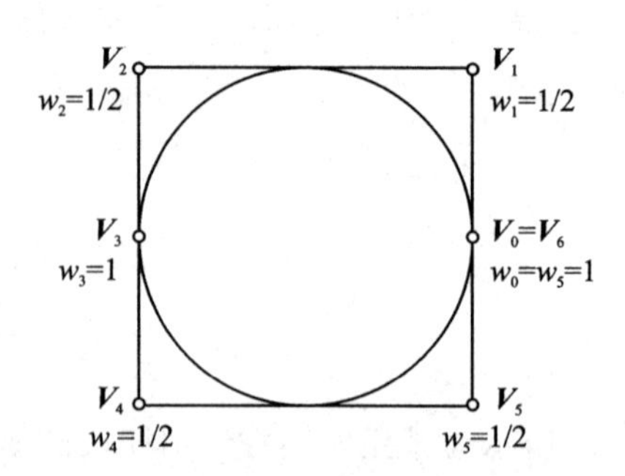

图 3-67　用两段 NURBS 组成整圆

3.5.5　一些常用曲面的 NURBS 表示

常用曲面是列表柱面，自然二次曲面，直纹曲面和旋转曲面等。下面我们讨论它们的 NURBS 表示。

1. 列表柱面

令 $\boldsymbol{R}$ 为单位向量，$\boldsymbol{r}(u)=\sum_{i=0}^{n}\boldsymbol{R}_{i,p}(u)\boldsymbol{V}_i$ 为节点向量 $\boldsymbol{U}$ 上的 p 次 NURBS 曲线，$\boldsymbol{V}_i$ 为此曲线的控制顶点，它具有权因子 w_i。则列表柱面 $\boldsymbol{r}(u,w)$ 的 NURBS 表示可通过 $\boldsymbol{r}(u)$ 沿 $\boldsymbol{R}$ 方向移动距离 d 来获得。其表达式为

$$\boldsymbol{r}(u,w)=\sum_{i=0}^{m}\sum_{j=0}^{1}\boldsymbol{R}_{i,p;j,1}(u,w)\boldsymbol{V}_{i,j} \tag{3.161}$$

其中 w 向节点向量为 $\{0,0,1,1\}$，$\boldsymbol{V}_{i,0}=\boldsymbol{V}_i$，$\boldsymbol{V}_{i,1}=\boldsymbol{V}_i+d\cdot\boldsymbol{R}$，$w_{i,0}=w_{i,1}=w_i$

图 3-68 所示为列表柱面的例子。

2. 自然二次曲面

自然二次曲面是平面、柱面、锥面和球面。平面可描述为双一次 NURBS 曲面，其控制顶点是平面片的角点。圆弧柱面或圆柱面可通过延拓圆弧或整圆获得，例如可采用四段圆弧延拓得到一圆柱面。锥面是柱面的特例，可将 u 向的一条边界退化为一点来得到。球面可作为旋转曲面来产生。

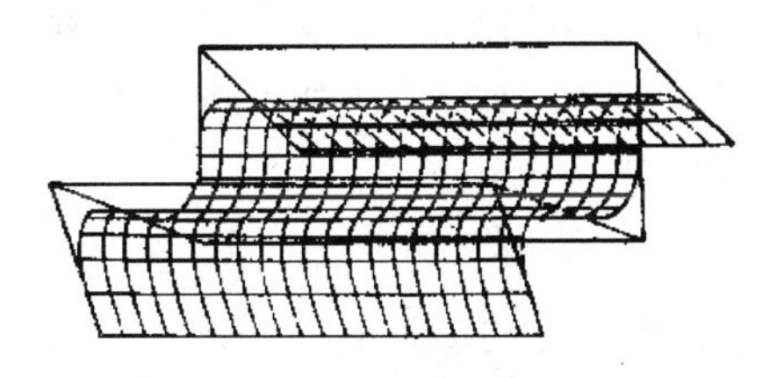

图 3-68　列表柱面

3. 直纹曲面

若 $\boldsymbol{r}_1(u)=\sum_{i=0}^{m_1}\boldsymbol{R}_{i,p}(u)\boldsymbol{V}_i^1$，$\boldsymbol{r}_2(u)=\sum_{i=0}^{m_2}\boldsymbol{R}_{i,p}(u)\boldsymbol{V}_i^2$

分别是节点向量 $\boldsymbol{U}_1$ 和 $\boldsymbol{U}_2$ 的 NURBS 曲线，若在 $\boldsymbol{r}_1(u)$ 和 $\boldsymbol{r}_2(u)$ 之间作线性插值，便可产生直纹面。由于插值在等参数点之间进行，也即对固定的 u_0，$0\leqslant u_0\leqslant 1$，$\boldsymbol{r}(u_0,w)$ 为连接点 $\boldsymbol{r}_1(u_0)$ 和 $\boldsymbol{r}_2(u_0)$ 的直线段，因此直纹面的 NURBS 表达式为

$$\boldsymbol{r}(u,w)=\sum_{i=0}^{n}\sum_{j=0}^{1}\boldsymbol{R}_{i,p;j,1}(u,w)\boldsymbol{V}_{i,j} \tag{3.162}$$

其中 $w=\{0,0,1,1\}$，又因为上述直纹面表达式在两个 u 向边界应满足

$$\boldsymbol{r}_1(u)=\boldsymbol{r}(u,0)=\sum_{i=0}^{m}\boldsymbol{R}_{i,p}(u)\boldsymbol{V}_{i,0}$$

$$\boldsymbol{r}_2(u)=\boldsymbol{r}(u,1)=\sum_{i=0}^{n}\boldsymbol{R}_{i,p}(u)\boldsymbol{V}_{i,1} \tag{3.163}$$

所以 $\boldsymbol{r}_1(u)$ 和 $\boldsymbol{r}_2(u)$ 必须用相同的 p 次基函数和公共节点向量 $\boldsymbol{U}$，并分别给出 m 个控制顶点。

如果初始的 $\boldsymbol{r}_1(u)$ 和 $\boldsymbol{r}_2(u)$ 的次数不相等，则应以次数高的为准，利用升阶算法将次数低的曲线升阶。

若具有相同次数的 $\boldsymbol{r}_1(u)$ 和 $\boldsymbol{r}_2(u)$ 的点向量 $\boldsymbol{U}_1$ 和 $\boldsymbol{U}_2$ 不一样，则可通过将 $\boldsymbol{U}_1$ 与 $\boldsymbol{U}_2$ 作并集得到向量 $\boldsymbol{U}$，然后用节点插值算法分别生成 $\boldsymbol{r}_1(u)$ 和 $\boldsymbol{r}_2(u)$ 在 $\boldsymbol{U}$ 上的表示。经过上述处理，我们就可得到具有相同节点序列、相同次数，因而也具有相同的控制顶点数的 $\boldsymbol{r}_1(u)$ 和 $\boldsymbol{r}_2(u)$，

有关有理B样条曲线的升阶、节点的插入算法，完全可采用非有理B样条曲线的升阶、节点插入算法，只是应在齐次坐标下进行。

图3－69所示为圆弧和有理三次曲线产生的直纹曲面。

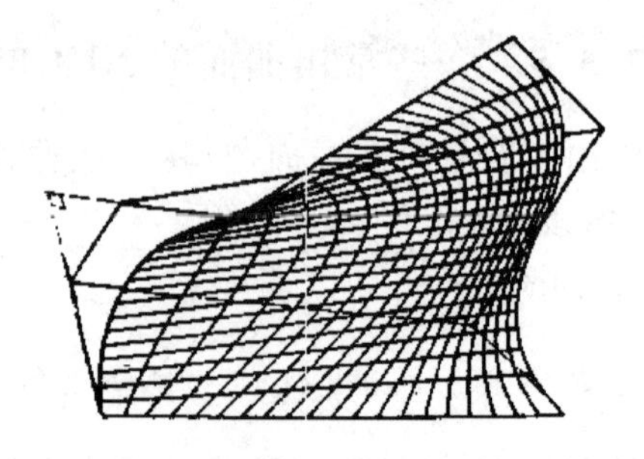

图3－69　圆弧和有理三次曲线构成的直纹面

4. 旋转曲面

旋转曲面是工程设计和图形学中最常用的曲面，定义旋转曲面的一个十分方便的方法是在 xz 平面定义轮廓线，然后绕 z 轴旋转 360°即可，如图3－70所示。

假设轮廓线具有形式

$$\boldsymbol{r}(w)=\sum_{i=0}^{n}\boldsymbol{R}_{j,q}(w)\boldsymbol{V}_j \tag{3.164}$$

则将上式同圆的定义的任一种方法结合便可得到旋转曲面。如我们用四段圆弧定义圆，则完整的旋转曲面由下式给出

$$\boldsymbol{r}(u,w)=\sum_{i=0}^{8}\sum_{j=0}^{n}\boldsymbol{R}_{i,2;j,q}(u,w)\boldsymbol{V}_{i,j} \tag{3.165}$$

这里节点向量为 $\boldsymbol{U}=\left\{0,0,0,\frac{1}{4},\frac{1}{4},\frac{2}{4},\frac{2}{4},\frac{3}{4},\frac{3}{4},1,1,1\right\}$（圆的节点向量）和 $\boldsymbol{W}$，为使上述的曲面 $\boldsymbol{r}(u,w)$ 具备旋转曲面的特点，即固定 $u=u_0$ 时，$\boldsymbol{r}(u_0,w)$ 表示由 $\boldsymbol{r}(w)$ 绕 z 轴旋转某一角度得到的曲线；固定 $w=w_0$ 时，$\boldsymbol{r}(u,w_0)$ 是一整圆，位于垂直于 z 轴的平面上，其圆心在 z 轴上；$\boldsymbol{V}_{i,j}$ 应按如下方法确定：$i=0$ 时，$\boldsymbol{V}_{i,j}=\boldsymbol{V}_{0,j}=\boldsymbol{V}_j$，对固定的 j，$\boldsymbol{V}_{i,j}(0\leqslant i\leqslant 8)$ 的 z 坐标均为 z_j，并分别位于宽度为 $2x_{0,j}$ 的正方形各边的中点成角点上，该正方形的中心在 z 轴上（见图3－71），与 $\boldsymbol{V}_{i,j}$ 对应的权因子由 w_j 和定义圆的权因子的乘积来确定（w_j 是轮廓线的权因子），即对固定的 j，应取 $w_{0,j}=w_j$，$w_{1,j}=\sqrt{2}\,w_j/2$，$w_{2,j}=w_j$，…，$w_{7,j}=\sqrt{2}\,w_j/2$，$w_{8,j}=w_j$，图3－72和图3－73分别是由式(3.165)和图3－70的曲线所产生的旋转曲面及相应的控制网。

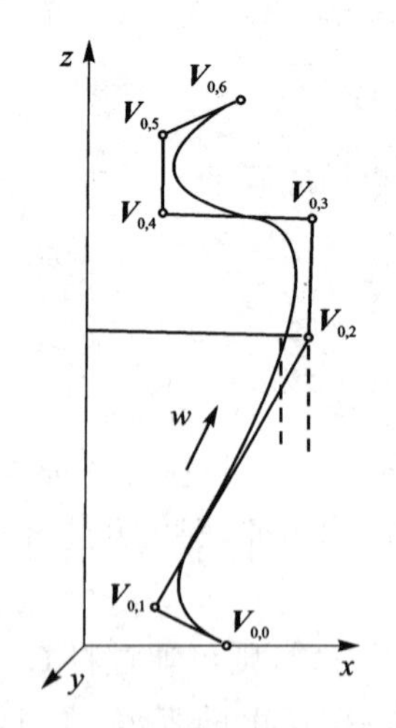

图3－70　旋转曲面的母线

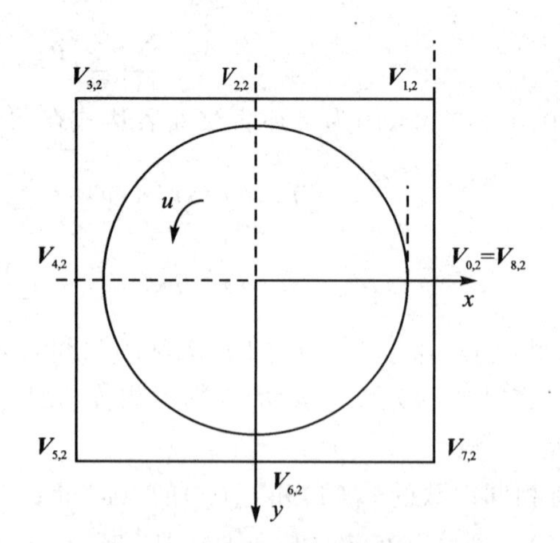

图3－71　旋转曲面的横剖面

显而易见，球面、环面等都是绕一轴旋转半圆或整圆得到的。它们的具体表达式，读者不难从上述介绍的旋转曲面的定义方法和圆的定义方法得出。

图 3-74 和图 3-75 所示分别是用有理 B 样条定义的环面、球面和它们的控制网。

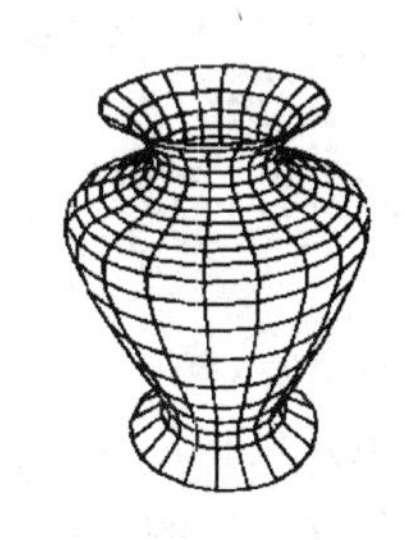

图 3-72　旋转曲面

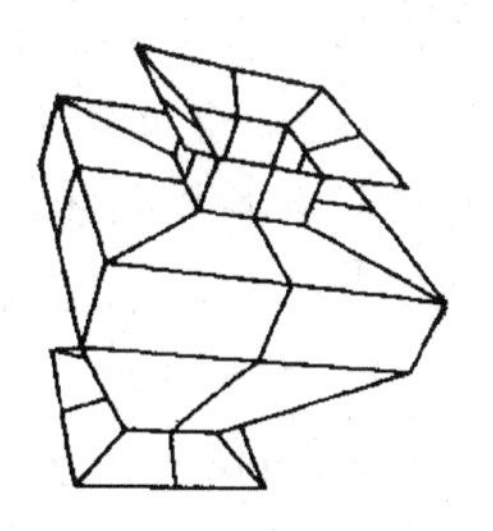

图 3-73　旋转曲面的控制顶点网

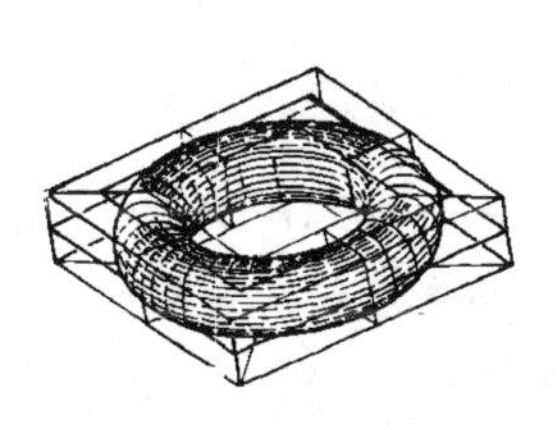

图 3-74　环面的生成

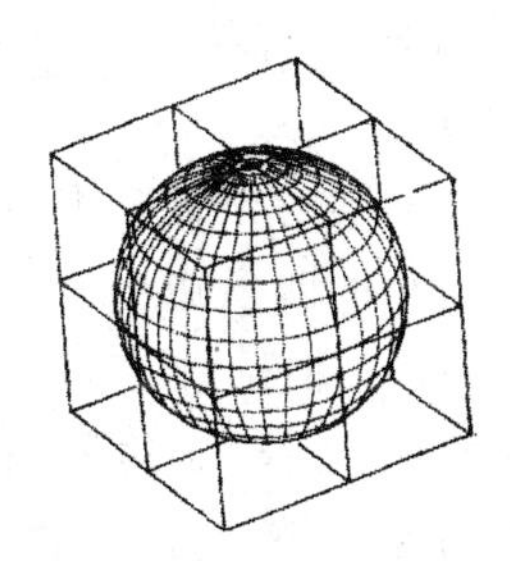

图 3-75　球面的生成

5. 蒙皮法设计 NURBS 曲面

蒙皮法设计 NURBS 曲面指通过定义一系列由 NURBS 表示的截面线来产生 NURBS 曲面。所构造的曲面必须通过这一系列截线。截线通常为平面曲线，它们在空间的位置由一条称为脊线的曲线确定。

蒙皮法设计曲面的主要步骤是：

1）当一条截面线由不同次数的曲线段组成时，应以其中的最高次数为准，将次数低的线段升阶，将截面线构造为一条统一次数的 NURBS 曲线，然后以所有截线中最高次截线为标准，通过升阶算法使所有截线具有相同次数。

2）将各截线的节点向量($\boldsymbol{U}$)作并运算，得到各条截线应具有的、统一的节点向量。为使截线在保留原形状的前提下具有统一的节点向量，可采用节点插入算法插入节点。然后反算得到各截线在 u 向的新的控制顶点。

3）计算 w 向节点向量。

4）以步骤 2 产生的各截线的控制顶点为型值点，在 w 向反求顶点，所得到的控制顶点即为蒙皮法设计的 NURBS 曲面的控制顶点。

由于截面法设计 NURBS 曲面是以二维的平面 NURBS 曲线来定义三维的 NURBS 曲面的，方便、实用，因此是最常用的 NURBS 曲面设计方法之一。

思考题

3-1　三次样条在曲线拟合中得到了广泛的应用，它有许多优点，也具有局限性。试简述它主要的优点、局限性和相应的解决办法。

3-2　为什么累加弦长参数样条能解决“大挠度”的问题？

3-3　试描述一般参数曲线段之间的连续性条件。

3-4　已知 $F_0(u)=2u^3-3u^2+1, F_1(u)=-2u^3+3u^2, G_0(u)=u(u-1)^2, G_1(u)=u^2(u-1)$（其中 $u\in[0,1]$）是 Hermit 基函数，$\boldsymbol{P}_0[0,0]^{\mathrm{T}}$、$\boldsymbol{P}_1[1,1]^{\mathrm{T}}$、$\boldsymbol{P}_2[2,0]^{\mathrm{T}}$ 是三个型值点。现构造通过这三个型值点的三次样条曲线 $y(x)$，使得起始 P_0 处的斜率为 $m_0=1$，终点 P_2 处的斜率为 $m_2=-1$。试计算：(1) 该曲线在 P_1 点处的斜率 m_1；(2) 曲线上的点 $\boldsymbol{P}[0.5,y]^{\mathrm{T}}$。

3-5　请推导合成弗格森曲线相邻三点之间的切矢量之间的递推关系式（三切矢方程：$\boldsymbol{t}_{i-1}+4\boldsymbol{t}_i+\boldsymbol{t}_{i+1}=3(\boldsymbol{r}_{i+1}-\boldsymbol{r}_{i-1})\ i=1,2,3,\cdots,n-1$）。

3-6　简述定义曲面的三种基本方法及其特点。

3-7　给定曲面片的四条边界 $\boldsymbol{r}(0,w)$，$\boldsymbol{r}(1,w)$，$\boldsymbol{r}(u,0)$，$\boldsymbol{r}(u,1)$，现要在两条 u 向边界之间进行线性插值，在 w 向边界之间均进行三次插值，即构造 1×3 次（2×4 阶）曲面片，试用 Coons 的方法构造具有上述给定边界而无其他要求的曲面片，要求在曲面片表达式中具体写出满足要求的 u 向和 w 向的混合函数，并依此说明布尔和曲面、母线曲面、笛卡儿乘积曲面三者之间的关系。

3-8　试简述 Bezier 曲线的优点和缺点，并简要指明针对其缺点的解决办法。

3-9　根据一般参数曲线段之间的连续性条件，试说明三次贝齐埃曲线段在接合点处的连续性条件。

3-10　已知一参数三次曲线段 $\boldsymbol{r}(u)$ 的首末端点及首末端点上的切矢量分别是：$\boldsymbol{r}(0)=[0,0]^{\mathrm{T}}$，$\boldsymbol{r}(1)=[3,0]^{\mathrm{T}}$，$\boldsymbol{r}'(0)=[3,3]^{\mathrm{T}}$，$\boldsymbol{r}'(1)=[3,-3]^{\mathrm{T}}$。试根据三次 Bézier 曲线的端点性质，求出与 $\boldsymbol{r}(u)$ 等价的三次 Bézier 曲线的控制顶点，并绘图说明。

3-11　用三次贝齐埃(Bezier)曲线拟合 xOy 平面上第一象限的一段四分之一圆弧，圆弧圆心为(0,0)点，半径为 1，要求拟合曲线通过该圆弧的两个端点和中点，求：三次贝齐埃(Bezier)曲线的控制顶点（请附图示例）。

3-12　简要说明三次 B 样条曲线的几种退化情况（四顶点共线、三顶点共线、两重顶点、三重顶点）在几何设计中的作用。

3-13　已知三次参数曲线段的构作方法之一弗格森曲线 $\boldsymbol{r}(u)$ 的始点 $\boldsymbol{r}(0)$、终点 $\boldsymbol{r}(1)$、始点切矢 $\boldsymbol{r}'(0)$、终点切矢 $\boldsymbol{r}'(1)$，根据三次贝齐埃曲线及三次均匀 B 样条曲线的端点性质，分别写出 $\boldsymbol{r}(u)$ 所对应的贝齐埃特征多边形顶点 $\boldsymbol{B}_0\boldsymbol{B}_1\boldsymbol{B}_2\boldsymbol{B}_3$ 及三次均匀 B 样条特征多边形顶点 $\boldsymbol{V}_0\boldsymbol{V}_1\boldsymbol{V}_2\boldsymbol{V}_3$ 与 $\boldsymbol{r}(0)$，$\boldsymbol{r}(1)$，$\boldsymbol{r}'(0)$，$\boldsymbol{r}'(1)$ 的关系式，并在图中绘出这两个多边形，简要说

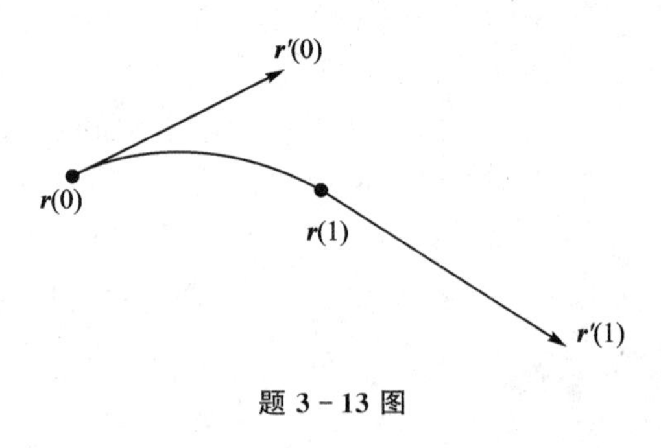

题 3-13 图

明作图过程。

3－14　设区间$[a,b]$上有一个分割：$a=u_0\leqslant u_1\leqslant\cdots\leqslant u_n\leqslant b$，$n$ 充分大，在该分割上可以按照如下 de－Boor 递推公式定义 B 样条基函数：

$$N_{i,0}=\begin{cases}1 & u\in[u_i,u_{i+1}]\\0 & u\notin[u_i,u_{i+1}]\end{cases}$$

$$N_{i,k}(u)=\frac{u-u_i}{u_{i+k}-u_i}N_{i,k-1}(u)+\frac{u_{i+k+1}-u}{u_{i+k+1}-u_{i+1}}N_{i+1,k-1}(u)\qquad(k\geqslant 1)$$

式中约定 $0/0=0$，i 为节点序号，k 为基函数多项式的次数，$u_i(i=0,1,\cdots,n)$称为节点。

(1) 写出 k 次 B 样条基函数 $N_{i,k}(u)$的定义域。

(2) 如果$[u_0,u_1,\cdots,u_n]$内部无重节点，$N_{i,k}(u)$在哪些节点区间内部非 0?

(3) 如果$[u_0,u_1,\cdots,u_n]=[0,1,\cdots,n]$，试计算 $N_{0,2}(1.5)$的值

3－15　(1) NURBS 曲线形状是由那些因素决定的？实际应用中，若要对 NURBS 曲线作局部修改，一般可采取什么办法？

(2) 如题图所示，由顶点 $\boldsymbol{V}_0,\boldsymbol{V}_1,\boldsymbol{V}_2,\boldsymbol{V}_3,\boldsymbol{V}_4,\boldsymbol{V}_5$ 构造 NURBS 曲线，改变顶点 $\boldsymbol{V}_3$ 所对应的权因子 ω_3 得到的三条不同形状的曲线，$\boldsymbol{B},\boldsymbol{N},\boldsymbol{B}_i$ 分别是 $\omega_i=0,\omega_i=1,\omega_i\neq\{0,1\}$的对应曲线上的点。

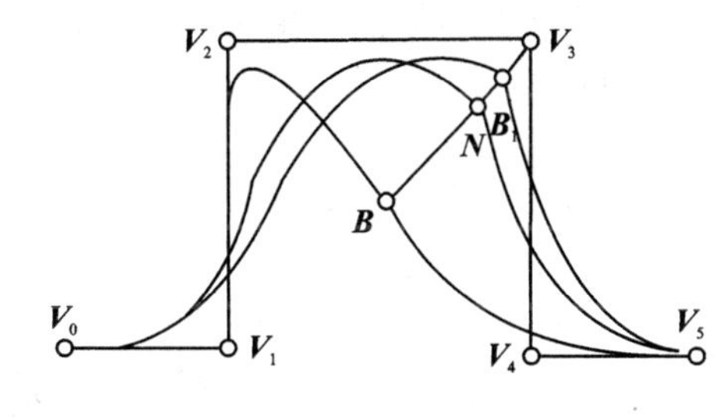

题 3－15 图

1) 请写出 ω_3 与点 $\boldsymbol{B},\boldsymbol{N},\boldsymbol{B}_i$ 及 $\boldsymbol{V}_3$ 四点之间的关系。

2) 定性分析 ω_i 对曲线形状的影响。(请附图说明)

3－16　用非均匀有理 B 样条(NURBS)曲线表示：(a) 两段圆弧组成圆心角为 180°的圆弧；(b) 用四段圆弧组成的整圆，分别写出其节点向量和权因子。

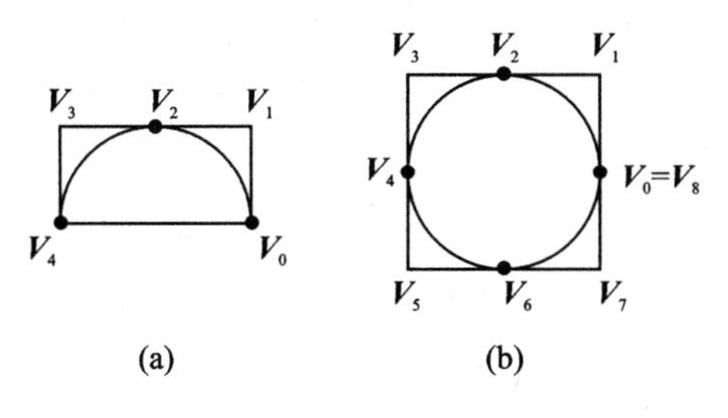

题 3－16 图

3－17　请给出分别用两段圆弧、三段圆弧表示如图所示的半圆、整圆的相应 NURBS 曲线的节点矢量和各控制顶点的权因子。

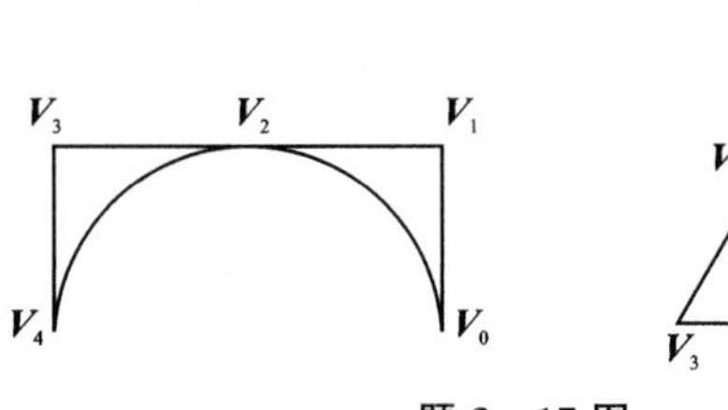

题 3－17 图

第 4 章　产品建模技术

建模技术是将现实世界中的物体及其属性转化为计算机内部可数字化表示，可分析、控制和输出的几何形体的方法。在 CAD/CAM 中，建模技术是产品信息化的源头，是定义产品在计算机内部表示的数字模型、数字信息及图形信息的工具，它为产品设计分析、工程图生成、数控编程、数字化加工与装配中的碰撞干涉检查、加工仿真、生产过程管理等提供有关产品的信息描述与表达方法，是实现计算机辅助设计与制造的前提条件，也是实现 CAD/CAM 一体化的核心内容。本章介绍 CAD/CAM 建模的基础知识与建模方法，包括常见的线框建模、表面建模、实体建模和特征建模等零件建模方法，数字化定义方法和产品装配建模方法，并介绍了常用的 CAD/CAM 软件。

4.1　基本概念

4.1.1　计算机内部表示及建模技术

计算机内部表示及建模技术是 CAD/CAM 系统的核心技术，也是计算机能够辅助人类从事设计、制造活动的根本原因。所谓计算机内部表示，就是决定在计算机内部采用什么样的数字化模型来描述、存储和表达现实世界中的物体。在传统的机械设计与制造中，技术人员是通过工程图样来表达和传递设计思想及工程信息的。在使用计算机后，这些设计思想和工程信息以具有一定结构的数字化模型方式存储在计算机内，并经过适当转换可提供给生产过程各个环节，从而构成统一的产品数据模型。模型一般是由数据、结构、算法三部分组成，所以产品建模技术就是研究产品数据模型在计算机内部的建立方法、过程及采用的数据结构和算法。

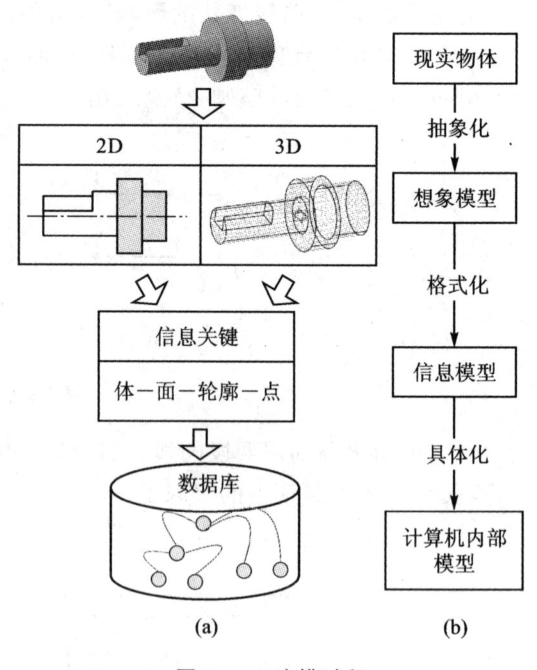

图 4-1　建模过程

对于现实世界中的物体，从人们的想象出发，到完成它的计算机内部表示的这一过程称之为建模。建模的步骤如图 4-1 所示，即首先研究物体的抽象描述方法，得到一种想象模型（亦称外部模型），如图 4-1(a)中的零件，它可以想象成以二维的方式或以三维的方式进行描述，它表示了用户所理解的客观事物及事物之间的关系。然

后将这种想象模型以一定格式转换成符号或算法表示的形式，即形成产品信息模型，它表示了信息类型和信息间的逻辑关系，最后形成计算机内部存储模型，这是一种数据模型，即产品数据模型。因此，建模过程实质就是一个描述、处理、存储、表达现实世界中的产品，并将工程信息数字化的过程。这一过程可抽象为图 4－1(b)所示的框图。

4.1.2　建模的方法及其发展

由于对客观事物的描述方法、存储内容、存储结构的不同而有不同的建模方法和不同的产品数据模型。目前主要的建模方法有几何建模、特征建模和全生命周期建模，相应的产品信息模型和数据模型有几何模型体模型、特征模型、集成产品模型以及最新的智能模型和生物模型等。

1. 几何建模的定义

就机械产品的 CAD/CAM 系统而言，最终产品的描述信息应包括形状信息、物理信息、功能信息及工艺信息等，其中形状信息是最基本的。因此自 20 世纪 70 年代以来，首先对产品形状信息的处理进行了大量的研究工作，这一工作就是现在所称的几何建模(Geometric Modeling)。目前市场上的 CAD/CAM 系统大多都采用几何建模方法。所谓几何建模方法，即物体的描述和表达是建立在几何信息和拓扑信息处理基础上的。几何信息一般是指物体在欧氏空间中的形状、位置和大小，而拓扑信息则是物体各分量的数目及其相互间的连接关系。

具体来说，几何信息包括有关点、线、面、体的信息。这些信息可以以几何分量方式表示，如空间中的一点以其坐标值 x, y, z 表示，空间中的一条直线用方程式 $Ax+By+Cz+D=0$ 表示等。但是只用几何信息表示物体并不充分，常会出现物体表示上的二义性。例如图 4－2 中的 5 个顶点可以用两种不同方式连接起来，因此，仅仅给出 5 个点的坐标，而没有点与点之间的连接关系的定义，就可能有不同的理解。这说明对几何建模系统来说，为了保证物体描述的完整性和数学的严密性，必须同时给出几何信息和拓扑信息。

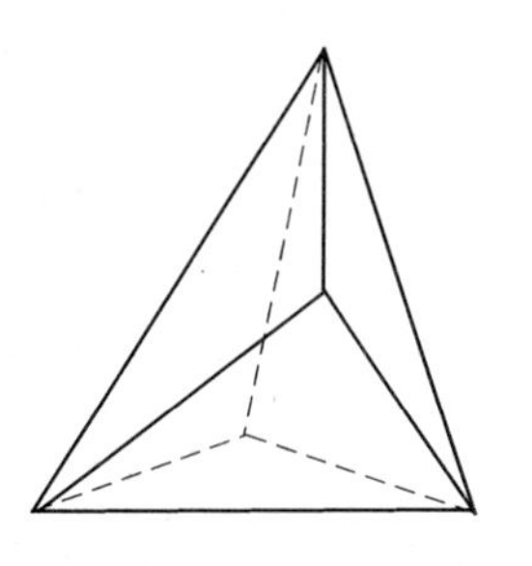

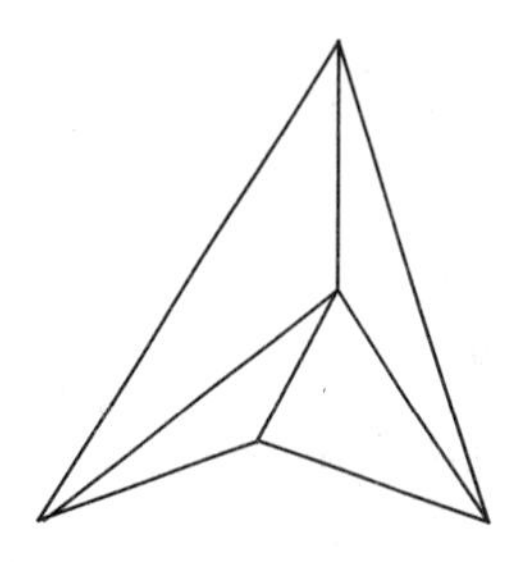

图 4－2　物体表示的二义性

图 4－3 表示一个平面立体几何分量之间可能存在的 9 种拓扑关系。

仔细分析一下就可发现，这 9 种拓扑关系之间并不独立，实际上是等价的，即可以由一种关系推导其他几种关系。这样就可能视具体要求不同，选择不同的拓扑描述方法。欧拉曾提出一条关于描述流形体的几何分量和拓扑关系的检验公式，即

$$F+V-E=2+R-2H$$

式中，F——面数；

V——顶点数；

E——边数；

R——面中的孔洞数；

H——体中的空穴数。

欧拉公式是正确生成几何物体边界表示数据结构的有效工具，也是检验物体描述正确与

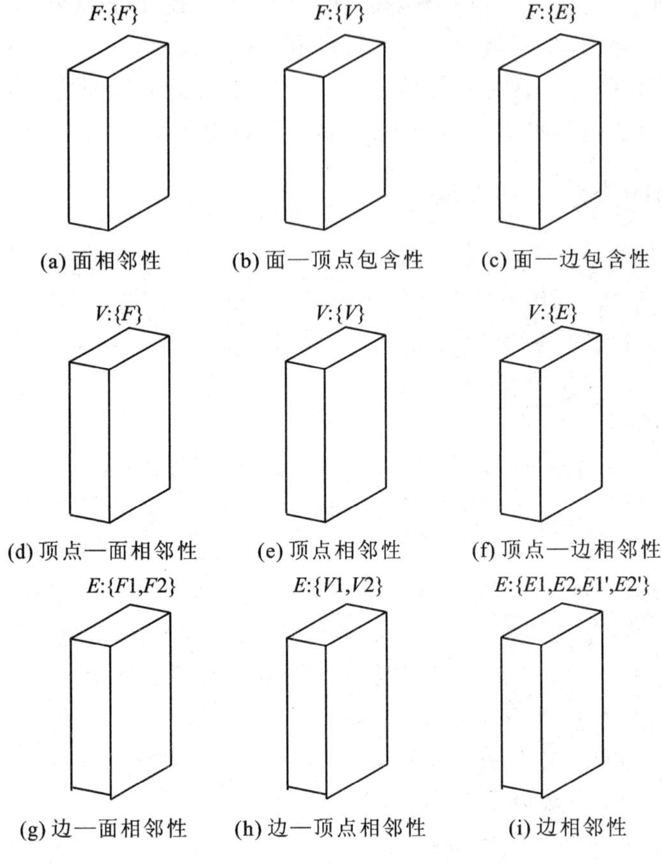

图 4-3　平面立体几何分量间可能的 9 种拓扑关系

否的重要依据。在CAD/CAM系统中,几何建模是自动设计和图形处理的基础。如前所述,从20世纪70年代初欧洲首先把几何建模技术列为计算机辅助设计和制造的中心研究项目,经过二十几年的时间,在几何建模的研究方面已取得相当大的进展。围绕几何建模技术主要的研究课题有:

1）现实世界中物体的描述方法,如二维、三维描述及线框、表面、实体建模技术等;

2）三维实体建模中的各种计算机内部表达模式,如边界表示法、构造立体几何法、空间单元表示法等;

3）发展一些关键算法,如并、交、叉运算及消隐运算等;

4）几何建模系统的某些重要应用,如工程图的生成,具有明暗度和阴影的图形及彩色图的生成,有限元网格生成,数控程序的生成和加工过程模拟等。

2. 特征建模概念的提出

几何建模技术推动了CAM技术的发展,而随着信息技术的发展及计算机应用领域的不断扩大,对CAM系统提出越来越高的要求,尤其是计算机集成制造(CIM)技术的出现,要求将产品的需求分析、设计开发、制造生产、质量检测、售后服务等产品整个生命周期的各个环节的信息有效地集成起来。由于现有的CAD系统大多都建立在几何模型的基础上,即建立在对已存在对象的几何数据及拓扑关系描述的基础上,这些信息无明显的功能、结构和工程含义,所以若从这些信息中提取、识别工程信息是相当困难的,为此推动了特征建模技术的发展。

特征(Feature)的概念最早出现在 1978 年美国 MIT 的一篇学士论文“CAD 中基于特征的零件表示”中，随后经过几年的酝酿讨论，至 20 世纪 80 年代末有关特征建模技术得到广泛关注。特征是一种集成对象，包含丰富的工程语义，因此，它是在更高层次上表达产品的功能和形状信息的。对于不同的设计阶段和应用领域有不同的特征定义，例如功能特征、加工特征、形状特征、精度特征等。特征体现了新的设计方法学，它是新一代的产品建模技术。

4.2　产品建模的基本方法

4.2.1　几何模型

几何建模指在计算机上描述和构造对象的方法，其构造的模型表达类型分为线框模型、表面模型、实体模型。

1. 线框模型

在三维模型中按照一定的拓扑关系将点和棱边有序连接起来，在计算机内描述一个三维线框模型必须给出两类信息：顶点表——存储模型中各顶点的三维坐标；边表——存储模型中的各棱边，由指针指向各棱边的顶点。

线框模型是一种具有简单数据结构的三维模型，其优点是描述方法简单，所需数据信息量少，显示速度快，特别适合于线框图的显示。主要的缺点如下：

1）由于信息过于简单，没有面信息，故不能进行消隐处理；

2）模型在显示时存在理解上的二义性；

3）不便于描述含有曲面的物体，例如，对于一个圆柱体，除了顶面和底面与圆柱面的交线以外，圆柱面本身无边界棱边，而两个圆又无端点；

4）无法应用于工程分析和数控加工刀具轨迹的自动计算。

2. 表面模型

数据结构是以“面－棱边－点”三层信息表示的，表面由有界棱边围成，棱边由点构成，它们形成了一种拓扑关系。表面模型用的曲面可以是简单的解析曲面，也可以是自由曲面，构造自由曲面的方法有很多，最常用的是 Bezier 方法、B 样条方法、非均匀有理 B 样条（Non－Uniform Rational B Spline，NURBS)方法等。

表面模型避免了线框模型的二义性。由于定义了面，可以根据不同的观察方向消除隐藏线和隐藏面；可以对面着色，显示逼真的色调图形；还可以利用面的信息进行数控加工程序计算。在数控加工中刀具轨迹的计算和物体的表面特性有很大关系，直接影响到刀具轨迹的生成，因而表面建模主要描述物体的表面特性，如曲率连续性、光顺性等，特别是自由曲面，所以经常不对表面模型和曲面模型加以区分。

表面模型虽然克服了线框模型的一些不足，但是表面模型表示的是零件几何形状的外壳。所以曲面模型实质上不具备零件的实体特征，这就限制了它在工程分析方面的应用，不能进行物理特性计算，例如转动惯量、体积等。

3. 实体模型

一般是以“体－面－环－棱边－点”的五层结构信息表示模型。体是由表面围成的封闭空间，表面是由棱边围成的区域，其内部可能存在环，例如一个孔在一个表面上形成了一个环，这

些环也是由棱边组成的。实体建模最常用的是边界描述法(Boundary Representation,B-Rep)和构造实体几何法(Computed Structure Geometry,CSG)。

实体模型信息丰富,除了能实现表面模型的功能外,还能够满足物理性能计算,例如质量与质心计算、重力以及工程分析的需求。在产品设计中,实体建模技术更符合人们对真实产品的理解和习惯。

4.2.2 特征建模

实体建模方法在表示物体形状和几何特性方面是完整有效的,能够满足对物体的描述和工程的需要,但是从工程应用和系统集成的角度来看,还存在一些问题。例如,实体建模中的操作是面向几何的(点、线、面),而非工程描述(如槽、孔、凸台等构造特征),信息集成困难,因而需要有一个既适用于产品设计、工程分析又适用于制造计划的统一的产品信息模型,满足制造过程中各环节对产品数据的需求。特征造型方法的出现弥补了实体造型的这一不足。

特征目前尚无统一的定义,可以认为特征是一组具有确定约束关系的几何实体,它同时包含某种特定的语义信息。J. I. shah 将特征分为以下 4 类。

1) 形状特征:与公称几何相关的零件形状表示,例如孔、槽、凸台等。

2) 材料特征:零件的材料、热处理和加工条件等,它隶属于零件的属性和加工方法,材料特征表示的信息经常反映在 BOM(Bill Of Material)表中,是 CAPP 和 CAM 所需的工艺信息。

3) 精度特征:可接受的工程形状和大小的偏移量,例如公差尺寸可以认为是精度特征的内容之一。

4) 装配特征:反映装配时的零件之间的约束配合关系以及相互作用面,例如孔与轴的装配。

特征造型的本质还是实体造型,但是进行了工程语义的抽象,即语义和形状特征。针对 CAD/CAM 的集成,人们对特征的概念、表示方法与应用作了大量的研究。从设计的角度来看,特征设计能满足产品设计、几何模型建立以及设计分析(如有限元分析)的信息需求,从制造计划的角度来看,像制造工艺计划、装配计划、检验计划、加工工序计划、零件的数控加工编程等制造活动,均可能潜在地基于零件的某种特征表示。从研究方法来看,特征造型技术的研究主要包括特征识别和特征设计。特征识别利用几何造型系统所提供的实体模型,对几何模型进行解释,自动识别制造工艺计划所要求的特定的零件"几何信息模式",即加工特征,直接应用于产品零件的制造工艺设计。

应用效果最好和最为成熟的是形状特征设计。形状特征设计试图从设计者的意图出发,通过一组预先定义好的具有一定工程意义的设计特征,引导设计者去进行产品设计。例如,在工程中常用的孔、槽、凸台、拉伸、旋转等特征设计方法。特征设计是在实体模型的基础上,根据特征分类,对一个特征定义,对操作特征进行描述,指定特征的表示方法,并且利用实体造型具体实现。

下面从特征设计的角度,说明孔特征的定义和内部实现过程。

1) 特征定义:从工程语义上定义孔特征为从一个基体上去除一个圆柱体材料的过程,这与实际加工时的操作对应。孔的类型本身又可以细分为盲孔、沉孔、通孔等。这些类型决定了孔的形状和参数。

2）特征表示：完整地表示一个特征需要很多信息，如特征标识、特征名称、特征的位置和方向、特征的坐标系、特征的形状参数、特征操作的变换矩阵等。这些信息通过数据结构或者类型进行描述。

3）特征创建方法：根据特征的类型和标识，规定特征用什么具体方法实现。例如，根据通孔特征的标识，确定采用从基体减去圆柱体的方法。具体操作需要确定坐标系和相关的坐标变换，圆柱体的形状参数，圆柱体相对基体的位置、方向、定位面，然后实施一个布尔差操作。

特征建模将产品的几何外形看作一组相关形状特征的布尔运算集合，特征信息的加入使得产品模型可以有效地表达和组织几何或非几何数据。产品模型应用形状特征的目的在于：简化产品信息模型中对底层几何元素的访问。例如，工程中大量使用的孔、型腔、凸台的设计，简化为形状特征后.已经抽象成一个造型的基本特征单位，而不再是圆柱（代表孔或圆台）、矩形（型腔）这样的几何元素描述。

4.2.3　特征造型系统的基本要求

集成化 CAD/CAM 系统需要一个统一完整的零件信息模型，它包括零件的设计、工艺规划和数控加工编程等各阶段的产品数据。在零件的描述方面，不仅包括几何信息，如形状实体、拓扑几何，还包括形状特征信息和尺寸公差信息及其他零件总体信息。特征造型系统应满足下述基本要求。

1）所建立的产品零件模型应包括下列 5 种数据类型。

① 几何数据：建立零件的基本几何元素。

② 拓扑数据：将几何元素连接成零件的规则。

③ 形状特征数据：零件模型上具有特定功能和几何形状语义的某一部位的数据实体，如孔、槽、凸台等。

④ 精度数据：零件设计与制造所允许的误差。

⑤ 技术数据：包括材料、零件号、工艺规程、分类编码等零件上的非几何属性。

2）特征造型方式必须灵活多变，应当允许设计者以任何形式、任一级别和任意组合的方式定义特征，以满足各应用领域的需要。为了利用若干标准特征，应针对应用特性建立相应的参数化特征库和模式引用结构。

3）造型系统应能方便地实现特征和零件模型的建立、修改、删除、更新，应能单独定义和分别引用产品模型中的各个层次数据对象，并对其进行关联，相互作用，构成新的特征与零件模型。

4）应建立与应用相关的映像模型，支持产品模型的应用特征分解与释义。同时产品模型具有不同层次的抽象级别，既可以定义和引用高级的特征形式，也可以引用低层次的几何元素形式，它们之间必须保持一致性和有效性。

一个特征造型系统是很复杂的，不同的 CAD 系统，即使底层几何核心平台是相同的，开发的 CAD 系统还是有很大不同的。例如，基于 Parasolid 几何核心的 UG 和 SolidWorks 系统，它们的功能、特点、风格各不相同。同样，基于 Acis 几何核心的 CAD 系统有 CATIA 和 MDT，也存在这样的现象。开发一个 CAD 系统，除了实体造型的核心外，还需要融合先进的特征设计方法、参数化技术、图形学技术、交互式技术等。

4.2.4 参数化与变量化设计

在产品设计中,设计实质上是一个约束满足问题,即由给定的功能、结构、材料及制造等方面的约束描述,经过反复迭代、不断修改从而求得满足设计要求的解的过程。除此之外,设计人员经常碰到这样的情况:① 许多零件的形状具有相似性,区别仅是尺寸的不同;② 在原有零件的基础上做一些小的改动来产生新零件;③ 设计经常需要修改。这些需求采用传统的造型方法是难以满足的,一般只能重新建模。参数化方法提供了设计修改的可能性。

1. 参数化设计

1985 年,德国的 Dornier GmbH 公司与 CADAM 公司成功开发了 CADAM 系统。其中,IPD 软件系统是最初的二维参数化 CAM 系统,它的应用使设计效率大为提高;而后将参数化真正应用于生产实际的则是美国 PTC 公司的 Pro/E 软件。目前的三维 CAD 系统都包含参数化功能,而且大部分参数化功能和特征设计结合到一起,使特征模型成为参数的载体。

参数化设计一般是指设计对象的结构形状基本不变,而用一组参数来约定尺寸关系。参数与设计对象的控制尺寸有显式对应关系,设计结果的修改受尺寸驱动,因此参数的求解较简单。

参数化设计的主要特点如下。

1) 基于特征:将某些具有代表性的几何形状定义为特征,并将其所有尺寸设定为可修改参数,形成实体,以此为基础来进行更为复杂的几何形体的创建。

2) 全尺寸约束:将形状和尺寸联合起来考虑,通过尺寸约束来实现对几何形状的控制。造型必须以完整的尺寸参数为出发点(全约束),不能漏注尺寸(欠约束),不能多注尺寸(过约束)。

3) 尺寸驱动实现设计修改:通过编辑尺寸值来驱动几何形状的改变,它也是全数据相关的基础。

4) 全数据相关:某个或某些尺寸参数的修改,导致与其相关的尺寸得以全部同时更新。全数据相关的修改功能体现了当需要零件形状改变时,只需编辑尺寸值重新刷新即可实现形状的改变。

基于约束的尺寸驱动是较为成熟的参数化方法,它的基本原理是:对几何模型中的一些基本图素施加一定的约束,模型一旦建好后,尺寸的修改立即会自动转变为对模型的修改。例如一个长方体,对其长 L、宽 W、高 H 赋予一定的尺寸值,它的大小就确定了。当改变 L,W,H 的值时,长方体的大小随之改变。这里不但包含了尺寸的约束,而且包含了隐含的几何关系的约束,如相对的两个面互相平行,矩形的邻边互相垂直等。

约束一般分为两类:尺寸约束和几何约束。前者包括线性尺寸、半(直)径尺寸、角度尺寸等一般尺寸标注中的尺寸约束,也称作显式约束;后者指几何关系约束,包括水平约束、垂直约束、平行约束、相切约束、等长约束等,也称为隐式约束。

2. 变量化设计

大多数 CAD 系统不强调参数化和变量化设计在概念上的区别,而是统称参数化(实际上包含了变量化设计),在设计方法上二者基本相同。变量化设计一词最早是美国麻省理工学院 Gossard 教授提出的,具体处理方法是数值约束方法以及基于规则的推理方法。参数化设计和变量化设计在许多方面具有共同点,例如,二者都强调基于特征的设计、全数据相关,并可实

现尺寸驱动设计修改等。但它们也有区别。其一是在约束的处理方法上存在不同之处，参数化设计强调的是尺寸全约束，而变量化设计不严格要求尺寸全约束，可以是过约束，也可以是欠约束。这种不强调全约束的特点大大提高了设计的灵活性和方便性。特别是在概念设计期间，一般不容易给出模型的尺寸细节，而是将注意力放在几何形状的设计上，因而用户有更大的自由度进行设计，设计过程更接近传统的设计过程。另一个明显的区别是，参数化设计方法主要是利用尺寸约束，而变量化设计的约束种类比较广，包括几何、尺寸、工程约束，通过求解一组联立方程组来确定产品的尺寸和形状。例如，工程约束可以是重力、载荷、可靠性等关键设计参数，在参数化系统中这些是不能作为约束条件直接与几何方程建立联系的。

由于欠约束和过约束的求解方法较全约束灵活，变量化设计的求解可以利用人工智能方法，通过制定一些规则，对于过约束需要去除多余的约束，而对于欠约束，则需要补充约束变量。例如，对参与约束的某个几何元素采用默认的当前数据作为约束，免去了由用户指定约束，而使方程能够解出正确的结果。

4.3　数字化定义

产品数据模型贯穿于产品研制的整个过程，实现数字化设计与制造必须对这些模型进行定义。数字化定义是对产品模型进行详细定义，甚至包括数字化流程的定义。不同阶段的模型定义内容不同，所提供的功能和定义工具亦不同。在详细设计阶段的定义工具比较容易用计算机实现，而有些定义必须用规范和标准的形式确定。

4.3.1　数字化定义模板

数字化定义模板是将产品的数字化定义内容以模板的形式提供给设计者，以便提高设计效率和规范设计过程。数字化定义模板有以下类型。

1）建模标准模板：从数据共享和管理的需求出发，数字化建模应当遵循一定的建模标准。由于详细的标准设定非常麻烦，每次使用设定时效率很低，因此可以建立标准模板。这些标准一般和平台的类型有关，将设定的参数与模板绑定在一起，使用时直接打开模板进行设计。模板包括三维建模模板、二维绘图模板、数控加工模板等。

2）标准件模板库：标准件模板建立了包含标准件驱动参数的几何模型，只要从数据库获取系列参数，并驱动模板，即获得标准件。

3）零件模板：对于设计时具有一定规律，且结构改动很小，主要修改某些参数的零件，可以建立这类零件的模板。零件模板包含了零件设计积累的知识，使得用户在设计时不再是从头设计，而是在模板的基础上进行修改，快速建立零件模型。

4）自定义特征：上述的模板都是零件级的，从原理上讲，在特征级建立模板也是可行的，即自定义特征。对这些特征进行定义，建模时通过修改特征参数获得特征。例如定义一个法兰盘特征，将要修改的参数定义为可更改参数，建模时使用这个特征就建立了法兰盘零件。

5）NC 编程模板：针对零件加工需求，定制各种 NC 加工模板，将常用的粗加工、精加工、清根、走刀路线、切削方式等各种工艺参数定制成各种模板，NC 编程时只需指定零件的加工面，而其他参数继承模板数据。

此外，其他模板可以根据建模需要进行定制，例如工艺卡片模板、工装设计模板等。

定义模板的方式,按照模型的不同,可以采用不同的方法,例如上述涉及几何模型的模板,一般采用在文件中设定参数,或者在系统启动文件中定制参数,也可以采用“宏”定义模板,但是“宏”容易受运行环境的影响,当环境改变时有时会失败。

4.3.2 相关性设计

在数字化定义中,参数化设计和相关性设计非常重要。其主要原因是:产品设计是一个复杂的过程,不可能一次成功,需要反复修改,进行零件形状和尺寸的综合协调、优化;改型设计的产品,大部分可在原有模型的基础上修改后得到;模型的某个尺寸的修改能够自动影响相关的尺寸。这些都需要具有参数化和相关性设计功能的CAD系统的支持,同时也需要设计知识的积累。相关性设计可以采用以下两种方式。

1) 直接利用CAD工具提供的参数化功能,采用交互式设计(利用草图和特征参数),这是一种便利的交互式建模方法,直接输入模型尺寸,由系统完成尺寸对模型的驱动。其优点是简单、快速,能够把设计师头脑中的设计概念快速变成设计结果,模型中的参数具有可修改性。

2) 相关性设计是将产品零件的一些相关尺寸以数学或几何约束的形式保留下来,并应用于设计。它具有参数化的内涵,但是包含了设计知识,这对于设计知识的积累和产品的可重用性非常重要。其优点是能够进行知识积累,修改效率高,重用性好。其缺点是需要对产品有明确的了解和较深入的设计经验才能总结出设计知识,初始建模的效率低于交互式设计。产品的设计实际上是两种方式的综合使用。相关性包括了系统提供的相关性功能和产品零件的相关性设计,前者是系统自动保证的,后者需要在数字化建模中设计者有意识地使用。相关性内容包括以下几个方面。

① 模型之间的相关性 设计模型是所有设计、制造信息的源头,设计模型建立后,所有的下游应用模型(包括二维工程图、数控加工编程、工程分析、装配零件)都直接取自该模型。从而保证模型的唯一数据源。这些上下游模型之间存在相关性。

(a) 三维模型与工程视图的相关性:产品设计模型是在三维环境下建立的,工程视图属于二维模型,在三维模型修改后,二维模型自动更新,这种相关性保证了设计者在主模型修改后下游模型与上游模型的一致性。

(b) 视图相关性:在二维工程图的视图之间存在着相关性,对任何一个视图的修改,例如添加一条曲线,都会反映到其他视图中。剖视图和它的俯视图(即指定剖切位置的视图)的相关性,在俯视图上剖切位置的变化会更新剖视图,以保证剖视图与剖切位置相关。

(c) 尺寸与模型的相关性:当三维模型的参数发生变化时,二维视图上标注的尺寸自动重新测量并更新显示。

(d) 三维模型与NC程序的相关性:数控加工代码是依赖于设计模型的,当设计模型发生变化时,NC代码自动根据变化重新计算代码。

(e) 装配零件与主模型的相关性:当零件进入装配体时,就建立了零件和装配体之间的一种链接关系,零件的任何改动都可以反映在装配体中,从而保证装配体当前链接的零件总是最新的。

(f) 模型操作后的相关性:有些CAD软件允许在设计模型中使用布尔交、并、差操作,参与操作的原始模型和操作的结果模型也要保证相关性,就必须建立原始模型和最终模型之间的相关性,这样才能保证原始模型的修改会反映到组中结果模型上。

② 参数相关性　零件的各部分尺寸之间存在着关系和约束，尺寸之间不再是孤立的数据，而具有一定的关系，以保证尺寸的修改能够影响到相关部分，免去了逐个修改的麻烦。产品的设计者在数字化建模中应当尽可能利用这些相关性。

(a) 零件内特征之间的相关性：利用参数和表达式建立零件尺寸之间的关系。例如，一个带有孔(孔径；hole_dia)的圆柱体(直径：cylinder_dia)，其孔径总是小于圆柱体的直径，并且有为其 1/2 的关系，那么就可以通过表达式 hole_dia＝0.5× cylinder_dia 约束，以后不管圆柱体如何变化，总保证圆柱体的直径大于半径。参数的相关性是一种基于知识的设计，需要总结出特征之间的相关关系，并通过表达式建立关系。

(b) 零件之间的相关性：对于一个产品来说，零件之间的配合关系在数字化定义期间可以通过零件之间的相关性设计实现。一个零件的某个特征尺寸与另一个零件的尺寸相关，就可以建立它们之间的关系。例如，一个孔一轴配合问题，假定孔属于零件 A(part1)，其直径为 hole_dial，轴属于零件 B(part2)，其直径为 shaft_dia，轴径必须始终保证与孔径一致，建立它们之间的关系：part2::shaft_dia＝part1::hole_dia1，当零件 A 的孔径改变时，零件 B 的轴径自动变化。

③ 几何相关性　数字化定义过程并不是要求设计人员必须对每一个尺寸以表达式形式给出，这无形中会加重设计人员的负担，而且有时还不能得到精确的相关关系表达式。为此，数字化产品定义时，可以采用其他具有约束效果的隐式相关性设计，充分利用已有的几何元素，建立它们之间的相关关系。

利用几何关系建立相关约束，这些关系建立在几何元素之间，它们可以是零件内部之间的几何元素，也可以是零件之间的几何元素。例如，设计一个轴零件，不需要具体计算或输入其长度，而是利用已经存在的零件上的几何面，使得长度介于两个面之间，并保证端部接触，因而能自动生成轴的长度。当两个面的距离发生变化时，轴的两端自动保持和两个几何面接触，从而保证长度随之变化。这种数字化设计方法的优点是，设计的零件的某一部分总是被其他几何元素约束，当几何元素发生改变时，被约束的元素将随之变化。

抽取几何元素是利用已有的几何元素，如轮廓线、边界曲面等进行当前的几何形状设计，例如，把一个零件的轮廓线抽取出来，拉伸形成实体，以后当零件的轮廓线发生变化时，依赖于轮廓线设计的几何形状将随之变化。

④ 结构相关性　包括结构的相关性和基准的相关性。

(a) 结构的相关性：指当产品的结构发生变化时，与其相关的结构将随之变化。结构的控制是利用关键参数控制产品的结构。例如，针对一个汽车，确定车体的结构参数，这些参数是影响车身架构的关键参数。当根据客户需求定制车身时，如果是豪华车，前车轴和后车轴的距离自动拉长，车门由 2 门变成 3 门结构，相应的车体长度加长。结构的相关性建立过程非常复杂，需要总结专门的设计知识，将这些知识变成计算机能理解的表达式或几何约束形式。

(b) 基准的相关性：结构的相关性涉及总体结构，因此需要借用很多辅助线和辅助面。辅助线和辅助面是一些特殊的几何元素，它们不是零件形状的一部分，而是控制零件结构形状的关键元素。这些辅助线或辅助面作为约束的基准，具有可修改性。

⑤ 自由曲面的相关性　自由曲面无几何定义参数，它的参数实际上是数学自变量，例如曲面参数 u 和 v(一般为 0～1)，它们仅仅是确定了数学取值范围的定义域，不含有几何意义，因此，自由曲面的参数化修改是不能直接实现的，但是自由曲面是可修改的。自由曲面的建模

形式根据输入数据的类型主要分为3种。

(a) 基于点的自由曲面:输入点创建曲面,如果是型值点,则利用插值(拟合)法创建曲面;如果是控制多边形(又称特征多边形)顶点,则利用逼近算法创建曲面。

(b) 基于曲线的自由曲面:输入一系列曲线,采用蒙皮法或扫描法生成曲面,保证曲面过曲线。

(c) 基于面的自由曲面:利用已有曲面的条件,例如,边界线和切矢、法矢、曲率等,创建新的曲面,保证与已有曲面在边界上满足一定的连续条件。

基于点的自由曲面,可修改性体现在修改点的位置和相应的切矢和曲率,修改基于这样的原理,即给定新的位置和切矢(或曲率),重新对曲面插值或逼近。对于基于曲线的自由曲面,修改体现在曲线的变化,可以对输入的曲线进行替换、增加和删除,移动曲线上点的位置以实现修改曲线的目的;对于基于曲面的自由曲面,改变原始曲面的边界可以修改曲面。

⑥ 装配的相关性　装配零件之间的相关性使参数化技术不但在零件级而且在装配级实现。装配之间的关系可以通过几何约束和尺寸约束实现,修改这些约束就实现了可修改的目的。

4.3.3　模型关系定义

产品数字化过程是模型渐进演变过程,设计模型直接给出产品的最终模型,而包括工艺设计和工装设计的各模型是从毛坯开始经过各阶段才达到最终模型的,因此这些模型与设计模型不完全相同,需要从毛坯开始逐步演变。其中有些是在设计模型上添加必要的几何元素或特征,有些是改变原有模型的尺寸,以满足工艺和加工需求。例如,航空发动机涡轮叶片的数字化设计制造经过了下述过程:气动模型(叶身截面数据等)—外形结构设计模型(构造叶片外形,包括榫头和缘板等)—内形结构设计模型(根据外形型面计算内形型面)—强度分析模型(对结构进行强度校核)—毛坯模型(在设计模型上施加铸造收缩率,在此基础上添加工艺延伸段)—模具模型(由毛坯模型设计模具活块)—电极模型(对模具部分零件设计电极零件)—NC加工模型(对模具活块、电极零件进行粗加工、精加工、清根NC编程)—后置处理模型(面向加工机床的后置处理),在机床进行实物加工后,还要进行数字化测量。

模型关系的定义一种是从内容相关性来表达的关系。例如,模具设计必须利用产品零件模型,从几何形状上二者相关,这种相关性的保持可以通过主模型的方法来实现。另外一种就是在PDM的数据组织结构上的关系。在产品的模型组织结构上如何安排这些模型之间的层次关系、一对一关系、一对多关系、多对多关系等,则需要通过PDM的产品信息模型的组织结构进行定义。

4.4　装配建模

装配建模的内容包括了产品的装配结构建模、装配零件之间的约束关系、装配的间隙分析、装配规划、可装配性分析与评价等,是数字样机和虚拟设计的一个重要组成部分。

4.4.1　装配信息

装配顺序生成时所需的装配信息主要包括零件的几何信息、非几何信息以及零件之间的

配合约束关系等信息。几何信息指零件的几何形状、相对位置和特定的装配特征（如孔、轴装配特征）；非几何信息指设计者的意图、装配环境以及特定的装配条件等客观要求；配合关系信息指零件装配为装配体时相互之间的表面配合特征信息。

装配信息的获取有自动推理和人工输入两种方法。

1）自动推理：从零件的 CAD 几何模型中，利用特征造型中配合面的配合特征或实体造型中的体素之间的配合信息，推理生成配合零件之间的配合面、配合方向、连接关系及阻碍关系。

2）人工输入信息：利用交互式用户界面输入装配顺序优先约束关系等几何信息和非几何信息。

4.4.2　装配结构

在产品设计过程中，装配设计是在概念设计之后进行的，它可以将概念设计中模糊的、不确定的构思，通过产品结构的建立逐步精细化，设计成产品的整体装配结构，为详细设计提供一个基本框架。装配设计要结合产品的数字化定义方法，在概念设计和详细设计之间搭建桥梁，实现从概念设计到详细设计的映射。

装配结构一般用装配结构树表示。一个零件如果没有进入装配树，它是一个单一游离在装配之外的零件。一旦作为节点链接到装配树中，它就是产品模型中的一个装配成员，同时也是 BOM 表中的一个成员项。

4.4.3　装配关系定义

装配结构树仅仅反映了产品的构成，零件之间的相对关系、位置、方向等需要装配关系来确定。装配关系一般包括以下几个方面。

1）接触关系：指在产品装配中，为了实现某种装配功能，使得零件所具有的物理接触。在装配中，凡是存在物理接触的两个零件间都存在接触关系。

2）紧固关系：指有些零件间的接触需要进一步固定，从而使固接后的两个零件成为一体（即相对自由度为 0）。在目前的几何造型系统中没有对紧固方式的描述，但对于产品设计及装配规划来说，零件间的紧固方式是必须考虑的。

3）位置关系：位置关系描述在装配体中装配零件之间的几何安装位置和精度。位置关系又分为配合关系和距离。配合是指装配零件之间的配合方式，如面配合（同法矢方向平面贴合、反法矢方向平面对齐等），按配合关系又分为间隙配合、过渡配合、过盈配合。距离是指零件之间的距离关系。按尺寸精度等级又分为低精度、中精度、高精度。

4）传动关系：指在产品装配中装配零件间的传动关系，如齿轮传动、齿条传动、链传动、带传动、螺旋传动等。

4.4.4　大装配模型的简化

在装配建模中，信息量的大小是影响产品模型操作、浏览的一个重要因素。对于简单产品，一般的显卡和内存可以满足要求，但是对于像飞机和航空发动机这样复杂的国防产品，装配的零件个数都在以万为单位的数量级上。目前的计算机环境很难支持如此庞大的信息量，因此，装配建模存在着这样一对矛盾，一方面要求装配信息尽可能完整，另一方面要求信息量尽可能少。分析装配信息量可以看到，两个因素使得装配信息量巨大：一是零件数目自身；二是每个零件的几何信息量。解决信息量巨大的方法一个是减少每次装入的零件数目,另一个是减少每个零件的几何信息量和模型信息量。从模型显示的角度,还存在减少显示数据的方法。在装入零件数量和几何信息量确定的情况下,显示模型的处理至关重要。

1）减少每次装入的零件数目。对于产品结构和BOM表来说,产品的零件数目是不能减少的,但是在装配时,能够控制装配树上节点的载入和卸载。可以有选择地装入零件,而不是将这个产品整个装入。所谓有选择就是只装载当前必需的零件或感兴趣的零件,不装载小零件或者标准件等。例如,显示一个飞机,在装配树上飞机的外部零件是需要载入的,内部零件和小零件可以不载入。

2）减少几何信息量。一个复杂零件的设计,包含的几何内容不仅是零件外形,还可能存在大量的辅助线、辅助面,以及设计过程的中间结果,对于装配来说,参与装配的零件仅需要实体外形的几何信息,因此,应该建立零件的信息过滤功能,把需要的几何实体过滤出来,放入这个零件的几何信息子集中。这些过滤出来的几何信息与模型保持一致,这个子集能够代表零件进行装配。

3）减少模型信息量。对于一个零件,可能包含了下列传息:① 设计信息(三维零件模型);② 数控加工信息(如果是复杂曲面,需要数控加工,那么数控加工刀具轨迹计算信息是很庞大的);③ 工程制图信息(如果是一般零件的加工,需要工程制图);④ 分析和仿真信息(如有限元分析等)。这些信息应当分门别类放入不同的模型文件中,形成主模型和下游模型的关系。

4）减少显示数据量。在CAD系统内部,可以采用三角面片模型代替实体模型。在CAD系统外部,可以采用轻量化显示模型,例如JT格式模型。

4.4.5 可装配性检查

数字样机是一种以驱动尺寸为公称尺寸的数字模型,不反映公差的作用(公差一般仅在工程图中反映),但是公差的客观存在对实际装配的成功与否有着重要影响,所以数字样机通过间隙分析判断装配的可行性。目前的装配间隙分析是从静态干涉的角度进行检查的,主要有5种干涉检查结果。

1）无干涉:装配零件之间的距离大于间隙给出的范围(公差带),如图4-4(a)所示,其中虚线表示的是间隙的示意图。

2）软干涉:两个检测零件的距离小于或等于间隙误差给出的范围,但是零件并不接触,如图4-4(b)所示。

3）接触干涉;两个零件接触,但是零件之间没有相交,如图4-4(c)所示,一般的装配模型按照名义尺寸属于这一类。例如一个$\phi 5$的孔和一个$\phi 5$的轴装配。

4）硬干涉:零件之间相交,如图4-4(d)所示。在现实装配中是绝对不行的。

5）一个部件的对象完全被另一个部件的对象包容在内,如图4-4(e)所示,不会出现这种情况。

初始的公差分配和设计来自于装配设计,最终的成功验证也是在装配模型上。目前在数字样机中关于计算机辅助装配公差设计的研究还存在一定困难。

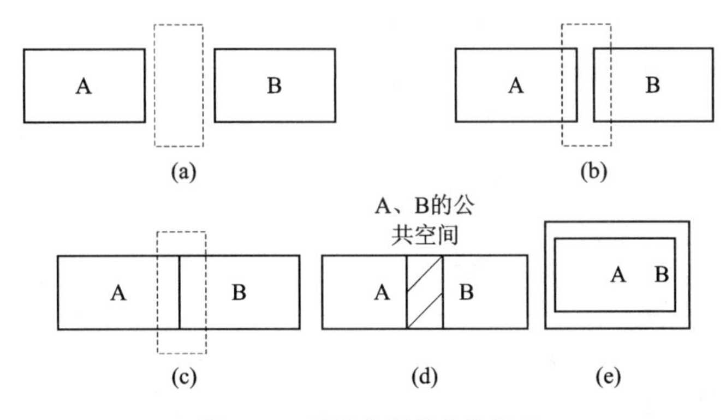

图 4-4 间隙分析的几种情况

4.4.6 装配顺序规划和装配路径规划

在并行工程中，在产品的设计阶段就应当考虑装配和制造对设计的影响。装配工艺规划是连接装配设计和装配实施的桥梁。装配工艺规划的制订一般要考虑零件设计中几何及功能约束、装配顺序、装配路径、可拆卸性、装配模型表示方式，以及旨在提高产品制造效率的零件与子装配体的夹紧方式、装配工艺中各种各样的限制、总体经济性等。

早期的装配工艺规划一般用手工编制，制造工程师根据具体的生产条件，凭借经验对产品的装配进行工艺规划。在计算机环境下的装配工艺规划编制是将经验以知识的形式存储在计算机中，并经过推理得到合理的装配工艺规划。

计算机辅助装配顺序规划研究是从 20 世纪 80 年代开始的。装配顺序规划主要研究装配顺序的生成与几何可行性分析。所谓装配顺序的几何可行性，从几何约束的角度来讲，是两个装配单元之间的装配操作或分解操作不存在几何干涉现象。为了描述装配体中各零件之间的几何干涉关系及装配顺序生成方法，研究人员相继提出了各种概念和方法，如装配优先约束法、产品装配结构的关联图模型法、装配割集法、基于层次图的配合条件法、网络表示装配顺序路径法、基于经验的装配规划方法等。这些方法的目的是从众多的装配顺序中快速找到几何可行的装配顺序并且优选出少数几条相对较优的装配顺序。

装配顺序规划确定了零件装配的顺序，但没有确定零件按照什么方向或路径装配，以及装配是否发生干涉。装配路径规划是 DFA(Design For Assembly)中的关键技术之一。它在装配建模和装配顺序规划的基础上，充分利用装配信息(包括一定的装配环境和装配零部件的空间姿态等)进行路径分析、求解和判断，并生成一条无碰撞的从装配起点到装配终点的装配路径，即无碰撞干涉的路径规划，从而达到优化设计的效果。装配路径规划的内容主要包括：装配体及其相关的数据结构模型的前置处理、分离方向的确定、分离平移量的确定、拆分方向的确定和干涉检查。

4.5 常用 CAD/CAM 系统简介

目前，国内常见的 CAD/CAM 软件可以分为单一的 CAD 软件、单一的 CAM 软件和 CAD/CAM 集成在一起的软件。表 4-1 所列为国内外常见的 CAD/CAM 软件。

表 4-1 常见 CAD/CAM 软件

名 称	厂 商	说 明
CATIA	法国 Dassault	CAD/CAM/CAE
Unigraphics	德国 Simens 公司	CAD/CAM/CAE
Pro/Engineer	美国 PTC 公司	CAD/CAM/CAE
Auto CAD	美国 AutoDesk 公司	二维 CAD
SolidWorks	法国 Dassault 公司	CAD
SolidEdge	德国 Simens 公司	CAD
MasterCAM	美国 CNC Software 公司	CAM
Cimatron	以色列 Cimatron 公司	CAM
CAXA Solid	北方数码大方公司	CAD

4.5.1 CATIA

计算机辅助三维交互设计应用(Computer - graphics Aided Three Dimesional Interractive Apptication,CATIA)是法国达索系统(Dassault Systems)公司开发的 CAD/CAM/CAE 集成系统。CATIA 软件的曲面设计功能在飞机、汽车、轮船等设计领域广泛应用。在飞机制造业中,波音 777 项目和洛克希德·马丁公司的 JSF 项目是应用 CATIA 系统并取得成功的典范。CATIA 的曲面造型功能体现在它提供了极丰富的造型工具来支持用户的造型需求,例如,其特有的高次 Bezier 曲线曲面功能,次数能达到 15,能满足特殊行业对曲面光滑性的苛刻要求。

CATIA V4 版本运行于工作站,由于其许多造型工具能利用不同的方法实现类似的造型效果,使用户必须在严格掌握各种工具的细微差别的基础上才能正确地选择。所以对于工作站版本,往往需要专业的培训才能拿捏。达索公司也通过推出一些更专业的软件包方便用户使用。现在达索系统公司提供 CATIA V5 版本,该版本能够运行于多种平台,特别是微机平台,并且具有友好的用户界面,弥补了 V4 版本的不足之处。

如图 4-5 所示,CATIA V5 可以为数字化企业建立一个针对产品整个开发过程的工作平台。在这个平台中,可以对产品开发过程的各个方面进行仿真,并能够实现工程人员和非工程人员之间的电子通信。产品整个开发过程包括概念设计、详细设计、工程分析、成品定义和制造乃至成品在整个生命周期中的使用和维护,给用户提供了一个完善的工具和使用环境。它不仅给用户提供了丰富的解决方案,而且具有先进的开放性、组成性及灵活性,CATIA V5 具有以下特点。

(1) CATIA 系统是高度集成数字化设计制造系统

CATIA 系统包括了产品从概念设计到产品维护的全过程,是面向虚拟产品整个过程的系统。CATIA 系统提供了产品概念设计、详细设计、零件装配与装配模拟、工程分析、产品数控加工等产品设计、分析、制造、维护全过程所需的工具以及相应的管理手段。它是面向虚拟产品、基于数据管理的高度集成的系统。该系统的数据库保证了所有应用模块的一致性和相关性。

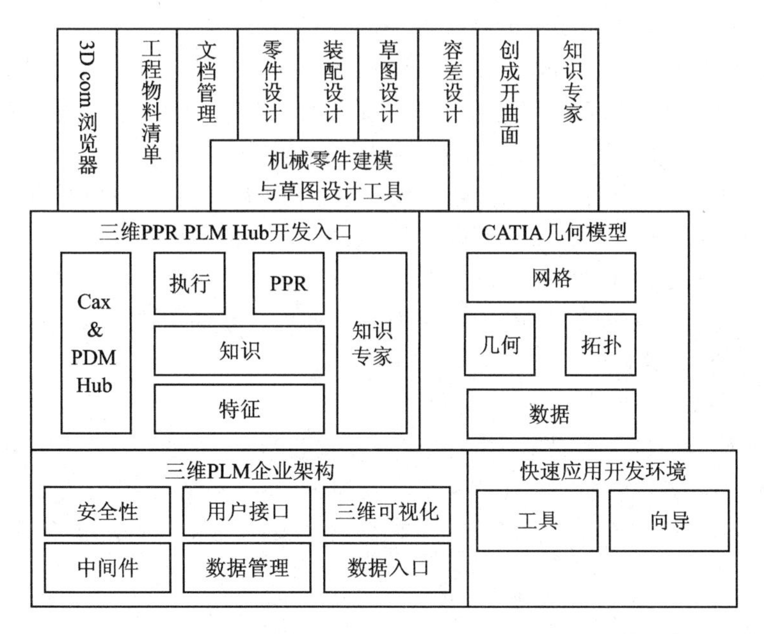

图 4-5　CATIA 系统体系结构

(2) 采用先进的混合建模方法技术

CATIA 系统是一个由二维工程绘图、线框造型、曲面造型、实体造型、特征造型等多种造型方法相结合,参数化和非参数化相结合的混合适型系统。

用户在进行产品造型时,可根据产品设计各阶段的需要,通过绘图、线框、曲面、实体等技术方法进行产品数字化定义,并可通过参数化的尺寸驱动等多种修改手段,根据产品的性能、制造、维护等需要,对产品模型进行修改。

CATIA 系统混合建模方式有以下几种。

1) 设计对象的混合建模:在 CATIA 的设计环境中操作。

2) 变量和参数化混合建模:在设计中,设计者不必考虑如何参数化设计目标,CATIA 提供了变量驱动及后参数化能力。

3) 几何和知识工程混合建模:企业可以将多年的经验积累到 CATIA 的知识库中,用于指导本企业新员工,或指导新产品的开发,加速新型号推向市场的时间。

CATIA 系统混合建模方法具有以下特点。

1) 集成化造型方法:该方法为用户提供了灵活的造型手段。

2) 后参数化的过程:产品造型完成后根据产品的特点以及修改、制造、维护的需要,对其进行参数化,使参数化的含义更加明确。

3) 局部参数化的方法:绝大多数零件往往只需对零件的某一部分或某几部分的几何关系进行修改,因此,可以对所需的相关几何关系进行局部参数化定义。

(3) 支持并行工程设计

CATIA 提供了多模型操作(Session)的工作环境及混合建模方式。总体设计部门将基本的结构尺寸发放出去,各分系统的人员便可开始工作,既可协同工作,又不互相牵连。由于模型之间的互相关联,使得上游设计结果可作为下游的参考,同时,上游对设计的修改能直接影响到下游工作的刷新,从而保证产品信息的相关性、一致性和可靠性。

(4) 具有基于人工智能的知识工程结构

CATIA系统是一种智能化的CAD/CAM系统。该系统采用了人工智能技术,可将产品的技术规范、特殊技术要求、公司的技术标准以及个人的实际工程经验等准则添加到产品的规则定义中,用户可以在项目的整个生命周期中跟踪、评估设计目标。

基于人工智能技术的CATIA系统智能化体系结构,使CATIA系统具有更大的灵活性和先进的诊断能力,以提高所建立的产品模型的有效性、一致性和可靠性。

(5) 具有基于网络的协同工作环境

通过网络,CATIA系统的协同组件可使分布在世界各地的用户一起实时地对CATIA模型进行评审、浏览等协同工作。

(6) 开放性的体系结构

系统的开放性是评价一个CAD/CAM系统的重要指标。CATIA V5实现了开放的体系结构,包括涉及开发、测试的所有CATIA产品及配置,用户可以根据功能需求,基于CATIA V5应用开发平台CAA FOR CATIA V5,就可以开发与CATIA无缝集成的客户化功能模块。

4.5.2 Unigraphics

UG软件以CAD/CAM/CAE一体化而著称。UG软件起源于美国麦道飞机公司,并于1991年并入美国通用汽车公司EDS(电子资讯系统有限公司),2007年并入西门子Siemens,因此该软件汇集了多领域的专业经验。

经过30多年的发展,UG软件已成为世界一流的集成化机械CAD/CAM/CAE软件,广泛应用于航空、航天、汽车、通用机械、模具和家用电器等领域。许多世界著名公司均选用UG作为企业计算机辅助设计、制造和分析的标准,如美国通用汽车公司、波音飞机公司、贝尔直升机公司、英国宇航公司、普惠发动机公司等都以UG作为企业产品开发的软件平台。

UG是一个高度集成的CAD/CAM/CAE软件系统,可应用于整个产品的开发过程,包括产品的概念设计、建模、分析和加工等。该软件不仅具有强大的实体造型、曲面造型、虚拟装配和产生工程图设计等功能,在设计过程中还可进行有限元分析、机构运动分析、动力学分析和仿真模拟,提高设计的可靠性,同时,还可用建立的三维模型直接生成数控代码,用于产品的加工,其后处理程序支持多种类型的数控机床。另外它所提供的二次开发语言UG/Open Grip和UG/Open API简单易学,能实现的功能多,便于用户开发专用的CAD系统。具体来说,该软件具有以下特点。

1) 具有统一的数据库,真正实现了CAD/CAE/CAM各模块之间无数据交换的自由切换,可实施并行工程。

2) 采用复合建模技术,可将实体建模、曲面建模、线框建模、显式几何建模与参数化建模等融为一体。

3) 用基于特征(如孔、凸台、型腔、槽沟、倒角等)的建模和编辑方法作为实体造型基础,形象直观,类似于工程师传统的设计办法,并能用参数进行驱动。

4) 曲面设计采用非均匀有理B样条作基础,可用多种方法生成复杂的曲面,特别适合于汽车外形设计、汽轮机叶片设计等复杂曲面的造型。

5) 出图功能强,可十分方便地从三维实体模型直接生成二维工程图。能按照ISO标准和

国标进行标注尺寸、形位公差和汉字说明等，并能直接对实体作旋转剖、阶梯剖和轴测图挖切等以生成各种剖视图，增强了绘制工程图的实用性。

6）以 Parosolid 为实体建模核心，实体造型功能处于领先地位。

7）提供了界面良好的二次开发工具 GRIP（graphical interactive programing）和 UFun（user function），并能通过高级语言接口使 UG 的图形功能与高级语言的计算功能紧密结合起来。

8）具有良好的用户界面。在 UG 中绝大多数功能都可通过图标实现；进行对象操作时具有自动推理功能；同时，在每个操作步骤中都有相应的提示信息，便于用户做出正确的选择。

4.5.3　Solidworks

SolidWorks 软件是一个基于 Windows 开发的三维 CAD 系统，1995 年 SolidWorks 公司推出第一套 SolidWorks 三维机械设计软件，1997 年公司被法国达索公司全资并购，该产品成为达索中端主流市场的主打品牌。SolidWorks 软件包括零件建模、曲面建模、钣金设计、数据转换、高级渲染、图形输出、特征识别和软件设计等多个模块。目前，全球发放的 SolidWorks 软件使用许可，涉及航空航天、机车、食品、机械、国防、交通、模具、电子通讯、医疗器械、娱乐工业、日用品/消费品、离散制造等各类企业。

Solidworks 软件功能强大，组件繁多。SolidWorks 能够提供不同的设计方案，减少设计过程中的错误以及提高产品质量。SolidWorks 不仅提供如此强大的功能，而且对每个工程师和设计者来说，操作简单方便，易学易用。具体来说，Solidworks 软件有以下特点。

1）全 Windows 界面，操作非常简单方便。Solidworks 是在 Windows 环境下开发的，具有简易方便的工作界面；利用 Windows 的资源管理器或 Solidworks Explorer 可以直观管理 Solidworks 文件；采用内核本地化，全中文应用界面；采用 Windows 技术，支持特征的“剪切、复制、粘贴”操作；支持拖动复制、移动技术。

2）清晰、直观、整齐的“全动感”用户界面。“全动感”的用户界面使设计过程变得非常轻松；动态控标用不同的颜色及说明提醒设计者目前的操作，可以使设计者清楚当前做什么；标注可以使设计者在图形区域就给定特征的有关参数；鼠标确认以及丰富的右键菜单使得设计零件非常容易；建立特征时，无论鼠标在什么位置，都可以快速确定特征建立；图形区域动态的预览，使得在设计过程中就可以审视设计的合理性。

3）灵活的草图绘制和检查功能。草图绘制状态和特征定义状态有明显的区分标志，设计者可以很清楚自己的操作状态；采用单击—单击式或单击—拖动式的绘图方式；采用不同颜色显示草图的不同状态。

4）强大的特征建立能力和零件与装配的控制功能。通过拉伸、旋转、薄壁特征、高级抽壳、特征阵列以及打孔等操作来实现零件的设计；可以对特征和草图进行动态修改；利用零件和装配体的配置不仅可以利用现有的设计，建立企业的产品库，而且解决了系列产品的设计问题；可以利用 EXCEL 软件驱动配置，从而自动地生成零件或装配体；使用装配体轻化，可以快速高效地处理大型装配，提高系统性能；动画式的装配和动态查看装配体运动。

4.5.4　AutoCAD

AutoCAD（Auto Computer Aided Design）是美国 Autodesk 公司首次于 1982 年生产的计

算机辅助设计软件，用于二维绘图、详细绘制、设计文档和基本三维设计，现已经成为国际上广为流行的绘图工具。Dwg文件格式成为二维绘图的事实标准格式。

AutoCAD具有良好的用户界面，通过交互菜单或命令行方式便可以进行各种操作。它的多文档设计环境，让非计算机专业人员也能很快地学会并使用。在不断实践的过程中更好地掌握它的各种应用和开发技巧，从而不断提高工作效率。

AutoCAD具有广泛的适应性，它可以在各种操作系统支持的微型计算机和工作站上运行，并支持分辨率由320×200到2 048×1 024的各种图形显示设备40多种，以及数字仪和鼠标器30多种，绘图仪和打印机数十种，这就为AutoCAD的普及创造了条件。

4.5.5 CAXA

北京数码大方科技有限公司（即CAXA）是中国领先的CAD和PLM供应商，是我国制造业信息化的优秀代表和知名品牌，拥有完全自主知识产权的系列化CAD、CAPP、CAM、DNC、EDM、PDM、MES、MPM等PLM软件产品和解决方案，覆盖了制造业信息化设计、工艺、制造和管理四大领域，产品广泛应用于装备制造、电子电器、汽车、国防军工、航空航天、工程建设、教育等各个行业。

思考题

4-1 举例说明在计算机内部实现建模的过程。

4-2 什么是几何建模技术？为什么特征建模中必须同时给出几何信息和拓扑信息？

4-3 试分析三维几何建模的类型及应用范围。

4-4 以回转体及板块类零件为例，说明特征建模的基本思路和特征的分类。

4-5 说明特征建模技术的产生背景及发展情况。

第5章　计算机辅助工艺过程设计

本章阐述了计算机辅助工艺过程设计(Computer Aided Process Planning,CAPP)的发展概况及CAPP系统结构组成、CAPP中零件信息的描述与输入方法、各类CAPP的基本构成及其工作原理和设计方法,介绍了工艺数据和知识的类型与特点及其获取与表达等内容。

5.1　CAPP的发展概况及系统结构组成

5.1.1　CAPP的基本概念

工艺设计是机械制造过程技术准备工作中的一项重要内容,是产品设计与车间生产的纽带,工艺设计所生成的工艺文档是指导生产过程的重要文件及制订生产计划与调度的依据;工艺设计随企业资源及工艺习惯的不同而有很大差别,在同一资源及约束条件下,不同的工艺设计人员可能制订出不同的工艺规程。这是一个经验性很强且影响因素很多的决策过程。

工艺设计的内容和步骤包括:根据产品装配图和零件图,了解产品用途、性能和工作条件,熟悉零件在产品中的地位和作用,明确结构特点及技术要求,审查零件结构工艺性;了解产品的生产纲领及生产类型;确定毛坯;确定加工方法,拟定工艺路线,合理安排加工顺序;选择定位基准;按企业实际情况具体确定各工序的切削用量;编制数控加工程序;确定重要工序的质量检测项目和检测方法;计算工时定额和加工成本、评价工艺方案;按规定格式编制工艺文件等。

当前机电产品的生产是多品种、小批量生产起主导作用,制造业正在进入信息化及知识经济时代,传统的制造模式远不能满足快速响应市场的需要。以信息技术为主的多学科综合先进技术改造、提升我国传统的制造业势在必行,制造业的生产模式也必然产生一系列的变化,作为产品生命周期中的一个很重要进程的工艺设计也必须产生变化与之相适应。因而,传统的工艺设计方法已远不能适应当前机械制造行业发展的需要,具体表现为:

1) 传统的工艺设计由人工编制,劳动强度大,效率低,且因人而异;
2) 设计周期长,不能适应市场瞬息多变的需求;
3) 设计质量在很大程度上依赖于工艺设计人员的水平;
4) 人工工艺设计很难做到最优化、标准化;
5) 工艺设计人员主要进行重复性烦琐的工作,缺少对创新工艺工作的研究。

随着机械制造生产技术的发展和当今市场对多品种、小批量生产的要求,特别是CAD/CAM系统向集成化、智能化、网络化、可视化方向发展。计算机辅助工艺设计CAPP也日益为人们所重视。用CAPP系统代替传统的工艺设计方法具有重要的意义,主要表现在:

1) 可以将工艺设计人员从烦琐和重复性的劳动中解放出来,转而从事新工艺的开发工作;
2) 可以大大缩短工艺设计周期,提高产品对市场的响应能力;
3) 有助于对工艺设计人员的宝贵经验进行总结和继承;
4) 有利于工艺设计的最优化和标准化;

5）为实现 CIMS 等先进的生产模式创造条件。

从 20 世纪 60 年代开始对 CAPP 理论与应用进行研究，30 多年来虽已取得了较多的成果，但到目前为止，仍有许多问题需要进一步的研究。尤其是 CAD/CAM 向集成化、智能化、网络化、可视化方向发展，及并行工程工作模式、CIMS 和 AM 等先进的生产模式的出现，对 CAPP 系统也提出了新的要求。因此，CAPP 的内涵也在不断地发展。从狭义的观点来看，PP（Process Planng）是完成工艺过程设计，输出工艺规程。但是在集成化、智能化、网络化、可视化 CAD/CAM 系统或先进制造模式中，特别是在并行工程工作模式中，PP 不再单纯理解为 Process Planning，而应增加 Production Planning 的含义。这样，就产生了 CAPP 的广义概念，即 CAPP 一方面向生产规划最佳化及作业计划调度最佳化发展，作为 MRPII 的一个重要组成部分；CAPP 向另一方面扩展是能够与物流系统相联系，生成 NC 加工控制指令，以控制物流或加工过程。然而，我们这里所讨论的 CAPP 仍在传统的认识范围之内。

20 世纪 80 年代以来，随着机械制造业出现 CIMS 或 IMS 等先进制造系统，对 CAD/CAM 集成化的要求越来越强烈。众所周知，CAPP 在 CAD、CAM 中间起到桥梁和纽带作用。在集成系统中，CAPP 必须能直接从 CAD 模块中获取零件的几何信息、材料信息、工艺信息等，以代替人机交互的零件信息输入，CAPP 的输出则是 CAM 所需的各种信息。随着对先进生产模式的深入研究与推广应用，人们已认识到 CAPP 是先进生产模式的主要技术基础之一。因此，CAPP 从更高、更新的意义上再次受到广泛的重视。在先进制造系统的生产模式环境下，CAPP 系统与先进制造系统的其他子系统有着紧密的联系，图 5-1 表示了 CAPP 系统与信息化制造系统中的其他主要子系统的信息流。

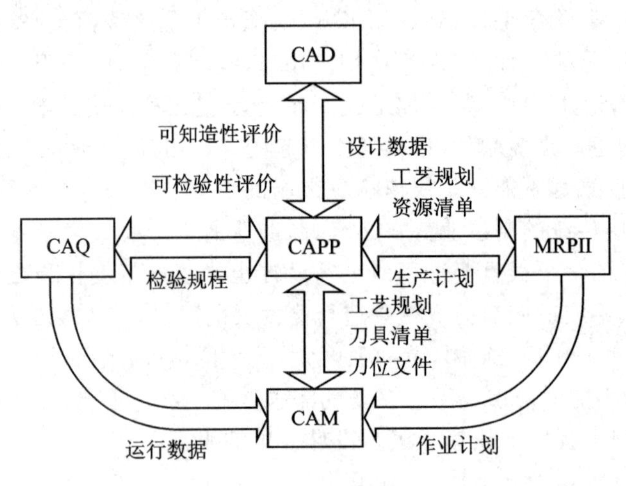

图 5-1 子系统的信息流

由以上可以看出，CAPP 对于保证信息化制造系统中的信息流畅通是非常重要的，从而实现真正意义上的集成。

5.1.2 CAPP 的结构组成

CAPP 系统的构成与其开发环境、产品对象、规模大小有关。图 5-2 所示的系统构成是根据 CAD/CAPP/CAM 集成的要求而拟定的。它体现了我们对 CAPP 系统的广义内涵的理解，从内容上来看，覆盖了机械制造过程的各个工种；在深度方面它不仅与 CAD 系统进行集

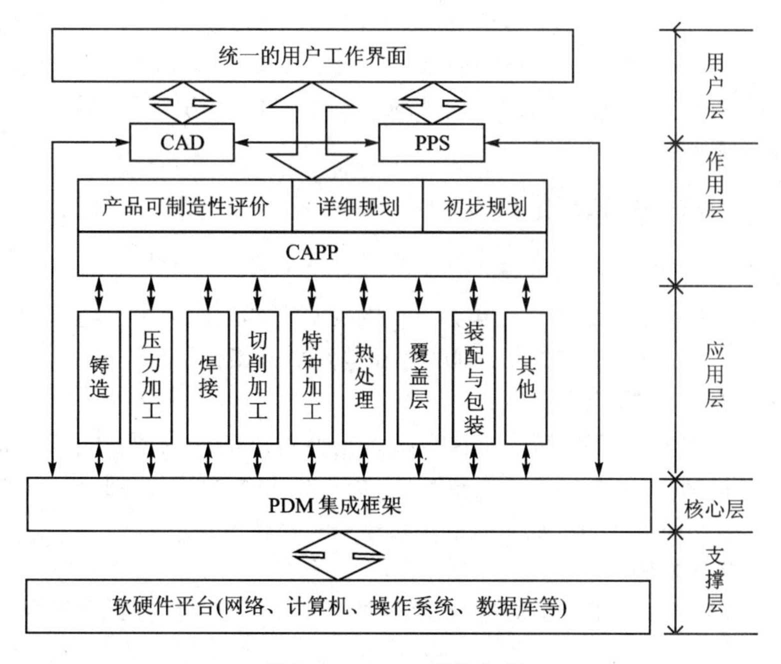

图 5－2　CAPP 系统构成

成，同时还与生产作业计划调度和控制系统进行集成，可以认为这符合面向并行工程的 CAPP 系统的框架的需求。通常人们对 CAPP 的认识多数局限于机械加工部分，这里所介绍的系统仍以机械加工为背景，图 5－3 所示是一个用于机械加工的 CAPP 系统。它是一个比较完整的、

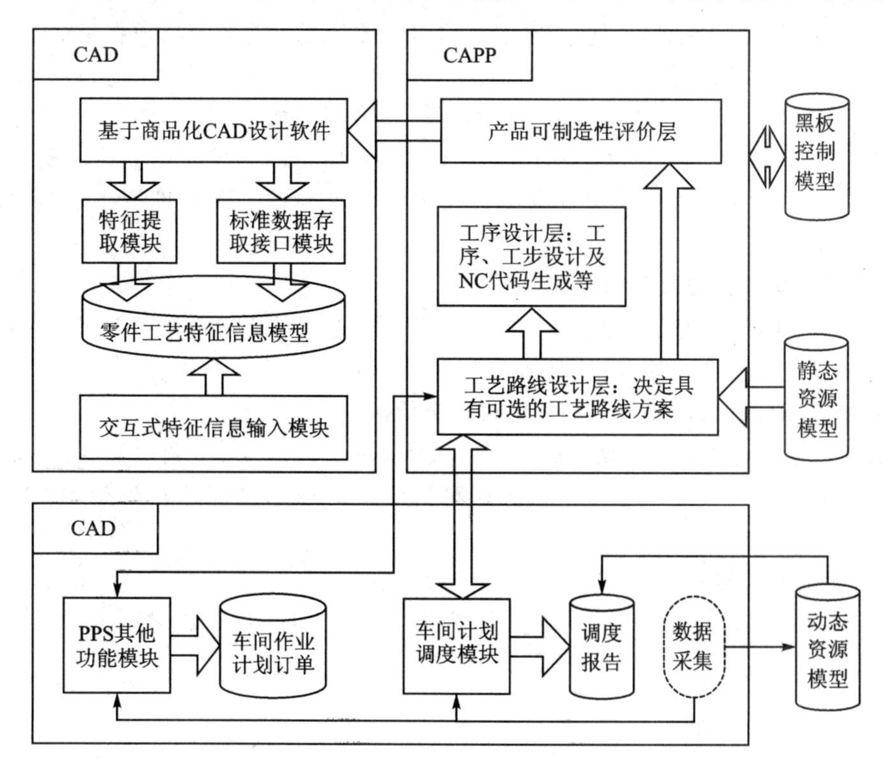

图 5－3　机械加工 CAPP 系统

广义的CAPP系统,实际上,并不一定所有的CAPP系统都必须包括上述全部内容,例如传统概念的CAPP不包括NC加工控制指令的生成及加工过程的仿真,交互系统组成可以根据实际生产的需要而进行调整。但它们的共同点应使CAPP的结构满足层次化、模块化的要求,并具有开放性,便于不断扩充和维护。

5.1.3 CAPP的基础技术

1. 成组技术

CAPP系统的研究与开发是与成组技术(Group Technology,GT)密切相关的,早期的CAPP系统的开发一般多为以GT为基础的变异型CAPP系统。

2. 零件信息的描述与获取

CAPP与CAD、CAM一样,其单元技术都是按照自己的特点而各自发展的。零件信息(几何拓扑及工艺信息)的输入是首当其冲的,即使在集成化、智能化、网络化、可视化的CAD/CAPP/CAM系统,零件信息的生成与获取也是一项关键技术。

3. 工艺设计决策机制

其中核心为特征形面加工方法的选择、零件加工工序及工步的安排及组合,故其主要决策内容如下:

1) 工艺流程的决策;

2) 工序决策;

3) 工步决策;

4) 工艺参数决策。

为保证工艺设计达到全局最优化化,交叉设计。系统把这些内容集成在一起。

4. 工艺知识的获取及表示

工艺设计是随设计人员、资源条件、技术水平、工艺习惯的不同而变化的。要使CAPP在企业内得到广泛有效的应用,必须总结出适应于本企业所生产的零件加工的典型工艺及工艺决策的方法。按CAPP系统的开发要求,用不同的知识表示形式和推理策略来描述这些经验及决策逻辑。

5. 工序图及其他文档的自动生成。

可自动生成输出工序图及其他文档,亦可从现有工艺文件库中调出各类工艺文件,利用编辑工具对现有工艺文件进行修改,得到所需的工艺文件。

6. NC加工指令的自动生成及加工过程动态仿真。

NC加工指令的自动生成依据工序决策模块所提供的刀位文件,调用NC指令代码系统,产生NC加工控制指令;加工过程动态仿真对所产生的加工过程进行模拟,检查工艺的正确性。

7. 工艺数据库的建立。

工艺数据库由若干个数据库组成,包括零件总体信息库、标准工艺规程库、典型工艺规程等。

5.1.4 CAPP发展趋势

随着我国机械制造业进入21世纪,以信息技术为主的多学科综合先进技术来改造、升级

传统的机械制造业，信息化制造的诞生是必然的结果。各种先进制造模式不断地出现，要求CAPP 系统向集成化、智能化、网络化、可视化方向发展，以适应信息化制造的需求。

目前 CAPP 系统研究开发的热点问题有以下几个方面。

1）集成化、智能化、网络化、可视化 CAPP 理论体系的研究，特别是 Internet 的普及以及由于 Internet 的充分利用，对 CAPP 系统提出了新的需求，其中包括基于网络的分布式 CAPP 系统体系结构、支持动态工艺设计的数据模型、支持开发工具的功能抽象方法和信息抽象方法、统一数据结构以及协同决策机制和评价体系、规范、方法等方面的研究。

2）加强 CAPP 系统与生产作业计划调度和控制系统集成的研究，特别是在并行设计环境下，根据企业资源的动态变化，寻求满足当前资源及 T(时间)、Q(质量)、C(成本)、S(服务)、E(环境)的约束条件下的最优工艺规划的决策方法及评价标准的研究。

3）加强人工智能技术在工艺设计各个环节中的应用研究，特别是将基于逻辑思维的专家系统技术和基于形象思维的人工神经网络技术有机地结合起来，进一步提高系统的智能化水平。

4）为满足并行设计的需求，必须加强对可制造性评价和工艺路线最优化及其评价方法的研究。

5）为高速、高效、高质量地开发面向企业的不同类型的 PP 实用系统，必须充分利用构件重用技术，加强对 CAPP 系统开发平台的研究。

5.2　零件信息的描述与输入

5.2.1　CAPP 系统对零件信息描述技术的要求

各类 CAPP 系统的工作过程可用如图 5－4 所示的框图抽象地表示，在计算机硬件、软件系统支撑下和在资源及标准约束控制下，将输入信息通过不同机制(不同类型的 CAPP 系统的作用)转变成所需的各种文档。工艺设计是一项繁杂的工作，工艺人员除了必须考虑零件的结构、尺寸和精度要求、生产批量、毛坯种类和尺寸、加工方法、设备选择、工装配备、热处理要

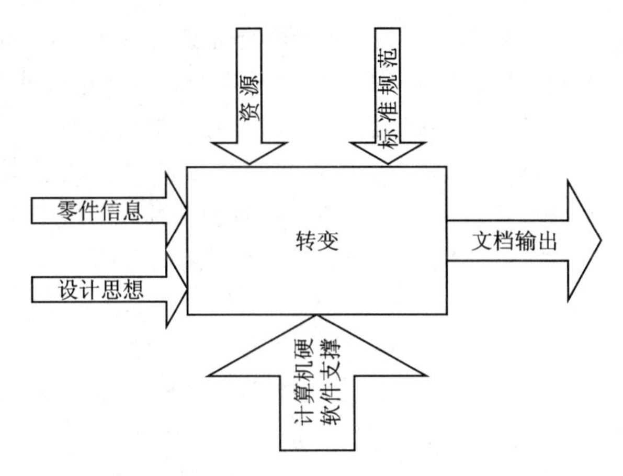

图 5－4　CAPP 系统工作过程

求等众多因素外，还要兼顾企业生产条件、传统工艺习惯以及各类行业标准等，所以是一项涉及面广、经验性强的综合性技术工作。进行工艺设计所需处理的信息不仅量大，而且信息之间的关系错综复杂，这就使得信息的获取成为CAPP系统中的关键技术。信息的获取分为两个方面：一为设计者的经验及思想，在不同类型CAPP系统中有不同的表示方式，例如在创成型系统中用判定表或判定树表示，在智能型系统中常用人工智能中相适应的知识表示方法表示。二为零件信息的描述与输入。

一个良好的CAPP系统，必须解决好零件信息的描述与输入问题，简明、准确地描述零件信息是实现CAPP系统的前提条件和CAPP系统进行工艺决策分析的可靠保证，也是CAPP系统运行的基础和依据。同时对于CAPP系统的输出质量和运行效率也具有决定性的影响。

零件的信息包括两方面的内容：零件的几何信息和工艺信息。零件的几何信息亦即零件的图形信息，包括零件的几何形状、尺寸等；工艺信息则包含零件各表面的精度、粗糙度、热处理要求、材料和毛坯类型等多种信息。CAPP系统对零件图形信息的描述有两个基本要求：一是描述零件的各组成表面的形状、尺寸、精度、粗糙度及形状公差等；二是应明确各组成表面的相互位置关系、连接次序及其位置公差。根据这两方面的内容，CAPP系统才能确定零件加工表面的加工方法以及相应的加工顺序。

5.2.2 零件信息描述的基本方法

如上所述，零件的信息描述与输入在CAPP系统中起着重要的作用，因而人们在开发CAPP系统时，针对不同的零件和应用环境，提出了很多的零件信息描述与输入方法。下面就简要介绍一些主要方法。

1. 零件分类编码描述法

在早期的CAPP系统中，一般采用零件分类编码系统，输入零件的编码以及一些补充信息，用零件编码来粗略描述零件的形状、尺寸、精度等信息。这种方法简单易行，但它对零件的描述过粗，对零件的具体形状、尺寸及精度等无法描述得十分清楚，使得CAPP系统不能得到足够的信息来详细、合理地进行工艺决策。现在所研制的CAPP系统中，一般很少单独采用此方法来描述零件。这种输入方法适用于变异型CAPP。

2. 形面要素描述法

为了达到详细描述零件的目的，把一个零件看作是由若干个基本的几何要素所组成的。几何要素分为主要形面要素、次要形面要素和辅助形面要素。就旋转体零件而言，主要形面要素是指外表面的主要要素（外围面、外锥面、外螺纹、外花键等外形特征）和内表面主要要素（主要孔、锥孔、内螺纹、花模孔等内部特征），由它们构造出零件的主要整体形状。主要形面要素必须按它们在零件上出现的位置依次进行描述。次要和辅助形面要素则包括退刀槽、直槽、径向孔、轴向孔、倒角、圆角等，一般它们都依附于某一个主要形面要素，完成某种特定功能或改善零件的加工工艺性能。

将上述各种形面要素任意组合，对零件的各个形面要素进行编号，以便能正确地输入零件各形面要素的尺寸、位置、精度、粗糙度等信息。利用这种输入方法虽然比较烦琐、费时，但是它可以较完善、准确地输入零件的图形信息，如德国Hanover大学K. W. Prack开发的“单件小批生产的CAPP系统”以及西安交通大学CAD/CAM研究所研制的旋转体零件CAPP系统（RIMS）中就采用了这种方法。对于描述和输入回转体零件的要素，形面要素法已经进入

了成熟阶段;但是,对于非回转体零件的形面要素描述则有一定难度。

3. 图论描述法

这种方法主要是利用图论的基本原理来描述零件的结构形状,即用结点表示零件的形状要素,并将这些形状要素赋以固定代码。用边表示两个相邻表面的连接情况,边上赋值表示两个相邻表面的夹角,若两表面完全无关时则无边。这样,零件的结构可用"图"加以描述。

由于这种方法是用结点、边及其关联关系来描述零件特征的,这样就导致了信息输入烦琐、费时。若所要描述的零件比较复杂,形面要素多而杂,其间的关联关系不易描述,就会使得描述矩阵庞大。因此,这种方法比较适用于结构形状较简单、较规则的回转类零件。

4. 面向零件特征要素法

此种方法主要用来描述比较复杂的非旋转体零件。非旋转体零件形状复杂,若要像描述旋转体零件形状要素那样详细、准确就十分困难。但是有些非旋转体零件的制造工艺并不太复杂,对于这类零件,只要描述零件由哪些特征组成,以及这些特征的组织关系,然后就可做出相应的工艺决策。

5. 拓扑描述法

拓扑学的观点认为,三维的零件包括有限数量的元素,如点、线、面、体。这些元素可以看成是一些单元,因此一个零件可以用一组单元来表示。这种方法可以详尽地描述零件的结构形状,但对于 CAPP 系统来说,用于工艺决策的信息并不需要如此详细,况且这种方法描述时很不方便,并且缺少 CAPP 所需要的工艺信息,因此主要适用于 CAD 系统。

6. 知识表示描述法

随着知识工程(KE)的发展,零件信息描述采用了知识表示方法,如框架表示法、产生式规则表示法、谓词逻辑表示法等。零件信息描述采用知识表示为整个系统的智能化提供了良好的前提和基础。

7. 直接与 CAD 系统相连

进入 20 世纪 80 年代后期,计算机集成制造系统(CIMS))蓬勃发展,要求克服常规的零件信息描述方法中输入烦琐、效率低的缺点,因而提出寻求将 CAPP 与 CAD 系统直接相连的方法,使得 CAPP 所需的各种信息直接来源于 CAD 系统,避免烦琐的手工输入。在 CIMS 环境下,CAPP 系统将是 CAD、CAM 之间的桥梁,因此,CAPP 系统中零件信息输入最为理想的途径就是直接来自 CAD 系统内部的数据信息。

为了实现二者之间的集成,人们已做了许多开创性的探索。基于加工特征的建模系统就应运而生,它除了提供几何拓扑信息外,还提供工艺信息作为工艺决策的依据,从而实现 CAD/CAPP 二者之间的信息共享。还有人提出建立相同的编码机制,比如通过成组编码系统分别作用于 CAD、CAPP,即实现 GT－CAD,才能将 CAD 的输出信息作为 CAPP 工艺决策的依据,将 CAD 与 CAPP 连接起来。

综上所述,在众多的零件信息描述与输入方法中,适合于轴类零件的较多,这是因为轴类零件相对于箱体类零件而言信息量少,信息描述与输入相对简单些。箱体类零件形状结构复杂,形面参数繁多,包含的信息量大,要完整而简明地进行零件信息描述与输入是非常困难的。因此,对箱体类零件信息描述与输入方法的研究成了一个薄弱环节,这个薄弱环节严重地制约着 CAPP 技术的发展。寻求有效的描述方法并开发出相应的零件信息输入系统,是 CAPP 研究人员亟待解决的问题。

5.3 交互型CAPP系统

5.3.1 概 述

交互型CAPP系统是按照不同类型零件的加工工艺需求，编制一个人机交互软件系统。工艺设计人员根据屏幕上的提示，进行人机交互操作，操作人员在系统的提示引导下，回答工艺设计中的问题，对工艺过程进行决策及输入相应的内容，形成所需的工艺规程。因此，这种CAPP系统工艺过程设计的质量对人的依赖性很大，且因人而异。因而，一个实用的交互型CAPP系统必须具有下列条件。

1）具有支持工艺决策、工艺参数选择的基于本企业资源的工艺数据库，它由工艺术语库、机床设备库、刀具库、夹具库、量具库、材料库、切削参数库、工时定额库等组成。

2）应有一个友好的人机界面，一个友好的人机界面必须具备下列功能：

① 实时的人机交互、快速响应的输入和输出以及对操作人员及时提示和起智能引导作用。对输入内容能详细检查，对不正确的内容能明确指出其错误性质，并指出其修改的回溯点及回溯路径。

② 对整个系统的组成应一目了然，方便地调用各功能模块，并能快速、无障碍地进行切换。

③ 界面布置合理，宜人悦目，整个系统要前后一致，规格统一，方便操作，用户掌握其中一个模块的交互操作，就能举一反三。

④ 用户记忆量最小。

3）具有纠错、提示、引导和帮助功能。

4）数据查询与设计程序能方便地进行切换，查询所得数据能自动地插入设计所需地点。

5）能方便地获取零件信息及工艺信息。

6）能方便地与通用图形系统链接，获取或绘制毛坯图及工序图。

5.3.2 系统的总体结构

系统以人机交互的方式来编制零件工艺。工艺人员在系统集成环境下，根据实际情况，在系统指导下，一步步地完成工艺规程的编制。系统主要包括的功能模块如图5-5所示。

1. 零件信息检索

工艺人员在编制零件工艺时，首先就要进行零件信息检索。在工艺人员输入零件图号后，系统将检索零件信息数据库，并将检索出的零件信息显示出来，工艺人员可以编辑零件信息，也可以交互方式输入该零件的加工工艺。如果没有检索到该零件，表示该零件信息没有建立，系统会给出提示。

2. 零件信息输入

提供一个工艺人员交互输入零件信息的窗口。工艺人员根据零件的具体情况，输入诸如零件图号、零件名称、工艺路线号、产品和部件编号、材料牌号、毛坯类型、毛坯尺寸和设计者等基本信息。

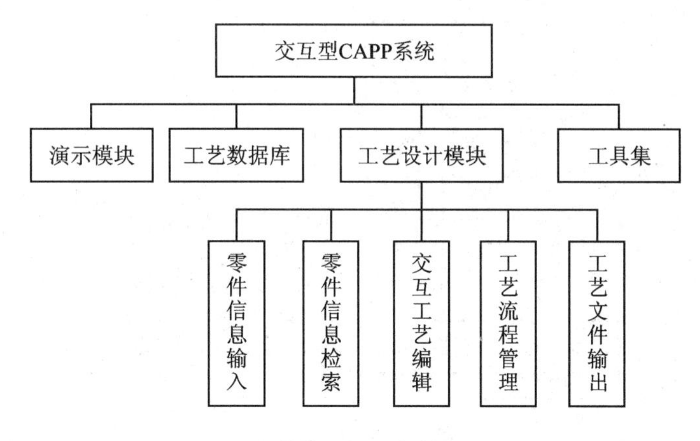

图 5－5　交互型 CAPP 系统的组成

3. 交互式工艺编辑

提供一个工艺人员交互输入工艺内容和工步内容的窗口。工艺人员可以很方便地添加、删除、插入和移动工序。在工艺编辑过程中,工艺人员还可以很方便地查询各种工艺数据,如机床、刀具、量具、工装和工艺参数等。

4. 工艺流程管理

一个完整的工艺规程制订过程,应包含一个对制订工艺规程的过程进行管理的过程。系统中,工艺设计过程管理分为 4 个步骤,即审核、标准化、会签和批准。

5. 工艺文件输出

系统主要输出两种工艺文件,即工艺卡和工序卡。

6. CAPP 相关工具

系统主要提供建立工艺数据及其管理系统和工艺尺寸链的计算两种工具,用来建立适应企业资源的工艺数据库和查询各种工艺数据以及进行尺寸链的计算,尺寸链计算包括组成环的尺寸解算和封闭环的公差解算两个部分。

交互型 CAPP 系统的工作流程图如图 5－6 所示。

5.3.3　系统的数据结构

系统的数据结构是采用关系型数据库来存放数据的。零件信息、工艺信息、工步信息和其他工艺数据信息都存放在不同的二维数据表中,不同类型的数据表又存放在不同的数据库中。此外,系统还提供用户自定义工艺数据库接口,用户可以根据自己单位的实际资源情况来建立自己的数据库,因而使系统具有较好的适应性和可扩展性。

在工艺设计过程中,需要系统提供的数据信息有:

1) 零件信息　存放零件的基本信息,如零件图号、零件名称、号、部件编号、材料牌号、件数、毛坯类型和设计者等。

2) 工艺信息　存放工序的基本内容,如工艺路线号、工序代号、工序名称、工序描述、切削参数、工时和设备、工装等信息。

3) 工步信息　工步是对工序的更为详细的描述,它包括工步代号、路线号、切削参数、工时和设备、工装等信息。

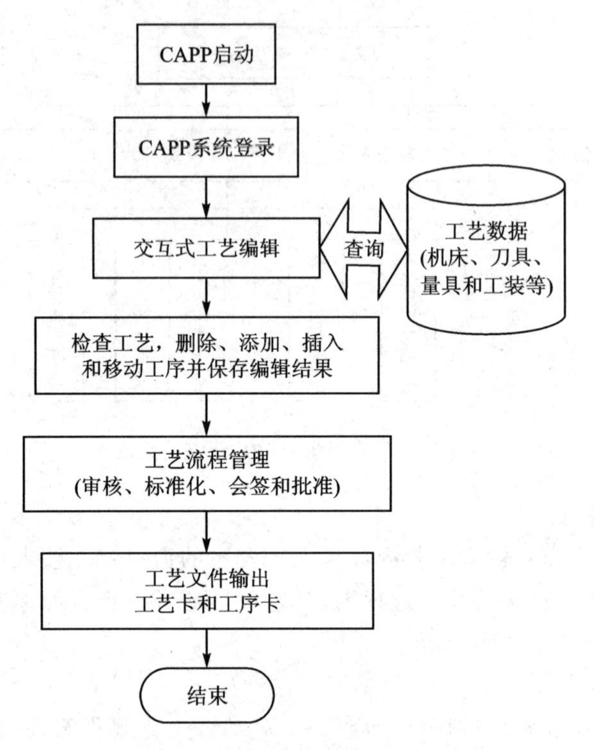

图 5-6　交互型 CAPP 系统工作流程

4）表尾信息　主要用来存放工艺文件的表尾信息，如编制、审核、会签、批准及其相关的时间等数据。

5）用户信息　用来保存用户的基本信息，如用户代码、用户名称等。

6）用户自定义数据库　其内容应根据企业实际资源及工艺设计的要求而定，一般情况应包括：工艺术语库、机床库、刀具库、量具库、工装库、工时定额库和切削参数库等。用户自定义数据的建立使得系统具有更大的灵活性。

上述提到的各种数据库有各自的数据结构，且它们之间是有联系的，为节约篇幅这里不对每种数据库的结构进行描述，只以零件信息（见表 5-1）和工艺信息（见表 5-2）为例，作一些简要介绍。

表 5-1　零件信息表的结构

序　号	字段名称	类　型	长　度	非空说明	键　性
1	零件图号	文本	50	T	PK
2	零件名称	文本	50	T	
3	工艺路线号	文本	50	T	
4	成组编码	文本	15	F	
5	材料牌号	文本	50	T	
6	毛坯类型	文本	50	T	

续表 5-1

序　号	字段名称	类　型	长　度	非空说明	键　性
7	毛坯尺寸	文本	25	T	
8	可制件数	整型		T	
9	产品编号	文本	50	T	
10	产品名称	文本	50	T	
11	借用件	文本	2	F	
12	借用图号	文本	50	F	

表 5-2　工艺信息表的结构

序　号	字段名称	类　型	长　度	非空说明	键　性
1	工艺路线号	文本	50	T	PK
2	工序代号	整型		T	
3	工序名称	文本	10	T	
4	工序描述	备注		T	
5	切削时间	单精度		F	
6	辅助时间	单精度		F	
7	外协标识	文本	1	F	
8	外协时间	单精度		F	
9	机床代号	文本	50	T	
10	工装代号	文本	50	F	
11	量具代号	文本	50	F	
12	刀具代号	文本	50	T	
13	加工成本	货币		F	
14	工时定额	单精度		F	
15	工序图	二进制		F	

零件信息数据和工艺数据存放在数据库中，用建立的关键字对它们进行检索。对零件信息而言，零件图号是关键字，它是唯一的。用户只要给出零件图号，系统就可以检索到该零件的零件信息，并显示给用户。

零件信息表和工艺信息表是通过工艺路线号关联的，系统根据零件图号检索到零件信息，然后再根据该零件的工艺路线号，去检索工艺信息表，就得到了该零件的工艺数据。

同理，其他工艺数据之间也存在这样的对应关系。

CAPP 系统的信息模型如图 5-7 所示。

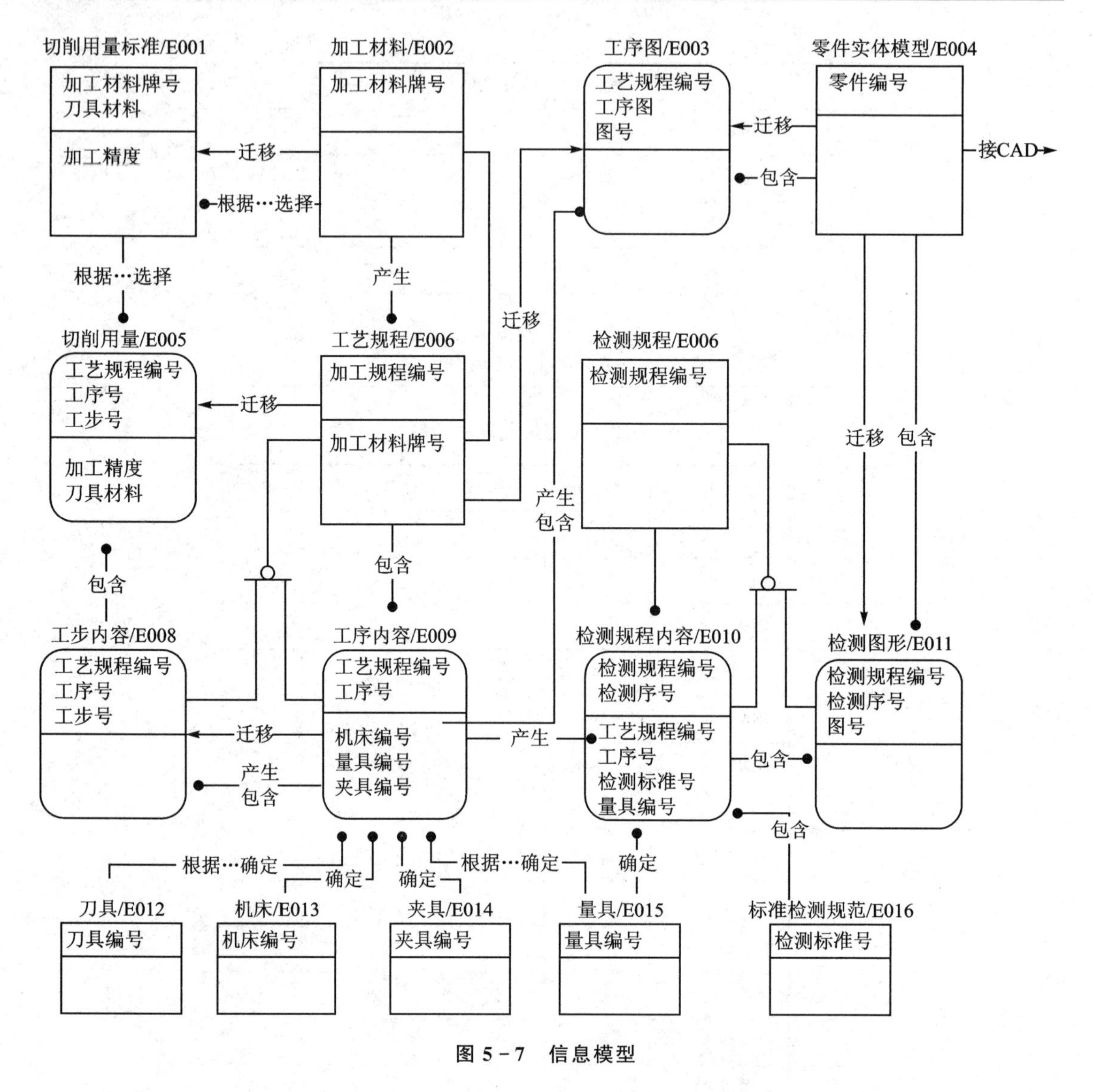

图 5-7 信息模型

5.4 变异型 CAPP 系统

变异型 CAPP 系统是利用零件的几何形状及加工工艺相似性来检索现有的典型工艺规程，根据零件技术要求，对已检索出的典型工艺进行编辑，从而形成新的加工工艺规程，所形成的新的加工工艺规程经工艺设计人员确认是否可作为另一典型工艺存入典型工艺库中。变异型 CAPP 系统是建立在成组技术基础上，零件按照几何相似件或者工艺的相似性归类成族，建立该零件族的主样件及其典型工艺规程即标准工艺规程，它可以按照零件族的编码作为关键字存入数据库文件中，标准工艺规程的内容通常包括完成该零件族零件加工所需的加工方法、加工设备、工具、夹具、量具及其加工顺序等，其具体内容可根据企业对工艺规程要求的详细程度而定。而对一个新零件的工艺设计，就是按照其成组编码，确定其所属的零件族，检索出主样件的典型工艺规程，并对它进行编辑，最后按照规定的格式输出。变异型 CAPP 系统

原理如图 5－8 所示。

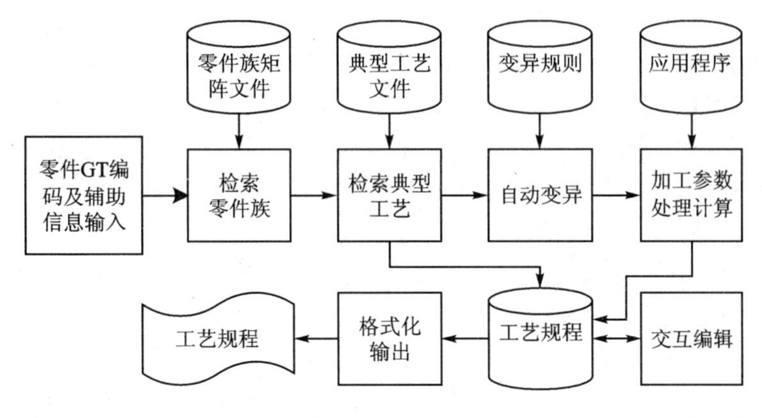

图 5－8　变异型 CAPP 系统

5.4.1　变异型 CAPP 系统的基本工作原理

变异型 CAPP 系统利用成组编码来描述零件信息。它首先要求对企业现有的所有零件进行分类归组，从而得到所谓的零件族及该零件族的主样件。对于每个零件族的主样件，有一个通用的加工制造过程，即主样件的典型工艺规程。

同时，变异型 CAPP 系统还需要有存储、检索、编辑主样件的典型工艺规程的功能以及具有支持编辑典型工艺规程的各种加工工艺数据库，例如加工设备、刀具、量具、夹具、切削用量等数据库。在工艺设计的时候，变异型 CAPP 系统首先进行新零件的信息输入，并自动建立该零件的成组编码，然后以该成组编码为依据，确定该零件所属的零件族及该零件族的主样件。每一个零件族的主样件对应一个典型的工艺规程，系统通过自身的匹配逻辑，找出适合于当前零件的典型工艺（有时不能完全匹配，可检索出一组相近似的工艺规程供设计人员选用），在此基础上进行编辑（添加、删除、调整、修改）就得到了当前零件的工艺规程，在经过审核批准后，即可输出供企业使用。

5.4.2　变异型 CAPP 系统的设计过程

1. 选择合适的零件分类编码系统

在设计系统之初，首先要选择和制定适合于本企业的零件分类编码系统，用来对零件信息进行描述和对零件进行分族，从而得到零件族矩阵并制定相应的典型的工艺规程。

目前，在国内外已有 100 多种编码系统在各个企业中使用，每个企业可以根据本企业的产品特点，选择其中的一种，或者是在某种编码系统基础上加以改进，以适合本单位的需求。在选择结构时，主要以实用为主。

2. 零件的分类归族

对零件进行分类归族是为了得到合理的零件族及其主样件。把具有一定相似性的零件划归到一起，就组成了一个零件族，每个相似零件或者零件族可以用一个样件来表示。该样件的制造方法，就是该零件族的公共制造方法，也就是所谓的典型工艺规程。

在对零件进行分类归族时，有一个通用的规则就是族内所有的零件都具有相似性，对于变异型 CAPP 系统而言，一个族内的零件必须要有相似的工艺规程。就相似性而言有两种考

虑：① 有的用户可能要求把那些具有绝对相同加工工序的零件归入一个族中，这样，属于该族中的零件只需要对标准的工艺规程进行极少量的修改，就能得到零件的工艺规程，但每个零件族的零件数量比较少；② 把能在同一台机床上加工的相似工艺的零件划归为一族，那么要得到每个零件的工艺规程，就需要对标准工艺规程进行较多的修改。这样，如何合理地划分零件族，是一个非常重要的问题。为此，可以在零件信息输入后对成组编码进行统计分析，形成一个分族归类分布图，根据分族分布情况确定零件族及其主样件。

3. 样件设计和标准工艺规程的制定

主样件可以是一个实际的零件，也可以是一个虚拟的零件，它是对整个零件族的一个抽象综合。设计主样件是为零件族制定一个典型的工艺规程。在设计主样件之前，要检查各个零件族所包含零件的情况，通常一个零件族只有一个主样件。在确定主样件时，应该以该零件族中最复杂的零件为基础，尽量覆盖该族其他零件的几何特征及工艺特征，构造一个新的零件，从而就得到了一个主样件。

零件族的典型工艺规程实际上就是主样件的加工工艺规程，主样件的工艺规程应该能够满足零件族中所有零件的加工工艺设计的要求，并能满足企业资源的实际情况及加工水平，以便典型工艺规程合理可行。在制定典型工艺规程时，一般是请有经验的工艺人员或是专家，对零件族内的零件加工工艺进行分析，选择一个工序较多、加工过程安排合理的零件的工艺路线作为基础，考虑主样件的几何及工艺特征，对尚未包括在基本工艺路线之内的工序，按合理的顺序加到基本工艺路线中去，这样就得到了代表零件族的主样件的工艺路线，即典型工艺规程。

4. 工艺数据库的建立与维护

变异型CAPP系统与其他类型CAPP系统一样，它是在完善的工艺数据库支持下而运行的。工艺数据库包括设备库、工装库、工时定额库、工艺术语库、切削用量库、材料库、毛坯库等。由于各企业加工设备和工装不同、加工习惯不一样以及加工操作人员技术水平不同，故每个企业都应有自己的工艺数据库。因而系统应提供用户定义自己的工艺数据库的环境，以满足各企业不同的需求。为此，系统应提供一套建立和维护工艺数据库的工具，用户通过这个特定工具，建立自己的数据库，使得系统有了更好的适应性和灵活性。

5. 软件设计

(1) CAPP系统开发的软件工程化

CAPP系统的开发与其他软件开发一样，要按软件工程的要求及步骤进行软件开发工作，并符合软件工程规范标准，软件工程规范及软件文档编制是工程化软件要求的集中体现，目前软件工程国家标准规范有：

1)《计算机软件开发规范》(GB/T 8566—1988)详细规定软件开发过程的各个阶段及每一阶段的任务、实施步骤、实施要求、完成标志及交付文档。

2)《计算机软件产品开发文件编制指南》(GB/T 8567—1988)详细规定软件开发过程中应该产生的文档种类、数目和文档的编制形式、编制内容。

3)《计算机软件需求说明编制指南》(GB/T 9385—1988)详细规定软件需求说明的内容及各自作用、质量、书写格式。

4)《计算机软件测试文件编制规范》(GB/T 9386—1988)详细规定一组测试文件的种类、数目、书写格式、内容以及各自的作用。

5)《计算机软件质量保证计划规范》(GB/T 12504—1990)详细规定在制订软件质量保证计划时应该遵循的统一的基本要求,它包括计划、评审、控制和验收等几个方面活动,并列出了编制大纲。

6)《计算机软件配置管理计划规范》(GB/T 12505—1990)详细规定软件配置管理计划的目录、章节内容等统一要求。这些要求涉及标识软件产品项、控制和实现软件的修改、记录和报告修改的实现状态以及评审和检查配置管理工作 4 个方面的实施计划。

7)《软件工程术语》(GB/T 11457—1995)详细列举了软件工程中的常用术语定义、译名等信息。

计算机软件开发规范(GB/T 8566—1988)将软件生存周期划分成以下 6 个阶段。

1) 可行性研究与计划阶段　确定软件开发目标和总体要求,进行可行性分析,制定开发计划。这一阶段的任务是首先明确"要做什么",明确软件的功能和目标以及大致规模;其次研究"是否能做",探索要开发软件的难度、深度和广度,估算系统成本和效益,分析开展该项工作的可行性,包括技术、设备、人员以及市场可行性等方面内容。可行性研究的结果是决策与承接或中止该开发项目的重要依据。若研究结果项目可行,则还要制定开发计划。

2) 需求分析阶段　进行系统分析,确定软件功能需求和设计约束。这一阶段的任务是弄清"必须做什么"。软件开发人员和用户密切配合,充分交流信息,真正准确地了解用户的具体要求,得出经过用户确认的系统逻辑模型,避免盲目急于着手设计的倾向。

3) 设计阶段　确定设计方案,包括软件结构、模块划分、功能分解以及处理流程。通常,设计阶段应分解为概要设计和详细设计两个步骤:① 概要设计的任务是解决"如何做",考虑多种可能的解决方案,并依据某种令人信服的标准或原则推荐及确定设计方案;然后,进行模块划分,也就是将软件系统按功能划分成许多规模适中的程序集,再将其按合理的层次结构组织起来。② 详细设计的任务是解决"如何具体做",把概要设计的抽象概括解决方案细化、具体化。

4) 实现阶段　完成源程序的编码、编译、无语法错误的程序清单以及程序单元测试。这个阶段的任务是编制出正确、可读性好的程序。开发人员选取适当的程序设计语言,把详细设计的结果翻译成可处理的执行程序,并认真调试、检测每一个程序段。

5) 测试阶段　实现系统总装测试、检查审核文档以及成果评价。这个阶段的任务是通过各种类型的考核发现问题、纠正错误,使软件达到预定的要求。总装测试是根据所确定的软件结构,把经过单元测试检验通过的程序段装配起来,在装配过程中进行必要的测试。同时要按需求分析阶段所确定的功能要求,由用户或用户委托第三方对软件系统进行验收,撰写测试分析报告,对软件产品作出成果评价。

6) 运行与维护阶段　软件在运行使用中不断地被维护,要根据新提出的需求和运行中发现的问题进行必要的扩充和修改。通常有 4 类维护活动:① 改正性维护,诊断和改正运行中发现的软件错误;② 适应性维护,修改软件以适应环境的变化;③ 完善性维护,根据用户的要求改进或扩充软件的功能,使它更加完善;④ 预防性维护,修改软件为将来的维护活动做预备。每一项维护活动结束,软件都有不同程度的改进,对于商品化软件来说,都会推出新的版本。

这里不准备对整个开发过程作详细说明,仅对模块划分及模块设计作简单介绍,根据 CAPP 系统的特殊性,将整个系统划分成若干模块,如零件信息检索模块、零件信息输入模块、

工艺编辑模块、典型工艺检索模块、工艺设计过程管理模块、工艺文件输出模块、用户管理模块、工艺数据查询模块、工艺尺寸链计算模块等。每个较大的模块还可以根据实际情况进行再细的划分。

(2) 模块程序设计

模块划分之后，将这些功能模块划分成能够与程序一一对应的程序模块，包括详细工作流程框图、算法和数据结构的确定以及规范和变量说明，其工作内容有：

1) 细化功能模块　根据功能模块所担负的任务进行规划。用一个程序块完成一个相应的进程，整个模块由若干程序块所组成。对程序块的运行及调用与被调用的关系也必须作出说明。

2) 程序块的说明　对程序块的输入、输出和处理功能都应有详细的说明，最好具有单一的入口和出口。对程序块中的调用和被调用的关系也须有详细的说明。

3) 过程描述　给出功能模块内的数据流和控制流，说明文件功能的过程。

4) 算法描述　以简洁的方法达到求解目标，对所确定算法给出明确的描述。

5) 数据结构描述　模块内部表格、横、文件、变量的设置，给出数据结构图。

6) 各程序块间接口信息的描述　包括参数的形式和调用关系等。

(3) 模块组合联调

联调就是将系统的各个模块联为一个有机的整体，通过系统的总控模块，调用各个子模块，来查看整体的运行效果。联调时，必要的情况下对模块进行补充和修改，以适合系统的整体运行。

5.4.3　变异型CAPP系统的工作过程

变异型CAPP系统的工作过程如下：

1) 按照系统选定的分类编码系统，对待加工的零件进行成组编码。

2) 根据该零件的成组编码，确定该新零件是否包括在系统已经定义的零件族内。

3) 如果该零件是某一零件族，则调出该零件族的典型工艺规程，对其进行必要的修改就得到了待加工零件的工艺规程；如果新零件不属于任何零件族，则系统会给出提示。

4) 工艺设计过程管理。

5) 按照特定格式输出工艺文件。

5.4.4　变异型CAPP系统的基本构成

下面以一个实用的变异型CAPP系统为例，来说明变异型CAPP系统的基本构成。该系统包括的主要功能模块如下。

1) 零件信息检索　根据用户输入的零件图号检索数据库，将检索出来的零件的工艺路线号和成组编码显示出来；如果该零件不存在，则系统会给出提示。

2) 零件信息输入　工艺人员根据零件的具体情况，输入诸如零件图号、零件名称、工艺路线号、产品编号、材料牌号、毛坯类型和毛坯尺寸等基本信息。

3) 零件成组编码　根据选定的零件分类编码系统，对零件进行成组编码。

4) 典型工艺搜索模块　根据零件的成组编码，搜索典型工艺库，调出与当前零件相匹配的典型工艺。如果没有完全匹配的典型工艺，则系统会根据一定的筛选逻辑，找出最接近的典

型工艺供用户选择。

5）工艺编辑模块　提供用户一个集成的工艺设计环境，用户可以对调出的典型工艺进行编辑（其功能有增加和删除工序、插入工序、两工序相互对调以及补充和修改工序内容等），即得到当前零件的工艺规程。工艺设计的同时，用户还可以对怒道工序的工步进行设计。

6）工艺设计过程管理　工艺设计完成之后，需要经过审核、标准化、会签和批准4个过程，经过批准后的工艺就可以产生工艺文件，如工艺卡、工序卡等，用于实际生产了。

7）工艺文件输出　生成最终的工艺文件，如工艺卡和工序卡。

8）CAPP相关工具　系统主要提供数据查询、零件统计分析和工艺尺寸链的计算三种工具，用来查询各种工艺数据、统计零件成组编码分类归族的情况和进行工艺尺寸链的计算。尺寸链计算包括组成环的尺寸解算和封闭环的公差解算两部分。

5.5　创成型CAPP系统

创成型CAPP系统可以定义为一个能综合加工信息、自动地为一个新零件制订出工艺规程的系统。即根据零件信息，系统能自动提取制造知识，产生零件所需要的各个工序和工步的加工内容；自动地完成机床、工具的选择和加工过程的最优化；通过应用决策逻辑，可以模拟工艺设计人员的决策过程。在创成型CAPP系统中，工艺规程是根据工艺数据库的信息在没有人工干预的条件下从无到有创造出来的。创成型CAPP系统如图5-9所示。

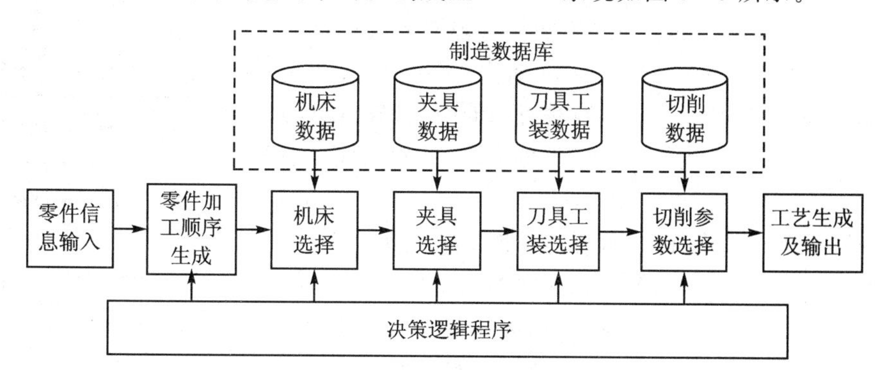

图5-9　创成型CAPP系统

创成型CAPP系统就其决策知识的应用形式来分，有常规程序实现和采用人工智能技术两种类型。前者招工艺决策知识利用决策表、决策树或公理模型等技术来实现；后者就是工艺设计专家系统，它利用人工智能技术，综合工艺设计专家的知识和经验，进行自动推理和决策。

5.5.1　基本原理和系统构成

在创成型CAPP系统中，工艺规程是根据工艺数据库中的信息在没有人工干预的条件下生成的。系统在获取零件信息后，能自动地提取制造知识，产生零件所需要的各个工序或加工顺序，自动地选择机床、工具、夹具、量具、切削用量和加工过程的最优化以及通过应用决策逻辑，模拟工艺设计人员的决策过程。

按这个定义，一个真正的创成型CAPP系统的要求是很高的，即要求系统是完全创成的。为此，系统必须有以下功能：

1）必须能将待进行工艺设计的零件用计算机易于识别的形式作清楚和精确的描述。

2）具备相当复杂的逻辑判断能力，即能识别和获取工艺设计逻辑决策的能力。

3）必须能把获得的工艺决策逻辑和零件描述数据进行综合并存入统一的数据库中。

4）必须具备本企业目前所有加工方法的专业知识和经验以及有关的可能后续工序、可替代的加工方法和消解相互矛盾的加工方法等方面的能力。

因而，创成型CAPP系统的理论探索和应用实践都还在发展。由于工艺设计过程的复杂性，这种功能完全、自动化程度极高的创成型系统至今还没有开发出来，所开发出来的号称是创成型CAPP系统的产品实际上也只是实现了部分创成，即在系统中包含有部分决策逻辑。

尽管如此，由于创成型CAPP系统不需要工艺设计人员具备很高的工艺知识水平就能生成新零件的工艺规程，在运行时一般不需要在决策过程中进行技术性的干预，即对用户的工艺知识要求较低。同时，可以通过决策逻辑的程序实现将工艺专家的智能和技术诀窍存储起来，并继承下来。因此，它们将会在制造业中起重要作用，随着低成本超级微型计算机和人工智能领域研究成果的不断出现，也将会促使完全创成型CAPP系统的早日出现。

5.5.2 工艺决策

在创成型CAPP系统中，系统的决策逻辑是软件的核心，它控制着程序的走向。决策逻辑可以用来确定加工方法、所用设备、工艺顺序等方面工作，通常用决策树（或称判定树）或决策表（或称判定表）来实现。

决策树和决策表是描述在规定条件下与结果相关联的方法，即用来表示"如果（条件）……那么（动作）……"的决策关系。在决策树中，条件被放在树的分枝处，动作则放在各分枝的节点上。在决策表中，条件被放在表的上部，动作则放在表的下部，如图5－10所示。

条件项目	条件状态
决策项目	决策条件

图5－10 决策结构

例如车削装夹方法选择，可能有以下的决策逻辑：

"如果工件的长径比＜4，则采用卡盘"；

"如果工件的长径比≥4，而＜16，则采用卡盘＋尾顶尖"；

"如果工件的长径比≥16，则采用顶尖＋跟刀架＋尾顶尖"。

它可以用决策表（见图5－11（a））或决策树（见图5－11（b））表示。在决策表中，T表示条件为真，F表示条件为假，空格表示决策不受此条件影响。只有当满足所列全部条件时，才

工件长径比<4	T	F	F
4≤工件长径比<16	T	F	
卡盘	√		
卡盘＋尾顶尖	√		
顶尖＋跟刀架＋尾顶尖	√		

(a) 决策表

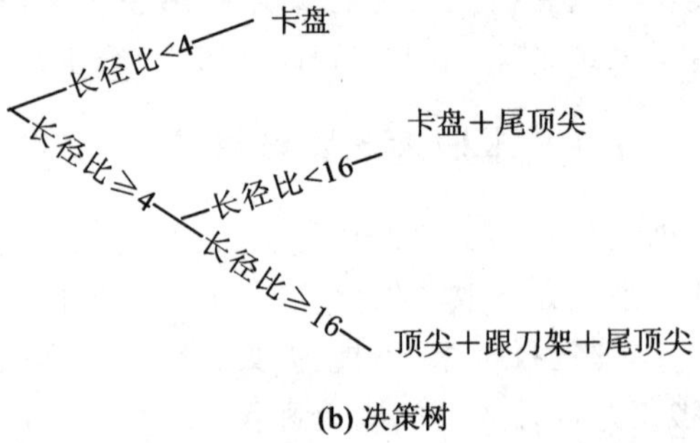

长径比<4 — 卡盘
长径比≥4 — 长径比<16 — 卡盘＋尾顶尖
长径比≥4 — 长径比≥16 — 顶尖＋跟刀架＋尾顶尖

(b) 决策树

图5－11 车削装夹方法决策表和决策树

采取该列动作。能用决策表表示的决策逻辑也能用决策树表示，反之亦然。而用决策表表示复杂的工程数据，或当满足多个条件而导致多个动作的场合更为合适。表 5－3 所列是德国 AHTAP 系统中选择机床的决策表。

决策表或决策树是形成决策的有效手段，由于决策规则必须包括所有可能性，所以在把它们用于工艺过程设计时必须经过周密的研究后再确定下来。在设计一个决策表时，必须考虑其完整性、精确性、冗余度和一致性等因素。完整性是指条件与动作要完全；精确性是指规定的规则明确而不模糊。关于冗余度和一致性的问题可以从表 5－3 得到说明。表 5－4(a)中，当满足条件 2 时，将产生两种动作，即目标的多义性。表 5－4(b)中，当条件 1 和 2 都为真时，按准则 A 将导致动作 1，而按准则 C 将导致动作 2 和 3。条件 1 和 2 为真而条件 3 为假时也导致动作 1，这样由于规则的冗余和动作的不一致导致决策的多义性与矛盾性。

表 5－3　AUTAP 系统中机床机床选择的决策树

条　件	300＜工件长度＜500	T	T	T
	工件直径＜200	T	T	
	最大转速＜3000		T	T
	公差＜0.01	T		
	批量＞100		T	T
	夹具 123		T	T
	夹具 125			T
动作	机床 1001	√		
	机床 1002		√	
	机床 1003			√

表 5－4　决策表多义性与矛盾性举例

条件 1	T		
条件 2		T	
条件 3			T
动作 1	√		
动作 2		√	
动作 3		√	√

(a)

准则	A	B	C
条件 1	T	T	T
条件 2	T	T	T
条件 3		F	
动作 1	√	√	
动作 2			√
动作 3			√

(b)

因此，在设计决策表或决策树时，要认真分析所收集的原始资料，对企业生产和技术能力进行综合考查，消除决策逻辑中的冗余和不一致性等问题。

在制定好决策表或决策树后，就能将其转换为程序流程图。根据程序流程图，可以用“IF... THEN...”语句结构写成决策程序，每个条件语句之后，或者是一动作，或者是一后继条件语句。图 5－12 是旋转体零件装夹方法的决策树及其对应的程序流程图。在程序流程图

中，各棱形框中表示的是决策条件，方框中表示的是对应其条件的动作。

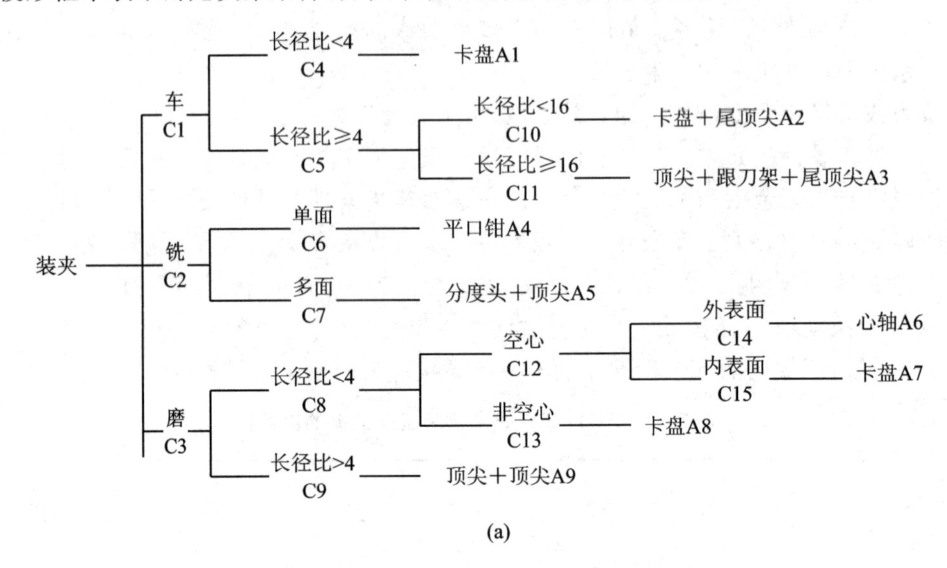

(a)

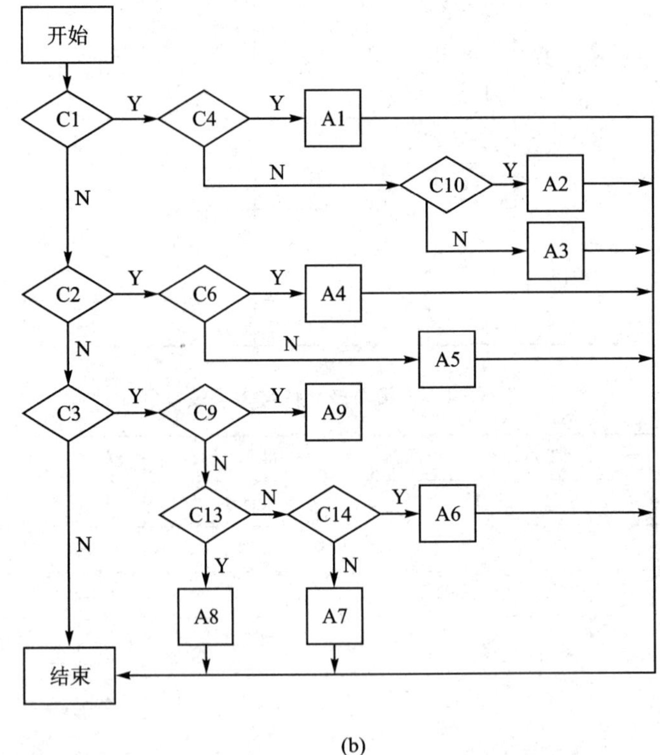

(b)

图 5－12 旋转体零件装夹方法的决策树及其对应的程序流程图

5.5.3 设计和工作过程

应用创成型原理开发 CAPP 系统时，一般要做以下工作：

1）确定零件的建模方式，并考虑适应 CAD/CAM 系统集成的需要。

2）确定 CAPP 系统获取零件信息的方式。

3）进行工艺分析和工艺知识总结。

4）确定和建立工艺决策模型。

5）建立工艺数据库。

6）系统主控模块设计。

7）人机接口设计。

8）文件管理及输出模块设计。

由于工艺设计是经验性很强、条件多变和设计结果非唯一性的决策过程，故创成型 CAPP 系统的成败依赖于系统所获取的制造知识的状况，有效地收集、提取和表达工艺知识是实现创成型 CAPP 系统的关键。

图 5-13 描述了一个简化的创成型 CAPP 系统的工作过程和数据流，它用了 7 个模块来完成工艺设计的各项活动。

（1）毛坯选择模块

确定机械加工余量、选择加工零件所用毛坯。毛坯选择模块的输出是一份物料需求文件，供材料管理和后续模块使用。

（2）确定加工方法和加工顺序模块

用所确定的工艺方法的加工要素来描述被加工表面。为了得到零件的最终形状，需要根据零件的描述信息来确定一系列的加工方法和工艺。为了制订出合理的工序，应整理出关于所加工零件的各种制造方法数据、加工工艺及其决策逻辑。本模块的输出是机械加工工序文件，用于形成工艺规程和供生产调度使用。

（3）机床选择

机床选择是与工艺方法的选择相互关联的，每一种加工方法有一种类型机床与其相适应，每台机床都应有一个说明其加工能力的文件，该文件应包括下列参数：

1）能加工的表面种类和尺寸。

2）切削参数及能力。

3）所用刀具种类和安装方法

4）可达到的经济精度、表面粗糙度。

5）安装调整时间、加工时间及成本数据。

（4）工、夹、量具选择模块

其任务是正确选择刀具、夹具和量具。为了减少刀、夹具的更换和进刀时间，提高生产效率，零件加工工艺过程中所用的刀、夹具应尽量少。零件加工过程的每一工步，都要选择合适的刀具类型、几何形状和角度、进刀方向、安装和优选顺序等信息。该模块的输出是调整机床所需的刀、夹具文件及量具文件。

（5）工时定额和切削用量计算模块

其作用是在选定刀具后用来确定切削深度、进给量、切削速度、加工时间、辅助时间和刀具耐用度等参数，它受到工件材料及尺寸、刀具材料及几何参数以及机床等参数的影响。需要根据《机械加工工艺手册》和工厂数据总结、归纳、提炼后列出以供系统选用。

（6）成本核算模块

根据以上各模块得到的工艺数据和时间参数可以进行成本核算，成本数据反过来又是进行工艺优化的基础。

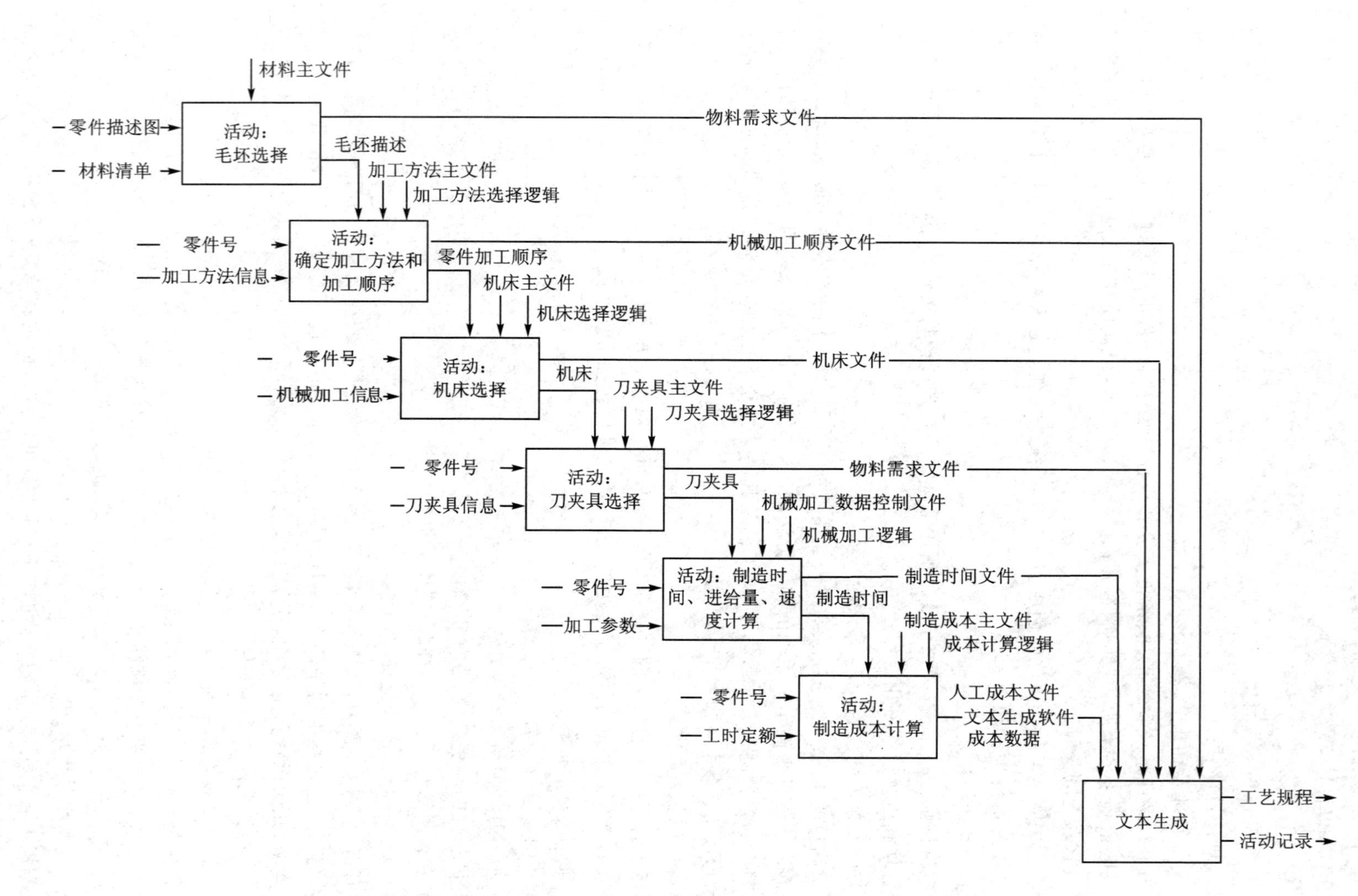

图5-13 创成型工艺设计流程

(7) 文本生成模块

用于完成工艺设计结果的输出和形成与 CAM 系统的接口文件等。

5.6　智能型 CAPP 系统

智能型 CAPP 系统是将人工智能技术应用在 CAPP 系统中而形成 CAPP 专家系统。与创成型 CAPP 系统相比,虽然二者都可自动生成工艺规程,但创成型 CAPP 系统是以逻辑算法加决策表为特征的,而智能型 CAPP 系统是以推理和知识为特征。作为工艺设计专家系统的特征是知识库及推理机,其知识库由零件设计信息和表示工艺决策的规则集所组成。而推理机是根据当前的事实,通过激活知识库的规则集,而得到工艺设计结果,专家系统中所具备的特征在智能 CAPP 系统中都应得到体现。

5.6.1　智能型 CAPP 系统的体系结构

作为工艺设计专家系统的特征,其知识库由零件信息规则集组成;其推理机是系统工艺决策的核心,它以知识库为基础,通过推理决策,得出工艺设计结果。系统各模块的功能如下;

(1) 建立零件信息模型模块

它采用人机对话方式收集和整理零件的几何拓扑信息及工艺信息,并以框架形式表示。

(2) 框架信息处理模块

处理所有用框架描述的工艺知识,包括内容修改、存取等,它起到推理机和外部数据信息接口的作用。

(3) 工艺决策模块

即系统的推理机,它以知识集为基础,作用于动态数据库,给出各种工艺决策。

(4) 知识库

用产生式规则表示的工艺决策知识集。

(5) 数控编程模块

为在数控机床上的加工工序或工步编制数控加工控制指令(此模块可以没有)。

(6) 解释模块

系统与用户的接口,解释各种决策过程。

(7) 知识获取模块

通过向用户提问或通过系统的不断应用,来不断地扩充和完善知识库。

5.6.2　工艺设计进程中的决策过程

(1) 毛坯的选择

系统首先打开材料库文件,查找该零件材料牌号所属的材料类别,将材料类别名记录在数据库中;然后,确定毛坯的类型和一个坯料所加工的零件数。毛坯类型在系统的规则中有棒料、管料、铸件和锻件 4 种。系统采用了反向设计,即从零件到毛坯的推理过程,对零件模型按加工方法进行修正,修正最后的结果就是毛坯的模型。因此,毛坯的具体尺寸和坯料的零件数是在系统运行的最后确定的(见图 5-14)。毛坯选择的冲突消解策略是按规则的可信度大小实现的,即从多个触发规则中,选出具有最大可信度值的规则作为启用规则,予以执行。

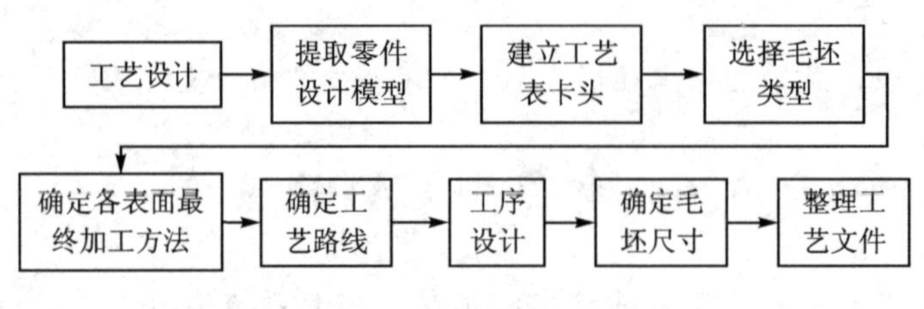

图5-14　系统运行流程

（2）各表面最终加工方法的选择

系统采用反向设计选择各表面最终加工方法，其步骤是：首先确定能达到质量要求的各加工表面最终成形的加工方法，然后再确定其他工序及进行工艺路线安排等。图5-15是工艺设计的任务分解图，图中将各表面最终加工方法选择分为3类：① 外部形面特征最终加工方法的确定；② 内部形向特征最终加工方法的确定；③ 特征元素最终加工方法的确定。系统首先选择主要表面的最终加工方法，然后选择次要表面的最终加工方法。因此，先处理形面特征，后处理特征元素（单一的特征表面）。最终加工方法选择的规则也按此分为3组。

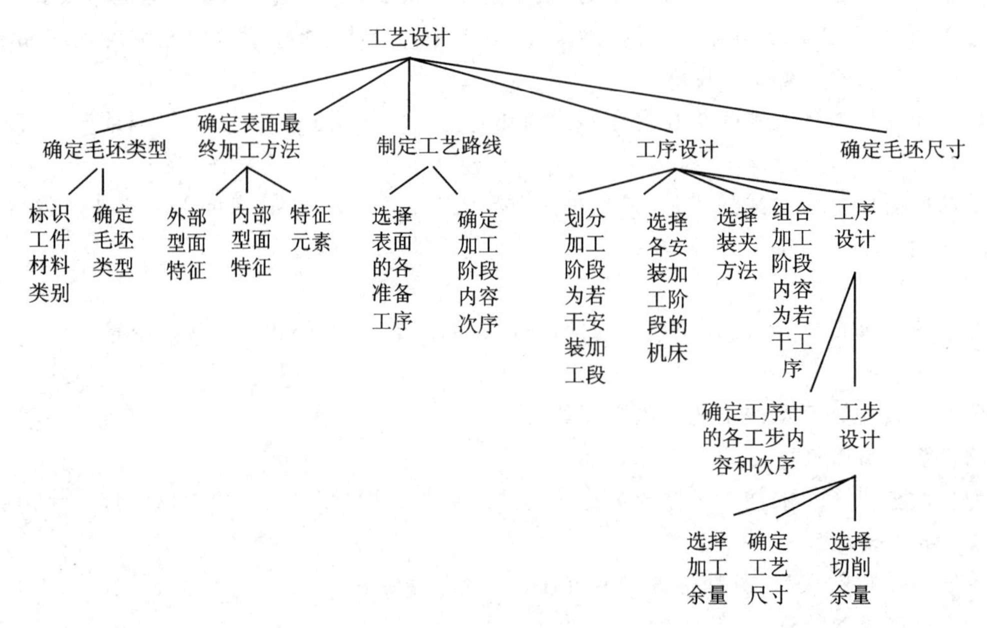

图5-15　XJDCAPP系统工艺设计任务分解图

影响最终加工方法选择的因素很多，其影响是通过规则来体现的，反映在规则的条件部分中。主要考虑零件的材料类别、形面类型、表面状况、技术要求和尺寸范围等。零件表面状况是通过零件的某些热处理工序的表面硬度值来表示的，零件的技术要求通常是以表面粗糙度和精度等级给出的。

表面最终加工方法选择过程中的冲突消解策略是将所有触发规则都作为启用规则予以执行，即顺序搜索，对满足条件部分的规则就记录该规则的结论，几个规则有相同的结论则要进行可信度值的“合并”，最后取具有最大可信度的结论作为最终的推理结果，即作为该表面的最终加工方法。

(3) 工艺路线的确定

在零件各加工表面的最终加工方法选定以后，就需要确定各表面加工的准备工序以及确定这些加工方法在工艺路线中的顺序和位置，即排定工艺路线。系统制定加工路线是以加工阶段的划分为依据的，这些加工阶段所包含的内容和它们在工艺路线中的顺序亦以规则表示。在确定工艺路线时，加工阶段内容的确定、各表面一系列加工工序的确定以及加工阶段的顺序制定是同时进行的。从零件信息模型开始，将形成此零件模型的加工内容汇集到相应的加工阶段中，同时对零件模型进行修改，并确定上一道工序的加工内容。这样边记录加工阶段的内容，边修改零件模型，直到零件无须再加工形成毛坯为止。

工艺路线的推理过程是按顺序搜索规则进行的，凡是被触发的规则都是可能启用的规则，对于解决同一问题可启用的不同规则是通过可信度值大小决定其取舍的，这要对规则集进行多次的搜索，直到没有一个规则可以被启用为止。

(4) 工序设计

划分了加工阶段以后，就要将同一加工阶段中的各加工表面的加工内容组合成若干个工序。系统主要采用工序集中的原则，将加工阶段中的加工内容划分成若干个安装，即在一次安装中可以进行加工的内容放在一起。然后选择在每次安装中的加工内容所适用的机床。如果相邻加工阶段所采用的机床一致，则划为同一工序；否则，为不同工序。工序划分好后，接着是确定工序中的装夹方法和进行工步内容设计。

工序内容的设计就是确定每次安装中的各加工表面的加工顺序和内容以及确定工步的顺序和内容。系统用产生式规则描述这些知识和原则，在进行推理时，所有被触发的规则都作为启用规则执行，并进行多次的顺序搜索，直到一个搜索循环结束没有新的加工位置变动为止。

(5) 零件模型的修改

系统采用反向设计，从零件最终形状开始不断修改零件模型，直到零件无须加工形成毛坯为止。因此，每个切削工步确定以后，就假设它完成了“切削加工”，这时的“切削”不是去除零件材料，而是填充材料，即将零件此时的模型用该切削工步应切除的材料变为填实材料，达到该切削工步执行前的状态。

(6) 机床和夹具的选择

系统机床选择分两步进行：首先按加工工序的性质选择机床的类型；然后通过分析零件的结构、尺寸与机床允许加工的零件尺寸范围进行比较，选择适合的机床型号。机床参数用框架形式记录在知识库中，规则的调用是顺序搜索，一旦有规则被触发，即作为启用规则执行，得出结论，结束搜索。夹具的选择过程与机床选择过程类似。

(7) 加工余量的选择

加工余量数据来自机械加工工艺设计手册和工厂资料。系统用规则的形式表示常用的加工余量值和选择该值的条件。规则的调用也是采用顺序搜索，冲突消解策略是按存储次序决定优先启用规则，一旦有规则被触发，即作为启用规则执行，得出结论，停止搜索。但这时搜索的顺序是按规则集的存储次序从后向前，即最新输入的规则优先得到匹配，以保证新加入的知识优先得到应用。

(8) 切削用量的选择

切削用量包括切削深度、进给量和切削速度。其中切削深度是通过零件加工余量、所选择机床的最大允许切深和零件的经济加工精度等因素来确定的。进给量和切削速度的选择是通

过激活规则来实现的。

目前，智能CAPP系统仍处于探索和实践的发展阶段，还有很多问题有待人们解决或提出更有效的方法，比如工艺知识的获取和表示、工艺模糊知识的处理、工艺推理过程中自行解决冲突问题的最佳路径、自学习功能的实现等。随着人们对智能CAPP系统认识和实践的不断深入，对这些问题会提出越来越有效的解决方法。

5.6.3　智能型CAPP系统的实例

图5-16所示的CAPP系统是一个在企业中应用颇有成效的智能型CAPP系统，它是用于滚珠丝杠副工艺设计的CAPP系统。

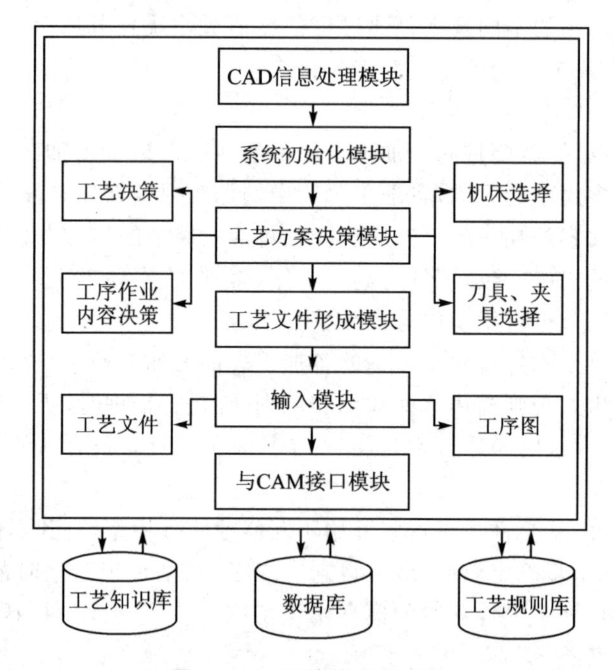

图5-16　系统的组成框架

(1) 工艺知识库

在分析了数百种滚珠丝杠副的工艺规程后，归纳了所涉及的全部工艺知识，建立起滚珠丝杠和螺母的工艺知识库。该库在结构上分为两层，第一层上存放加工滚珠丝杠副可能涉及的全部工序，第二层上则存放每道工序可能涉及的全部作业内容。其结构形式如图5-17所示。

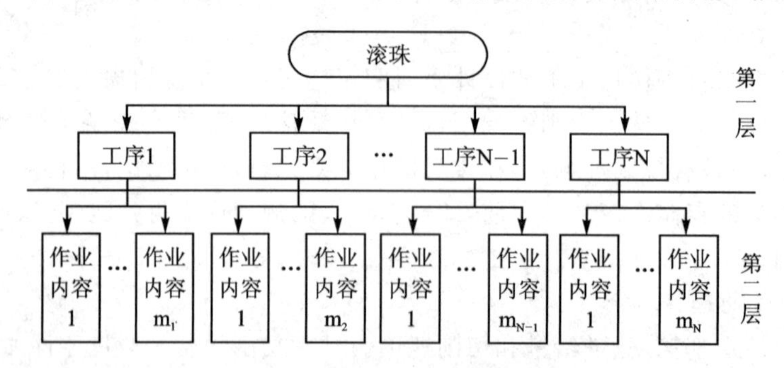

图5-17　丝杠工艺知识库

在丝杠工艺知识库的第一层存放了以下工序：粗车、调质处理、半精车、除应力、精车、粗磨外圆、铣平面或方身或键槽、钳工、中频淬硬、研磨两端中心孔、磨滚珠丝杆外圆、粗螺磨、半精螺磨、时效处理、车工艺搭子、精螺磨、外圆精磨、抛光等。这些工序是加工滚珠丝杠可能涉及的工序。在第二层上存放的作业内容较多，在此不再举例。

螺母工艺知识库结构与丝杠相同。

(2) 工艺规则库

该库是在大量分析工厂现有的滚珠丝杠副工艺文件的基础上，根据某机床厂多年来生产滚珠丝杠副的经验及回转体零件加工工艺特点而制定的。它包含工序决策逻辑和作业内容决策逻辑，其结构同工艺知识库。工序决策逻辑位于第一层，作业内容决策逻辑位于第二层。

在工艺过程设计系统中，工艺决策逻辑是软件的核心，它引导程序控制的走向。在该系统中，工序决策逻辑是用来决策加工滚珠丝杠所需要的工序。工序作业内容的决策逻辑是用来决策被选定的工序中与加工该丝杠有关的作业内容。

在智能化 CAPP 系统中，表达工艺决策逻辑的方法有多种，该系统是采用决策树和产生式规则来表达决策逻辑。其一般形式为

IF＜条件＞THEN＜结论＞

决策树是描述成规定与＜输入＞条件组有关的种种动作＜决策＞的方法。条件＜IF＞被放在树的分支上，而预定的动作则在每个分支的节点上找到。条件实际上是零件的一系列信息(包括某些计算结果)，而动作即表示一系列的工序或作业。

图 5－18 所示的是决策树所对应的程序流程图。根是起始节点，而每个分支是决策节点，都具有一个判定语句(一个真条件和一个假条件)，如果是“或”语句，若条件为假则走向子分支；而条件为真则包含一个动作再引向逻辑决策块结束，然后走向另一分支。如果是“与”语句，若条件为假则引向逻辑决策结束并走向另一分支；若条件为真则继续前进直到走完该分支，包含一个动作再引向逻辑决策结束并走向另一分支。

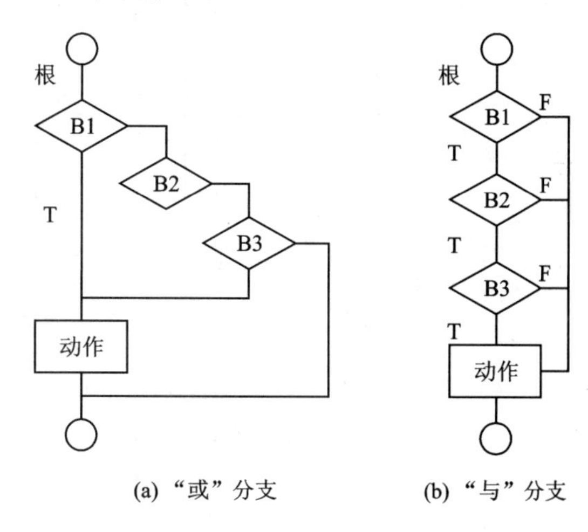

(a) “或” 分支　　(b) “与” 分支

图 5－18　决策树分支

由于滚珠丝杠副工艺复杂，工序较多，因此系统内的决策逻辑较多。在此，仅将丝杠加工中的半精车工序的决策逻辑(规则)列举如下。

规则 1：如果丝杠精度未搜索过，则搜寻精度值，并将结果准备好。

规则 2：如果该表面半精车已确定过，则表示等待决策。

规则 3：如果该表面已进行过半精车，则确定半精车是错误的，跳过该工序。

规则 4：如果精度在 E 级以下，同时 $L/D \leqslant 25$，则工艺文件中不记录半精车工序。

规则 5：如果 $L/D \leqslant 20$，则工艺文件中不记录半精车工序。

规则 6：如果 $L \leqslant 1000$，同时 $L/D \leqslant 30$，则工艺文件中不记录半精车工序。

规则 7：如果 $L \leqslant 1200$，则不留热处理吊挂搭子，其中一端的直径与滚道外因直径一样。

规则8：如果$L>1200$，则留热处理吊挂搭子，其直径为毛坯直径，长度为20 mm，另一端的直径与滚道外圆直径相同。

规则9：如果$L>45$，则各外圆留余量5 mm，允许跳动0.4 mm。

规则10：如果$L/D\leqslant45$，同时$L/D>35$，则各外圆留余量5 mm，允许跳动0.3 mm。

规则11：如果$L/D\leqslant35$，则各外圆留余量4 mm，允许跳动0.44 mm。

在上面规则中，L为滚珠丝杠总长，D为滚道中径。

(3) 系统的推理机

从规则集中选择和应用适当的规则来求解给定的问题是推理机的任务。简而言之，推理机就是制定搜索规则的策略、规划与步骤。

在进行工艺方案决策时，推理机按照系统推理逻辑所指示的方向顺序推理，根据零件的几何信息与工艺信息，搜索数据库、工艺规则库、工艺知识库，从而确定加工该零件所需的工序及每道工序中的作业内容。这里，仍以半精车工序为例，结合前面所列举的规则，来具体说明半精车工序及其作业选择的具体过程，如图5-19所示。

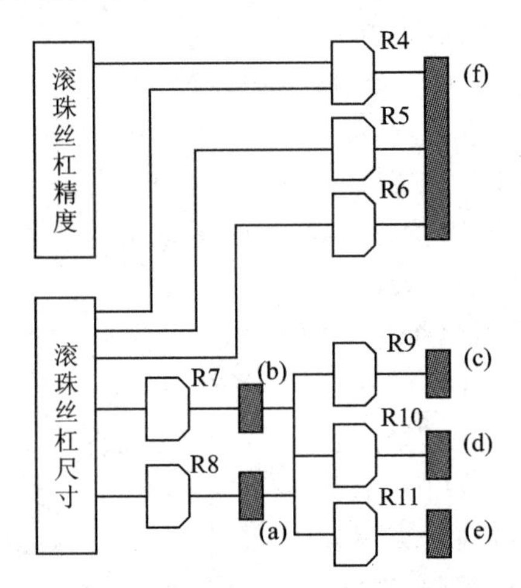

(a) 留热处理吊挂搭子，其尺寸为$D_{毛坯}\times20$，另一端的直径与该道外圆直径一样。

(b) 不留热处理吊挂搭子，其中一端的直径与该道外圆直径一样。

(c) 各外圆段留余量5 mm，允许跳动0.44 mm。

(d) 各外圆段留余量5 mm，允许跳动0.3 mm。

(e) 各外圆段留余量4 mm，允许跳动0.4 mm。

(f) 工艺文件中不记录半精车工序。

Rn：代表第n条规则。

图5-19 半精车工序推理键图

5.6.4 智能型工艺设计系统开发工具

工艺设计专家系统不同于一般诊断型专家系统，它是一个复杂的设计型专家系统。它要求除具有一般专家系统所具备的知识获取及表示和推理求解策略外，还需要具有解决在工艺设计及决策中特殊知识的获取和描述，如零件信息(几何拓扑信息、工艺信息、检测信息、表面质量信息等)的获取和表示、加工资源信息(设备及工具、人员及技术水平等)的获取和表示，以

及图形、NC 加工指令、加工过程动态模拟的表示与生成等。如果不借助专用工具，要想建立一个实用的工艺设计专家系统需要花费大量的人力、物力及较长的开发周期。随着专家系统在机械制造生产过程中的广泛应用，CAPP 专家系统需求日益加大。为了缩短专家系统开发周期，国内外研制了多种类型的专家系统开发工具，从不同的层次、角度来解决专家系统中的共性问题，如知识表示方式、知识获取、知识检验、知识求解和推理解释等，以使开发者把主要精力集中在知识选取和整理方面，建立相应的知识库，较少地考虑甚至不考虑专家系统中的其他问题。这样，就可以集中精力考虑工艺设计中的有关问题，发挥工艺设计人员之所长，避其所短，缩短开发时间，在质量及速度上都得到充分保证。

1. 对智能型 CAPP 系统开发工具的要求

智能型 CAPP 系统是一个复杂的设计型专家系统，它不仅要求具有一般专家系统所具备的知识表示与获取、推理及解释功能，而且还要求能够描述和获取工艺设计及决策中的特殊知识(如零件的几何信息与工艺信息、制造资源信息等)、生成图形与 NC 加工指令、动态模拟加工过程等。不借助专用开发工具，要建立一个实用的智能型 CAPP 系统则工作量太大。为缩短专家系统开发周期，国内外研制了多种专家系统开发工具，使开发者把主要精力集中于知识的选取与整理，及相应知识库的建立。智能型 CAPP 系统开发工具功能应该包括以下几个方面。

(1) 知识库开发与管理

辅助用户选取知识、建立知识库、检验知识的静态一致性和冗余度、管理知识库。提供功能模块和表达方式，以用于开发和描述工艺决策知识、制造资源信息、零件信息、工艺设计规范数据/表格及工艺参数优化运算等，形成不同类型和不同层次的知识集或知识库。

(2) 零件信息获取与描述

能作为独立模块，对零件信息进行描述，供工艺设计时使用。在 CIMS 环境下，能从 CAD 数据库中直接获取产品模型信息，能采用面向对象技术，按特征对零件进行分类，如旋转体类、箱体类及杆类等；按类别提供相应源框架，描述零件时生成目标框架，以适用于各类 CAPP 系统。

(3) 设备及工夹量具库管理

提供各类设备和工夹量具数据库及其管理系统，能按需要对库内容进行操作，包括增、删、改和检索，以使企业方便地建立起自己的设备库和工夹量具库，供工艺决策和生产调度使用。

(4) 推理机

工艺设计是经验性很强、非精确性的决策过程，其中包括毛坯类型及其尺寸选择、型面加工链确定、工序和工步决策及工艺路线生成等。为有效进行据测，推理机应以灵活的控制策略与多种推理方式相结合的形式进行推理。

(5) 解释器

能对工艺设计各阶段的据测结果和推理过程作出明确解释，并能帮助用户找到系统产生错误结论的原因，帮助用户建立和调试系统，还可对缺乏领域知识的用户起传授知识的作用。

(6) 工艺文件生成

经过推理机求解后产生的工艺设计信息作为中间结果存于系统中，以便用户按特定格式生成工艺文件。该工具应满足工艺文件编辑与输出的需要：识别推理机产生的中间结果信息；自动或交互式生成标准或非标准格式工艺文件，并将推理结果填入表格，生成适用于本企业的

工艺文件;按不同类型零件,用相应方法表示和生成工序图;输出工艺文件。

(7) 数控加工指令生成

数控加工指令的自动生成功能有:根据工步决策自动生成NC加工代码;对于某些机床的特殊要求,必须提供较方便的维护手段,使生成的NC加工代码适应其需要;对已有NC加工代码进行语义、语法检查,并对其加工过程进行动态模拟,以检验该加工指令的正确性。

(8) 加工过程仿真

用以检查可能出现的干涉和碰撞现象,并用图形方式结合工艺参数显示出来。

这些工具可用来构建智能型CAPP系统,都可以独立地完成其逻辑功能。作为一个整体它们之间又相互关联,它们在统一和协调后才能成为一个整体的开发平台或开发环境,因而统一的信息模型极为重要。

2. 智能型CAPP系统开发工具的形成与发展

智能型CAPP系统经过多年研究,取得了一些成就,但在企业中使用的系统还很少,其主要原因是智能型CAPP系统开发周期长,适应性、开放性差,低水平重复等,研制智能型CAPP系统开发工具是解决上述问题的有效途径。由于不同企业、不同产品的智能型CAPP系统既有各自的特殊性,又有其共性,因此可以利用其共性,将通用专家系统开发工具应用和推广到工艺设计领域,目前形成的智能型CAPP系统开发工具有以下几种。

(1) 骨架型工具系统

用户按规定格式输入工艺知识和数据,即可构成面向特定加工对象、制造环境和工艺习惯的智能型CAPP系统。在骨架型工具系统中,知识表达方式、工艺推理过程和策略都已基本固定,因而具有很强的针对性,但同时也有其局限性,实际上没有脱离传统CAPP系统模式。

(2) 模块组合型工具系统

根据机械加工工艺设计的特点和领域专家的要求,提供工艺设计的通用功能构件库,用于生成使用的专家系统,开发者可根据本企业的生产条件和资源,选择相应的功能模块,方便而有效地进行组合,以实现专用CAPP系统。这种开发工具的设计难度和开发规模较大。

使用该工具建立和开发CAPP系统时,用户只需要理出工艺知识和零件信息等,并建立相应的知识库,而无须考虑知识求解、工艺结果和NC数控指令的生成等问题,可大幅度地提高开发效率。主要步骤有:根据加工对象,应用成组技术对显性工艺进行提炼,形成专家系统的知识文本,然后使用建库模块生成规则和知识库;针对具体的零件,使用专用零件信息生成器建立其信息库;借助推理和解释模块对已有知识进行调试,进一步完善和精炼工艺知识库;生成智能型CAPP系统产品。

(3) 语言型工具系统

利用语言型开发工具,开发者可根据需要设计具体的推理过程和知识表示模式。这种工具相当于更专门、更高级的程序设计语言。其优点是开发者具有较大的自由度;缺点是开发工作量和难度较大,要求系统开发者既是经验丰富的工艺师,又是训练有素的软件工程师。

理想的智能型CAPP系统开发工具应是上述3种工具优点的综合。首先,应具有基本的推理机、控制策略和知识表示框架3部分,一次构成通用外壳;在通用外壳的功能支持下,通过知识库构造工具中的知识发生器动态地获取工艺知识,以支持开发智能型CAPP系统;其次,工具系统应提供足够多的推理机功能构件,以通用外壳为基础,配置和组合功能构件,以弥补通用外壳不能满足的设计要求;最后,工具系统应提供设计推理机功能构件的简易可行方法,

以满足某些特殊需求。

实际上，机械零件工艺设计领域中问题复杂，单一的实现模式难以满足实际需要。具体智能型 CAPP 系统的实现，与零件类型、制造环境和工艺习惯等主要因素有关，当一个因素变更时，就可能需要重新设计 CAPP 系统的推理框架和知识表示方式。例如，若只有零件类型发生变化时，从使用简单、方便的角度考虑，骨架型工具构造模型比较适合。但当制造环境和工艺习惯有较大变动时，则要求开发者重新设计推理机或重组功能模块，此时工具系统就必须具有语言型或模块组合型的功能特性。

5.7　工艺数据库和知识库

工艺数据库和知识库是 CAPP 系统的重要支撑系统，不仅用来存储工艺设计所需要的全部工艺数据和知识规则，而且能够合理地组织这些信息，并便于管理和维护，丰富的工艺知识库还可极大地提高 CAPP 专家系统的智能化程度；CAPP 系统利用库中已有工艺数据和知识进行工艺设计时，既可进行工艺决策，又可生成各类工艺文件。

5.7.1　工艺数据和知识的类型及特点

1. 工艺数据和知识的分类

工艺数据是指在工艺设计过程中所使用及产生的数据，从数据性质来看，它包含静态和动态两类型数据。静态工艺数据指已经标准化和规范化了的工艺数据，主要涉及支持工艺设计过程中所需要的相关数据，《机械加工工艺手册》中的数据和工艺术语及工艺规程等都属于此类数据，在 CAPP 系统中这类数据常由加工材料数据、加工工艺数据、机床数据、工夹量具数据、工时定额数据、成组分类特征数据及已规范化的工艺规程及工艺术语数据等所组成，并形成相应的工艺数据库的子库；动态工艺数据主要是指在工艺设计过程中产生的相关信息及通过时间积累形成的经验数据和经验规则，其中大量的是工艺设计中间过程的数据、零件图形数据、工序图数据、最终的工艺规程以及 NC 代码等。这两类数据中，有结构化数据，也有描述性文件，静态工艺数据通过数据库查询系统即可完成对齐管理，技术上比较成熟，而动态工艺数据由于其复杂性与不确定性导致管理比较困难。

工艺知识设计范围很广泛，而且具有多学科交叉的特点，有很多工艺知识是动态变化的，需要不断更新；有很多工艺知识不是显性的，而是隐含的。若直接采用传统方法进行分类，会产生分类不确切、分类表具有一定的凝固性、不便于多角度检索等问题。广义的工艺知识包括与工艺相关的全部数据，可分为手册数据、制造资源数据、制造对象数据(产品、零件、毛坯等)、制造工艺知识、工艺决策知识等；现有的工艺知识指工艺设计人员在工艺设计过程中所运用的规则，分为选择性规则与决策性规则两大类。选择性规则包括加工方法选择、设备与工装选择、切削用量选择、毛坯选择等规则；决策性规则包括加工排序、实例或样件筛选、工艺规程修正、工序图生成、工序尺寸标注等规则。

手册数据指工艺设计手册及各类工程标准中已标准化的或相对固定的与工艺设计有关的工艺数据与知识；制造资源数据指与特定加工环境密切相关的工艺数据，如机床、工装、刀夹量具和材料等信息；制造工艺知识属于过程性知识，包括选择决策逻辑(如加工方法选择、毛坯选择、装夹方式选择、工艺装备选择、加工余量选、切削用量选择、刀具选择等)、排序决策逻辑(如工艺路线确定、工序工步确定等)、典型工艺及相关的各类工艺标准规范等;工艺决策知识包括有关工艺决策方法与过程等方面的知识,由经验性规则(如加工方法选择规则、击穿、刀夹量具选择规则等)、过程性算法及对工艺决策过程进行控制的知识等组成;工艺实例指已完成工艺设计的零件(实例零件)及其对应的工艺规程(实例工艺)。

2. 工艺数据与知识的特点

工艺数据与知识作为工程数据,具有以下三个特点。

(1) 数据类型复杂

从数据形式化表达的一般格式来看,任何数据都能表示为(实体、属性、属性值)三元组及其关联集,对于传统的事务型数据,用基本数据类型,例如字符型、整型、浮点型等以及由它们组合后就能构造出三元组中的数据类型。与事务型数据不同,工艺数据不仅包含了传统事务型数据类型,而是还涉及事务型数据所没有的变长数据、非结构化的长字串、具有复杂关联关系的图形数据以及过程类数据等。因此工艺数据是由复杂的数据类型所构成的。

(2) 动态数据模式

除静态工艺数据外,还有动态数据,它是在工艺设计过程中产生的各种不同类型的中间结果,虽然这些中间结果数据在问题求解结束后要被删除掉,但是在问题求解的过程中,必须具备动态数据模式来支持对上述数据的处理,它完全不同于静态的事务型数据的处理模式。

(3) 数据结构复杂

工艺数据的复杂性及动态性,导致数据结构的复杂性及实现上的困难,虽然局部数据可采用常用的线性表、树结构、链表结构等方式来实现。但一般认为,全局工艺数据涉及复杂的网状结构。

3. 工艺数据结构

在CAPP软件开发中,常用各种工艺数据结构来支持工艺设计操作。工艺数据结构指工艺数据之间的组织形式,由逻辑结构和物理结构两方面构成。工艺数据的逻辑结构仅考虑工艺数据元素之间的关系,独立于存储介质;工艺数据的物理结构指工艺数据在计算机存储设备中的表示及配置,即工艺数据的存储结构。通常所指的工艺数据结构一般是工艺数据的逻辑结构。工艺数据的逻辑结构是在用户面前呈现的形式,是用户对数据的表示和存取方式。系统通过特定的软件把数据元素写入存储器,构成了数据的物理结构这一过程称为映像。一般而言,同一逻辑结构可映像出多个物理结构。数据逻辑结构的物理实现通常采用顺序法和链接表法两种模式。顺序法必须首先预定一块连续的存储空间,然后在该空间范围内执行相关特定数据结构的操作;链接表法动态地设置可分割的存储空间,通过指针构成响应的数据结构模式。因此,顺序法有静态存储空间的含义,链接表法有动态存储空间的性质。

4. CAPP的知识库

CAPP系统工艺决策中的各种决策逻辑以规则的形式存入相对独立的工艺知识库,供主控程序调用,因此,工艺知识库的管理非常重要,其管理内容包括知识库的修改与扩充、测试与精炼。修改与扩充指知识库中存放的规则可以根据用户需要进行增、删、改,使之适应新的应用环境,从而大大增强解决问题的能力;测试指通过运行实例发现知识库进行修改,包括重新实现。测试与修改过程反复交替进行,直到系统达到满意的性能为止,该过程即为精炼。另外,知识库管理还包括简化知识库的输入、句法检查、一致性与完整性维护等。

5. CAPP 的数据库

工艺数据与知识的数量庞大，种类繁多，数据间关系复杂，因此，正确选择数据模型是设计工艺数据库和知识库的关键。一般地，工艺数据库/知识库的基本数据模型包括关系模型和面向对象的数据模型两类。在关系模型中，数据的逻辑结构是一种二维表。由于关系模型建立在数学概念基础上，因此，具有严格数学定义及关系规范化技术支持。同时其数据结构简单、直观，可以直接表示"多对多"关系，数据独立性强，修改方便；面向对象的数据模型是在面向对象核心概念（对象/对象标识、封装/消息、类/继承、属性/方法等）的基础上定义有关语义联系和语义约束构成的。该模型弥补了关系型数据模型缺乏丰富的语义描述能力的缺陷，能够支持复杂数据类型，如声音、图像、文本、过程等，适应数据信息的发展趋势。

另外，CAPP 系统还应提供用户自定义工艺数据库接口，用户可根据本企业实际资源情况及工艺设计要求建立自己的工艺数据库，使系统具有较好的适应性和可扩展性。其内容一般应包括工艺术语库、机床库、刀具库、量具库、工时定额库和切削参数库等。

5.7.2　工艺数据和知识的获取与表示

1. 工艺数据和知识的获取

工艺数据和知识的获取涉及知识工程师如何从人类工艺专家那里获得专门知识，并要求做到规范化和合理化，一般分为两步完成：第一步，通过在企业现场考察、调查研究、分析工艺实例、采访工艺专家、阅读工艺书籍/手册及有关文献资料收集信息，然后通过整理、规纳、分类和总结，选择合适有效的表达形式，按系统提供的标准文本格式记录。这一步应注意信息的完备性、全面性与正确性；第二步，在系统提供的知识获取与管理环境下，完成数据与知识的输入、维护和管理。这一步应考虑维护与管理的便利性。

工艺数据和知识的获取方法分为人工方式和自动方式两大类。人工方式通常由知识工程师来完成，也可由知识工程师与工艺领域专家密切沟通后，利用知识库编辑器来完成；自动方式利用人工智能的机器学习程序自动生成新知识，主要是通过知识获取模块向用户提问或通过系统的不断应用，动态地逐步扩充和完善知识库。采用交互式动态知识获取技术，工艺人员可在工艺设计过程中，随时将产品工艺中所定义的工序、工步、设备、工装等事实性知识不经任何修改或经过一定的编辑修改直接放入知识库，从而实现知识库的动态扩充。工艺知识自动获取是智能化 CAPP 专家系统必须具备的功能，国内外在应用 ANN 等人工智能技术机型工艺知识自动获取方面做了许多研究工作，但受训练样本等限制，有其局限性。随着 CAPP 的广泛应用，企业将逐步积累并形成产品工艺数据库。为充分利用这些宝贵财富，提高 CAPP 系统智能化程度，数据挖掘与知识发现技术将大有作为，因为它可以从数据库的大量数据中筛选、抽取信息，从而发现新知识。

2. 工艺数据和知识的表示

工艺数据和知识的表示即知识符号化过程，为表达和存储知识而约定采用特定的数据结构。知识的表示与知识的获取、管理、处理、解释等直接相关，对问题能否求解以及问题求解的效率有重大影响。恰当地表示知识可以使复杂问题迎刃而解。一般对知识表示要考虑如下要求：表达能力、可理解性、可扩充性与可访问性。从表示形式上看，工艺知识可以分为内部表示形式和外部表示形式。外部表示形式是面向系统管理员、工艺师、领域专家和用户的，应注意知识的简明性和输入的方便性。内部表示形式则是面向系统内部的，应注意数据结构的优化

和存储查询的快捷，同时要注意工艺知识库内部的冗余和干涉。对同一知识的表示可以用多种方法，但各自的效果却不相同，经常需要把几种表示模式并用，以便取长补短，例如一阶谓词、产生式规则、框架、语义网络和面向对象等已经应用于 CAPP 系统。

另外，随着面向对象技术的深入，目前常用面向对象的知识表示，即系统的知识库由统一的基本元素组成，对象既是知识的基本元素，又是基本问题求解的独立单元。各类求解机制分布于各个对象，通过对象之间的消息传递完成整个问题的求解过程。

思考题

5-1 传统工艺设计的主要内容和步骤有哪些？传统工艺设计方法存在哪些问题？

5-2 CAPP 系统对零件信息描述提出哪些基本要求？计算机辅助工艺设计时，零件必须具备哪些信息？

5-3 现有 CAPP 系统常用哪些零件信息描述方法？

5-4 试述交互型 CAPP 系统工作原理。

5-5 试述变异型 CAPP 系统工作原理。

5-6 试述创成型 CAPP 系统工作原理。

5-7 工艺数据有哪些类型和内容？工艺知识有哪些类型和内容？

5-8 工艺数据和知识有哪些特点？工艺数据和知识如何获取和表达？

第 6 章　计算机辅助工程

计算机辅助工程(Computer Aided Engineering,CAE)的概念很广,可以包括工程和制造业信息化的几乎所有方面,但一般的 CAE 主要是指利用数值模拟分析技术对工程和产品进行性能与安全可靠性分析,模拟其未来的工作状态和运动行为,及早发现设计缺损,验证工程产品功能和性能的可用性与可靠性,实现产品的优化,例如有限元分析、优化设计、可靠性分析、系统动态分析、虚拟样机技术等。

由于 CAE 技术的发展与普及,使设计工作出现了革命性的变化,机械设计逐渐实现了由静态、线性分析向动态、非线性分析的过渡,由经验类比向最优设计的过渡,由人工计算向自动计算的过渡,由近似计算向精确计算的过渡。CAE 在产品开发研制中显示出无与伦比的优越性,使其成为现代企业在日趋激烈的竞争中取胜的一个重要条件,因而越来越受到科技界和工程界的重视。据统计,发达国家的产品研究开发过程要花费产品成本的 80%,同时这一过程要占整个产品从研究到投入市场所需时间的 70%。CAE 技术的应用使实物模型的实验次数和规模大大下降,既加快了研究速度,又大幅度降低了成本,还极大地提高了产品的可靠性。从高速赛车到新式核武器的研制,都是完全依赖于 CAE 技术进行开发的典型案例。

6.1　有限元分析

近年来,在计算机技术和数值分析方法的支持下而发展起来的有限元分析(Finite Element Analysis,FEA)方法为解决复杂的工程分析计算问题提供了有效的途径。

6.1.1　有限元法的功用

许多工程分析问题,如固体力学中的位移场和应力场分析、电磁学中的电磁场分析、振动特性分析、传热学中的温度场分析、流体力学中的流场分析等,都可归结为在给定边界条件下求解其控制方程(常微分方程或偏微分方程)的问题,但能用解析方法求出精确解的方程性质比较简单,且几何边界相当规则的少数问题,对于大多数的工程技术问题,由于物体的几何形状较复杂或者问题具有某些非线性特征,很少能得到解析解。这类问题的解决通常有两种途径:一是引入简化假设,将方程和边界条件简化为能够处理的问题,从而得到它在简化状态的解。这种方法只在有限的情况下是可行的,因为过多的简化可能导致不正确甚至错误的解。因此,人们在广泛吸收现代数学、力学理论成果的基础上,借助计算机来获得满足工程要求的数值解,这就是数值模拟技术。数值模拟技术是现代工程学形成和发展的重要推动力之一。

目前在工程技术领域内常用的数值模拟方法有有限单元法、边界元法、离散单元法和有限差分法等,但就其实用性和应用的广泛性而言,主要还是以有限单元法为主。作为一种离散化的数值解法,有限单元法首先应用在结构分析中,然后又在其他领域中得到广泛应用。

有限单元法发展迅速,其应用范围迅速扩展到各个工程领域,成为连续介质问题数值解法中最活跃的分支。有限单元法目前已由变分法有限元扩展到加权残数法与能量平衡法有限

元，它解决的问题已由弹性力学平面问题扩展到空间问题、板壳问题，由静力平衡问题扩展到稳定性问题、动力问题和波动问题，由线性问题扩展到非线性问题，其分析对象已从弹性材料扩展到塑性、黏弹性、黏塑性和复合材料等，有限单元法的应用范围也已由结构分析扩展到结构优化乃至于设计自动化，从固体力学扩展到流体力学、传热学、电磁学等领域。有限单元法的工程应用如表 6－1 所列。

表 6－1　有限元法的工程应用

研究领域	平衡问题	特征值问题	动态问题
结构工程学、结构力学和宇航工程学	梁、板、壳结构的分析、复杂或混杂结构的分析、二维与三维应力分析	结构的稳定性、结构的固有频率和振型、线性黏弹性阻尼	应力波的传播、结构对于非周期线荷的动态响应、耦合热弹性力学与热黏弹性力学
土力学、基础工程学和岩石力学	二维与三维应力分析、填筑和开挖问题、边坡稳定性问题、土壤与结构的相互作用、坝、隧洞、钻孔、船闸等的分析、流体在土壤和岩石中的稳态渗流	土壤—结构组合物的固有频率和振型	土壤与岩石中的非定常渗流、在可变形多孔介质中的流动—固结应力波在土壤和岩石中的传播、土壤与结构的动态相互作用
热传导	固体和流体中的稳态温度分布		固体和流体中的瞬态热流
流体动力学、水利工程学和水源学	流体的势流、流体的黏性流动、蓄水层和多孔介质中的定常渗流、水工结构和大坝分析	湖泊和港湾的被动（固有）频率和振型、刚性或柔性容器中流体的晃动	河口的盐度和污染研究（扩展问题）、沉积物的推移、流体的非定常流动、波的传播、多孔介质和蓄水层中非定常渗流
核工程	反应堆安全壳结构的分析、反应堆和反应堆安全壳结构中的稳态温度分布		反应堆安全壳结构的动态分析、反应堆结构的热黏弹性分析、反应堆和反应堆安全完结构中的非稳态温度分布
电磁学	二维和三维静态电磁场分析		二维和三维时变、高频电磁场分析

6.1.2　有限元法的解题思路与步骤

有限元法基于固体流动变分原理，把一个原来连续的物体剖分成有限个数的单元体（见图 6－1），单元体相互在有限个节点上连接，承受等效的节点载荷。计算求解时先按照平衡条件进行分析，然后根据变形协调条件把这些单元重新组合起来，使其成为一个组合体，再进行综合求解。由于剖分单元的个数有限，节点的数目也有限，故此方法称为有限元法。

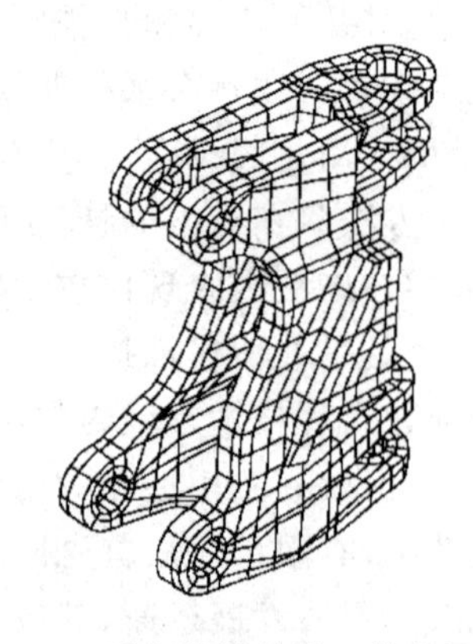

图 6－1　反向铲铸件的三维单元模型

用有限元方法解决问题时采用的是物理模型的近似。这种方法概念清晰，通用性与灵活性兼备，能妥善处理各种复杂情况，只要改变单元的数目就可以使解的

精确度改变，得到与真实情况无限接近的解。

对于具有不同物理性质和数学模型的问题，有限元求解法的基本步骤是相同的，只是具体的公式推导和运算求解不同。有限元求解问题的基本步骤通常包括以下几个方面。

1. 定义求解域

根据实际问题近似确定求解域的物理性质和几何区域。

2. 求解域离散化

结构离散是有限元法的基础，也就是将分析对象按一定的规则划分成有限个具有不同大小和形状单元体的集合，使相邻单元在节点处连接，单元之间的载荷也仅由节点来传递，这一步骤习惯上称为有限元网格划分。离散而成的单元集合体将用来替代原来的结构，所有的计算分析都将在这个计算模型上进行。因此网格划分是十分重要的，它关系到有限元计算的速度和精度，以至决定计算的成败。

对于不同的问题节点参数的选择不同，如温度场有限元分析的节点参数是温度函数，流体流动有限元分析的节点参数是流函数、势函数，结构分析中的节点函数可以是节点力或节点位移等。当取节点力为基本未知量时求解方法称为力法，若取节点位移为基本未知量时则称为位移法，两者兼有的方法称混合法，其中位移法是最为常见的方法。

3. 单元推导

在结构离散完成之后就可以对单元进行特性分析，建立各单元节点位移与节点力之间的关系，从而求出单元的刚度矩阵。对于杆系结构，其单元为杆或梁，这些单元的刚度矩阵可以用结构力学或材料力学的方法求得。对于连续体，求单元的刚度矩阵时必须先假定单元内的位移分布，再用弹性力学中的几何方程来建立应变与单元上节点位移的关系，最后用物理方程和虚功原理建立节点力与节点位移的关系，即刚度方程。

通常称描述单元内各点位移变化规律的函数为单元位移函数。根据所选的位移函数，可推导出用单元节点位移表示单元内任一点位移的关系式：

$$f = \boldsymbol{N}\delta^e \tag{6.1}$$

式中，$\boldsymbol{N}$ 为形函数矩阵，也称为差值函数矩阵，其中的元素是坐标的函数；f 是单元内任一点的位移列阵；δ^e 为单元的节点位移列阵。

利用弹性力学几何方程，可从式(6.1)推导出用节点位移 δ^e 表示的单元应变

$$\varepsilon = \boldsymbol{B}\delta^e \tag{6.2}$$

再利用弹性力学物理方程 $\sigma = \boldsymbol{D}\varepsilon$，可推导出以节点位移 δ^e 表示的单元应力

$$\sigma = \boldsymbol{D}\boldsymbol{B}\delta^e = \boldsymbol{S}\delta^e \tag{6.3}$$

式中，$\boldsymbol{D}$ 为与材料有关的弹性矩阵；$\boldsymbol{B}$ 为单元应变矩阵；$\boldsymbol{S}$ 为单元应力矩阵。

最后，根据虚功原理即可建立作用于单元上的节点力与节点位移间的关系式，即单元刚度方程

$$F^e = \boldsymbol{K}^e\delta^e \tag{6.4}$$

式中，$\boldsymbol{K}^e$ 称为单元刚度矩阵，可通过下式计算：

$$\boldsymbol{K}^e = \iiint_V \boldsymbol{B}^{\mathrm{T}}\boldsymbol{D}\boldsymbol{B}\,\mathrm{d}V \tag{6.5}$$

4. 等效节点载荷计算

结构被离散化后单元与单元之间仅通过节点发生内力的传递，结构与外界间也是通过节

点发生联系的。因此，作用在单元边界上的表面力 q_s、作用在单元内的体积力 P_v 和集中力 P_c 等，都必须等效移置到单元节点上去，转化为相应的单元等效节点载荷 $F^e_{R_{q_s}}$，$F^e_{R_{p_v}}$，$F^e_{R_{p_c}}$。

5. 总装求解

将单元总装形成离散域的总矩阵方程（联合方程组），反映对近似求解域的离散域的要求。总装是在相邻单元节点进行的，状态变量及其导数（如果有导数）连续性建立在节点处。

整体分析是依据所有相邻单元在公共节点上的位移相同和每个节点上的节点力与节点载荷保持平衡这两个原则进行的。建立整体刚度方程的内容包括两部分：1）由各单元刚度矩阵集成整体结构的总刚度矩阵 $\boldsymbol{K}$。2）将作用于各单元的节点载荷矩阵集成总的载荷列阵。其中节点载荷包括作用在节点上的载荷和等效到节点上的载荷。

在求得整体坐标系下各单元刚度矩阵后，可根据结构上各节点的力平衡条件求得结构的整体刚度方程：

$$\boldsymbol{K\delta} = \boldsymbol{F}_R \tag{6.6}$$

式中，$\boldsymbol{K} = \sum \boldsymbol{K}^e$ 为结构整体刚度矩阵；$\boldsymbol{F}_R$ 为结构的节点载荷向量；$\boldsymbol{\delta}$ 为结构的节点位移向量。

6. 联立方程组求解和结果解释

式(6.6)只反映了物体内部的关系，并未反映物体与边界支承等的关系。在未引入约束条件之前，其整体刚度矩阵 $\boldsymbol{K}$ 是奇异的，即 $\det\boldsymbol{K}=0$，式(6.6)的解不唯一。这是因为弹性体在力 $\boldsymbol{F}_R$ 的作用下虽处于平衡，但仍可作刚体位移。为了求得式(6.6)中节点位移的唯一解，必须根据结构与外界支承的关系引入边界条件，消除刚度矩阵 $\boldsymbol{K}$ 的奇异性，使方程得以求解，进而再将求出的节点位移 δ^e 代入各单元的物理方程，求得各单元的应力。求解结果是单元节点处状态变量的近似值。计算结果的质量将通过与设计准则提供的允许值相比较来评价，并确定是否需要重复计算。

以上有限元法的求解基本步骤是有限元法的核心，对二维、三维问题中的任何结构都是适用的，因此具有一致性。不同有限元法问题的主要差别在于划分的单元类型不同，从而影响到单元分析和单元等效节点载荷求法的选择。有限元法的结构分析过程如图6-2所示。

从使用有限元程序的角度看，有限元分析过程划分成3个阶段：前置处理、计算求解和后置处理。前置处理负责建立有限元模型，完成单元网格的划分；后置处理则负责采集处理分析结果，使用户能简便提取信息，了解计算结果。

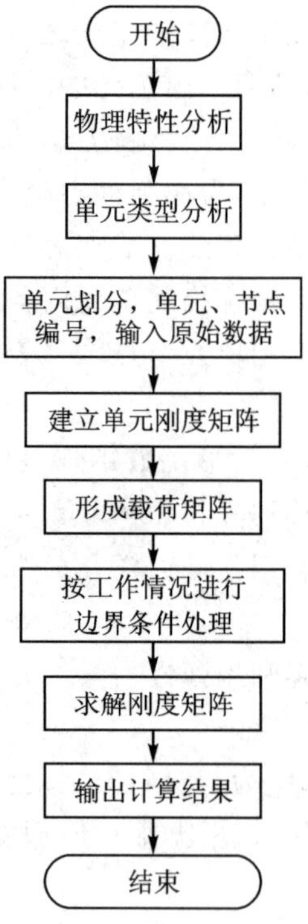

开始
物理特性分析
单元类型分析
单元划分，单元、节点编号，输入原始数据
建立单元刚度矩阵
形成载荷矩阵
按工作情况进行边界条件处理
求解刚度矩阵
输出计算结果
结束

图6-2 有限元法的结构分析过程

6.1.3 有限元法的前置处理

有限元法的前置处理包括：选择所采用的单元类型、点和单元的编号及坐标，确定载荷类型、边界条件、材料性质等。其中最重要的步骤是网格划分，有限元分析的精度取决于网格划

分的密度，但太密又会大大增加计算时间，计算精度却不会成比例地提高。通常采取将网格在高应力区局部加密的办法。

采用有限元法进行分析计算时，依据分析对象的不同所采用的单元类型也不同。分析对象应该划分成什么样的单元，这要根据结构本身的形状特点、综合载荷、约束等情况进行全面考虑而定，所选的单元类型应能逼近实际受力状态，单元形状应能接近实际边界轮廓。表 6 - 2 列出了常用的一些典型单元，其中每种单元的节点数和自由度都不一样。实际应用中还有许多在这些单元基础上发展起来的其他一些单元，这方面的内容可参考有关资料。

表 6 - 2　常见的有限元单元

单元类型				节点数	节点自由度	典型应用
一维单元	杆			2	1	桁架
	梁			2	3	平面桁架
二维单元	平面问题	三角形		3	2	平面桁架
		四边形		4	2	平面应用
	轴对称问题	三角形		3	2	平面应用
	板弯曲问题	四边形		4	3	薄板弯曲
		三角形		3	3	空间问题
三维单元	四面体			4	3	空间问题
	六面体			8	3	空间问题

6.1.4 有限元法的后置处理

在有限元分析结束后，由于节点数非常多，输出的数据量非常庞大，如静态受力分析后节点的位移量、固有频率、计算后的振型等。如果靠人工来分析这些数据，不仅工作量巨大，容易出错，而且也很不直观。通常使用后置处理器来自动处理分析结果，并根据操作者的要求形象化为变形图、应力等值线图、应力应变彩色浓淡图、应力应变曲线以及振型图等，直观显示载荷作用下零件的变形，零件各部分的应力、应变或温度场的分布等情况。

6.1.5 通用有限元分析软件

有限元计算程序一般有通用程序和专用程序两种。专用程序是为了解决某一类学科问题或某一类产品基础件的计算分析问题而编制的，如滚动轴承设计分析系统、车厢车架分析系统等，这类程序解决的问题比较专一，一般规模较小。大型通用有限元程序则功能强大，用户使用方便，计算结果可靠而且效率较高，逐渐成为新的技术商品，成为强有力的工程分析工具。目前商用有限元程序的分析功能几乎覆盖了所有的工程领域，其程序使用也非常方便，只要有一定基础的工程师都可以在短时间内分析实际工程项目，这也是它能被迅速推广的主要原因之一。当前我国工程界比较流行、被广泛使用的大型有限元分析软件有 ANSYS、ABQUS、MSC/NASTRON、MARC、ADINA 等。

1. ANSYS

ANSYS 软件是融结构、流体、电场、磁场、声场分析于一体的大型通用有限元分析软件，由世界上最大的有限元分析软件公司之一——美国的 ANSYS 公司开发，它最突出的功能是多物理场分析技术。所谓多物理场是指热场、流场、结构应力场等多场耦合。在 ANSYS 公司并购了 ICEM CFD 后，这种软件的复杂流场分析能力更加强大。另外，这种软件系统还有显式瞬态动力分析工具 LS-DYNA，它是显式有限元理论和程序的鼻祖，被公认为是汽车安全性设计、武器系统设计、金属成型、跌落仿真等领域的标准分析软件。在前置处理方面，ANSYS 的实体建模功能比较完善，提供了完整的布尔运算，还提供拖拉、延伸、旋转、移动和拷贝实体模型图素功能，也可以读入 Pro/E、UG 等 CAD 模型。

2. ADINA

ADINA 是老牌通用有限元分析系统，它的技术较成熟，集成环境包括自动建模、分析和可视化后置处理等。这种软件可进行线性、非线性，静力、动力、屈曲、热传导分析，压缩、不可压缩流体动力学计算及流—固耦合分析等，适用于机械工业领域、土木建筑工程结构、桥梁、隧道、水利、交通能源、石油化工、航空、航天、船舶、军工机械和生物医学等领域，可进行结构强度设计、可靠性分析评定及科学前沿研究等。

3. MSC

多年来 MSC 在计算机辅助工程市场一直居于领导地位，收购了顶尖高度非线性 CAE 软件公司 MARC 等，这更为它在 MCAE(机械工程辅助分析)行业奠定了霸主地位。MSC 的产品系列很多，不同的软件模块执行不同的分析功能。它丰富的产品线包括：1）目前功能最全面、应用最广泛的大型通用结构有限元分析系统 NASTRAN；2）工业领域著名的并行框架式有限元前、后置处理及分析系统 NASTRAN；3）专用的耐久性疲劳寿命分析工具 FATIGUE；4）拓扑及形状优化的概念化设计软件工具 CONSTRUCT；5）处理高度组合非线性结构、热

及其他物理场和耦合场问题的有限元软件 MARC;6）求解高度非线性、瞬态动力学、流体及流—固耦合问题的分析工具 DYNA;7）当今唯一的全面商品化材料数据信息系统 MVISION;8）成型过程仿真的专用工具 AutoForge;9）运动学动力学权威仿真软件 Adams 等。

其他还有一些通用有限元分析软件，由于它们的功能或应用广泛性不如 MSC 和 ANSYS，这里不再详述。由于计算机技术的飞速发展，现在利用有限元法求解一般机械结构的静动力分析问题时，计算规模、计算机容量及计算速度等不再是有限元应用的主要矛盾。有限元法应用中的难点，或者说关系到有限元计算成功与否的关键，在于如何使建立的有限元计算模型与实际结构的受力状态更相符，更能反映实际情况。这是在学习和应用有限元法时必须高度重视的问题。

6.1.6　有限元法在机械工程中的应用

在机械工程中有限元法已作为一种常用的基本方法被广泛使用。凡是计算零部件的应力、变形，进行动态响应计算及稳定性分析，进行齿轮、轴、滚动轴承、活塞、压力容器及箱体中的应力、变形计算和动态响应计算，分析滑动轴承中的润滑问题，进行焊接中残余应力及复合材料和金属塑性成形中的变形分析等都可用有限元法。

有限元法在机械设计中的应用主要表现在以下两个方面：1）实现机械零部件的优化设计。有限元法作为结构分析的工具，对可能的结构方案进行计算，根据计算结果的分析和比较，按强度、刚度和稳定性等要求对原方案进行修改、补充，得到应力、变形分布合理及经济性好的结构设计方案。2）用于分析结构损坏的原因，寻找改进途径。当结构件在工作中发生故障（如断裂、出现裂纹和磨损等）时，可通过有限元法计算研究结构损坏的原因，找出危险区域和部位，提出改进设计的方案，并进行相应的计算分析直到找到合理的结构为止。

6.2　优化设计

优化设计是现代设计方法的重要内容之一，它以数学规划为理论基础，以计算机和应用软件为工具，在充分考虑多种设计约束的前提下寻求满足预定目标的最佳设计。例如飞行器和宇航结构的设计应在满足性能的要求下使其质量最轻，空间运载工具的设计应使其轨迹最优；连杆、凸轮、齿轮、机床等机械零部件的设计应在实现功能的基础上使结构最优；机械加工工艺过程设计应在限定的设备条件下使生产率最高等。目前，优化设计在宇航、汽车、造船、机械、冶金、建筑、化工、石油、轻工等领域都得到了广泛的应用。

6.2.1　优化设计的基本概念和术语

优化设计要解决的关键问题有两个，一是建立工程问题优化设计的数学模型，即确定优化设计的三要素：目标函数、约束条件和设计变量；二是选择适用的优化方法。

1. 设计变量

设计中可以用一组对设计性能指标有影响的基本参数来表示某个设计方案。有些基本参数可以根据工艺、安装和使用要求预先确定，而另一些则需要在设计过程中进行选择。需要在设计过程中进行选择的基本参数称为设计变量。一项设计若有 n 个设计变量 $x_1, x_2, \cdots, x_n$，则这 n 个设计变量可以按一定次序排列，用 n 维列向量来表示，即：$\boldsymbol{X}=[x_1, x_2, \cdots, x_n]^{\mathrm{T}}$。以

n 个设计量为坐标轴组成的实空间称为设计空间，用 R_n 表示。设计空间是所有设计方案的集合，表示为：$\boldsymbol{X} \in R_n$。

机械设计常用的设计变量有几何尺寸、材料性质、速度、加速度、效率、温度等。

2. 目标函数

根据特定目标建立起来的、以设计变量为自变量的可计算函数称为目标函数，它是设计方案评价的标准，因此也称为评价函数。优化设计的过程实际上是寻求目标函数最小值或最大值的过程，如使目标达到质量最轻、体积最小等。因为求目标函数的最大值可转换为求负的最小值，故目标函数可统一描述为

$$F(X)=F(x_1,x_2,\cdots,x_n)\Rightarrow \min$$

目标函数作为评价方案的标准有时不一定有明显的物理意义和量纲，它只是设计指标的一个代表值。正确建立目标函数是优化设计中很重要的一步工作，它既要反映用户的要求，又要直接、敏感地反映设计变量的变化，对优化设计的质量和计算的难易程度都有一定影响。

目标函数与设计变量之间的关系可以用几何图形形象地表示出来。例如，设计变量为单变量时，目标函数是二维平面上的一条曲线；设计变量为双变量时，目标函数是三维空间的一个曲面，在曲面上具有相同目标函数值的点构成了曲线，该曲线称为等值线（或等高线），如图 6－3 所示。若有 n 个设计变量时，目标函数是 n 维空间中的超曲面，难以用平面图形来表示。

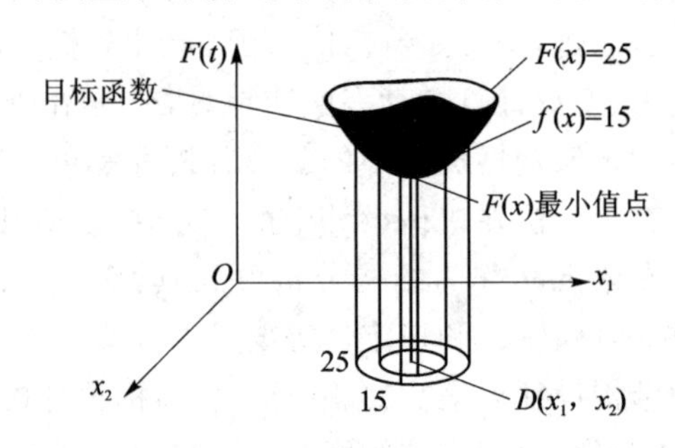

图 6－3　三维空间目标函数与设计变量之间的关系

3. 约束条件

在实际设计中设计变量不能任意选择，必须满足某些规定功能和其他要求。为实现一个可接受的设计而对设计变量取值施加的种种限制称为约束条件。约束条件必须是对设计变量的一个有定义的函数，并且各个约束条件之间不能彼此矛盾。

约束条件一般分为边界约束和性能约束两种：1）边界约束，又称区域约束，表示设计变量的物理限制和取值范围，如齿轮的齿宽系数应在某一范围内取值，标准齿轮的齿数应大于等于 17 等。2）性能约束，是由某种设计性能或指标推导出来的一种约束条件。这类约束条件一般总可以根据设计规范中的设计公式，或通过物理学和力学的基本分析推导出的约束函数来表示，如对零件的工作应力、变形、振动频率、输出扭矩波动最大值的限制等。

约束条件一般表示为设计变量的不等式约束函数和等式约束函数两种形式：

$$\begin{cases} g_i(X)=g_i(x_1,x_2,\cdots,x_n)\geqslant 0 & (i=1,2,\cdots,m) \\ h_j(X)=h_j(x_1,x_2,\cdots,x_n)=0 & (j=m+1,m+2,\cdots,p) \end{cases} \tag{6.7}$$

式中，m，p 分别表示施加于该项设计的不等式约束条件数目和等式约束条件数目。

设计约束将设计空间分成可行域与非可行域两部分。可行域中的任一点（包括边界上的各点）都满足所有的约束条件，称为可行点。任一个可行点都表示满足设计要求的可行方案。

4. 数值迭代计算方法

数值迭代是计算机常用的计算方法，也是优化设计的基本数值分析方法。用某个固定公式代入初值后反复地计算，每次计算后将计算结果代回公式，使之逐步逼近理论上的精确解。

当满足精度要求时即得出与理论解近似的计算结果，如图 6－4 所示。

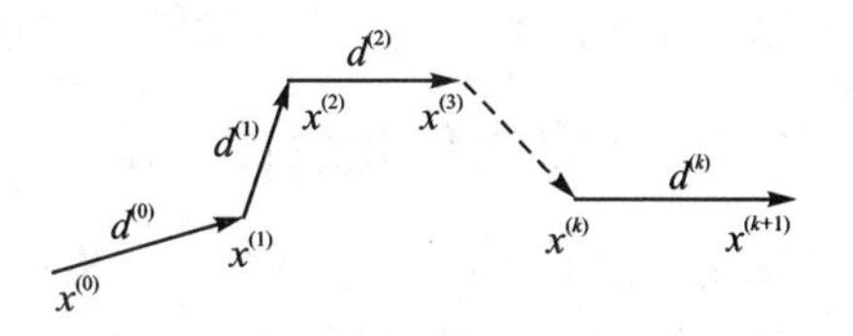

图 6－4　搜索迭代过程

迭代格式的一般式为

$$x^{(k+1)}=x^{(k)}+a^{(k)}d^{(k)}$$

其中：

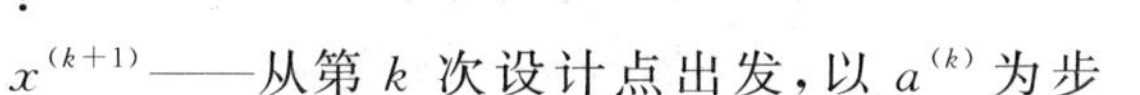

$x^{(k+1)}$——从第 k 次设计点出发，以 $a^{(k)}$ 为步长、沿 $d^{(k)}$ 方向进行搜索所得的第 $k+1$ 次设计点，也就是第 $k+1$ 步迭代点；

$x^{(k)}$——第 k 步迭代点，即优化过程中所得的第 k 次设计点；

$a^{(k)}$——从第 k 次设计点出发，沿着 $d^{(k)}$ 方向进行搜索的步长；

$d^{(k)}$——从第 k 次设计点出发的搜索方向。

迭代过程中搜索方向、步长的选择与变化随着所采用的优化方法而不同。各设计点是通过同样的运算步骤取得的，因而易于在计算机上实现。

6.2.2　优化设计的数学模型

建立数学模型是进行优化设计的关键，其前提是对实际问题的特征或本质加以抽象，再将其表现为数学形态。数学模型可描述为

求 $X=(x_1,x_2,\cdots,x_n)$ 使 $\min F(X)$ 满足约束条件

$$\begin{cases} g_i(X)\geqslant 0 & (i=1,2,\cdots,m) \\ h_j(X)=0 & (j=m+1,m+2,\cdots,p) \end{cases}$$

建立数学模型的一放过程如下。

1）分析设计问题，初步建立数学模型。即使是同一设计对象，如果设计目标和设计条件不同，数学模型也会不同。因此，要首先弄清问题的本质，明确要达到的目标和可能有的条件，选用或建立适当的数学、物理、力学模型来描述问题。

2）抓住主要矛盾，确定设计变量。设计变量越多，设计自由度就越大，越容易得到理想的结果。但随着设计变量的增多问题也随之复杂，因此应抓住主要矛盾，适当忽略次要因素，对问题进行合理简化。

3）根据工程实际提出约束条件。约束条件的数目多，则可行的设计方案数目就减少，优化设计的难度增加。从理论上讲，利用一个等式约束可以消去一个设计变量，从而降低问题的阶次，但工程上往往很难做到设计变量是一定值常量，为了达到效果总是千方百计使其接近一个常量，这样反而使问题过于复杂化。另外，某些优化方法不支持等式约束，因此实际中需要慎重利用等式约束，尤其是结构优化设计应尽量少采用等式约束。

4）对照设计实例修正数学模型。初步建立模型之后，应将其与设计问题相对照，并对函数值域、数学精确度和设计性质等方面进行分析，若模型不能正确、精确地描述设计问题，则需要用逐步逼近的方法对模型加以修正。

5）正确求解计算，估计方法的误差。如果数学模型的数学表达式比较复杂而无法求出精确解 p，则需要采用近似的数值计算方法，此时应对该方法的误差情况有清醒的估计和评价。

6）进行结果分析，审查模型的灵敏性。数学模型求解后还应进行灵敏度分析，即在优化结果的最优点处稍稍改变某些条件，检查目标函数和约束条件的变化程度。若变化较大则说明模型的灵敏性高，需要重新修正数学模型。因为工程实际中设计变量的取值不可能与理论

计算结果完全一致,模型的灵敏性高可能对最优值产生很大影响。

6.2.3 常用优化设计方法

优化方法有不同的分类方法。根据是否存在约束条件可将其分为有约束优化和无约束优化,根据目标函数和约束条件的性质可将其分为线性规划和非线性规划,根据优化目标的多少,可将其分为单目标优化和多目标优化等。常用优化方法如图 6-5 所示。

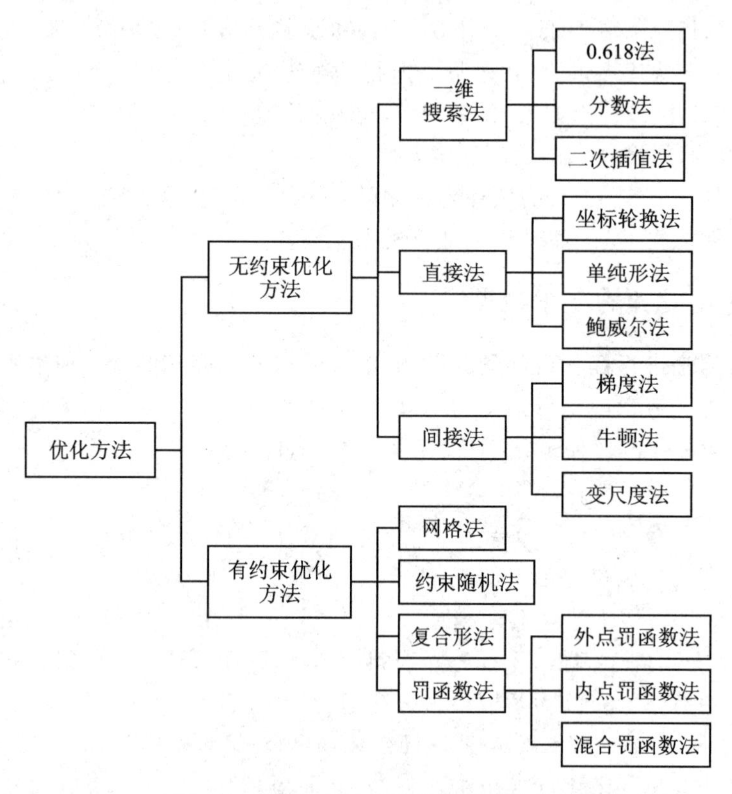

图 6-5 按有无约束分类的优化方法

1. 一维搜索法

由于多维问题都可以转化为一维问题处理,所以一维搜索法是优化设计方法中最基本、最常用的方法。所谓搜索就是一步一步地查寻,直至函数的近似极值点处为止。其基本原理是区间消去法原则,即把搜索区间[a, b]分成 3 段或 2 段,通过判断弃除非极小段,从而使区间逐步缩小,直至达到要求精度为止,取最后区间中的某点作为近似极小点。对于已知极小点搜索区间的实际问题可直接调用 0.618 法、分数法或二次插值法求解。其中 0.618 法步骤简单,可不用导数,适用于低维优化或函数不可求导数及求导数有困难的情况,对于连续或非连续函数均能获得较好的效果,因此它的实际应用范围较广,但效率偏低。二次插值法易于计算极小点,搜索效率较高,适用于高维优化或函数连续可求导数的情况,但其程序复杂,有时它的可靠性比 0.618 法略差。

2. 坐标轮换法

坐标轮换法又称降维法。其基本思想是将多维的无约束问题转化为一系列一维优化问题来解决。它的基本步骤是从一个初始点出发,选择其中一个变量沿相应的坐标轴方向进行一

维搜索，而将其他变量固定。当沿该方向找到极小点之后，再从这个新的点出发对第二个变量采用相同的办法进行一维搜索。如此轮换，直到满足精度要求为止。若首次迭代即出现目标函数值不下降，则应取相反方向进行搜索。该方法不用求导数，编程较简单，适用于维数小于10或目标函数无导数、不易求导数的情况。但这种方法的搜索效率低，可靠性较差。

3. 单纯形法

这种方法的基本思想是在 n 维设计空间中取 $n+1$ 个点，构成初始单纯形，求出各顶点所对应的函数值，并按大小顺序排列。去除函数值最大点 $X\max$，求出其余各点的中心 $X\mathrm{cen}$，并在 $X\max$ 与 $X\mathrm{cen}$ 的连线上求出反射点及其对应的函数值，再利用"压缩"或"扩张"等方式寻求函数值较小的新点，用以取代函数值最大的点而构成新单纯形，如此反复直到满足精度要求为止。由于单纯形法考虑到设计变量的交互作用，故它是求解非线性多维无约束优化问题的有效方法之一，但所得结果为相对优化解。

4. 鲍威尔法

这种方法是直接利用函数值来构造共轭方向的一种共轭方向法。其基本思想是不对目标函数作求导数计算，仅利用迭代点的目标函数值构造共轭方向。该方法收敛速度快，是直接搜索法中比坐标轮换法使用效果更好的一种算法，适用于维数较高的目标函数，但它的编程较复杂。

5. 梯度法

梯度法又称一阶导数法。其基本思想是以目标函数值下降最快的负梯度方向作为寻优方向来求极小值。虽然这种算法比较古老，但可靠性好，能稳定地使函数值不断下降，适用于目标函数存在一阶偏导数、精度要求不是很高的情况。该方法的缺点是收敛速度缓慢。

6. 牛顿法

这种方法的基本思想是，首先把目标函数近似表示为泰勒展开式，并只取到二次项；然后不断地用二次函数的极值点近似逼近原函数的极值点，直到满足精度要求为止。该方法在一定条件下收敛速度快，尤其适用于目标函数为二次函数的情况。但其计算量大，可靠性较差。

7. 变尺度法

变尺度法又称拟牛顿法。它的基本思想是，设法构造一个对称矩阵 $\boldsymbol{A}(k)$ 来代替目标函数的二阶偏导数矩阵的逆矩阵 $[\boldsymbol{H}(k)]^{-1}$，并在迭代过程中使 $\boldsymbol{A}(k)$ 逐渐逼近 $[\boldsymbol{H}(k)]^{-1}$，从而减少了计算量，又仍保持牛顿法收敛快的优点，是求解高维数(10～50)无约束问题的最有效算法。

8. 网格法

这种方法的基本思想是在设计变量的界限区内作网格，逐一计算网格点上的约束函数和目标函数值，舍去不满足约束条件的网格点，而对满足约束条件的网格点比较目标函数值的大小，从中求出目标函数值为最小的网格点，这个点就是所要求的最优解的近似解。该方法算法简单，对目标函数无特殊要求，但对于多维问题计算量较大，通常适用于具有离散变量(变量个数≤8)的小型约束优化问题。

9. 复合形法

这种方法是一种直接在约束优化问题的可行域内寻求约束最优解的直接求解法。它的基本思想是，先在可行域内产生一个具有大于 $n+1$ 个顶点的初始复合形，然后对其各顶点函数值进行比较，判断目标函数值的下降方向，不断地舍弃最差点而代之以满足约束条件且使目标函数下降的新点。如此重复,使复合形不断向最优点移动和收缩,直到满足精度要求为止。该法不需要计算目标函数的梯度及二阶导数矩阵,计算量少,简明易行,因此在工程设计中较为实用。但这种方法不适用于变量个数较多(大于15)和有等式约束的问题。

10. 罚函数法

罚函数法又称序列无约束极小化方法。它是一种将约束优化问题转化为一系列无约束优化问题的间接求解法。它的基本思想是,将约束优化问题中的目标函数加上反映全部约束函数的对应项(惩罚项),构成一个无约束的新目标函数,即罚函数。根据新函数构造方法的不同又可分为:

1)外点罚函数法　罚函数可以定义在可行域的外部,逐渐逼近原约束优化问题的最优解。该方法允许初始点不在可行域内,也可用于等式约束。但迭代过程中的点是不可行的,只有迭代过程完成才收敛于最优解。

2)内点罚函数法　罚函数定义在可行域内,逐渐逼近原问题的最优解。该方法要求初始点在可行域内,且迭代过程中的任一解总是可行解。但这种方法不适用于等式约束。

3)混合罚函数法　是一种综合外点罚函数法、内点罚函数法优点的方法。它的基本思想是不等式约束中满足约束条件的部分用内点罚函数处理,不满足约束条件的部分用外点罚函数处理,从而构造出混合函数。该方法可任选初始点,并可处理多个变量及多个函数,适用于具有等式和不等式约束的优化问题。但它在一维搜索上耗时较多。

选择适用而有效的优化方法一般应考虑以下因素:1)优化设计问题的规模,即设计变量数目和约束条件数目的多少;2)目标函数和约束函数的非线性程度、函数的连续性、等式约束和不等式约束以及函数值计算的复杂程度;3)优化方法的收敛速度、计算效率、稳定性、可靠性以及解的精确性;4)是否有现成程序,程序使用的环境要求,程序的通用性、简便性、执行效率、可靠程度等。

6.2.4　优化设计的一般过程

从设计方法来看,机械优化设计和传统的机械设计方法有本质的差别。一般将优化设计过程分为以下几个阶段。

(1)根据机械产品的设计要求确定优化范围

针对不同的机械产品归纳设计经验,参照已积累的资料和数据分析产品的性能和要求,确定优化设计的范围和规模。产品的局部优化(如零部件)与整机优化(如整个产品)无论在数学模型还是优化方法上都相差甚远。

(2)分析优化对象,准备各种技术资料

进一步分析优化范围内的具体设计对象,重新审核传统的设计方法和计算公式能否准确描述设计对象的客观性质与规律,是否需要进一步改进完善。必要时应研究手工计算时忽略的各种因素和简化过的数学模型,分析它们对设计对象的影响程度,重新决定取舍,并为建立优化数学模型准备好各种所需的数表、曲线等技术资料,进行相关的数学处理(如统计分析、曲线拟合等),为下一步工作打下基础。

(3)建立合理而实用的优化设计数学模型

数学模型描述了工程问题的本质,反映了所要求的设计内容。它是一种完全舍弃事物的外在形象和物理内容,包含该事物的性能、参数关系、破坏形式、结构几何要求等本质内容的抽

象模型。建立合理、有效、实用的数学模型是实现优化设计的根本保证。

(4) 选择合适的优化方法

各种优化方法都有其特点和适用范围,所选取的优化方法应适合设计对象的数学模型,解题成功率要高,要易于达到规定的精度要求,要能在占用机时少、人工准备工作量小的情况下即能满足可靠性和有效性好的选取条件。

(5) 选用或编制优化设计程序

根据所选择的优化方法选用现成的优化程序或用算法语言自行编制程序。准备好程序运行时需要输入的数据,并在输入时严格遵守格式要求,认真进行检查核对。

(6) 求解优选设计方案

计算机求解,优选设计方案。

(7) 分析评价优化结果

这是一项非常重要、不容忽视的工作。采用优化设计方法的目的就是要提高设计质量,使设计达到最优,若不认真分析评价优化结果,则使得整个工作失去意义,前功尽弃。在分析评价优化结果之后,或许需要重新选择设计方案,甚至需要重新修正数学模型,以便产生最终有效的优化结果。

6.2.5　优化设计应用实例

对图 6-6 所示的控刀杆进行结构参数优化。已知:刀杆的悬臂端作用有切削阻力 $F_P=1\ 500$ N,扭矩 $M=150$ N·m,悬臂伸出长度 L 不小于 70 mm,材料的许用弯曲应力 $[\sigma]=120$ N/mm^2,许用扭转剪应力 $[\tau]=80$ N/mm^2,允许挠度 $[f]=0.1$ mm,弹性模量 $E=200\ 000$ N/mm^2,在满足强度、刚度的条件下设计一个用料最节省的设计方案。

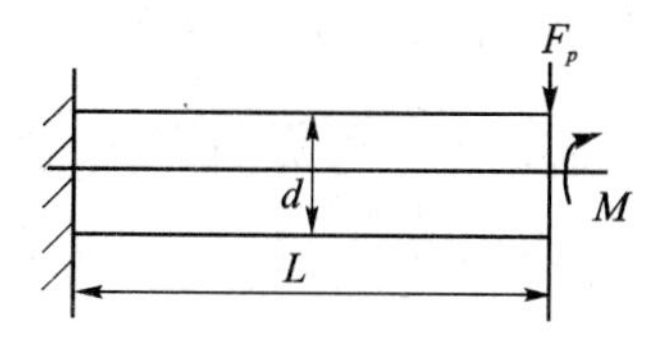

图 6-6　镗刀杆的受力图

解

1) 为了省料必须使刀杆的体积最小,即

$$f(X)=V=\left(\frac{d}{2}\right)^2\pi L\Rightarrow \min$$

2) 需要满足的条件如下。

强度条件:弯曲强度 $\sigma_{\max}=\dfrac{F_{PL}}{0.1d^3}\leqslant[\sigma]$,或 $[\sigma]-\sigma_{\max}=\dfrac{F_{PL}}{0.1d^3}\geqslant 0$

扭转强度 $\tau_{\max}=\dfrac{M}{0.2d^3}\leqslant[\tau]$,或 $[\tau]-\tau_{\max}=\dfrac{M}{0.2d^3}\geqslant 0$

刚度条件:挠度表达式 $f=\dfrac{F_{PL}^3}{3EJ}=\dfrac{64F_{PL}^3}{3E\pi d^3}\leqslant[f]$,或 $[f]-\dfrac{F_{PL}^3}{3EJ}=\dfrac{64F_{PL}^3}{3E\pi d^3}\geqslant 0$

结构尺寸边界条件:$L\geqslant L_{\min}=70$ mm,或 $L-70$ mm$\geqslant 0$

将已知条件代入上述各式,归纳为下列数学模型。

设 $x_1=d$,$x_2=L$,设计变量为 $\boldsymbol{X}=[x_1,\ x_2]^{\mathrm{T}}$

目标函数 $f(\boldsymbol{X})$ 的极小化表达式为:

$$f(\boldsymbol{X})=\frac{d^2\pi L}{4}=\frac{x_1^2\pi x_2}{4}=0.785x_1^2x_2\Rightarrow \min$$

$$
\text{约束条件：}\begin{cases}
g_1(\boldsymbol{X})=[\sigma]-\dfrac{FPL}{0.1d^3}=120-\dfrac{1.5\times10^4x_2}{0.1x_1^3}\geqslant 0\\
g_2(\boldsymbol{X})=[\tau]-\dfrac{M}{0.2d^3}=80-\dfrac{150\times10^3}{0.2x_1^3}\geqslant 0\\
g_3(\boldsymbol{X})=[f]-\dfrac{64F_{PL}^3}{3E\pi d^3}=0.1-\dfrac{0.51\times x_2^3}{x_1^4}\geqslant 0\\
g_4(\boldsymbol{X})=x_2-L_{\min}=x_2-70\geqslant 0\Rightarrow x_1\geqslant 44.4,x_2\geqslant 70
\end{cases}
$$

此问题为具有两个设计变量、四个约束条件的非线性规划问题。将不等式的解代入目标函数 $f(\boldsymbol{X})$后得：

$$f(\boldsymbol{X})=0.785\times44.4^2\times70\ \text{mm}^3=108\ 326.232\ \text{mm}^3=108.3\ \text{cm}^3\rightarrow\min$$

因此，在满足强度、刚度条件的情况下，若用料最省就必须使刀杆直径不小于 44.4 mm，刀杆长度不小于 70 mm，最小体积为 108.3 cm^3。

6.3 可靠性分析

市场经济条件下产品的竞争，关键是质量的竞争。可靠性作为产品一项重要的质量属性，其地位和作用已经被广大工程及管理人员所理解。可靠性技术的目的是在设计阶段预测和预防所有可能发生的故障和隐患并将其消除于未然。

6.3.1 可靠性的概念和基本理论

可靠性是指产品在规定条件下和规定时间内完成规定功能的能力。

这里的产品是指作为单独研究和分别试验对象的任何元件、设备或系统，可以是零件、部件，也可以是由它们装配而成的机器，或由许多机器组成的机组和成套设备，例如汽车板簧、汽车发动机、汽车整车等。产品是可靠性技术研究的对象。

规定条件一般指的是使用条件、环境条件，包括应力温度、湿度、腐蚀等，也包括操作技术、维修方法等条件，规定条件是可靠性分析的前提。

规定时间是可靠性区别于产品其他质量属性的重要特征，是可靠性定义的核心。一般也可认为可靠性是产品功能在时间上的稳定程度，因此以数学形式表示的可靠性各特征量都是时间的函数。这里的时间概念不限于一般的年、月、日、分、秒等，也可以是与时间成比例的次数、距离，如应力循环次数、汽车行驶里程等。

功能反映产品的技术性能质量指标。产品丧失规定功能则称为失效，对可修复产品通常也称为故障。怎样才算是失效或故障有时很容易判定，但更多情况则很难判定，往往成为可靠性统计学的难点。当产品指的是某个螺栓时显然螺栓断裂就是失效；当产品指的是某个设备时，如果某个零件损坏而该设备仍能完成规定功能就不能算失效或故障，有时虽有某些零件损坏或松脱，但在规定的短时间内可容易地将其修复，这时可不算是失效或故障。若产品指的是某个具有性能指标要求的机器，当性能下降到规定的指标后，虽然机器仍能继续运转但已应算是失效或故障。究竟怎样算是失效或故障，有时要涉及厂商与用户间不同看法的协调处理，有时要涉及当时的技术水平和经济政策等而做出合理的规定。

产品的失效或故障均具有偶然性，产品在某段时间内的工作情况并不能很好地反映其可

靠性的高低，而应该观察该种产品大量的工作情况并进行合理的处理后才能正确反映产品的可靠性，因此对能力的定量分析需要用概率和数理统计的方法。

可靠性的技术基础范围相当广泛，大致分为定性和定量的两大类方法。定量化方法是根据故障(失效)的概率分布，定量地设计、试验、控制和管理产品的可靠性。定性方法则是以经验为主，也就是把过去积累的处理失效的经验设计到产品中，使它具有免故障的能力。定性和定量方法是相辅相成的。

按产品可靠性的形成可将其分为固有可靠性和使用可靠性。固有可靠性是通过设计、制造赋予产品的可靠性，使用可靠性既受设计、制造的影响，又受使用条件的影响。一般使用可靠性总低于固有可靠性。

可靠性设计不能一味地用高成本去追求使用寿命，而应考虑总体寿命的均衡，也就是产品到达规定的工作时间时其零件的寿命同时也应均告结束。尤其对昂贵的零件来说更应遵循总体寿命均衡的原则。

6.3.2　可靠性指标

1. 可靠度

可靠度是产品在规定条件和规定时间内完成规定功能的概率，一般记为 R。它是时间的函数，故也记为 $R(t)$，称为可靠度函数。如果用随机变量 T 表示产品从开始工作到发生失效或故障的时间，其概率密度为 $f(t)$，若用 t 表示某一指定时刻，如图 6－7(a)所示，则该产品在该时刻的可靠度为

$$R(t)=P(T>t)=\int_t^{\infty} f(t)\mathrm{d}t \qquad (6.8)$$

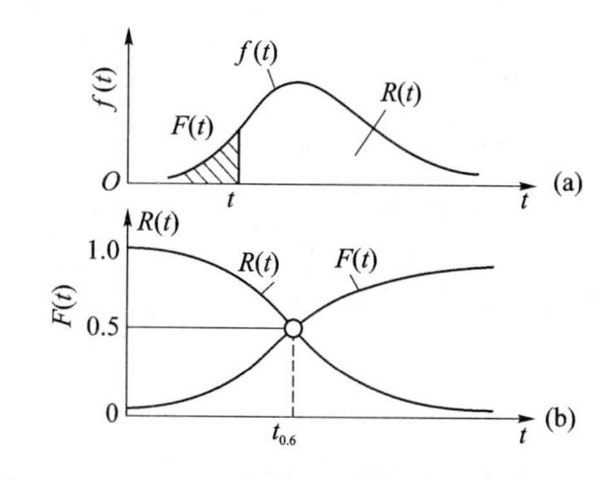

图 6－7　可靠度和累积失效概率

对于不可修复的产品，可靠度的观测值是指直到规定的时间区间终了为止，能完成规定功能的产品数与在该区间开始时投入工作的产品数之比，即

$$\hat{R}(t)=\frac{N_S(t)}{N}=1-\frac{N_F(t)}{N} \qquad (6.9)$$

式中，N——开始投入工作的产品数；

$N_S(t)$——到 t 时刻完成规定功能的产品数，即残存数；

$N_F(t)$——到 t 时刻末完成规定功能的产品数，即失效数。

2. 可靠寿命

可靠寿命是指给定的可靠度所对应的时间，一般记为 $t(R)$。可靠寿命的观测值是能完成规定功能的产品的比例恰好等于给定可靠度时所对应的时间。如图 6－8 所示，一般可靠度随着工作时间 t 的增大而下降。对给定的不同 R 则有不同的 $t(R)$，即

$$t(R)=R^{-1}(t)$$

式中，R^{-1} 为 R 的反函数，即可由 $R(t)=R$ 反求 t。

3. 累积失效概率

累积失效概率是产品在规定条件下和规定时间内未完成规定功能(即发生失效)的概率，

也称为不可靠度，一般记为 F 或 $F(t)$。

因为完成规定功能与未完成规定功能是对立事件，按概率互补定理可得

$$F(t)=1-R(t)$$

$$F(t)=P(T<t)=\int_{-\infty}^{t}f(t)\mathrm{d}t \quad (6.10)$$

对于不可修复产品和可修复产品累积失效概率的观测值都可按概率互补定理求得，取

$$\hat{F}(t)=1-\hat{R}(t) \quad (6.11)$$

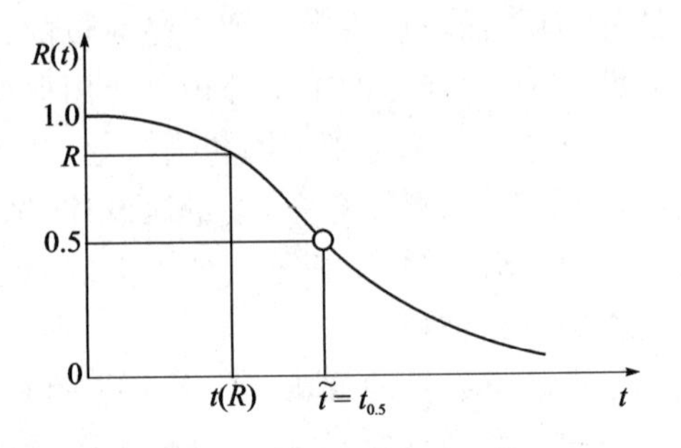

图 6-8　可靠寿命和中位寿命

4. 平均寿命

平均寿命是寿命的平均值，对不可修复产品常用失效前的平均时间表示，一般记为 MT-TP，对可修复产品则常用平均无故障工作时间表示，一般记为 MTBF。它们都表示无故障工作时间 T 的期望值 $E(T)$，或简记为 t，如已知 T 的概率密度函数 $f(t)$，则

$$\bar{t}=E(t)=\int_{0}^{\infty}tf(t)\mathrm{d}t \quad (6.12)$$

经分部积分后也可求得

$$\bar{t}=E(t)=\int_{0}^{\infty}R(t)\mathrm{d}t \quad (6.13)$$

5. 失效率和失效率曲线

失效率是工作到某时刻尚未失效的产品在该时刻后单位时间内发生失效的概率，一般记为 λ，它也是时间 t 的函数，记为 $\lambda(t)$，称为失效率函数，有时也称为故障率函数或风险函数。按上述定义，失效率是在时刻 t 尚未失效产品在 $t+\Delta t$ 的单位时间内发生失效的条件概率，即

$$\lambda(t)=\lim_{\Delta t\to 0}\frac{1}{\Delta t}P(t<T\leqslant t+\Delta t\,|_{T>t}) \quad (6.14)$$

它反映 t 时刻失效的速率，也称为瞬时失效率。

失效率的观测值是在某时刻后单位时间内失效的产品数与工作到该时刻尚未失效的产品数之比，即

$$\hat{\lambda}(t)=\frac{\Delta N_F(t)}{N_S(t)\Delta t} \quad (6.15)$$

失效率(或故障率)曲线反映产品总体寿命期失效率的情况。失效率随时间变化可分为三段时期。

(1) 早期失效期

失效率曲线为递减型。在产品投入使用的早期失效率较高因而曲线下降很快。主要是由于设计、制造、储存、运输等形成的缺陷，以及调试、跑合、启动不当等人为因素所造成的。当这些所谓先天不良的失效过去后运转逐渐正常，则失效率就趋于稳定，到 t_0 时失效率曲线已开始变平。t_0 以前称为早期失效期。针对早期失效期的失效原因，应该尽量设法避免失效的出现，争取实现失效率低且 t_0 短。

(2) 偶然失效期

失效率曲线为恒定型，即 t_0 到 t_1 间的失效率近似为常数。失效主要由非预期的过载、误操作、意外的天灾等造成。由于失效原因多属偶然，故称为偶然失效期。偶然失效期是能有效

工作的时期，这段时间称为有效寿命。为降低偶然失效期的失效率而增加有效寿命应注意提高产品的质量，精心使用和维护产品。加大零件的截面尺寸可使其抗非预期过载的能力增大，从而使失效率显著下降。但如果过分地加大截面尺寸将使产品笨重，不经济，这种情况往往也不允许。

(3) 耗损失效期

失效率曲线为递增型。在 t_1 以后失效率上升较快，这是由于产品已经老化、疲劳、磨损、蠕变、腐蚀等所谓有耗损的原因所引起的，故称为耗损失效期。针对耗损失效的原因，应该注意检查、监控、预测耗损开始的时间，提前进行维修，使失效率不上升，以延长寿命。当然，若修复需要花很大费用而延长寿命不多，则不如将产品报废更为经济。

各类产品常用的可靠性指标如表 6－3 所列。

表 6－3　产品常用的可靠性指标

使用条件	连续使用				一次使用	
可否修复	可恢复		不可修复		可修复	不可修复
维修种类	预防维修	事后维修	用到耗损期	一定时间里报废	预防维修	
产品示例	电子系统、计算机、通信机、雷达、飞机、生产设备	家用电器、机械装置	电子元器件、一般消费品、机械零件	实行预防维修的军部件、广播设备用电子管	武器过载荷电器、救生器具	保险丝、闪光灯、雷管
常用指示	可靠度、有效度、平均无故障工作时间、平均修复时间	平均无故障工作时间、有效寿命、有效度	失效率、平均寿命	失效率、更换寿命	成功率	成功率

6.3.3　可靠性技术

在机械结构的传统设计中，产品的设计者主要从满足产品的使用要求和保证机械性能的要求出发进行产品设计。在满足这两方面要求的同时必须利用工程设计经验，使产品尽可能可靠，这种设计不能预测产品的可靠程度或发生故障的概率。

当设计者不能确定设计变量和参数时，为了保证所设计产品的结构安全可靠，一般情况下在设计中引入一个大于 1 的安全系数，试图一次来保证机械产品不会发生故障。所以传统设计方法一般也称安全系数法。安全系数法的基本思想是机械结构在承受外载荷后，计算得到的应力应该小于该结构材料的许用应力。

在传统设计中，只要安全系数大于根据实际使用经验规定的数值就认为是安全的。但实质上安全系数本身仍是一个“未知”的系数。安全系数的概念包含着一些无法定量表示的影响因素。不同的设计者由于经验的差异，其设计的结果有可能偏于保守或危险，前者会导致结构尺寸过大，质量过重，费用增加，后者则可能使产品故障频繁，甚至产生严重的“机毁人亡”的后果。

从可靠性角度考虑，影响机械产品故障的因素可概括为“应力”和“强度”。“应力”大于“强

度"时则故障发生。影响应力的环境因素包括温度、湿度、腐蚀、粒子辐射等,它是一个受多种因素影响的随机变量,具有一定的分布规律。受材料的性能、工艺环节的被动和加工精度等的影响,强度也是具有一定分布规律的随机变量。因此,研究机械结构的可靠性问题其实是进行机械概率可靠性设计。

基于概率论和统计学理论基础的可靠性设计方法比常规的安全系数法更合理,可靠性设计能得到所要求的恰如其分的设计,并能得到较小的零件尺寸、体积和质量,从而节省原材料和加工时间,并可使所设计的零件具有可预测的寿命和失效概率,而安全系数法则不能。

FMEA(失效模式影响分析)和FTA(故障树分析)是可靠性分析中的重要手段。FMEA是从零部件的故障模式入手进行分析,评定它对整机或系统故障的影响程度,以此确定关键的零件和故障模式。FTA则是从整机或系统故障开始,逐步分析基本零件的失效原因。这两种方法在国外被认为同设计图纸一样重要,成为设计的技术标准资料。它收集、总结了产品所有可能预料到的故障模式和原因,设计者可以较直观地看到设计中存在的问题。

6.3.4 机械可靠性设计方法

机械可靠性一般可分为结构可靠性和机构可靠性。结构可靠性主要考虑机械结构的强度以及由于载荷的影响而使之疲劳、磨损、断裂等引起的失效,机构可靠性主要考虑的则是机构在动作过程由于运动学问题而引起的故障。

机械可靠性设计可分为定性可靠性设计和定量可靠性设计。所谓定性可靠性设计就是在进行故障模式影响及危害性分析的基础上,有针对性地应用成功的设计经验使所设计的产品达到可靠的目的。所谓定量可靠性设计就是在充分掌握所设计零件的强度分布和应力分布以及各种设计参数随机性的基础上,通过建立隐式极限状态函数或显式极限状态函数的关系设计出满足规定可靠性要求的产品。

机械可靠性设计方法是一种最直接而有效的常用方法,无论在结构可靠性设计还是机构可靠性设计中都大量采用。定量可靠性设计虽然可以按照可靠性指标设计出满足要求的零件,但由于材料强度分布和载荷分布的具体数据目前还很缺乏,加之其中要考虑的因素很多,从而限制了它的推广应用,一般只在关键或重要零部件的设计中才采用这种方法。

由于产品的不同和产品构成的差异,机械可靠性设计可以采用的方法有以下几种。

1. 预防故障设计

机械产品一般属于串联系统,要提高整机的可靠性,首先应对零部件进行严格选择和控制。例如,优先选用标准件和通用件;选用经过使用分析验证为可靠的零部件;严格按标准进行选择及对外购件进行控制;充分运用故障分析的成果,采用成熟的经验或经过分析试验而验证过的方案。

2. 简化设计

在满足预定功能的情况下,机械设计应力求简单,零部件的数量应尽可能减少。越简单越可靠是可靠性设计的一个基本原则,也是减少故障、提高可靠性的最有效方法。如日本横河记录仪表10年中零件数削减了30%,大大提高了产品的可靠性。但不能因为减少零件而使其他零件执行超常功能或在高应力的条件下工作,否则简化设计将达不到提高可靠性的目的。

3. 降额设计和安全裕度设计

降额设计是使零部件的使用应力低于其额定应力的一种设计方法。降额设计可以通过降

低零件承受的应力或提高零件的强度来实现。工程经验证明,大多数机械零件在低于额定应力条件下工作时故障率较低,可靠性较高。为了找到最佳降额值需要做大量的试验和研究。当机械零部件的载荷应力以及承受这些应力的具体零部件的强度在某一范围内呈不确定分布时,可以采用提高平均强度(如加大安全系数)、降低平均应力,减少应力变化(限制使用条件)和减少强度变化(如合理选择工艺方法,严格控制整个加工过程,或通过检验、试验剔除不合格的零件)等方法来提高产品的可靠性。对于涉及安全的重要零部件还可以采用极限设计方法,以保证其在最恶劣的极限状态下也不会发生故障。

4. 余度设计

余度设计是通过设置重复的结构、备件等来完成规定功能,以使局部发生失效时整机或系统仍不至于发生丧失规定功能的设计。当某部分零部件的可靠性要求很高,但目前的技术水平很难满足时,如采用降额设计、简化设计等可靠性设计方法还不能达到可靠性要求,或者提高零部件可靠性的改进费用比重复配置还高时,余度技术可能成为较好的一种设计方法。如日本的液压挖掘机等即采用双泵、双发动机的冗余设计。但应该注意,余度设计往往使整机的体积、质量、费用均相应增加。余度设计提高了机械系统的任务可靠度,但其基本可靠性相应降低,因此要慎重采用余度设计。

5. 耐环境设计

耐环境设计是在设计时就考虑产品在整个寿命周期内可能遇到的各种环境影响,例如装配、运输时的冲击、振动影响,储存时的温度、湿度、霉菌等的影响,使用时的气候、沙尘、振动等的影响。因此,必须慎重选择设计方案,采取必要的保护措施以减少或消除有害环境的影响。具体地讲,可以从认识环境、控制环境和适应环境三方面加以考虑。要认识环境就不应只注意产品的工作环境和维修环境,还应了解产品的安装、储存、运输的环境。在设计和试验过程中必须同时考虑单一环境和组合环境两种环境条件;不应只关心产品所处的自然环境,还要考虑使用过程所诱发出的环境。控制环境指在条件允许时,应在小范围内为所设计的零部件创造良好的工作环境条件,或人为地改变对产品可靠性不利的环境因素。适应环境则是在无法对所有环境条件进行人为控制时,在设计方案、材料选择、表面处理、涂层防护等方面采取措施,以提高机械零部件本身耐环境的能力。

6. 人机工程设计

人机工程设计的目的是减少使用中人的差错,发挥人和机器各自的特点以提高机械产品的可靠性。除了人自身的原因外,操纵台、控制及操纵环境等也与人的误操作有密切的关系。因此,人机工程设计是要保证系统向人传达的信息的可靠性。例如,指示系统显示的方式、显示器的配置等都要使人易于正确接受;控制、操纵系统要可靠,不仅仪器及机械要有满意的精度,而且,还要适于人的使用习惯,便于识别操作而不易出错,与安全有关的部分更应有防误操作设计;设计的操作环境要尽量适合于人的工作需要,减少引起疲劳、干扰操作的因素,如温度、湿度、气压、光线、色彩、噪声、振动、沙尘、空间等因素。

7. 健壮性设计

健壮性设计中最有代表性的方法是日本田口玄一创立的田口法,即所谓一个产品的设计应由系统设计、参数设计和容差设计等三次设计来完成。这是一种在设计过程中充分考虑影响产品可靠性的内外干扰而进行的一种优化设计。这种方法已被美国空军作为抗变异设计以及提高可靠性的一种有效方法。

8. 概率设计法

概率设计法是以应力—强度干涉理论为基础的,应力—强度干涉理论将应力和强度作为服从一定分布规律的随机变量来处理。

9. 权衡设计

权衡设计是指在可靠性、维修性、安全性、功能质量、体积、成本等之间进行综合权衡,以求得最佳结果的设计方法。

6.4 系统动态分析

6.4.1 动态分析简介

伴随科技的快速发展,机械产品和设备也日益向高速、高效、精密、轻量化和自动化方向发展,产品结构也日益复杂,对产品工作性能的要求也越来越高。为了使产品能够安全、可靠地工作,产品的结构必须具有良好的动静态特性。因此,必须对产品和设备进行动态分析和动态设计,以满足机械结构的动、静态特性要求。

对于复杂机械系统,人们关心的问题大致有三类:一是在不考虑运动起因的情况下,研究各部件的位置和状态以及它们的变化速度与加速度的关系,即系统的运动学分析;二是当系统受到静荷载时,确定在运动副制约下的系统平衡位置以及运动副的静反力,称为系统的静力学分析;三是讨论荷载与系统运动的关系,即动力学问题。

动力学分析是确定惯性(质量效应)和阻尼起重要作用时结构或构件动力学特性的技术,它的应用领域非常广泛。最经常遇到的是结构动力学问题,它有两类研究对象。一类是在运动状态下工作的机械或结构,例如高速旋转的电动机、汽轮机、离心压缩机,往复运动的内燃机、冲压机床以及高速运行的车辆、飞行器等,它们承受着本身惯性及与周围介质或结构相互作用的动力载荷,如何保证它们运行的平稳性及结构的安全性是极为重要的研究课题。另一类是承受动力载荷作用的工程结构,例如建于地面的高层建筑和厂房、石化厂的反应塔和管道、核电站的安全壳和热交换器、近海工程的海洋石油平台等,它们可能承受强风、水流、地震以及波浪等各种动力载荷的作用。这些结构的破裂、倾覆和垮塌等破坏事故的发生,将给人们的生命财产造成巨大的损失。正确分析和设计这类结构,在理论上和实际中都具有重要意义。

动力学研究的另一重要课题是波在介质中的传播问题。它研究短暂作用于介质边界或内部的载荷所引起的位移和速度变化如何在介质中向周围传播,以及在界面上如何反射、折射等问题,在结构的抗震设计、人工地震勘测、无损探伤等领域都有广泛的应用,是一直受到工程界和科技界密切关注的课题。

与静力分析相比,动力分析的计算工作量要大得多,因此效率较高、节省计算工作量的数值方案和方法是动态分析研究工作中的重要组成部分。主从自由度法和模态综合法是得到普遍应用的减少自由度的方法。主从自由度法的基本思想是将系统的自由度(位移向量)分为两部分,一部分称主自由度,另一部分称从自由度。后者按一定的关系依赖于前者,从而使求解系统运动方程的计算工作量有所减少,但这样处理对系统的较高阶频率和振型的精度影响甚小。模态综合法的基本思想是将子结构法用于动力分析,它与静力分析子结构的区别在于,除各子结构交界面上的自由度外,最后进入系统运动方程的自由度,还包括以各子结构的主要振

型为坐标的自由度，但是其总的自由度数仍大大少于原系统的自由度数，所以模态综合法本质上也是一种减少自由度的方法。

6.4.2　动态设计

动态设计(Dynamic Design)是对设备的动力学特性进行分析，通过对设计进行修改和优化，最终得到具有良好的动态特性和静态特性且振动小、噪声低的产品。

结构动态设计要求根据结构的动态工况，按照对结构提出的功能要求及设计准则，遵循结构动力学的分析方法和试验方法进行反复分析和计算。结构模态分析是结构动态设计的核心。实验模态分析方法与计算模态分析方法一起成为解决现代复杂结构动态特性设计的相辅相成的重要手段。具体的机械结构可以看成多自由度的振动系统，具有多个固定频率，在阻抗试验中表现为多个共振区，这种在自由振动时结构所具有的基本振动特性称为结构的模态。结构模态是由结构本身的特性与材料特性所决定的，与外载等条件无关。

机械动态设计是正在发展的一项新技术，它涉及现代动态分析技术、计算机技术、优化设计技术、设计方法学、测试理论、产品结构动力学理论等众多的学科和技术，目前尚未形成完整的动态设计理论、方法和体系。

1. 动态设计的一般过程

结构动态设计的主要内容包括两个方面：首先建立一个切合实际的动力学模型，其次是选择有效的结构动态设计方法。其具体过程包括：

1) 在 CAD 系统支持下设计该系统的全部零件图和装配图，得到产品的初始结构。

2) 对初始结构进行若干子结构的划分。

3) 对所划分的若干子结构建立动态模型，其中包括理论建模(集中参数模型、分布质量模型、有限元模型)与试验建模(结合部模型)两部分。

4) 在动态模型的基础上对各子结构进行动力分析，求得所需要的各种动态参数，如振型、振幅、固有频率等，然后对所得结果进行研究、分析、比较。如果有不理想的地方，应反复对模型进行修改。若对模型进行修改后还不能满足要求，可重新对若干子结构进行划分与调整，直至达到满意为止。

5) 将子结构模型进行综合，建立整机的动力学模型。

6) 对整机动力学模型进行动力分析、灵敏度分析，并将结果与所要达到的目标进行对比与评价。若结果不够理想，需要对结构进行调整、修改，直到得到一个动态特性最佳化设计为止。

2. 机械系统动态分析软件

结构动态设计建模的一种常见方法是有限元法。由于计算机技术的发展，建立在有限元原理上的结构分析软件已相当成熟，它们已有效地应用在航天、航空、船舶、汽车和机床等工程结构的动态分析中。

动态分析软件由三部分组成：前处理、分析、后处理。

(1) 前处理

对实际机械系统的子结构所建立的动力学分析模型进行输入，整理和存储建模所需的各类数据。单纯的运动学分析模型是一个系统结构简图，包括零件组成、连接与约束关系、空间大小、形状、位置以及运动学关系等几何特征。例如对系统作动力学分析，模型中还需要在结构简图中附加质量、转动惯量等质量特性，刚体或可变形体的物理特性以及作用力函数等特性。

一般软件都为建立分析模型提供了丰富、完备的元素库，包括各类连接、约束，各种力函数以及可由用户定义的特殊元素等。

为了让用户便于掌握，程序往往还为用户建模提供了专用语言，这种语言只包含与结构有关的简单词汇。一般有 3 种语言：定义语句、数据语句及请求语句。定义语句用来规定结构的件数、作用力、机架、运动副类型，规定它们之间的关系等；数据语句用来将各种数据输入计算机；请求语句用来指示计算机按什么形式解决问题及输出怎样的信息。

前处理程序还具有输入数据出错诊断、隐含赋值等功能。

(2) 分　析

建立了机械系统的分析模型后即可由模型定义数据，并转入分析程序进行分析处理。分析程序根据模型定义的构件、约束及其几何、力学特征进行自动识别，并选择机构回路，自动建立位移方程或约束方程、动力学的运动微分方程，自动调用数学程序求解机构的位移、速度、加速度，或求解运动微分方程，计算运动副的反作用力。一般的动力学和运动学分析程序都具有运动学、动力学、静力平衡、运动动力学、装配等各种分析方法，用户可根据问题的实际情况进行选择。

1) 运动学分析　它不考虑构件的质量及作用力，只根据机构系统的运动学关系建立运动方程。这类问题在于求解机构系统各构件的瞬时位移、速度、加速度。为使机构获得确定的运动，输入运动参数(模型中的原动件)的个数应等于机构的自由度数。目前国际上常用的运动学分析方法有矢量法、回路法、方向余弦矩阵法、基本组法等。

2) 动态分析　分析的目的是根据机械系统模型各构件的质量及其作用力来确定机构的运动。如何建立运动微分方程组是动态分析程序的核心问题。一般机构动力学分析程序采用的方法有拉格朗日方程法、拉格朗日乘子法、牛顿定律(向量方法)、凯恩方法等。

3) 静力平衡分析　分析的目的是求解构件在有质量及作用力的情况下，机构系统的平衡位置状态。准静力平衡分析是根据递增的输入运动参数，分析出相应的一系列静力平衡状态。

4) 装配分析　它是根据用户所定义的单个构件及其连接、约束关系，将系统模型装配成一体。装配分析的输出结果是模型中所有构件的位置。装配分析允许模型定义数据存在微小的误差。装配分析在其他各类分析之前进行或独立运行。

(3) 后处理

与有限元分析相似，运动学和动力学分析结果数据繁杂，不容易进行分析和评价，因此将其结果转换为各种时域或频域响应曲线对于工程分析和评价是很必要的。有时还需要对模拟的结果进行数据的概率统计分析，给出综合评价指标值，并与试验数据进行对比分析。为了清晰地反映运动学和动力学模拟结果，要求动态显示机械系统运动和受力状态的线框或阴影图形，这是运动学、动力学模拟和计算机图形显示技术的主要发展趋势之一；而运动机械的动态干涉检查，则要求运动学、动力学分析与实体模型软件集成化。整个结果显示和评价过程在运动学、动力学分析后处理程序中完成。

6.4.3　动态分析的发展趋势

对于大型复杂结构而言，由于离散化误差、材料物理参数的不确定性、边界条件的近似处

理、接头及连接处的连接参数估计不准确以及缺少阻尼参数等原因，要想直接依据图样资料建立一个能准确反映结构特性的有限元模型是比较困难的。近年来，由于振动测试技术水平的迅速提高，振动试验建模技术也得到很大发展，因此，提供了结构动力学分析的另一种有效的方法——实验模态分析。该方法是建立在实验基础上确定系统动态特性的一种更有效的方法。它是在结构上选择有限个试验点，在一点或多点进行激励，在所有点测量系统的输出响应，通过对测量数据的分析和处理建立结构系统离散的数学模型。这种模型能较准确地描述实际系统，分析结果也较可靠，因而在工程界得到了广泛的应用。

目前的发展趋势是把有限元方法和实验模态分析方法接合起来，用有限元方法建立先验模型，而用实测的动态数据通过不同方法对其先验模型进行修改，利用修正后的有限元模型计算结构的动态特性和响应，进行结构的优化设计。基于实验数据的结构有限元模型修正的方法较多，从修正的对象来看大体上分为矩阵型和设计参数型两大类。矩阵型方法的基本思想是根据一定的准则和结构动力学关系来修正有限元模型的质量矩阵和刚度矩阵，使修正后的有限元模型计算的模态参数与实验结果相一致，但其修正后的质量和刚度矩阵已失去了明确的物理意义，因此修正后的模型很难用于结构的动态分析。而设计参数型方法直接对结构的材料、截面形状和几何尺寸进行修正，可以直接用于结构的动态分析，因此得到了广泛应用。

模态分析在承认实际结构可以运用“模态模型”来描述其动态响应的条件下，通过试验数据的处理和分析，寻找其“模态参数”，大大简化了系统的数学运算，为结构系统的振动特性分析、振动故障诊断及预报、结构动力特性的优化设计等提供了依据。

6.4.4　动态分析实例

风机是一个较强的噪声源，其噪声已成为工矿企业和城市环境的主要污染之一。风机产品的大型化、高速化趋势使其噪声问题更加突出，控制噪声已成为当务之急。对风机振动和噪声的相关分析表明：风机噪声与风机的固有振动具有较大的相干系数，约为 0.16～0.32；风机由气动不平衡引起的振动与风机噪声的相干系数则为 0.76～0.78。为了提高风机叶轮的强度，降低叶轮的振动和噪声以设计和生产出高质量风机，需要进行风机振动模态分析，研究叶轮整体及其各个组成部分的振动特性。

以下对轴流风机进行分析，其翼型为 RAF - 6E，叶片数 $z=5$，叶轮转速 $M=2\ 800$ r/min，叶片安装角 $P=54.67°$，叶轮直径 $D=400.00$ mm，叶轮模型如图 6 - 9 所示。气体密度 $\rho=1.2$ kg/m^3。

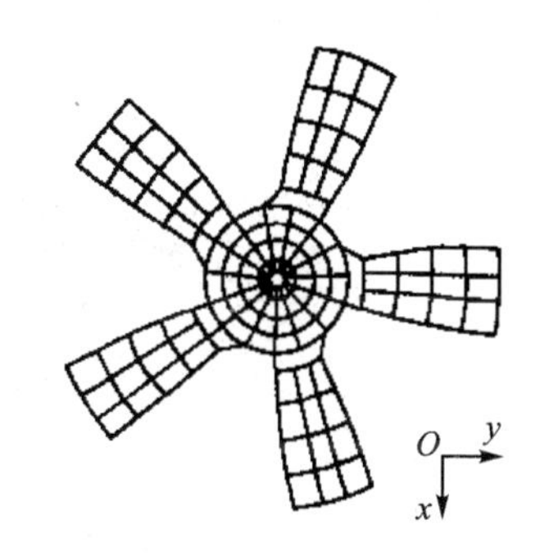

图 6 - 9　叶轮模型图

经模态实验和分析，叶轮整体振动是叶片和轮盘（包括辐板和轮缘）各自几种振动形式的复合振动，振动模态比较复杂。其中：

轮盘主要是扭转振动或沿轮盘辐板平面的径向振动（轮盘包括轮缘被压扁或拉扁），叶片振动按其节线形式可分为摆动（在与叶轮轴线相垂直的平面上，叶片具有以叶轮轴线为圆心的节圆型振动节线，叶片相对节线沿叶面法线方向振动）和扭转振动（叶片具有叶轮直径方向的节径型振动节线，叶片相对节线作扭转振动）。叶轮前十二阶的部分振动模态如图 6 - 10 所示。

1）一阶模态：轮盘为扭振，5个叶片为一阶摆动，4、5号叶片向上，如图6-10(a)所示。

2）二阶模态：轮盘为扭振，5个叶片为一阶摆动，2、3、4号叶片向上，如图6-10(b)所示。

3）三阶模态：5个叶片作一阶摆动，并且1、3、5号叶片向上，2、4号叶片向下，如图6-10(c)所示。

4）四阶模态，轮盘为扭振和一阶径向振动，1、2号叶片为一阶摆动（向下）和同向扭振，4、5号叶片为一阶摆动（向上）和同向扭振（与1、2号叶片反向），如图6-10(d)所示。

5）五阶模态：软盘为扭振，1号叶片为二阶摆动（根向上尖向下）和扭振，2号叶片为一阶摆动（向下），3号叶片为二阶摆动（根向下尖向上）和扭振（与1号叶片反向），4、5号叶片为二阶摆动（根向上尖向下）和扭振（与3号叶片同向），如图6-10(e)所示。

6）六阶和七阶模态；轮盘为一阶径向振动。

7）八阶模态：轮盘为扭振和一阶径向振动，1号叶片为二阶摆动（根向上尖向下），2号叶片为一阶摆动（向上）和扭振，3号叶片为扭振（与2号叶片反向），4号叶片为扭振（与3号叶片反向），5号叶片为一阶摆动（向上）和扭振（与2号叶片反向），如图6-10(f)所示。

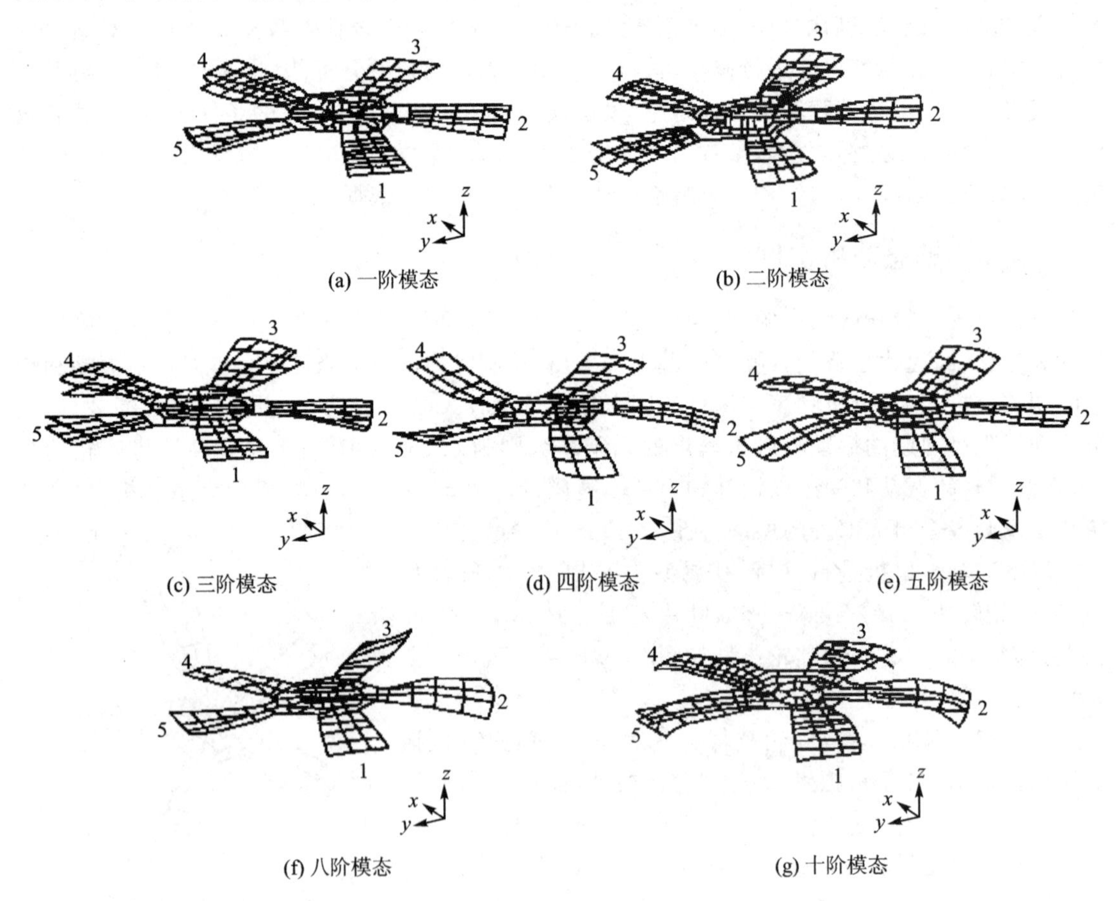

图6-10　叶轮部分阶模态图

8）九阶模态：轮盘、1号、2号、4号叶片为同向扭振；3号、5号叶片为同向扭振（与1号叶片反向）。

9）十阶模态：轮盘为扭振的一阶径向振动，1～5号叶片均为二阶摆动（根向上尖向下）和

扭振(与 1 号叶片同向),如图 6-10(g)所示。

10) 十一阶模态:软盘为扭振,5 个叶片作同向扭振。

11) 十二阶模态:轮盘作一阶径向振动。

从前十二阶振动模态看,叶片的所有模态都可以在结构整体振动中找到,轮盘辐板扭振也很常见,轮缘上的模态仅有部分能在整体结构上反映出来。叶轮整体振动模态中多数是叶片、轮盘辐板、轮毂相互影响而引起的耦合振动。

当叶片摆振或者扭振时就会引起轮盘共同振动,轮盘的振动形式与叶片的安装角度有一定关系。同样,当轮盘振动(比如轮盘辐板产生扭振)时,又引起叶片摆振或者翅振。可以看出,叶片是引起叶轮振动的主要因素,主要是由于叶片为薄的板壳件并且呈悬臂形式安装,因此刚度较小,容易激起振动。轮盘辐板是薄壁板件,容易产生扭振,对叶轮整体振动的影响仅次于叶片。由于轮盘辐板与轮盘的轮缘相连,增加了轮盘辐板的横向刚度,因此在叶轮的前十二阶模态中未出现轮盘辐板的节径型振动和节圆型振动。相对来说轮缘对叶轮整体振动的影响较小,而且振动频率阶效较高(第六、七、十二阶)。

由于叶片为薄的板壳件并且呈悬壁形式安装,刚度较小,在轴流风机叶轮的振动模态中对整个叶轮的振动模态影响最为显著。叶轮的轮盘辐板是薄壁板件,容易产生扭振,对叶轮整体振动也有影响。轮缘对叶轮整体振动的影响相对较小。叶片、轮盘辐板和轮缘的动态特性以及它们之间的振动耦合关系直接影响整个叶轮结构的振动特性。

研究结果表明:在轴流风机叶轮的振动模态中,叶片的动态特性及它与轮盘之间的振动耦合关系直接影响整个叶轮结构的振动特性。在设计中,除了改善叶片的翼型,减少叶片的振动以外,还可以通过修改轮盘的结构参数(比如修改叶轮辐板的形状和参数、修改叶轮轮缘参数等)改善叶轮整体及其各个组成部分的动态性能,以达到降低叶轮的振动和噪声、提高轴流风机性能和质量的目的。

6.5 虚拟样机技术

机械工程中的虚拟样机技术(Virtual Prototype)又称机械系统动态仿真技术,是 20 世纪 80 年代发展起来的一项计算机辅助工程技术。在机械,电子,航天、航空及武器设计、制造等领域都有虚拟样机的成功应用实例,从庞大的卡车到照相机的快门,从火箭到轮船的锚机,虚拟样机技术的应用都为用户节省了成本、时间,并提供了满意的设计方案。

6.5.1 虚拟样机技术的特点

虚拟样机技术是一种崭新的产品开发技术,它在建造物理样机之前,通过建立机械系统的数字模型(即虚拟样机)进行仿真分析,并用图形显示该系统在真实工程条件下的运动特性,辅助修改并优化设计方案。虚拟样机技术涉及多体系统运动学、动力学建模理论及其技术实现,是基于先进的建模技术、多领域仿真技术、信息管理技术、交互式用户界面技术和虚拟现实技术等的综合应用技术。

常规的产品开发过程首先是概念设计和方案论证,然后设计图纸、制造实物样机、检测实物样机、根据检测出的数据改进设计、重新制造实物样机或部件、再检测实物样机,直至测试数据达到设计要求后正式生产。设计图纸、制造实物样机、检测实物样机是一个反复循环的过

程，一个产品往往要经过多次循环才能达到设计要求，尤其对于结构复杂的系统更是如此。有的产品性能试验十分危险，还有的产品甚至根本无法实施样机试验，如航天飞机、人造地球卫星等，有时这些实验是破坏性的，样机制作成本很高。另外，往往新产品的设计流程要经过多次制造和测试实物样机，需要花费大量的时间和费用，设计周期很长，对市场不能灵活反应。很多时候，工程师为了保证产品按时投放市场而简化了试验过程，使产品在上市时便有先天不足的毛病。基于实际样机的设计验证过程严重制约了产品质量的提高、成本的降低和对市场的占有率。产品要在异常激烈的市场竞争中取胜，传统的设计方法和设计软件已无法满足要求。因此，一些公司开始研究应用虚拟样机、虚拟测试等技术，使图纸设计、样机制造、样机检测等能在计算机上完成，以尽可能减少制造和检测实物样机的次数，取得了很好的效果。

虚拟样机为从初始概念至最终获得成品的全过程提供了一个重要工具。制造之前虚拟样机是检查设计规划和开展情况的有效的可视化手段，支持可行性分析、形状确定、装配和人机工程的研究等。产品制成之后虚拟样机又可以进行产品的效能分析、可靠性验证，在设计、制造的全过程发挥重要作用。如设计挖掘机时，可以根据用户的要求，利用虚拟模型技术确定工作装置的参数，在早期设计阶段完成优化设计。早期阶段的仿真结果也可以作为零件设计的参考，用来指导零件的强度设计。

同传统的设计方法相比，虚拟样机的设计方法具有以下特点。

(1) 全新的研发模式

传统的研发方法从设计到生产是一个串行过程，这种方法存在很多弊端。而虚拟样机技术真正地实现了系统角度的产品优化，它基于并行工程，使产品在概念设计阶段就可以迅速地分析、比较多种设计方案，确定影响性能的敏感参数，并通过可视化技术设计产品，预测产品在真实工况下的特征以及所具有的响应，直至获得最优工作性能。

(2) 实现动态联盟的重要手段

目前世界范围内广泛接受了动态联盟(Dynamic Aliance)的概念，即为了适应快速变化的全球市场，克服单个企业资源的局限性，在一定时间内通过 Internet(或 Intranet)临时缔结成的一种虚拟企业。为实现并行设计和制造，参与企业之间产品信息的快速交流尤为重要，而虚拟样机是一种数字化模型，通过网络输送产品信息，具有传递快速、反馈及时的特点，进而使动态联盟的活动具有高度的并行性。

(3) 进行系统层面分析

虚拟样机技术属于计算机辅助工程(CAE)的一个分支，但与有限元技术主要进行部件的分析有所不同，它是从系统的层面进行分析、优化工作，因此，虚拟样机技术对设计方法和过程的影响要比有限元技术更大。使用传统的 CAD/CAE/CAM 系统可显著提高零件的质量，但不等同于提高了系统的质量。如汽车工业使用传统的 CAD/CAE/CAM 系统后，零件缺陷 10 年内下降了 40%，但整车的质量缺陷只下降了 20%。由此可见，零件的优化不等同于系统的优化、整机性能和质量的提高，因此要站在系统的高度上进行研究。

(4) 改变了产品设计的过程顺序

以往的设计方式是“由下到上”，即从部件设计到整机设计。这种方式的弊端是设计师往往把注意力集中在细节上而忽略了整体的性能，尤其在引进样机的消化中，往往整机性能还没吃透就开始照抄零件。借助于虚拟模型技术，传统设计过程被逆转了。设计过程先从整机开始，按照“由上至下”的顺序进行，这样可以避免代价昂贵的系统设计方面的失误。

(5) 有助于摆脱对物理样机的依赖

虚拟样机技术应用在概念设计和方案论证中，设计师把自己的经验与想象结合在计算机中的虚拟模型里，让想象力和创造力能充分发挥，设计质量和效率得到了提高。其次，通过计算机技术建立产品的数字化模型(即虚拟样机)可以完成无数次虚拟试验，从而无须制造及试验物理样机就可以获得最优方案，因此不但减少了物理样机的数量，而且缩短了研发周期，提高了产品质量。国外的应用情况表明，虚拟样机技术可以降低 25% 的产品研制费用，且大大缩短了产品研制的周期。

6.5.2 虚拟样机系统的体系结构

一个复杂的产品通常由电子、机械、软件及控制等子系统组成，其虚拟样机工程系统的体系结构如图 6-11 所示，由协同设计支撑平台、模型库、虚拟样机引擎和虚拟现实(VR)/可视化环境四部分组成。其中，协同设计支撑平台提供一个协同设计环境，包括集成平台/框架、团队/组织管理、工作流管理、虚拟产品管理、项目管理等工具。模型库中的模型包括系统级产品

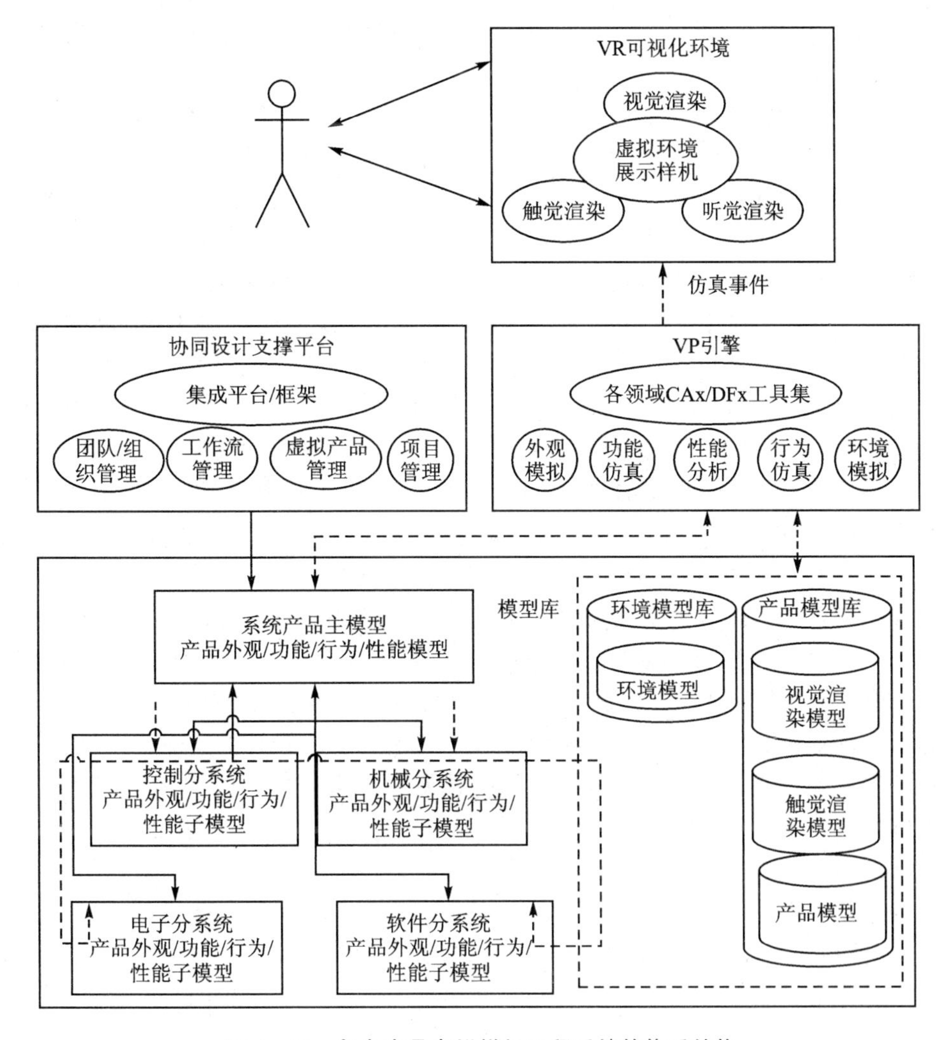

图 6-11 复杂产品虚拟样机工程系统的体系结构

主模型、电子分系统模型、机械分系统模型、控制分系统模型、软件分系统模型和环境模型等。系统级模型负责产品在系统层次上的设计开发与样机的外观、功能、行为、性能的建模，如样机的动力学、运动学建模仿真，在特定环境下的行为建模仿真等。

VR引擎包括各领域CAx/DFx工具集，对样机外观、功能、行为及环境进行模拟仿真，并将生成的仿真数据送入VR/可视化环境，经VR渲染后，从外观、功能及在虚拟环境中的各种行为上展示样机。

虚拟样机的开发过程实质上是一种基于模型的不断提炼与完善的过程。虚拟样机技术将建模和仿真扩展到新产品研制开发的全过程，它以计算机支持的协同工作(CSCW)为底层技术基础，通过支持协同工作、如CAM、建模仿真、效能分析、计算可视化、虚拟现实的计算机工具等，将各个集成化产品小组(IPT)的设计、分析人员联系在一起，共同完成新产品的概念探讨、运作分析、初步设计、详细设计、可制造性分析、效能评估、生产计划和生产管理等工作。

6.5.3 虚拟样机技术建立的基础

虚拟样机技术是一门综合的、多学科的技术。它的核心部分是多体系统运动学与动力学建模理论及其技术实现。

工程中进行设计优化与性态分析的对象可以分为两类。一类是结构，如桥梁、车辆壳体及零部件本身，在正常工况下结构中的各构件之间没有相对运动。另一类是机构，其特征是系统在运动过程中部件之间存在相对运动，如汽车、机器人等复杂机械系统。复杂机械系统的力学模型是多个物体通过运动副连接的系统，称为多体系统。

20世纪60年代，由古典的刚体力学、分析力学与计算机相结合衍生出了多体系统动力学。其目的在于建立复杂系统的机械运动学和动力学程式化的数学模型，探索有效的处理数学模型的计算方法与数值积分方法，编制实现数学模型的软件系统。用户只需输入描述系统的最基本数据，借助计算机就能自动进行程式化的处理，自动得到系统的运动学规律和运动响应，实现有效的数据后处理，并采用动画显示、图表或其他方式提供数据处理的结果。目前，多体系统动力学已形成了比较系统的研究方法。其中主要有工程中常用的以拉格朗日方程为代表的分析力学方法、以牛顿－欧拉方程为代表的矢量学方法、图论方法、凯恩方法和变分方法等。

尽管虚拟样机技术以机械系统运动学、动力学和控制理论为核心，但虚拟样机技术在技术与市场两个方面也与计算机辅助设计(CAD)技术的成熟发展及大规模推广应用密切相关。首先，CAD中的三维几何造型技术能够使设计师们的精力集中在创造性设计上，把绘图等烦琐的工作交给计算机去做。这样，设计师就有额外的精力关注设计的正确和优化问题。其次，三维造型技术使虚拟样机技术中的机械系统描述问题变得简单。再次，由于CAD强大的三维几何编辑修改技术，使机械设计系统的快速修改变为可能，在这个基础上，在计算机上的设计、试验、设计的反复过程才有时间上的意义。

虚拟样机技术的发展也直接受其构成技术的制约。一个明显的例子是它对于计算机硬件的依赖，这种依赖在处理复杂系统时尤其明显。例如火星探测器的动力学及控制系统模拟是在惠普700工作站上进行的，CPU时间用了750 h。另外，数值方法上的进步、发展也会对基于虚拟样机的仿真速度及精度有积极的影响。作为应用数学一个分支的数值算法及时地提供了求解这种问题的有效、快速的算法。此外，计算机可视化技术及动画技术的发展为虚拟样机

技术提供了友好的用户界面，CAD/FEA 等技术的发展为虚拟样机技术的应用提供了技术环境。

目前，虚拟样机技术已成为一项相对独立的产业技术，它改变了传统的设计思想，将分散的零部件设计和分析技术（如零部件的 CAD 和 FEA 有限元分析）集成在一起，提供了一个全新研发机械产品的设计方法。它通过设计中的反馈信息不断地指导设计，保证产品的寻优开发过程顺利进行，对制造业产生了深远的影响。

6.5.4　国内外有关虚拟样机的研究应用情况

虚拟样机技术在一些较发达国家（如美国、德国、日本等）已得到广泛的应用，应用范围从汽车制造业、工程机械、航空航天业、造船业、机械电子工业、国防工业、通用机械各领域，到人机工程学、生物力学、医学以及工程咨询等很多方面。

美国航空航天局（NASA）的工程师利用虚拟样机技术仿真研究宇宙飞船在不同阶段（进入大气层、减速和着陆）的工作过程，成功预测到由于制动火箭与火星风的相互作用，探测器很有可能在着陆时滚翻。工程师们针对这个问题修改了技术方案，成功地实现了“探路号”探测器在火星上的软着陆，将灵敏的科学仪器安全送抵火星表面，保证了火星登陆计划的成功，成为轰动一时的新闻。

美国波音飞机公司的波音 777 飞机是世界上首架以无图纸方式研发及制造的飞机，其设计、装配、性能评价及分析就采用了虚拟样机技术，数字式设计使所需人力减少到最小，不但使研发周期大大缩短，研发成本大大降低，且确保了最终产品的一次性对接装配成功。对比以往的飞机设计，波音公司减少了 94%的花费及 93%的设计更改工作日。波音公司在设计 RAH－66 直升机时，使用了全任务仿真的方法进行设计和验证，进行了 4 590 h 的仿真测试，节省了 11 590 h 的飞行测试，节约经费总计 67 300 万美元。

一家卡车制造公司在研制新型柴油机时，发现点火控制系统的链条在转速达到 6 000 r/min 时运动失稳并发生振动。常规的测试技术在这样的高温、高速环境下将失灵，工程师们不得不借助于虚拟模型技术。根据对虚拟模型的动力学及控制系统的分析结果，发现了不稳定因素，改进了控制系统，使系统的稳定转速范围达到 10 000 r/min 以上。

生产工程机械的著名厂商 John Deere 公司，为了解决工程机械在高速行驶时的蛇行现象及在重载时的自激振动问题，利用了虚拟样机技术，不仅找到了原因，而且提出了改进方案，并且在虚拟样机的基础上得到了验证，从而大大提高了产品的高速行驶性能与重载作业性能。

虚拟样机技术在工程中的应用是通过界面友好、功能强大、性能稳定的商业化虚拟样机软件来实现的。国外虚拟样机相关技术软件的开发较为成功，目前有数百家公司在这个日益增长的市场上竞争，其中影响较大的有美国 MSC 旗下的 ADAMS、CADSI 公司的 DADS、德国航天局的 SMPACK 等。其他还有 Working Model、Flow3D、I－DEAS、Phoenics、ANSYS、Pamerash 等也较为突出。其中 ADAMS 占据了机械系统动态仿真分析软件市场 50%以上的份额，现在市场上的主要 CAD 系统都具有标准的 ADAMS 机械系统建模选项，且具有与 ADAMS 全仿真软件包的接口。

虚拟样机软件是传统的计算机辅助设计与制造（CAD/CAM））技术的补充。在 CAD/CAM 软件中，用户集中精力于建立零件的几何模型以及每个零件的制造工艺和静态组合。虚拟样机软件使用户能够在真实环境条件下观察并试验各个零件的相互运动情况，使得在物理样机建造前便可分析出系统的工作性能,因而日益受到国内外机械领域的重视。

6.5.5 虚拟样机结构分析实例

通常在对轮式装载机的工作装置进行机构分析时一般采用图解法或解析法。采用图解法精度较低,使用解析法计算又很复杂,因此一般只对几个作业位置进行分析计算,难以了解全部工况的作业性能及负荷变化。为了解决这一问题,可以应用机械系统运动学与动力学分析的代表性仿真软件系统 MSC. ADAMS 对其进行分析。基本的 MSC. ADAMS 配置方案包括交互式图形环境 MSC. ADAMS/View 和求解器 MSC. ADAMS/Solver。作为一项工程分析技术,它可以帮助设计人员在设计早期阶段,通过虚拟样机在系统水平上真实地预测机械结构的工作性能,实现系统的最优设计。

MSC. ADAMS/Solver 自动形成机械系统模型的动力学方程,并提供静力学、运动学和动力学的解算结果。MSC. ADAMS/View 采用分层方式完成建模工作,其物理系统由一组构件通过机械运动副连接在一起,弹簧或运动激励可作用于运动副,任意类型的力均可作用于构件之间或单个构件上,由此组成机械系统。其仿真结果采用形象直观的方式描述系统的动力学性能,并将分析结果进行形象化输出。

1. 建模方法

MSC. ADAMS/View 虽然功能强大,但其造型功能相对薄弱,难以用它创建具有复杂特征的零件,因此用它创建类似装载机工作装置这样复杂的机构是不现实的。因此,用 Pro/E 创建图 6-12 所示的实体模型,然后将模型传送给 MSC. ADAMS 进行分析。MSC. ADAMS/View 支持多种数据接口,如 STEP、IGES、DWG 等,MSC. ADAMS 软件包中还提供了嵌入到 Pro/E 中使用的 Mechanism/Pro 和 IGES 模块。使用这两个模块,可以在 Pro/E 中精确地定义刚体、运动副和载荷,并可以方便地将整个模型传送给 MSC. ADAMS/View。

2. 约束和载荷

装载机工作装置的模型如图 6-13 所示,为简化计算,在不考虑偏载的情况下可以将所有的运动副和载荷定义在对称面上。工作装量的各铰点定义为回转副(revolute),油缸的活塞杆和缸筒间定义为滑动副(slide),轮胎与地面间在不考虑滑转率的情况下可定义为齿轮齿条副(gear)。

图 6-12 对轮式装载机模型

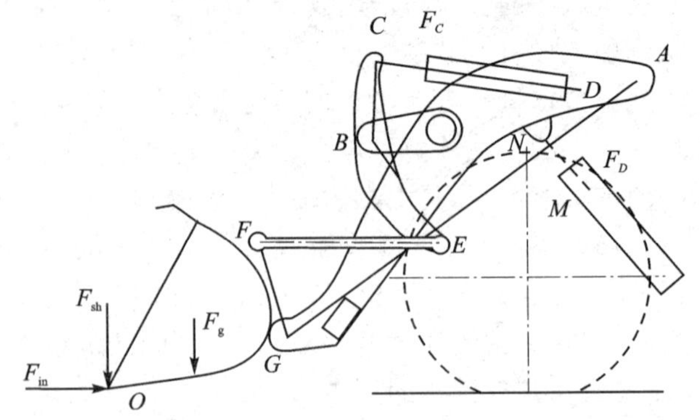

图 6-13 装载机工作装置模型

装载机典型的工作过程包括插入、铲装、重载运输、卸载和空载运输。不考虑运输工况,工

作装置所受的载荷有插入阻力 F_{in}、铲取阻力 F_{sh}、物料重力 F_g 和装载机自身的重力。

最大插入阻力 F_{in} 受限于最大牵引力，可由下式计算：

$$F_{in}=\frac{Mi\eta}{R_k}$$

式中：M——变矩器蜗轮输出力矩；

i——变矩器蜗轮至轮边的传动比；

η——传动效率；

R_k——轮胎动力半径。

最大铲取阻力 F_{sh} 可用铲取时的最大转斗阻力矩换算取得。最大转斗阻力矩发生在开始转斗的一瞬间，其值可用下列实验公式计算：

$$M_{max}=1.1F_{in}\left[0.4\left(X-\frac{1}{3}Lc_{max}\right)+Y\right]$$

式中：X，Y——铲斗斗尖到铲斗回转轴 6 的水平和垂直距离；

LC_{max}——铲斗插入料埃的最大深度。

分析典型的作业过程可知，铲斗的插入和铲装是顺序进行的(不考虑联合铲装工况)，插入阻力和铲取阻力也依次达到最大值，物料重力则在铲取开始阶段达到最大值，各构件的自重则不发生变化。自重可由系统加载，F_{in}、F_{sh} 和 F_g 则需要使用系统提供的 step 函数模拟，三个力随时间的变化情况如图 6－14 所示。

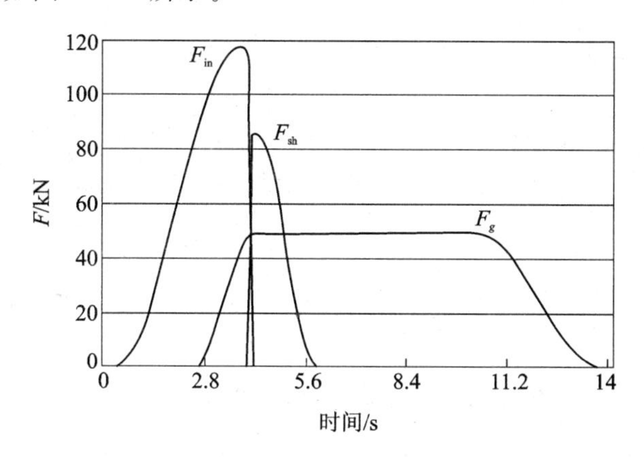

图 6－14 插入阻力、铲取阻力、物料重力的变化情况

3. 数据分析

(1) 典型工作过程仿真

在以上设定的情况下对系统进行仿真，得到动臂缸和铲斗缸在作业过程中的受力情况，如图 6－15 所示。从图中可知，负载随着铲斗插入深度的增加而增大，并在开始铲掘时达到最大。之后动臂缸重载举升，受力随着传力比的减小而增大，最后随着卸载减小到最小值。该图实际上反映了整机在作业过程中的负载变化情况。

习惯上使用倍力系数作为评价工作机构连杆系统力传递性能优劣的参数，但由于计算倍力系数时不考虑自重，而工作机构本身的自重很大，占据负载相当大的部分，因此忽略自重的影响后显然不能准确地了解机构的性能。

图 6－16 表示了各传动构件间的夹角在整个作业过程中的变化情况。可以看出，各处传

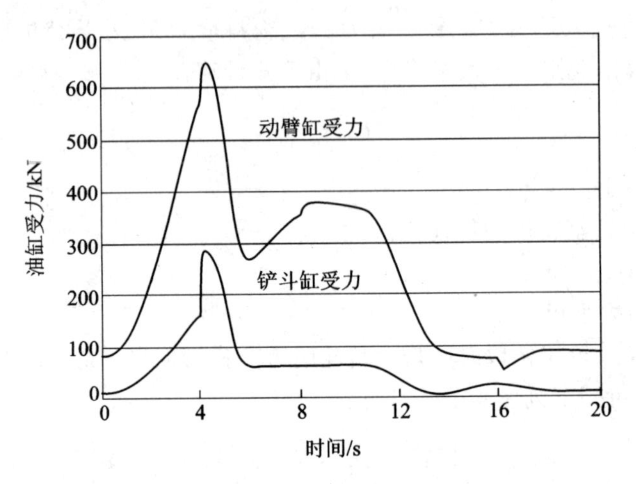

图 6-15　动臂缸和铲斗缸在作业过程中的受力情况

动角均符合大于 10°的要求，而且最小传动角的发生位置均在卸载结束处，这说明机构的设计是合理的。

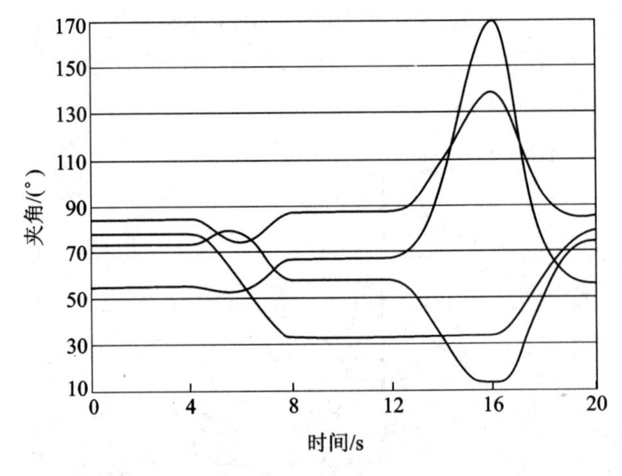

图 6-16　各传动构件间的交角变化情况

(2) 铲斗举升平动分析

在铲斗装满物料被举升到最高卸载位置的过程中，为避免铲斗中的物料洒出，要求铲斗作近似平动，即铲斗倾角变化不应大于 1°。为此，在模型中要对铲斗的位置角进行测量，并让动臂缸匀速举升，得到如图 6-17 所示的铲斗位置角的变化曲线。由图可见，该机构的举升平动性能不是很理想。

(3) 铲斗自动放平分析

使铲斗从高位卸载状态下落到插入状态，期间保持转斗油缸的长度不变，测量铲斗底面与水平面间角度的变化，即可得到机构的自动放平性能。如图 6-18 所示，铲斗下落后斗底与地面的夹角约为 8°，基本达到要求。

通过以上的分析可知，对轮式装载机工作装置所做的设计基本合理，但在铲斗举升平动、自动放平性能上稍有不足，还需要作进一步优化改进。

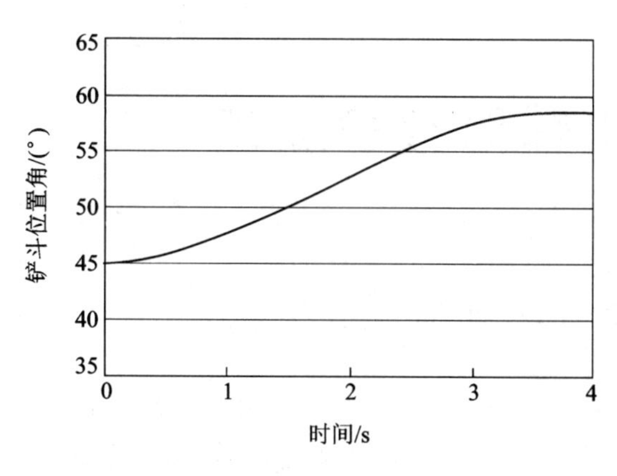

图 6 - 17　铲斗位置角变化曲线

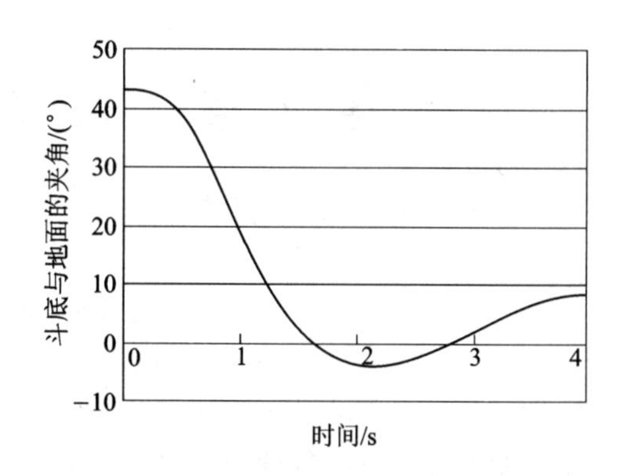

图 6 - 18　机构的自动放平性能

思考题

6 - 1　计算机辅助工程分析的作用有哪些?

6 - 2　试述有限元法的基本原理。

6 - 3　总结归纳有限元法的求解步骤。

6 - 4　有限元分析的前置处理包括哪些步骤?

6 - 5　有限元分析后置处理的主要任务是什么?

6 - 6　何为优化设计? 它的关键工作是什么?

6 - 7　分析设计变量、目标函数、约束条件之间的关系。

6 - 8　何为设计空间?

6 - 9　总结建立优化设计数学模型的一般过程。

6 - 10　选择优化方法时要考虑哪些因素?

6 - 11　归纳优化设计的一般过程。

6 - 12　何为动力分析? 它在工程中有什么作用?

6 - 13　何为虚拟样机技术? 举例说明计算机仿真的意义。

第 7 章　计算机辅助数控加工

7.1　数控机床概述

数控机床是指装备了数控系统的机床。数控系统是一种采用数字控制技术的控制系统，它能够自动识别并处理使用规定的数字和文字编码的程序，从而控制机床完成预定的加工。

7.1.1　数控机床的基本工作过程与组成

1. 数控机床加工零件的过程

1）根据零件图样和加工工艺，用规定的指令和程序格式进行程序编制。

2）通过键盘或其他输入装置将加工程序以及加工参数输入数控装置。

3）完成工件安装和刀具调整。

4）数控机床自动完成零件加工。一方面，通过数控装置进行插补运算，控制伺服系统驱动机床各坐标轴的运动，从而使刀具与工件按照要求的轨迹进行相对运动，并通过位置检测反馈装置保证位移精度。另一方面，按照加工的要求，通过 PLC(Programmable Logic Controller)控制主轴及其他辅助装置协调工作。

数控机床通过程序调试、试切削后，进入正常批量加工时，操作者只需进行工件卸载，再按下程序自动循环按钮，机床就能自动完成整个加工过程。

2. 数控机床的基本组成

数控机床由数控系统和机床本体两部分组成，而数控系统又由输入装置、数控装置、伺服系统和辅助控制装置等部分组成，如图 7－1 所示。

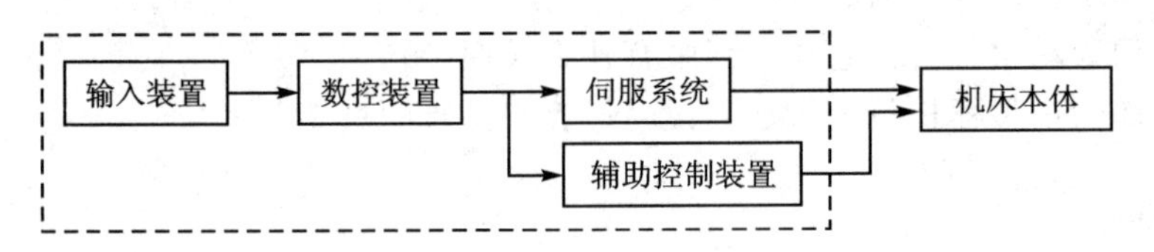

图 7－1　数控机床的基本组成图

1）输入装置。输入装置的作用主要是输入加工程序和加工数据。对应于不同的输入方法，有不同的输入装置。

控制介质适用于记载零件加工过程中所需的各种加工信息的信息载体，是实现操作者与设备之间联系的媒介物。常用的控制介质的形式有穿孔纸带、磁带和磁盘等。与之相应的输入装置有光电阅读机、录音机、软盘驱动器等。

现代数控机床可用操作面板上的键盘直接将程序和数据读入。随着 CAD/CAM 技术的发展，有些数控机床可以利用 CAD/CAM 软件在通用计算机上编程，然后通过计算机与数控机床之间的通信，将程序与数据直接传输给数控装置。

2）数控装置。数控装置是数控机床的核心。现代数控机床一般都采用微型计算机作为数控装置，这种数控装置称为计算机数控（CNC）装置。

数控装置的功能是接受外部输入的加工程序和各种控制命令，识别这些程序和命令并进行运算处理，处理结果输出控制命令，其中除送给伺服系统的速度和位移指令外，还有送给辅助控制装置的机床辅助动作指令。

数控装置由硬件和软件两部分组成。硬件包括通用 I/O 接口、CPU、存储器以及数字通信接口等。软件包括管理软件和控制软件。管理软件用来管理零件程序的输入、输出，显示零件程序、刀具位置、系统参数以及报警，诊断数控装置是否正常并检查故障原因。控制软件完成译码、刀具补偿、插补运算、位置控制等。

3）伺服系统。伺服系统是数控机床的重要组成部分，用于接受数控装置输出的指令信息，并经功率放大后，带动机床移动部件按照规定的轨迹和速度运动，使机床完成零件的加工。

伺服系统包括驱动装置和执行机构两部分。一般数控机床采用直流伺服电机或交流伺服电机作为执行机构，这些电动机均带有光电编码器等位置检测装置和测速电动机等速度测量软件。数控装置发送的指令信号与位置检测反馈信号比较后作为位移指令，再经过驱动控制系统功率放大后，驱动电机运转，从而通过机械传动装置拖动工作台或刀架运动。

每一坐标方向的进给运动部件都配备一套进给伺服驱动系统。相对于数控装置发出的每个脉冲信号，机床的进给运动部件都有一个相应的位移量，此位移称为脉冲当量，也称为最小设定单位，其值越小，加工精度越高。根据精度的不同，数控机床常用的脉冲当量为 0.01，0.005，0.001 mm。

伺服系统的伺服精度和动态响应将直接影响数控机床的加工精度、表面粗糙度及生产效率。位置和加工精度是数控机床的关键要素。

4）辅助控制装置。数控机床除对各坐标方向的进给运动部件进行速度和位置控制外，还要完成程序中的 M、S、T 等辅助功能所规定的动作，如主轴电机的启停和变速、刀具的选择和变换、冷却泵的开关、工件的装夹、分度工作台的转位等。另外，还要对机床的状态进行监视，如检测是否超行程、电动机是否过热等，以及要求对操作面板的操作开关和按钮的状态进行扫描。这些工作状态通常与机床的强电部分有关，控制对象是继电器、交流接触器、电磁阀等执行元件，控制的往往是开关量信号。

完成以上控制任务的装置成为辅助控制装置。可编程控制器具有响应快，性能可靠，易于使用、编程、修改等优点，并可以直接驱动机床电器，目前已普遍作为辅助控制装置。

数控机床用的 PLC 主要有独立式和内置式两类。独立式 PLC 对于 CNC 装置来说是一种外部装置。内置式的 PLC 是 CNC 装置的组成部分，即在 CNC 装置中带有 PLC 的功能。现代 CNC 装置越来越多地采用内置式 PLC。

5）机床本体。机床本体即数控机床的机械部分，除了主传动装置、进给传动装置、床身、工作台以及辅助部分（如液压、气动、冷却、润滑等）等一般部件外，还有特殊部件，如储备刀具的刀库、自动换刀装置（ATC）、回转工作台等。

与传统的机床相比，数控机床的传动装置更为简单，但对机床的静态和动态刚度、传动装置的传动精度要求更高，滑动面的摩擦系数要更小，并要有适当的阻尼，以适应对数控机床的高定位精度和良好控制性能的要求。

7.1.2 数控机床的分类

1. 按机床的工艺用途分类

1）金属切削类。这类机床包括数控车床、数控铣床、数控镗床、数控磨床、数控钻床、数控拉床、数控刨床、数控切断机床、数控齿轮加工机床以及各类加工中心。据调查，在金属切削机床中，除插床外，国内外都开发了相应的数控机床，而且品种越来越多。

加工中心是带有刀库和自动换刀装置的数控机床，它将铣削、镗削、钻削、攻螺纹等功能集中在一台设备上，使其有多种工艺手段。加工中心的刀库可以容纳 10～100 多把各种刀具或检具，在加工过程中由程序自动选用和更换。这是它与普通机床的主要区别。

2）金属成型类。这类数控机床主要包括数控板料折弯机、数控直角剪板机、数控冲床、数控弯管机、数控压力机等。这类机床起步较晚，但是目前发展较快。

3）特种加工类。这类数控机床主要包括数控线（电极）切割机床、数控电火花线切割机床、数控电火花成形机床、带有自动换电极的电加工中心、数控激光切割机床、数控激光热处理机床、数控激光板料成形机床、数控等离子切削机床、数控火焰切割机等。

4）其他类。其他类型的数控机床包括数控三坐标测量机等。

2. 按控制系统的功能水平分类

按控制系统的水平，可把数控机床分为低档（经济型）、中档、高档三类。此外，国内还分为全功能数控机床、普通型数控机床和经济型数控机床。这些分类方法没有明确的定义和标准，但是却比较的直观。

3. 按伺服系统的类型分类

1）开环伺服系数控机床。开环伺服系统数控机床的特点是其伺服系统不带有反馈装置，通常使用步进电机作为伺服执行元件。数控装置发出的指令脉冲，传送到伺服系统中的环行分配器和功率放大器，使步进电机转过相应的角度，然后通过减速齿轮和丝杠螺母机构，带动工作台和刀架移动。图 7-2 所示为开环伺服系统框图。

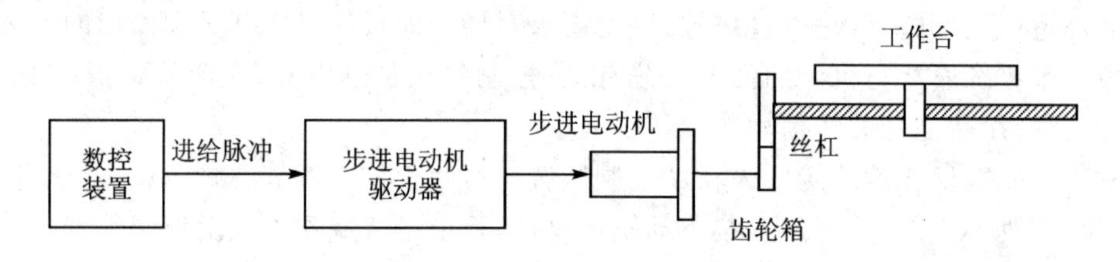

图 7-2 开环伺服系统框图

开环伺服系统对机械部件的传动误差没有补偿和校正，工作台的位移精度完全取决于步进电机的步距角精度、机械传动机构的传动精度，所以控制精度较低。同时受步进电机性能的影响，其速度也受到一定的限制。但是这种系统结构简单，运行平稳，调试容易，成本低廉，因此适用于经济型数控机床或旧机床的数控化改造。

2）闭环伺服系统数控机床。闭环伺服系统是在位移部件上直接装有直线位移检测装置，将测得的实际位移值反馈到输入端，与输入信号比较，用比较后的差值进行补偿，直到差值消除为止，实现移动部件的精确定位。

闭环伺服系统具有位置反馈系统，可补偿机械传动机构中各类误差，因而可达到很高的控

制精度，一般应用在高精度的数控机床中。由于系统增加了检测、比较和反馈装置，所以结构比较复杂，调试和维修比较困难。图 7－3 所示为闭环控制伺服系统框图。

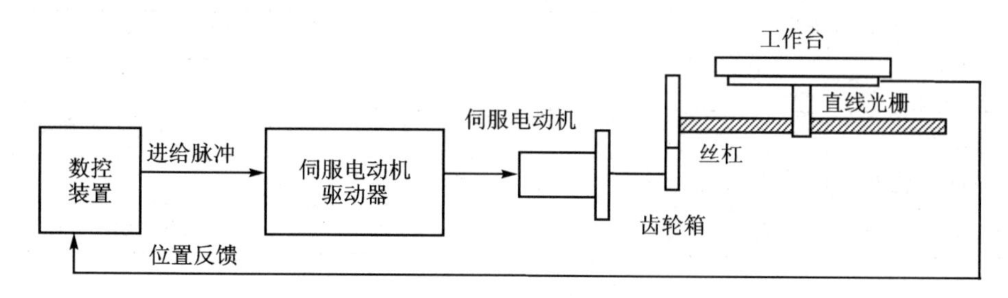

图 7－3　闭环控制伺服系统框图

3）半闭环伺服系统数控机床。半闭环伺服系统是在伺服机构中装有角度位移检测装置（如感应同步器或是光电编码器），通过检测角位移间接检测移动部件的直线位移，然后将角位移反馈到数控装置。

半闭环伺服系统没有将丝杠螺母机构、齿轮机构等传动机构包括在闭环中，所以这些传动机构的传递误差仍会影响移动部件的位移精度。但由于将惯性较大的工作台安排在闭环以外，因而使这种系统调试较容易，稳定性也好。而且，如果在半闭环伺服系统中采用精度较高的滚珠丝杠和消除间隙的齿轮副，再配以螺距误差补偿装置，还是能够达到较高的加工精度的。因此，半闭环伺服系统在生产中得到了广泛的应用。图 7－4 所示为半闭环伺服系统框图。

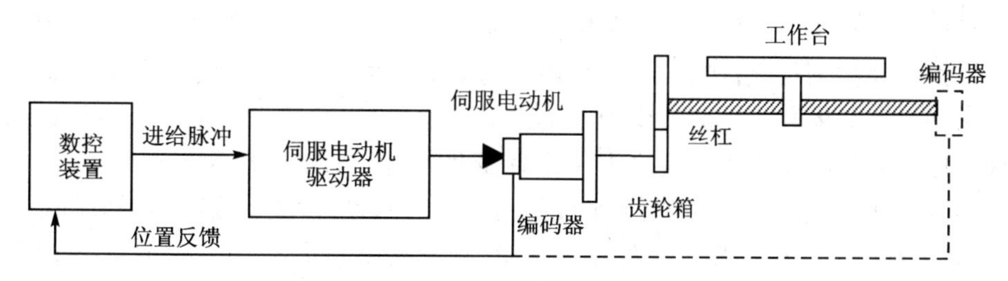

图 7－4　半闭环伺服系统框图

数控机床分类总结如表 7－1 所列。

表 7－1　数控机床的分类

数控机床的种类	控制系统类别	执行机构类别	加工对象类别
数控车床	点位、直线控制	开环、半闭环	没锥度、圆弧的轴
	轮廓控制	开环、半闭环、闭环	有锥度、圆弧的轴
加工中心机床	点位、直线控制	开环、半闭环	齿轮箱、框架等箱体
	特殊用途的轮廓控制	开环、半闭环、闭环	飞机零件的轮廓加工
数控铣床	点位、直线控制	开环、半闭环	箱体
	轮廓控制	开环、半闭环、闭环	平面轮廓的凸轮、样板、冲模、压模、铸模
数控钻床	点位控制	开环、半闭环	PCB 板、多孔零件

续表 7-1

数控机床的种类	控制系统类别	执行机构类别	加工对象类别
数控镗床	点位、直线控制	开环、半闭环	箱体
		闭环	精密箱体
数控磨床	轮廓控制	开环、半闭环	凸轮、轧辊、冲模
数控电加工机床	轮廓控制	开环、半闭环	模具
数控金属成形机床	点位、直线轮廓控制	开环、半闭环	冲压、板材、弯管等

7.1.3 数控加工的特点和适应性

1. 数控加工的特点

数控机床是高度自动化的机床，它是按照程序自动加工零件的。与普通机床加工零件相比，数控加工主要有以下特点。

1）加工精度高，质量稳定。数控机床的传动装置与床身结构具有很高的结构刚度和热稳定性，而且在传动机构中采取了减少误差的措施，并由控制系统进行补偿。同时，由于数控机床是按照所编程序自动进行的，消除了操作者的人为误差。因此，数控机床不仅具有较高的加工精度，而且，同批加工的零件几何尺寸一致性好，质量稳定。

2）生产效率高。零件加工所需要的时间包括切削时间和辅助时间两部分。数控机床能够有效地减少这两部分时间，从而使得加工生产效率要比普通机床高得多。

数控机床主轴转速和进给速度的范围比普通机床大，每道工序都可以选用合理的切削用量；同时，良好的结构刚性允许数控机床采用大切削量的强力切削，有效地节省了加工时间；由于数控机床加工时能够在一次装夹中加工出许多待加工部位，即省去了在普通机床加工中的不少中间工序（如画线、检验等），也可大大缩短辅助时间。如果采用加工中心，可以在一台机床中实现多道工序的连续加工，缩短了半成品的周转时间，生产效率提高得更为明显。

3）对加工对象的适应性强。在数控加工中，只需要重新编制程序，就能够实现对新零件的加工，在有些情况下，甚至只需要修改程序中的部分程序段或利用某些特殊指令就可实现新的加工，一般不需要重新设计制造工装，这就为单件、小批量生产以及试制新产品提供了极大的方便，大大缩短了生产准备时间及试制周期。数控机床还能够完成那些普通机床很难加工或无法加工的精密复杂零件的加工。

4）自动化程度高，劳动强度低。数控机床的加工过程是按输入的程序自动完成的，一般情况下，操作者只需要操作键盘、装卸工件、更换刀具、完成关键工序的中间检测以及观察机床运行等工作，不需要进行繁重的重复性手工操作。与操作普通机床相比，劳动强度大大降低。

5）便于现代化管理。采用数控机床加工，能够精确计算零件加工的时间和费用，并有效地简化检验、工夹具和模具的管理工作。这些都有利于实现生产管理现代化，实现计算机辅助制造。数控机床是构成柔性制造系统（FMS）和计算机集成制造系统（CIMS）的基础。

数控机床虽然有上述的优点，但是其初期投资大，维修费用高，对操作人员及管理人员的素质要求较高。因此，应合理地选择及使用数控机床，提高经济效益。

2. 数控加工的适应性

从经济角度考虑，数控机床的加工对象可按照适应程度分为两类。

(1) 最适应类

1) 加工精度要求较高,形状、结构复杂,尤其是具有复杂曲线、曲面轮廓的零件,或者具有不开敞内腔的盒形或是壳体零件。这类零件在普通的数控机床上很难加工、检测。

2) 必须在一次装夹中完成铣、钻、铰、镗或攻丝等多道工序的零件。

3) 需要多次更改设计后才能定型的零件。

(2) 较适应类

1) 价格昂贵、毛坯获得困难、不允许报废的零件。这类零件在普通机床上加工时有一定的难度,容易造成次品或废品。

2) 在普通机床加工效率低、劳动强度大、质量难以控制的零件。

3) 多品种、多规格、小批量生产的零件,需要最小生产周期的零件。

随着数控机床性能的提高、功能的逐步完善和成本的降低,适应性也会相应发生改变。

7.2　计算机辅助数控编程

数控机床出现不久,计算机就被用来帮助人们解决复杂零件的数控编程问题,即产生了计算机辅助数控编程(又称自动编程)。

计算机辅助数控编程技术的发展大约经历了以下几个阶段。

(1) 数控语言编程

从 20 世纪 50 年代美国麻省理工学院设计的 APT(Automatically Programmed Tool)语言,到 20 世纪 60 年代的 APTII、APTIII,20 世纪 70 年代的 APT-IV、APT-AC(Advanced Contouring)和 APTIV/SS(Sculptured Surface),以及后来发展的 APT 衍生语言(如美国的 ADAPT,德国的 EXAPT,日本的 HAPT,英国的 IFAPT,意大利的 MODAPT 和我国的 SCK-1、SCK-2、SCK-3、HZAPT 等)。数控语言自动编程的主要问题是:零件的设计与加工之间是通过工艺人员对图样解释和工艺规划来传递数据的,阻碍了设计与制造的一体化,且容易出错;数控编程语言缺少对零件形状、刀具运动轨迹的直观图形显示和刀位轨迹的验证手段。

(2) 图形自动编程系统

于 20 世纪 70 年代微处理机问世并进入实用阶段以后,这种编程系统将编程语言中的大量信息变成了显示屏幕上的直观图形,称为人机对话式的程序编制工作。早期的编程系统有 1972 年美国洛克希德加利福尼亚飞机公司出发的 CADAM 系统和 1978 年法国达索飞机公司开发的 CATIA 系统,它具有三维设计、分析和数控程序一体化功能。该类软件不断发展,目前已成为最广泛的 CAD/CAM 集成软件之一。

(3) CAD/CAM 集成数控编程系统

从 20 世纪 80 年代以后,各种不同的 CAD/CAM 集成数控编程系统如雨后春笋般发展起来,如 Euclid、MasterCAM、SurfCAM、Pro/Engineering、Cimatron 等,从 20 世纪 90 年代中期以后更是向着集成化、智能化、网络化、并行化和虚拟化方向发展。

7.2.1　数控语言自动编程

1. 数控自动编程的一般原理

数控自动编程的整个编程过程如图 7-5 所示,它可以分为源程序编制和目标程序编制两

个阶段。

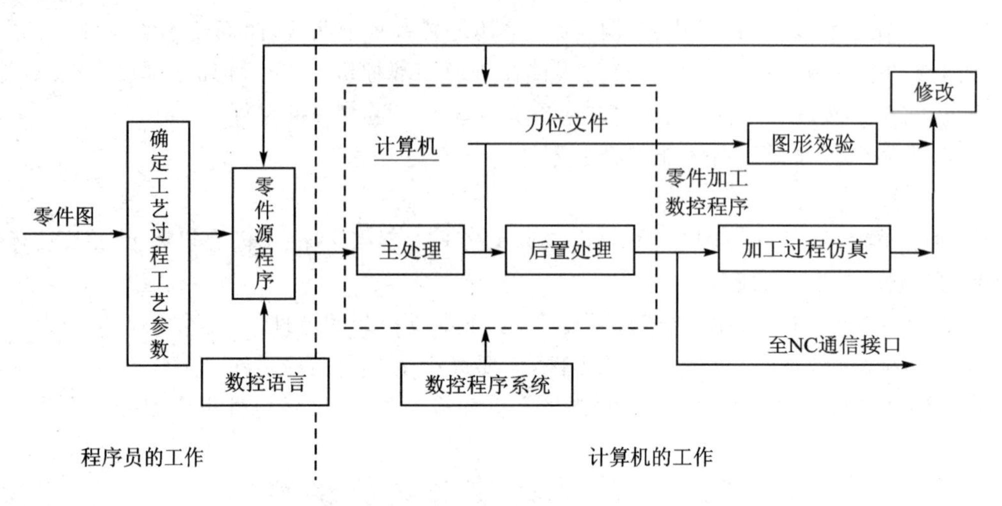

图 7－5　语言自动编程的过程

(1) 编制源程序阶段

零件加工源程序是由编程人员根据所要加工的零件图样及其工艺过程，用专门的数控语言(如 APT、FAPT、EXAPT 及 EAPT 等)人工编写的，用以描述零件的几何形状、尺寸大小、工艺路线、工艺参数及刀具相对零件的运动轨迹等内容。零件源程序由各种语句构成，这些语句类似日常语言和车间的工艺用语，因此，源程序的编制比较简单方便。

零件源程序应能准确、完整地表示零件的加工过程，程序编写的好坏还直接影响数控加工的质量和加工效率。因此在编写源程序之前，编程人员必须首先要对该零件进行工艺分析，还要考虑在加工中要涉及的许多细节问题。其次要正确选取零件坐标系，坐标系的选择应考虑编程的方便，尽可能减少零件尺寸标注的换算工作，同时还要考虑所选取的坐标系是否与机床坐标系一致，如果两者不一致，则需要应用坐标变换语句统一坐标系或作必要的换算工作。

根据已确定的数控加工工艺工艺规程及坐标系，画出零件数控加工的草图。在这张草图上要标出零件的坐标系；标出零件的定位面以及压板压紧部位和尺寸；标注出所有需要定义的几何元素名；标注出走刀路线(包括起刀点、计划停刀点、停车点、换刀点)；标注出主要的工艺类型(如钻、铰、攻螺丝、铣平面等)。

(2) 编写目标程序阶段

零件源程序并不能被数控系统所识别，因此不能直接控制机床，只是加工程序预处理的计算机输入程序。零件源程序编好后，输入给计算机，由计算机完成后续工作直至自动生成机床数控系统所需要的加工程序，称之为目标程序。通常所说的数控加工程序就是指目标程序。计算机内的数控软件具有处理零件源程序和自动输出具体机床加工程序的能力，它分两步对零件源程序进行处理。第一步完成主要信息处理，将输入的零件源程序翻译成可执行的计算机指令，并计算刀具中心相对于零件运动的轨迹，最后形成包括一些附加指令在内的刀位数据文件。由于这部分处理不涉及具体数控机床的指令形式和辅助功能，因此具有通用性。但这部分结果仍不能直接在数控机床上使用，因为数控机床上的控制装置只能识别数控指令，如 G 代码、M 代码等。第二步是后置处理，针对具体数控机床的功能产生控制指令，这部分处理涉及具体加工机床，所以不是通用的。经过这样两个阶段的处理，计算机就能自动输出符合具体

数控机床要求的数控加工程序了。数控加工程序的格式与功能代码已趋向通用化和标准化，目前多采用国际标准化组织颁布的 ISO 数控代码。

2. 数控编程系统的信息处理过程

数控系统是自动编程系统的核心之一，由前置处理和后置处理两部分组成，完成对源程序进行处理并生成零件数控加工程序。前置处理包含输入翻译阶段和轨迹计算阶段。前者是为计算刀具运动轨迹阶段准备的，后者的作用是处理连续运动语句，产生刀具运动的一系列有序的坐标数据。后置处理按照轨迹计算阶段得到的结果——刀位数据，通过后置处理完成增量计算、脉冲当量转换等即可生产符合具体数控加工要求的零件加工程序，从而将计算阶段目标程序给出的数据、工艺参数及其他有关信息转变成具体数控机床所要求的指令和程序格式，形成零件的数控加工程序。生成的零件 NC 加工程序可以通过打印机打印成加工程序单，也可以通过控制介质输入数控机床，还可以通过计算机通信接口，将后置处理的输出传送至数控系统的存储器予以调用。目前，经计算机处理的数据还可以通过屏幕图形显示或由绘图机绘出图形，用自动绘出的刀具运动轨迹图形，可以检查数据输入的正确性，以便编程员分析错误的性质并予以修改。

3. 数控自动语言编程举例

图 7－6 所示的平板类零件，用 APT 语言编写的零件源程序列于表 7－2 中。

编写零件源程序的一般步骤如下：

1）明确加工要求，分析零件要素。通过分析零件图样，明确待加工特征以及加工要求，这是编写零件源程序的第一步，也是很重要的一步。本例零件的待加工特征有：直线和圆弧形成外轮廓。编程人员最好把需要加工的零件轮廓画一遍，以备后续工作之用。

2）选择编程坐标系。选择编程坐标系要考虑编程方便，尽可能减少零件尺寸标注的换算工作，所有几何元素都必须在所选的坐标系中定义。同时还要考虑所选择的坐标系是否与机床坐标系一致，如果两者不一致，则需要应用坐标变换语句统一坐标系或作必要的换算工作。

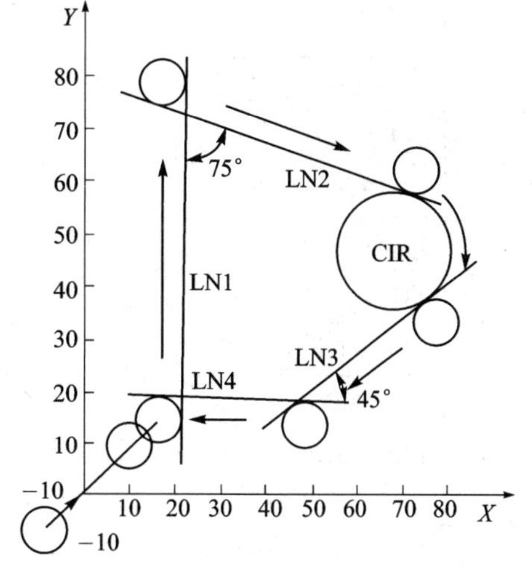

图 7－6　APT 语言编程的简单实例图

3）给需要定义的几何元素用不同的标识符命名并标在图上，图 7－6 中，LN1，LN2，LN3，LN4 等表示直线，CIR 表示圆。

4）选择允差、刀具以及起刀点和退刀点的位置并确定走刀路线。在书写刀具运动语句前应把工艺参数写在程序里，而且要位于切削运动语句的前面。若要变更时，只要重新指定即可。本例为：INTOL/0.002；OUTTOL/0.002；CUTTER/10。还有工艺方面的参数和机床指令：FEDRAT/F01；SPINDL/ON；COOLNT/ON 等。

5）写出各几何元素的定义语句。依照一定的先后顺序，写出各几何定义语句。见表 7－2 中第 11～15 语句。本例的几何语句参照图 7－6 进行定义。几何语句的书写顺序是无关紧要的，但几何元素的名字一定要在使用前预先定义。

6）按加工路线逐段写出刀具运动语句。在运动语句中用到的几何元素名字、宏指令名字和加工方法名字等都应预先定义。在书写刀具运动语句时首先要写起刀点语句。按图 7-6 的刀具走刀路线图,逐条写出刀具运动语句。由图可知,刀具从点 STEPI 开始启动,因此先定义这个点的位置,即

STEPI=POINT/−10,−10,−10

然后再书写运动语句,见表 7-2 中第 20 和第 23~25 语句。

7)作相应的后置处理并填入其他语句,如计算参数语句及速度(速度由 FEDRAT/F01 改为 FEDRAT/F02)、停车(SPINDL/ON)、程序完(FINI)等语句。

8)对所写的程序进行全面检查,如格式是否正确、语句及其中的字是否遗漏,确认无误后才能输入到计算机中进行处理。

表 7-2 零件源程序举例

序 号	语 句	说 明
1	PARTNO/TEMPLATE	初始语句,TEMPLATE 为零件名称,也是程序名称,作为 NC 程序的标识符将被放置在数控纸带的开头,便于检索
2	REMARKKS-002	注释语句,说明零件图号
3	REMARKWAMG15-FEB-1983	注释语句,说明程序员姓名,日期
4	$ $	注释语句,双美元符号表示一行语句结束,后面的字符起注释作用,不解释执行
5	MACHINE/F240,2	后置处理语句,说明数控机床控制系统的类型和系列号
6	CLPRINT	说明需要打印刀位数据清单
7	OUTTOL/0.002	指定用直线逼近零件轮廓的外容差为 0.002 mm 和内容差为 0.002 mm(容许误差)
8	INTOL/0.002	
9	CUTTER/10	说明选用平头立铣刀,直径为 10 mm
10	$ $ DEFINITION	以下为几何定义语句(11~17)
11	LN1=LINE/20,20,20,70	定义一直线,过点(20,20)和(20,70)
12	LN2=LINE/(POINT/20,70), ATANGL,75,LN1	定义一直线,过点(20,70),并与直线 LN1 成 75°角
13	LN3=LINE/(POINT/46,20), ATANGL,45,	定义一直线,过点(46,20),并与 *X* 轴正方向成 45°角
14	LN4=LINE/20,20,46,20	定义一直线,过点(20,20)和(46,20)
15	CIR=CIRCLE/YSMALL,LN2, YLARGE,LN33,RADIUS,10	定义一圆,该圆分别在 *Y* 的正方向和负方向与直线 LN2 和 LN3 相切,半径为 10 m
16	XYPL=PLINE/0,0,1,0	定义了一个法矢指向 *Z* 坐标正方向 $Z=0$ 的平面,按方程 $AX+BY+CZ+D=0$ 定义
17	SETPT=POINT/−10,−10,10	定义点,坐标为(−10,−10,10)
18	$ $ MOTION	以下为刀具运动语句
19	FROM/SETPT	指定起刀点为 SETPT(−10,−10,10)
20	FEDRAT/F01	选用 F01 快速前进

续表 7-2

序　号	语　句	说　明
21	GODLTA/20,20,−5	刀具运动语句,刀具走增量(20,20,−5)
22	SPINDL/ON	后置处理语句,启动主轴旋转
23	COOLNT/ON	后置处理语句,送冷却液
24	FEDRAT/F02	刀具运动语句,指定切入速度
25	GO/TO,LN1,TO,XYPL,TO,LN4	刀具运动语句,初始运动指定
26	FEDRAT/F03	刀具运动语句,指定正常切削速度
27	TLIFT,GOLFT/LN1,PAST,LN2	以下说明走刀路线
28	GORGT/LN2,TANTO,CIR	沿直线 LN2 运动至切于圆 CIR
29	GOFWD/LN3,PAST,LN4	沿圆 CIR 运动到切于直线 LN3
30	GOFWD/LN3,PAST,LN4	沿直线 LN3 运动直至超过直线 LN4
31	GORGT/LN4,PAST,LN1	沿直线 LN4 运动直至超过 LN1
32	FEDRAT/F02	指定切出速度
33	GODLTA/0,0,10	刀具运动语句,走增量(0,0,10)
34	SPINDL/OFF	后置处理语句,主轴停
35	COOLNT/OFF	后置处理语句,关闭冷却液
36	GOTO/SETPT	刀具运动语句,回到起刀点
37	END	后置处理语句,机床停止
38	PRINT/3,ALL	后置处理语句,打印程序中所有几何元素的定义参数
39	FINI	后置处理语句,零件源程序结束

在源程序中,有前置处理程序和后置处理程序两大部分。前置处理程序是对 APT 源程序中的几何定义语句、运动语句等进行编译和对刀具运动轨迹进行计算,得到刀具位置数据并以文件形式存入计算机,形成刀位文件。后置处理程序将刀具位置数据再编译成待定的机床的数控指令,与某一具体数控机床密切相关。

以上例子反映了 APT 源程序的概貌,从中可以看出人工编写源程序是很烦琐的,不能有一点差错。专用词及语句格式很多,熟练运用决非数日之功。复杂的零件几何定义和运动语句繁多,一个熟练的编程员往往也需要几个星期才能编制出来,而且上机调试还要花费较长的时间,效率虽然比手工编程要高,但仍然未克服编程效率低、与机床加工速度不匹配的矛盾。

7.2.2　图形交互自动编程

1. 图形交互自动编程原理和功能

(1) 概　述

近年来,计算机技术发展十分迅速,计算机的图形处理能力有了很大的增强。因而,一种可以直接将零件的几何图形信息自动转化为数控加工程序的新计算机辅助编程技术——“图形交互自动编程”便应运而生,并在 20 世纪 70 年代以后,得到迅速的发展和推广应用。

“图形交互自动编程”是一种计算机辅助编程技术。它是通过专用的计算机软件来实现

的，如机械CAD软件。利用CAD软件的图形编辑功能，通过使用鼠标、键盘、数字化仪等将零件的几何图形绘制到计算机上，形成零件的图形文件。然后调用数控编程模块，采用人机交互的实时对话方式在计算机屏幕上指定被加工的部位，再输入相应的加工参数，计算机便可自动进行必要的数学处理并编制出数控加工程序，同时在计算机屏幕上动态地显示出刀具的加工轨迹。很显然，这种编程方法相比语言自动编程，具有速度快、精度高、直观性好、使用简便、便于检查等优点。

在人机交互过程中，根据所设置的"菜单"命令和屏幕上的"提示"能引导编程人员有条不紊地工作。菜单一般包括主菜单和各级分菜单，它们相当于语言系统中几何、运动、后置处理等阶段及其所包含的语句等内容，只是表现形式和处理方式不同。

交互图形编程系统的硬件配置与语言系统相比，增加了图形输入器件，如鼠标、键盘、数字化仪、功能键能等输入设备，这些设备与计算机辅助设计系统是一致的，因此交互图形编程系统不仅可用已有零件图样进行编程，更多的是适用于CAD/CAM系统中零件的自动设计和NC程序编制。这是因为CAD系统已将零件的设计数据予以存储，可以直接调用这些设计数据进行数控程序编制。

(2) 图形交互自动编程系统组成

图形交互自动编程系统，一般由几何造型，刀具轨迹生成、刀具轨迹编辑、刀位验证、后置处理(相互独立)、计算机图形显示、数据库管理、运行控制及用户界面等部分组成，如图7-7所示。

在图形交互自动编程系统中，数据库是整个模块的基础；几何造型完成零件几何图形构建并在计算机内自动形成零件图形的数据文件；刀具轨迹生成模块根据所选用的刀具及加工方式进行刀位计算、生成数控加工刀位轨迹；刀具轨迹编辑根据加工单元的约束条件对刀具轨迹进行剪裁、编辑和修改；刀位验证用于检验刀具轨迹的正确性，也用于检验刀具是否与加工单元的约束面发生干涉和碰撞，检验刀具是否啃切加工表面，图形显示贯穿整个编程过程的始终；用户界面为用户提供一个良好的运行环境；运行控制模块支持用户界面所有的输入方式到各功能模块间的接口。

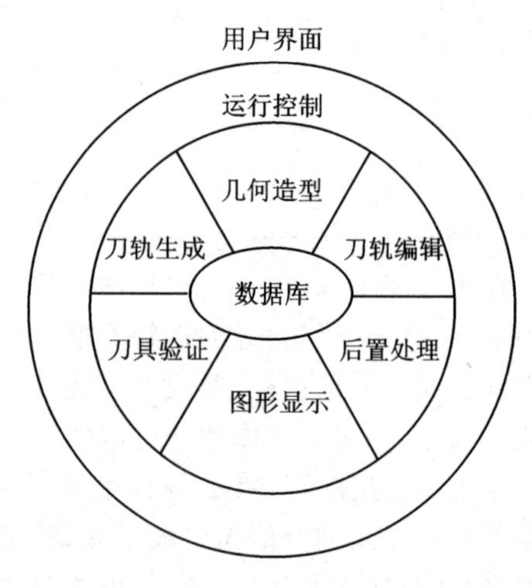

图7-7　图形数控编程系统的组成

2. 图形交互自动编程的基本步骤

目前，国内外图形交互自动编程软件的种类很多，如日本富士通的FAPT、荷兰的MI-TURN等系统都是交互式的数控自动编程系统。这些软件的功能、面向用户的接口方式有所不同，所以编程的具体步骤及编程过程中所使用的指令也不尽相同。但从整体上讲，其编程的基本原理及基本步骤大体上是一致的，归纳起来分为5个步骤。

1) 零件图样及加工工艺分析　这是数控编程的基础，目前该项工作仍主要靠人工进行，包括分析零件的加工部位、确定有关工件的装夹位置、工件坐标系、刀具尺寸、加工路线及加工工艺参数。

2) 几何造型　利用图形交互自动编程软件的图形构建、编辑修改、曲线曲面造型等有关

指令将零件的被加工部位的几何图形准确地绘制在计算机屏幕上。与此同时，在计算机内自动形成零件的数据文件。这就相当于APT语言编程中，用几何定义语句定义零件几何图形的过程。不同点在于它不是用语言而是用计算机绘图的方法将零件的图形数据输入到计算机中的。这些图形数据是下一步刀具轨迹计算的依据。自动编程过程中，软件将根据加工要求提取这些数据，进行分析判断和必要的数学处理，以形成加工的刀具位置数据。经过这个阶段系统自动生成产生APT几何图形定义语句。

如果零件的几何信息在设计阶段就已建立，图形编程软件可直接从图形库中读取该零件的图形信息文件，所以从设计到编程信息流是连续的，有利于计算机辅助设计和制造的集成。

3）刀位轨迹的生成　刀位轨迹的生成是面向屏幕上的图形交互进行的。首先在刀位轨迹生成的菜单中选择所需的菜单项，然后根据屏幕提示，用光标选择相应的图形目标，点取相应的坐标点，输入所需的各种参数（如工艺信息）。软件将自动从图形文件中提取编程所需的信息，进行分析判断，计算节点数据，并将其转换为刀具位置数据，存入指定的刀位文件中或直接进行后置处理，生成数控加工程序，同时在屏幕上显示刀具轨迹图形。在这个阶段生成APT刀具运动语句。

4）后置处理 目的是形成数控加工文件。由于各种机床使用的控制系统不同，所用的数控加工程序的指令代码及格式也有所不同。为解决这个问题，软件通常设置一个后置处理惯用文件，在进行后置处理前，编程人员应根据具体数控机床指令代码及程序的格式事先编辑好这个文件，这样才能输出符合数控加工格式要求的NC加工文件。

5）程序输出　由于图形交互自动编程软件在编程过程中可在计算机内自动生成刀位轨迹图形文件和数控指令文件，所以程序的输出可以通过计算机的各种外部设备进行。使用打印机可以打印出数控加工程序单，并可在程序单上用绘图机绘制出刀位轨迹图。使机床操作者更加直观地了解加工的走刀过程。使用由计算机直接驱动的纸带穿孔机，可将加工程序穿成纸带，提供给有读带装置的机床控制系统使用，对于有标准通信接口的机床控制系统可以和计算机直接联机，由计算机将加工程序直接送给机床控制系统。

图7-8为一图形交互式自动编程流程图。该例中，零件几何信息是从设计阶段图形数据文件中读取的，对此文件进行一定的转换产生所要的加工零件的图形，并在屏幕上显示；工艺信息由编程员以交互式通过用户界面输入。

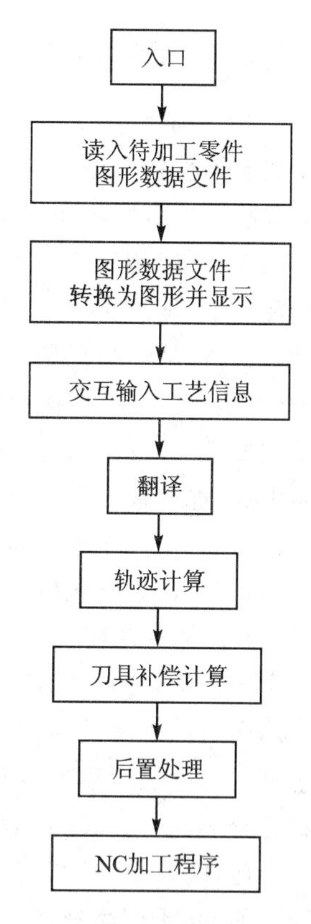

图7-8　图形交互式自动编程流程

从上述可知，采用图形自动交互编程用户不需要编写任何源程序，当然也就省去了调试源程序的烦琐工作。若零件图形是设计员负责设计好的，这种编程方法有利于计算机辅助设计和制造的集成。刀具路径可立即显示，直观、形象地模拟了刀具路径与被加工零件之间的关系，易发现错误并改正，因而可靠性大为提高，试切次数减少，对于不太复杂的零件，往往一次加工合格。据统计，其编程实际时间平均比APT语言节省2/3左右。图形交互编程的优点促

使 20 世纪 80 年代的 CAD/CAM 集成系统纷纷采用这种技术。

3. 图形交互自动编程特点

图形交互自动编程是一种全新的编程方法，与 APT 语言编程相比，主要有以下几个特点。

1）图形编程将加工零件的几何造型、刀位计算、图形显示和后置处理等结合在一起，有效地解决了编程数据来源、几何显示、走刀模拟、交互修改等问题，弥补了单一利用数控编程语言进行编程的不足。

2）不需要编制零件加工源程序，用户界面友好，使用简便、直观，便于检查。因为编程过程是在计算机上直接面向零件的几何图形以光标指点、菜单选择及交互对话的方式进行的，其编程的结果也以图形的方式显示在计算机上。

3）编程方法简单易学，使用方便。整个编程过程是交互进行的，有多级功能“菜单”引导用户进行交互操作。

4）有利于实现与其他功能的结合。可以把产品设计与零件编程结合起来，也可以与工艺过程设计、刀具设计等过程结合起来。

7.2.3 CAD/CAM 集成编程

1. 概　述

图形编程技术推动了 CAD 和 CAM 向集成化发展的进程，应用 CAD/CAM 系统进行数控编程已成为数控机床加工编程的主流。CAD/CAM 集成技术中的重要内容之一就是数控自动编程系统与 CAD 及 CAPP(Computer Aided Process Planning)的集成，其基本任务就是要实现 CAD、CAPP 和数控编程之间信息的顺畅传递、交换和共享。数控编程与 CAD 的集成，可以直接从产品的数字定义提取零件的设计信息，包括零件的几何信息和拓扑信息；与 CAPP 的集成，可以直接提取零件的工艺设计结果信息；最后，CAM 系统帮助产品制造工程师完成被加工零件的形面定义、刀具的选择、加工参数的设定、刀具轨迹的计算、数控加工程序的自动生成、加工模拟等数控编程的整个过程。

将 CAD/CAM 集成化技术用于数控自动编程，无论是在工作站上，还是在微机上所开发的 CAD/CAM 集成化软件，都应该解决以下问题。

(1) 零件信息模型

由于 CAD、CAPP、CAM 系统是独立发展起来的，它们的数据模型彼此不相容。CAD 系统采用面向数学和几何学的数学模型，虽然可完整地描述零件的几何信息，但对非几何信息，如精度、公差、表面粗糙度和热处理等只能附加在零件图样上，无法在计算机内部逻辑结构中得到充分表达。CAD/CAM 的集成除要求几何信息外，更重要的是面向加工过程的非几何信息。因此，CAD、CAPP、CAM 系统间出现了信息的中断。解决的办法就是建立各系统之间相对统一的、基于产品特征的产品定义模型，以支持 CAPP、NC 编程、加工过程仿真等。

建立统一的产品信息模型是实现集成的第一步，要保证这些信息在各个系统间完整、可靠和有效地传输，还必须建立统一的产品数据交换标准。以统一的产品模型为基础，应用产品数据交换技术，才能有效地实现系统间的信息集成。

产品数据交换标准中最典型的有：1）美国国家标准局主持开发的初始图形交换规范 IGES，它是最早的、也是目前应用最广的数据交换规范，但它本身只能完成几何数据的交换；2）

产品模型数据交换标准 STEP 标准，是国际标准化组织研究开发的基于集成的产品信息模型。产品数据在这里指的是全面定义，包含零部件或构件所需的几何、拓扑、公差、关系、性能和属性等数据。STEP 作为标准仍在发展中，其中某些部分已很成熟并基本定型，有些部分尚在形成之中，尽管如此，它目前已在 CAD/CAM 系统的信息集成化方面得到广泛应用。

(2) 工艺设计的自动化

工艺设计的自动化，其目的就是根据 CAD 的设计结果，用 CAPP 系统软件自动进行工艺规划。

CAPP 系统直接从 CAD 系统的图形数据库中提取用于工艺规划的零件几何和拓扑信息，进行有关的工艺设计，主要包括零件加工工艺过程设计及工序内容设计，必要时 CAPP 还可向 CAD 系统反馈有关工艺评价结果。工艺设计结果及评价结果也以统一的模型存放在数据库中，供上下游系统使用。

建立统一的零件信息模型和工艺设计自动化问题的解决，将使数控编程实现完全的自动化。

(3) 数控加工程序的生成

数控加工程序的生成是以 CAPP 的工艺设计结果和 CAD 的零件信息为依据，自动生成具有标准格式的 APT 程序，即刀位文件。经过适当的后置处理，将 APT 程序转换成 NC 加工程序，该 NC 加工程序是针对不同的数控机床和不同的数控系统的。目前，有许多商用的后置处理软件包，用户只需要开发相应的接口软件，就可以实现从刀位文件自动生成 NC 加工程序。生成的 NC 加工程序可以人工由键盘输入数控系统，或采用串行通信线路传输到数控系统里。

(4) CAD/CAM 集成数控编程系统设计

图 7－9 为在并行工程环境下集成化数控编程系统的应用实例。从图中可以看出，在集成化数控编程系统中，数控编程系统直接读入 CAD 系统提供的零件图形信息、工艺要求及 CAPP 系统的工艺设计结果，进行加工程序的自动编制。同时 CAM 系统与 CAD、DFM(Design for Manufacturability)、CAPP、CAFD(Computer Aided Fixture Design)及 MPS(Master Production Schedule)系统的关系极为密切，各子系统之间不但要实现信息集成，更重要的是要实现功能上的集成。

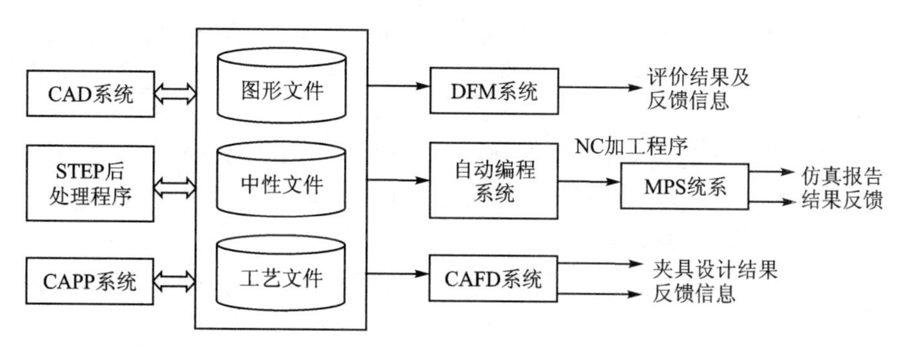

图 7－9　CE 环境下数控自动编程

◆ DFM 根据 CAD 的信息对产品的结构工艺性做出评价，并将结果反馈至 CAD；

◆ DFM 根据 CAD 的几何信息和 CAPP 的工艺信息对制造资源能力和加工经济性作较

为定量的分析，并将结果反馈至 CAPP；

- CAPP 读取 STEP 格式文件，生成加工工艺；
- CAPP 完成定位装夹方案后向 CAFD 提供定位装夹方案信息；
- CAFD 进行定位装夹分析后向 CAPP 反馈结果；
- CAPP 完成工序内容设计后向 CAFD 提供切削用量等详细工艺信息；
- CAFD 进行夹紧力和夹紧变形(影响加工精度)计算后向 CAPP 反馈结果；
- MPS 根据 NC 代码、夹具设计、机床和刀具等进行加工过程仿真，并向 CAPP 反馈结果；
- CAM 根据 CAPP 提供的工艺信息，自动生成自动编程系统工作所需的各种数据、参数文件，利用机床模型、刀具模型、工序参数、工步参数，生成刀位文件，并进行刀位轨迹仿真。经后置处理生成特定数控系统的 NC 代码，并向 CAPP 反馈有关信息。

近年来，数控自动编程也在向自动化、智能化和可视化的方向发展。数控编程自动化的基本任务是要把人机交互工作减到最少，人的作用将在解决工艺问题、工艺过程设计、数控编程的综合中，如知识库、刀具库、切削数据库的建立、专家系统的完善，人机交互将由智能设计中的条件约束和转化来实现。数控编程系统的智能化是 20 世纪 80 年代后期形成的新概念，将人的知识加入集成化的 CAD/CAM/NC 系统中，并将人的判断及决策交给计算机来完成。因此，在每一个环节上都必须采用人工智能方法建立各类知识库和专家系统，把人的决策作用变为各种问题的求解过程。可视化技术是 20 世纪 80 年代末期提出并发展起来的一门新技术。它是将科学计算过程及计算结果的数据和结论转换为图像信息(或几何图形)，在计算机的图形显示器上显示出来，并进行交互处理。利用可视化技术，将自动编程过程中的各种数据、实施计算、表达结果用图形或图像完成或表现，最后结果还可以用具有真实感的动漫图形来描述。

2. CAD/CAM 集成数控编程系统的加工编程功能的需求

一个典型的 CAD/CAM 集成数控编程系统，其数控加工编程模块，一般应具备以下功能。

1)编程功能　包括：① 点位加工编程；② 二维轮廓加工编程；③ 平面区域加工编程；④ 平面型腔加工编程；⑤ 曲面区域加工编程；⑥ 多曲面加工编程；⑦ 曲面交线加工编程；⑧ 若干曲面特征的自动编程；⑨ 约束面(线)控制加工编程。

2) 刀具轨迹计算方法　包括：① 参数线法；② 截平面法；③ 投影法。

3) 刀具轨迹编辑功能　包括：① 刀具轨迹的快速图形显示；② 刀具轨迹文本显示与修改；③ 刀具轨迹的删除；④ 刀具轨迹的拷贝；⑤ 刀具轨迹的粘贴；⑥ 刀具轨迹的插入；⑦ 刀具轨迹的恢复；⑧ 刀具轨迹的移动；⑨ 刀具轨迹的延伸；⑩ 刀具轨迹的修剪；⑪ 刀具轨迹的转置；⑫ 刀具轨迹的反向；⑬ 刀具轨迹的几何变换；⑭ 刀具轨迹上刀位点的均化；⑮ 刀具轨迹的编排；⑯ 刀具轨迹的加载和存储。

4) 刀具轨迹验证功能　包括：① 刀具轨迹的快速图形显示；② 截面验证法；③ 动态图形显示验证(高级功能)。

7.3　数控加工工艺处理

数控加工工艺处理主要包括以下几个方面。

1）被加工零件图样的分析，明确加工内容及技术要求。

2）确定零件的加工方案，制定数控加工工艺路线，如工序的划分、加工顺序的安排与传统加工工序的衔接等。

3）设计数控加工工序，如工步的划分、零件的定位与夹具的选择、刀具的选择、切削用量的确定等。

4）调整数控加工工序的程序，如对刀点和换刀点的选择、加工路线、刀具的补偿等。

5）分配数控加工中的允许误差。

6）处理数控机床上的部分工艺指令。

总之，数控加工工艺处理内容较多，有些与普通机床加工相似，有些则要体现数控加工的特点，这里仅对编程中工艺处理的主要内容予以讨论。

7.3.1　零件样图的分析

零件样图的分析是分析工艺处理中的首要工作，它直接影响零件加工程序的编制及加工结果。此项工作主要包括下述内容。

1. 零件图标题栏的分析

看标题栏的目的主要是了解零件的名称、材料及其大概用途等，通过看比例及总体尺寸可以知道该零件的大概外形及大小。有些国外的零件图要看有没有区别于国内标注方法的特殊要求，例如公制与英制标注的区别、公差的标法、视图画法及投影方向的区别等，如果有则要作相应的处理。

2. 加工轮廓几何条件的分析

由于设计等多方面的原因，在图样上可能出现加工轮廓的数据不充分、尺寸模糊不清及尺寸封闭等缺陷，这样就增加了编程的难度，有时甚至无法编程。在发现以上情况时，应向图样的设计人员或技术管理人员及时反映，解决以后才能进行程序编制工作。

3. 尺寸公差要求的分析

分析零件图样上的尺寸公差要求，以确定控制尺寸精度的加工工艺。一般把零件图样上的尺寸分为两类，即重要尺寸和一般尺寸。尺寸公差要求高的尺寸称为重要尺寸，尺寸公差要求低的尺寸称为一般尺寸。重要尺寸在数控编程以及加工工程中应特别注意，因为其公差值小，在加工过程中难以控制，而一般尺寸相对容易保证。同时，在该项分析过程中，还可以同时进行一些编程尺寸的简单换算，如增量尺寸、绝对尺寸、中值尺寸及尺寸链计算等。在实际编程过程中，经常取尺寸的中间值作为编程的尺寸依据。

4. 形状和位置公差要求的分析

图样上给定的形状和位置公差是保证零件精度的重要要求。在工艺准备过程中，除了按其要求确定零件的定位基准和检测基准，并满足其设计基准的规定外，还可以根据机床的特殊需要进行一些技术性处理，以便有效地控制其形状和位置公差。对于数控切削加工，零件的形状和位置公差主要受机床机械运动副精度的影响。因此，数控机床本身的精度对加工来讲也是一个非常重要的方面，如果无法提高机床本身的精度，那么只有在工艺处理工作中，考虑进行工艺方面技术性处理的有关方案。

5. 表面粗糙度要求的分析

表面粗糙度是保证零件表面微观精度的重要条件，也是合理选择机床、刀具及确定切削用量的重要依据。

6. 材料与热处理要求的分析

图样上给出的零件材料与热处理要求，是选择刀具(材料、几何参数及使用寿命)、机床型号及确定有关切削用量等的重要依据，如棒料、管料或铸、锻坯件的形状及其尺寸等。分析上述要求，对确定数控机床的加工工序，选择机床型号、刀具材料及几何参数、走刀路线和切削用量等，都是必不可少的。当有些铸、锻坯件的加工余量过大或很不均匀时，若采用数控加工，既不经济，又降低了机床的使用寿命。

7. 毛坯要求的分析

零件的毛坯要求主要指对坯件形状和尺寸的要求，如棒料、管材或铸、锻坯件的形状及其尺寸等。

8. 数量要求的分析

加工零件的数量，对零件的定位与装夹、刀具的选择、工序安排及走刀路线的确定等都是不可忽视的参数。

7.3.2 确定加工方案的原则

加工方案又称工艺方案，数控机床的加工方案主要包括制定工序、工步和走刀路线等内容。

在数控机床加工过程中，由于加工对象复杂多样，特别是轮廓曲线的形状及位置千变万化，加上材料不同、批量不同等多方面因素的影响，在对具体零件制定加工方案时，应该进行具体分析和区别对待，灵活处理。只有这样，才能使所制定的加工方案更加合理，从而达到质量优化、效率高和成本低的目的。

制定某一零件加工方案的方法很多，应根据具体零件而定。在对加工工艺进行认真和仔细的分析后，制定加工方案的一般原则为先粗后精，先近后远，先内后外，程序段最少，走刀路线最短等。

1. 先粗后精

为了提高生产效率并保证零件的加工质量，在数控切削加工中，一般应先安排粗加工工序，接着安排半精加工工序，最后再安排精加工工序。

数控粗加工及半精加工的工序安排与普通加工大致相同，但在安排可以一刀或多刀进行的数控精加工工序时，其零件的最终轮廓应由最后一刀连续加工而成。此时一定要考虑好刀具进刀和退刀的具体位置，尽量不要在连续的轮廓切削中安排切入和切出或换刀及停顿等工步，以避免因切削力突然变化而造成弹性变形，致使在光滑连接轮廓上产生表面划伤、形状突变或滞留刀痕等疵病。

2. 先近后远

这里所说的远与近，是按加工部位相对于对刀点的距离大小而言的。在一般情况下，特别是在粗加工中，通常安排离对刀点近的部位先加工，离对刀点远的部位后加工，以便缩短刀具移动距离，减少空行程时间。对于车削加工，先近后远还有利于保持坯体或半成品的刚性，改善其切削条件，保证零件加工最终的刚性需求。例如，在加工图 7-10 所示的零件时，如果按 $\phi 38$ mm—$\phi 36$ mm—$\phi 34$ mm 的次序安排车削，不仅会增加刀具返回对刀点所需的空行程时间，而且还可能使台阶的外直角处产生毛刺。这对直径相差不大的台阶轴而言，当第一刀的吃

刀深度未超限时，应按 $\phi34$mm—$\phi36$ mm—$\phi38$ mm 的次序先近后远地安排车削。

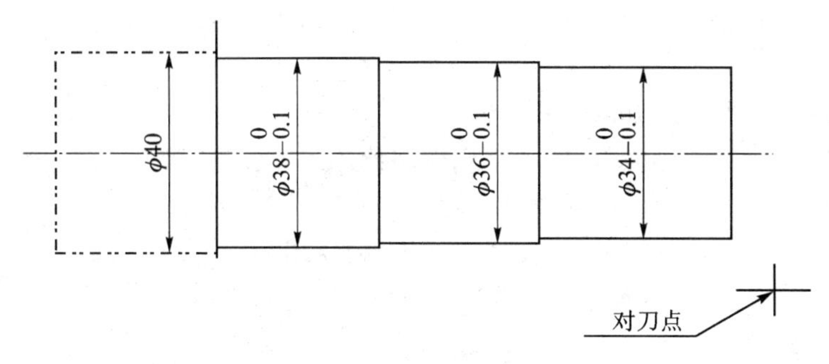

图 7-10 某阶梯轴的加工图

3. 先内后外

对既有内表面又有外表面的零件加工，在制定其加工方案时通常应安排先加工内形和内腔，后加工外形表面。这是因为控制内表面的尺寸和形状较困难，刀具刚性相对较差，刀具的使用寿命易受切削热影响而降低，而且在加工中清除切屑较困难。

4. 程序段最少

对于数控加工程序的编制，在满足零件合格加工的前提下，应尽可能使得程序段数最少，以使程序简洁，减少出错的概率及提高编程工作的效率。但程序段数的多少没有硬性的规定，事实上也没法规定，只能根据加工零件的具体情况，很好地安排加工过程中的工序和工步，同时合理安排每把刀的走刀路线，尽量减少辅助程序段的数目。这样，不但可以大量减少计算的工作量，而且能减少程序输入的时间和计算机内存的占有量。

5. 走刀路线最短

确定走刀路线的目的主要在于确定粗加工、半精加工及空行程的走刀路线，因精加工切削过程的走刀路线基本上都是沿其零件轮廓顺序进行的。

走刀路线是指刀具从对刀点(或机床固定原点)开始运动起，直至返回该点并结束加工程序所经过的路线，包括切削加工的路线及刀具切入、切出等非切削空行程路线。在保证加工质量的前提下，使加工程序具有最短的走刀路线，不仅可以节省整个加工过程的执行时间，还能减少一些不必要的刀具消耗及机床进给机构滑动部件的磨损等。

7.3.3 刀具及夹具的选择

合理选择数控加工用的刀具及夹具是工艺处理过程中的重要内容。在数控加工中，产品的加工质量和劳动生产率在很大程度上将受到刀具、夹具的制约。虽然大多数刀具、夹具与普通加工所用的刀具、夹具基本相同，但对于一些工艺要求难度大或是其轮廓、形状等方面较特殊的零件加工，所选用的刀具、夹具必须具有较高要求，或必须作进一步的特殊处理，以满足数控加工的需要。

1. 数控加工对刀具的要求

1）刀具性能及材料。数控加工刀具的基本性能与普通加工刀具的性能大致相同。但数控加工对刀具的要求更高，不仅要求精度高、刚度好、耐用度高，而且要求尺寸稳定、安装调整方便等。

为适应机械加工技术要求，特别是数控机床加工技术的高速发展，刀具材料也在大力发展之中。这就要求采用新型优质材料制造的数控加工刀具，并优选刀具参数。除了量大、面广的高速钢及硬质合金材料外，还可选用涂层刀具和陶瓷、金刚石及立方氮化硼等新材料作为数控加工的刀具材料。

2）刀具的选用要求主要有以下几个方面。

① 尽可能选择通用的标准刀具，不用或少用特殊的非标准刀具。

② 尽量使用不重磨刀片，少用焊接式刀片。

③ 大力推广标准模块化刀夹（刀柄和刀杆等）的使用。

④ 不断推进可调式刀具（如浮动可调镗刀头）的开发和应用。

2. 数控加工对夹具的要求

为了充分发挥数控机床的高速度、高精度和自动化效能，还应有相应的数控夹具进行配合。数控机床所用的夹具除了刀具夹具（刀夹）外，加工中还应有其他多种相应夹具，这里特指在数控机床上对加工零件进行定位和夹紧的夹具。

1）零件定位安装的基本原则。在数控机床上加工零件时，定位安装的基本原则与普通机床相同，也要合理选择定位基准和夹紧方案。为了提高数控机床的效率，在确定定位基准与夹紧方案时应注意以下三点：

① 力求设计、工艺与编程计算的基准统一。

② 尽量减少装夹次数，尽可能在一次定位装夹后，加工出全部待加工表面。

③ 避免采用人工调整试加工方案，以充分发挥数控机床的效能。

2）选择夹具的基本原则。数控加工的特点对夹具提出来两个基本要求，一是保证夹具的坐标方向与机床的坐标方向相对固定；二是要协调零件和机床坐标系的尺寸关系。除此之外，还要考虑以下四点：

① 当零件加工批量不大时，应尽量采用组合夹具、可调试夹具以及其他通用夹具，以缩短生产准备时间，节省生产费用。

② 在成批生产中才考虑采用专用夹具，但是力求结构简单。

③ 零件的装卸要快速、方便、可靠，以缩短机床的停机时间。

④ 夹具上各零部件应不妨碍机床对零件各表面的加工，即夹具要开敞，其定位、夹紧机构不能影响加工中的走刀（如产生碰撞等）。

此外，为了提高数控加工的效率，在成批生产中还可以采用多位、多件夹具，例如在数控铣床或立式加工中心的工作台上安装新型平板式夹具元件等。

7.3.4 确定切削用量

数控机床加工中的切削用量是表示机床主体的主运动和进给运动大小的重要参数，包括切削深度、主轴转速和进给速度，并与普通机床加工中所要求的各切削用量对应一致。

在加工程序编制工作中，选择好切削用量，使切削深度、主轴转速和进给速度三者间能相互适应，以形成最佳切削参数，这是工艺处理的重要内容之一。

1. 切削深度 a_p 的确定

当加工工艺系统刚性允许时，应尽量可能选取较大的切削深度，以减少走刀次数，提高生产效率。当零件的精度要求较高时，则应该考虑留出半精加工和精加工的切削余量，所留精加工切削余量一般比普通加工时所留出的余量小。车削和镗削时，常取精加工切削余量为

0.1～0.5 mm，铣削时，则常取为0.2～0.8 mm。

2. 主轴转速的确定

除车削螺纹外，主轴转速的确定方法与普通机床加工时的一样，可用下式进行计算

$$n=\frac{1\ 000v}{\pi d}$$

式中，n——主轴转速，r/min；

v——切削速度，m/min，由刀具的耐用度决定；

d——工件或刀具直径，mm。

在确定主轴转速时，首先需要按零件和刀具的材料及加工性质（如粗、精切削）等条件确定其允许的切削速度，其常用的切削速度可以参阅有关技术手册。如何确定加工中的切削速度，在实践中也可以根据实际经验进行确定。

3. 进给速度的确定

对于绝大多数的数控车床、铣床、镗床和钻床，进给速度都按规定其单位为mm/min。另外，有些数控机床规定可以选用进给量（f）表示其进给速度，如有的数控机床规定其进给速度的单位为mm/r。

（1）进给速度的确定原则

1）当工件的加工质量要求能够保证或粗加工时，为了提高生产效率，可选择较高的进给速度。

2）切断、精加工（如顺铣）、深孔加工或用高速钢刀具切削时，宜选择较低的进给速度，有时还需要选择极低的进给速度。

3）刀具或工件空行程运动，特别是远距离返回程序原点或机床固定原点时，可以设定尽量高的进给速度，其最高进给速度由数控系统决定，目前最高的进给速度可达到120 m/min。

4）切削时，进给速度应与主轴转速和切削深度等切削用量相适应，不能顾此失彼。

（2）进给速度的确定

1）每分钟进给速度的计算。进给速度F包括X轴向、Y轴向和Z轴向的进给速度（即F_X，F_Y和F_Z），其计算公式为

$$F=nf$$

式中，进给量f是指刀具在进给运动方向上相对工件的位移量（mm/min），其量值大小应根据切削用量、刀具状况和加工精度等进行综合考虑，也可参考有关技术手册。

2）进给速度所用单位的换算。表示进给速度的单位mm/r与mm/min可以相互换算，其换算公式为

$$\text{mm/r}=\frac{\text{mm/min}}{n}$$

7.3.5　确定程序编制的允许误差

确定程序编制的允许误差，不仅为制定加工方案提供了重要的依据，而且还对工艺准备工作中的某些细节要求（如夹具的定位、刀具的对刀等）提供了较具体的参考依据。

1. 程序编制误差

通常所说的程序编制误差$\Delta_{编}$，主要有以下两项误差决定，即

$$\Delta_{编} = f(\Delta_{拟}, \Delta_{计})$$

式中，$\Delta_{拟}$——用直线或圆弧拟合零件轮廓曲线时所产生的误差；

$\Delta_{计}$——在数学处理中，由计算过程产生的数值计算误差。

2. 数控加工误差

在数控加工中，其加工误差 $\Delta_{加}$ 将由多种误差决定，即

$$\Delta_{加} = f(\Delta_{编}, \Delta_{控}, \Delta_{伺}, \Delta_{刀}, \Delta_{定})$$

式中，$\Delta_{控}$——数控装置系统误差；

$\Delta_{伺}$——伺服驱动系统误差；

$\Delta_{刀}$——对刀误差；

$\Delta_{定}$——工件定位误差。

在数控加工误差中，由于数控装置系统误差一般极小，因而可忽略不计。对刀误差可通过自动补偿等给予排除，因此伺服驱动系统误差和工件的定位误差是影响加工误差的主要因素。为了消除其误差对加工的影响，应相应地减少程序编制误差，其减小的幅度视工件定位误差和伺服驱动系统误差的实际情况而定。

3. 程序编制允许误差

确定程序编制允许误差 $\delta_{允}$ 的途径，主要是通过按一定比例压缩其加工零件公差 $T_{工}$ 而实现的。在数控加工实践中，一般取程序编制误差为加工零件公差的 1/3 左右，对精度要求较高的工件，则取其加工零件公差的 1/15～1/10。

程序编制的允许误差越小，手工编程时进行拟合计算或基点数值计算的工作量和难度越大。如果能够在制定加工方案工作中，预先排除可能产生的其他一些误差，以使其允许误差不致设定的太小，那么对整个数控加工将是十分有益的。

7.4 前置处理与后置处理

一个完整的数控语言系统，由前置处理和后置处理两部分组成。前置处理又称为主处理、主信息处理或信息处理，这部分工作与具体的数控机床控制系统关系不大，通用性强，可独立于具体的数控机床进行工作；后置处理多随数控机床控制系统而异，专业性强，必须根据具体的数控系统来进行。图 7－11 表示了前置处理和后置处理的结构框图。

7.4.1 前置处理

前置处理是对用数控语言所编制的源程序进行翻译、运算、刀具中心轨迹计算，输出刀位数据(cutter location data, CLD)。前置处理的工作有以下几个部分，在控制系统的控制下进行。

1. 输入与翻译

输入零件源程序，阅读并通过编译程序翻译为通用计算机能够处理的形式，同时进行语言错误检查。

2. 运算单元

进行节点运算，曲线、曲面拟合运算，刀位轨迹的规划与计算等。

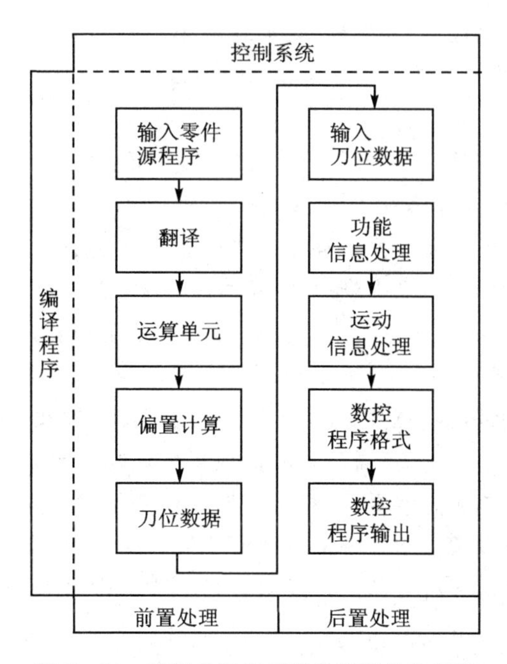

图 7－11　前置处理与后置处理的结构框图

3. 刀位偏值计算

数控加工最终得到的应该是零件的轮廓，但在加工时是要控制刀具中心轨迹的，因此要进行刀位偏值计算。由于所选刀具尺寸不同及刀具重磨后所引起的尺寸变化，因此刀位偏值计算有时是比较频繁的。

4. 输出刀位数据

将输出的刀位数据存储在刀位文件中，可进行加工仿真，以检验刀具运动轨迹的正确性。

7.4.2　后置处理

后置处理按数控机床控制系统的要求来设计，它把刀位数据、刀具命令及各种功能转换成该数控机床控制系统能够接收的指令字集，并以该数控机床的信息载体形式输出。后置处理的工作有以下几个部分，在控制系统的控制下进行。

1. 输入刀位数据

输入刀具移动点的坐标值和运动方向、所用数控机床的各种功能、数控系统的技术性能参数等。

2. 功能信息处理

功能信息处理主要指处理有关数控机床的准备功能、辅助功能等信息，如准备功能中的点定位、直线插补、圆弧插补、刀具偏移、运动坐标等，进给量、主运动速度选择，刀具选择及换刀，辅助功能中的主轴启停、主轴转向，冷却液启停等。此外，还有在前置处理中不能处理的数控机床的一些特殊功能指令，随着数控机床的发展，特殊功能越来越多，后置处理的工作量也越来越大。

3. 运动信息处理

它的工作包括从零件坐标系到机床坐标系的转换、行程极限校验、间隙校验、进给速度码计算、超程与欠程、线性化处理、插补处理、数据变换单位并圆整化、绝对尺寸与相对尺寸、进给速度的自动控制、工作时间计算等。

4. 输出数控程序

将功能、运动信息处理的结果转换为符合数控机床控制系统所要求的程序格式，通过编辑输出数控程序，并记录在相应的信息载体上。

前置处理与后置处理工作在计算机辅助加工中占有很大的比重，前置处理与工艺分析加工参数设置模块、几何分析模块、刀位轨迹生成模块有关，如能采用现成的 CAM 软件或自动数控编程系统，则二次开发的工作量不大。而后置处理就是计算机辅助加工中的一个功能模块，需要自行开发。

通常，可将计算机辅助加工的功能分为前置处理、后置处理和加工仿真三部分。由于后置处理与具体的数控机床控制系统关系密切，因此前置处理与后置处理是分开的，前置处理的输出是后置处理的输入。在集成制造系统中，可直接将这些信息集成起来。

后置处理软件随数控机床控制系统的不同而不同，专业性很强，研究开发由模块组成的通用后置处理软件是十分迫切和有前途的。随着数控机床的发展，数控系统的功能越来越强，各厂家生产的数控系统差异性有变大的趋势，从而增加了开发通用后置处理软件的难度。

7.5 加工仿真

7.5.1 加工仿真的含义

加工仿真又称为加工过程仿真，是指用计算机来仿真数控加工过程，其含义较广，可归纳为以下几个方面。

1. 刀具中心的运动轨迹仿真

这种仿真可在后置处理前进行，主要用于检查工艺过程中加工顺序的合理安排、刀具行程路径的优化、刀具与被加工工件轮廓的干涉。例如铣削时，刀具半径应小于被切轮廓的最大曲率等。若在后置处理后进行，则除上述作用外，还可检查数控编程的正确性，显示加工过程，使操作者方便地了解和监视加工状况，这在有冷却液的封闭加工状态时是十分必要的。这种仿真一般可采用动画显示的方法，比较成熟而有效，应用普遍。

2. 刀具、夹具、机床、工件间的运动干涉(碰撞)仿真

工艺系统由刀具、机床、工件和夹具组成，在加工中心上加工，有换刀和转位等运动，因此在加工时，应检查它们之间的干涉(碰撞)。由于加工是一个动态过程，刀具与工件、夹具、机床之间的相对位置是变化的，工件从毛坯开始经过若干工序的加工，在形状和尺寸上均有变化，因此要进行动态仿真。这种仿真多采用三维实体几何模型仿真，并且要在工艺系统各组成部分均已确定的情况下才能进行，难度较大。

3. 质量分析仿真

这种仿真带有专题性质，是针对某些质量问题进行预检查的。例如，在实际加工前，用计算机检查零件轮廓尺寸与位置精度是否与设计要求一致、表面粗糙度能否达到要求，若不行则应采取何种措施。

4. 工艺过程布局仿真

对于一些复杂关键零件，常采用多台机床组成的流水生产线或柔性制造系统进行加工生产，这时可进行时间定额分析、生产节拍计算、机床配置和布局等仿真。

当前，在计算机集成制造系统中，多在加工中心上进行加工。加工仿真的含义有两个：一个是刀具运动轨迹的仿真；另一个是刀具、夹具、机床、工件间的运动干涉（碰撞）仿真。为了区分这两种仿真，前者称为刀位仿真，在后置处理前进行；后者称为加工过程仿真，在已有数控程序和已确定的机床、夹具、刀具等情况下进行。

7.5.2　加工过程仿真系统的总体结构

加工过程仿真系统的总体结构如图 7－12 所示。它的主体是加工过程仿真模型，是在工艺系统实体模型和数控加工程序的输入下建立起来的，其功能模块有以下几个方面。

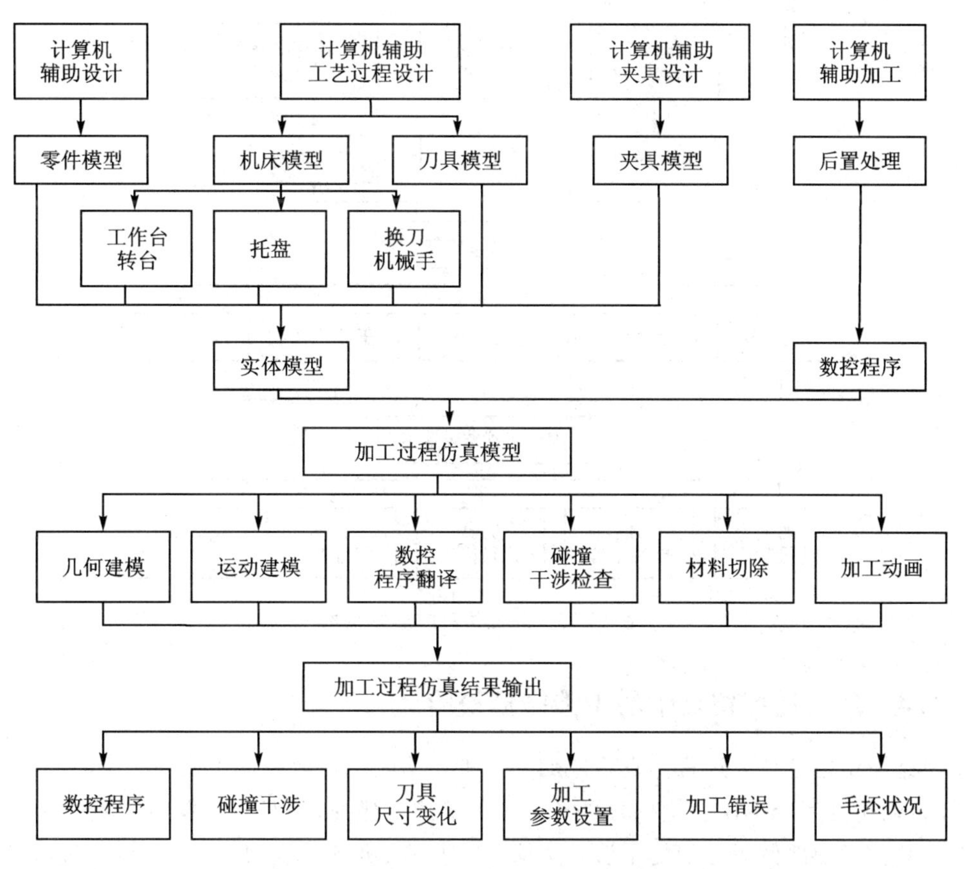

图 7－12　加工过程仿真系统的总体结构

1）几何建模　描述零件、机床（包括工作台或转台、托盘、换刀机械手等）、夹具、刀具等组成的工艺系统实体。

2）运动建模　描述加工运动及辅助运动，包括直线、回转及其他运动；

3）数控程序翻译　仿真系统读入数控程序，进行语法分析，翻译成内部数据结构，驱动仿真机床，进行加工过程仿真；

4）碰撞干涉检查　检查刀具与初切工件轮廓的干涉，刀具、夹具、机床、工件之间的运动碰撞等；

5）材料切除　考虑工件由毛坯成为零件过程中形状、尺寸的变化；

6）加工动画　进行二维或三维实体动画仿真显示；

7）加工过程仿真结果输出　输出仿真结果，进行分析，以便处理。

7.5.3　刀位仿真的总体结构

应该说，加工过程仿真可以包含刀位仿真，但是由于加工过程仿真是在后置处理以后，已有工艺系统实体模型和数控加工程序的情况下才能进行，专用性强。因此，后置处理以前的刀位仿真是有意义的，它可以脱离具体的数控机床环境进行，其总体结构如图7-13所示。它的主体模块是刀位仿真模型，是在零件模型、刀具模型和刀位轨迹输入下建立起来的，其功能模块有几何建模、运动建模、刀偏计算、干涉检查、加工动画、刀位仿真结果输出等。

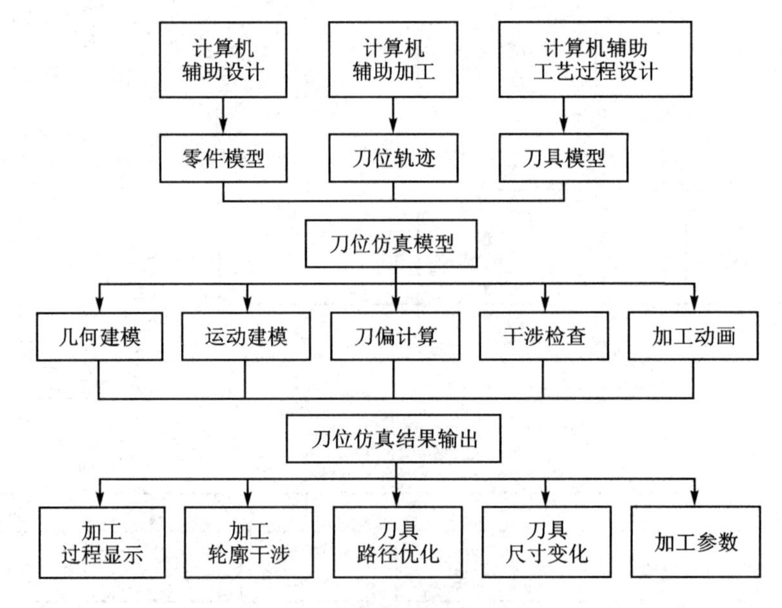

图7-13　刀位仿真的总体结构

7.5.4　加工过程仿真中的干涉碰撞检验

干涉碰撞检验是加工过程仿真系统的一个重要功能。在数控加工或加工中心上加工的环境下，完善的仿真系统不仅要检查刀具与工件的干涉和碰撞，而且应能检查刀具与夹具、机床工作台及其他运动部件等之间的干涉和碰撞，特别是在机械手换刀、工作台转位时，更要注意干涉和碰撞问题。

干涉是指两个元件在相对运动时，它们的运动空间有干涉；碰撞是指两个元件在相对运动时，由于运动空间有干涉而产生碰撞。这种干涉和碰撞会造成刀具、工件、机床、夹具等的损坏，是绝对不允许的。

7.5.5　加工仿真的形式

在加工仿真中，根据仿真的目的和要求，可进行不同形式的仿真。现有的加工仿真有二维

动画显示仿真和三维实体几何模型仿真。

1. 二维动画显示仿真

这种仿真的特点是二维的，与二维视图的工件图纸一样，比较简单方便。但由于加工多是三维的，必然有一视图不清楚，这时要用两个二维视图来显示。

由于二维动画显示比较简单易行，因此应用广泛，在计算平面刀位轨迹、优化刀具运动轨迹时比较有效，对于一些三维仿真，分解为二维仿真来解决的问题也是有意义的。

2. 三维实体几何模型仿真

三维实体仿真比较理想，效果好，是目前加工仿真的研究热点和发展趋势。但它的开发难度大，运算工作量大。其主要问题有以下几个方面：

1）零件、夹具、刀具、机床等都要进行三维实体几何造型，建模上比较复杂。

2）加工过程是一个动态过程，并且往往是连续加工过程，进行动态连续过程的描述难度较大。

3）由毛坯加工成零件的过程中，其形状和尺寸会随工序而变化，从而增加了仿真的难度。

思考题

7-1　数控机床由哪几部分组成？简述数控机床各组成部分的作用。

7-2　数控机床有几种分类方法？

7-3　简述自动编程的方法、原理和特点。

7-4　数控加工进给速度如何确定？

7-5　数控加工工艺处理主要包括哪几方面？

7-6　简述加工方案的原则？

7-7　与普通机床加工相比，数控加工对刀具的要求有哪些不同？

7-8　试述前置处理和后置处理的作用。

7-9　何为加工仿真，它有何意义？

7-10　试述加工过程仿真系统的体系结构。

7-11　试述刀位仿真的体系结构。

7-12　加工过程仿真中有哪些形式以及有哪些关键问题？

第 8 章　产品数据交换技术

为了实现产品设计与制造的无纸化，首先要实现产品模型的数字化，以便能在异地或同地的设计、工艺、加工部门间，在制造商与供应商之间，在不同 CAx 系统之间顺利地进行产品数据的交换。这就要求数字化产品模型应包含产品整个生产周期中所有的信息，以达到产品模型信息的统一与共享；其次要规定数据交换的方式。为此必须制定产品数据交换的标准，本章介绍 DXF、IGES 和 STEP 三种产品数据交换标准。

8.1　产品数据交换的方式

8.1.1　专用数据格式的交换(点对点交换)

专用数据格式的交换方式如图 8-1 所示。如果要将 CAD 模型从 A 系统传给 B 系统，则采用接口 1 将 A 系统内部的模型数据转换成 B 系统内部的模型数据；反之，则采用接口 2，将 B 系统内部的模型数据转换成 A 系统内部的模型数据，这样达到了模型在不同 CAD 系统中的传递与共享。专用数据格式交换方式的优点是运行效率高，易于实现。缺点是当 CAD 系统数目 n 增大时，接口数量急剧增加；此外当某一系统的数据结构改变时，与之相关的接口必须改变。

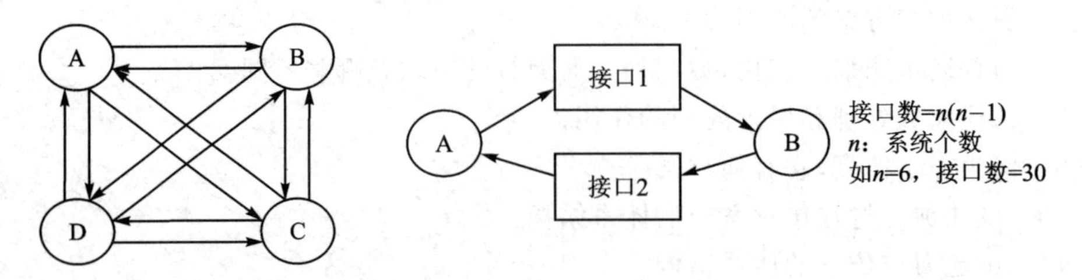

图 8-1　专用数据格式的交换

8.1.2　标准数据格式的中性文件的交换(星式交换)

在图 8-2 所示的中性文件交换方式中，每个 CAD 系统都需要两个接口，分别是前处理器和后处理器。前处理器的作用是将 A 系统内部的模型数据(二维模型或三维模型)转换成某种标准格式文件并输出，这种格式文件称为中性文件，例如 IGES 文件、STEP 文件等。后处理器的作用是将来自 A 系统的中性文件格式转换成 B 系统内部的模型数据，在 B 系统中生成与 A 系统一样的模型。这样通过中性文件的交换，达到了在不同 CAD 系统中传递和共享同一模型的目的。这种交换方式的优点是当 CAD 系统数目 n 增大时，接口数量不会增加过多；缺点是产品数据每次均需要通过前、后处理器的数据转换，运行效率较低。

8.1.3　统一的产品数据模型交换

图 8－3 所示的统一的产品数据模型交换方式不需要接口，集成性好，运行效率高，但实现难度大。

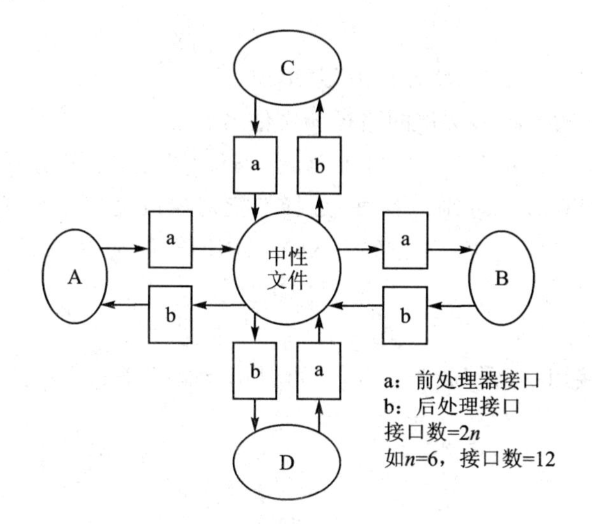

图 8－2　中性文件的交换

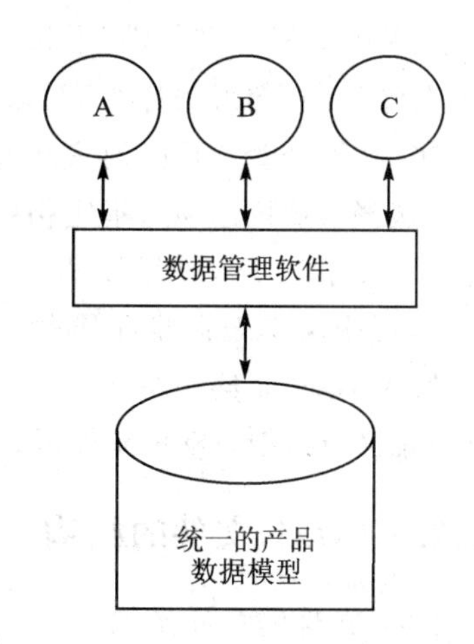

图 8－3　统一的产品数据模型交换

8.2　DXF 文件的图形数据交换

8.2.1　DXF 概述

DXF 是美国 Autodesk 公司制定并用于 AutoCAD 和其他图形系统之间进行图形数据交换的文件格式，主要记录图形的几何信息，文件的扩展名为“.dxf”。由于 AutoCAD 软件的广泛应用，DXF 文件已被众多的 CAD 系统所接受，绝大多数 CAD 系统都能够读入或输出 DXF 文件，因此，DXF 已成为产品数据交换事实上的工业标准。

DXF 数据交换的优点：

1）文件格式的设计充分考虑了接口程序的需要，结构简单，可读性好，易于其他程序从中提取所需要的信息；

2）允许在一个 DXF 文件中省略一些段或段中的一些项，省略后仍可获得一个合法的图形。

DXF 数据交换的缺点：

1）不能完整地描述产品信息，例如公差、材料等信息。就产品的几何信息而言，也仅仅保留了几何数据及部分属性信息，缺乏几何模型的拓扑信息；

2）文件过于冗长，使得文件的处理、存放、传递和交换不方便。

随着 AutoCAD 软件版本的不断升级，DXF 文件格式也在不断地发展和改进，当前不仅能够支持二维图形的数据交换，也能支持三维实体模型的数据交换。读者在开发应用程序读写 DXF 文件的接口软件时，应该仔细搞清 DXF 文件格式的每一个细节，以及因为版本更新所引起的差异。本章由于篇幅所限，只能对DXF文件格式作简要介绍，详细情况请参考AutoCAD系统相关资料的说明。

8.2.2 DXF文件的输入和输出命令

1. 输出DXF文件

1)在AutoCAD的“文件”下拉菜单中，直接选取“另存为”菜单项。

2) 在弹出的“图形另存为”对话框中输入图形文件的路径和文件名。

3) 在“存为类型”下拉列表中选择“AutoCAD 2007 DXF(*. dxf)”类型，也可选择“选项”，然后选择“DXF选项”，指定格式(ASCII/二进制)、精度，选择特定对象或输出整个文件，然后选择“保存”。AutoCAD将自动给文件附加扩展名“. dxf”。DXF文件的默认输出为ASCII码，可用文本编辑器打开。

2. 输入DXF文件

在AutoCAD中，DXF文件可以直接用“打开”命令打开，还可以用“插入”命令插入。

8.2.3 DXF文件的结构

1. DXF文件的总体结构

一个完整的DXF文件由7个段(SECTION)和文件结尾组成。

(1) 标题(HEADER)段

标题段记录了标题变量及其当前值或当前状态，反映了系统当前的工作环境，例如版本号、插入点、绘图界限的左下角和右上角、SNAP捕捉方式的当前状态、栅格间距、当前图层名、当前线型名、当前颜色等。

(2) 类(CLASSES)段

类段记录了应用程序定义的类，这些类的实例可以出现在块段、实体段和对象段中。

(3) 表(TABLES)段

表段记录了9种表，它们分别是：视窗(VPORT)表、线型(LTYPE)表、图层(LAYER)表、字样(STYLE)表、视图(VIEW)表、用户坐标系(UCS)表、用户应用程序标识(APPID)表、尺寸样式(DIMSTYLE)表和块记录(BLOCK_RECORD)表。这些表记录了当前图形编辑的支撑环境。表段中表的顺序可以改变，但LTYPE表必须位于LAYER表的前面。

(4) 块(BLOCKS)段

块段记录了每一块的块名、块的当前图层名、块的种类、块的插入基点及组成该块的所有成员。块的种类分为图形块、带有属性的块和无名块3种。无名块包括用HATCH命令生成的剖面线和用DIM命令完成的尺寸标注。

(5) 实体(ENTITIES)段

实体段记录了每个实体的名称、所在的图层名、线型名、颜色名、基面高度、厚度、有关的几何数据等。

(6) 对象(OBJECTS)段

对象段包含了所有非图形对象的定义数据，如多线和组的字典、图层信息，以及所有那些既不是实体，也不是符号表的记录，又不是符号表的实例。

(7) 预示图像(THUMBNAILIMAGE)段

预视图像段为可选项，如果存盘时有预览图像则有该段。

(8) 结束段

文件以“0”和“EOF”两行结尾。“”表示空格。

DXF 文件的总体结构如下所述。

标题段

0（开始）
SECTION（段）
2（名字）
HEADER（标题，即标题段开始）
⋮
0（开始）
ENDSEC（标题段结束）

类段

0（开始）
SECTION（段）
2（名字）
CLASSES（类，即类段开始）
0（开始）
CLASS(子类)
⋮
0（开始）
ENDSEC（类段结束）

表段

0（开始）
SECTION（段）
2（名字）
TABLES（表，即表段开始）
0（开始）
TABLE（表）
⋮
0（开始）
ENDSEC（表段结束）

块段

0（开始）
SECTION（段）
2（名字）
BLOCKS（块，即块段开始）
0（开始）
BLOCK（块）
⋮

0（开始）
ENDBLK（块结束）
⋮
0（开始）
ENDSEC（块段结束）

实体段

0（开始）
SECTION（段）
2（名字）
ENTITIES（实体，即实体段开始）
⋮
0（开始）
ENDSEC（实体段结束）

对象段

0（开始）
SECTION（段）
2（名字）
OBJECTS（对象，即对象段开始）
⋮
0（开始）
ENDSEC（对象段结束）

预视图像段

0（开始）
SECTION（段）
2（名字）
THUMBNAILIMAGE（预视图像预览段，即图形开始）
⋮
0（开始）
ENDSEC（预视图像段结束）

结束段

0（开始）
EOF（DXF 文件结束）

AutoCAD 系统允许在一个 DXF 文件中省略一些段或段中的一些项，当输入这样的 DXF 文件时，仍可获得一个合法的图形。例如，如果没有设置任何标题变量，那么整个 HEADER 段都可以省略；在 TABLES 段中的任何一个表，在不需要时也可以略去，甚至整个表段也可以去掉；如果图中没有使用块定义，则可以省略 BLOCKS 段。但 EOF 必须出现在文件的末尾。

2. 组代码和组值

DXF 文件的每个段都由若干个组(group)构成，每个组在 DXF 文件中占有两行。组的第一行称为组代码，它是一个正整数，每个组代码的含义是由 AutoCAD 系统约定的；组的第二行称为组值，相当于数据的值，采用的格式取决于组代码指定的组的类型。组代码和组值合起

来则表示一个数据的含义和具体值。需要注意的是，在 AutoCAD 系统中组代码既用于指出组值的类型，又用来指出组的一般应用。组代码的具体含义取决于实际变量、表项或实体描述，但“固定”的组代码总具有相同的含义，例如，组代码“8”表示图层名，而组值“outline”，则表示图层的名称。以下举例说明一些组代码的含意。

0：表示一个事物开始，如一个段、一个表、一个块、一条直线、一个圆等。

1：一个文本，如字符串的值。

2：名字，如段、表、块的名字。

3：其他文本或命名值。

5：实体句柄。

6：线型名。

7：文本式样名。

8：图层名。

9：标题段变量名标志符。

10～18：X 坐标。

20～28：Y 坐标。

30～37：Z 坐标。

38：基面高度。

39：厚度。

40～48：高度、宽度、距离、半径、比例因子等。

49：重复的双精度浮点值。一个图元的可变长度表（例如，LTYPE 表中的虚线长度）中可能会出现多个 49 组。

50～58：角度。

60：实体的可见性。

62：颜色值。

66：某些实体的跟随标记。

67：模型/图纸空间。

69：应用程序用，视区标识号。

70～78：整型数值，如线型、图层的数量或标题变量的状态。

90～99：32 位整数。

100：子类数据标记。

999：注释。

1000～1009：串。

1010～1059：浮点。

1060～1079：整数。

3. DXF 文件实例

画出如图 8－4 所示的图形，选取相关菜单，得到 DXF 文件。限于篇幅，只列出其中的主要内容，掌握该部分内容即可编写与 DXF 文件交换图形信息的接口程序。以下 DXF 文件中的“”表示空格。

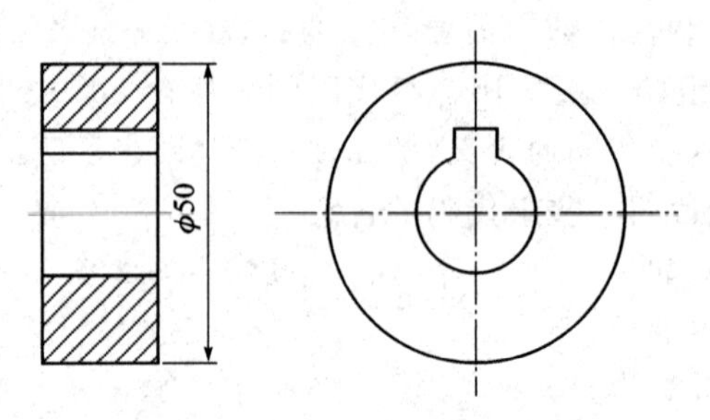

图 8-4 DFX 文件表示的图形

```
0(开始)
SECTION(段)
2(名字)
HEADER(标题)
9(标题变量)
$ ACADVER(AutoCAD 图形数据库版本号)
1(字符串)
AC1021(AutoCAD 2007)
```

以上代码描述了标题段开始了,AutoCAD 图形数据库版本号是“AutoCAD 2007”。

```
…
9(标题变量)
$ INSBASE(插入基点)
10(X 坐标)
0.0
20(Y 坐标)
0.0
30(Z 坐标)
0.0
9(标题变量)
$ EXTMIN(实体范围的左下角点)
10(X 坐标)
60.87893428563058
20(Y 坐标)
-0.101257383277769
30(Z 坐标)
0.0
9(标题变量)
$ EXTMAX(实体范围的右上角点)
10(X 坐标)
184.3177639996948
20(Y 坐标)
103.2157821658452
30(Z 坐标)
0.0
```

```
9(标题变量)
$LIMMIN(图形界限的左下角点)
10(X 坐标)
0.0
20(Y 坐标)
0.0
9(标题变量)
$LIMMAX(图形界限的右上角点)
10(X 坐标)
210.0
20(Y 坐标)
140.0
```

以上代码依次描述了插入基点的坐标、实体范围和图形界限等。

```
…
0(开始)
ENDSEC(段结束,即标题段结束了)
…
0(开始)
SECTION(段)
2(名字)
TABLES(表,即表段开始了)
…
0(开始)
TABLE(表)
2(名字)
LAYER(图层,即图层表开始了)
5(实体描述字,即句柄)
2
330(软指针句柄)
0
100(类标识)
AcDbSymbolTable(AutoCAD 符号表)
70(数量)
5(5 个,本作业有 5 个图层)
0(开始)
LAYER(图层)
5(实体描述字,即句柄)
10
330(软指针句柄)
2
100(类标识)
AcDbSymbolTableRecord(AutoCAD 符号表)
100(子类标识)
AcDbLayerTableRecord(AutoCAD 图层表)
```

2(名字,名字叫作“0”的图层开始了)
0(名字叫作“0”的图层开始了)
70(状态)
0(解冻、不锁)
62(颜色号)
1(红色)
6(线型)
CENTER(中心线)
370(线宽枚举值)
-3
390(绘图输出式样的硬指针标识或句柄)
F

以上代码描述了名字叫作“0”的图层开始了。它的状态为Thaw、Unlock和ON,它的颜色为红色,线型为中心线,线宽为缺省宽度。若状态为1时,表示冻结,为4时表示被锁,为5时表示既冻结又被锁。颜色号前有“-”,表示状态为OFF。

…
0(开始)
ENDTAB(图层表结束)
…
0(开始)
ENDSEC(表段结束)
0(开始)
SECTION(段)
2(名字)
ENTITIES(实体,即实体段开始了)
0(开始)
LINE(直线,即一条直线开始了)
5(实体描述字,即句柄)
4C
330(软指针句柄)
1E
100(类标识)
AcDbEntity(AutoCAD实体)
8(所在图层)
A(“A”层,该直线在“A”图层)
100(子类标识)
AcDbLine(AutoCAD直线)
6(线型名)
CONTINOUS(实线)(该直线的线型为实线)
62(颜色号)
3(绿色)(该直线为绿色)
10(起点X坐标)
70.0
20(起点Y坐标)

```
45.0
30(起点 Z 坐标)
0.0
11(终点 X 坐标)
70.0
21(终点 Y 坐标)
95.0
31(终点 Z 坐标)
0.0
```

该直线在“A”层，是红色的实线，它的起点坐标为(70.0,45.0,0.0)，终点坐标为(70.0,95.0,0.0)，该直线是图 8-4 最左端 Y 向直线。若一个 LINE 命令连续绘制多段直线，每段均为一个独立实体，即每段都有与此格式相同的部分。

```
…
0(开始)
CIRCLE(圆，即一个圆开始了)
5(实体描述字，即句柄)
4A
330(软指针句柄)
1E
100(类标识)
AcDbEntity(AutoCAD 实体)
8(所在图层)
B(“B”层)
100(子类标识)
AcDbCircle(AutoCAD 圆)
10(圆心 X 坐标)
150.0
20(圆心 Y 坐标)
70.0
30(圆心 Z 坐标)
0.0
40(半径)
25.0
```

该圆在 B 图层，它的圆心坐标为(150.0,70.0,0.0)，半径为 25.0。尽管可用不同的选项生成圆，如 3P、2P，但其格式只此一种。

```
…
0(开始)
ARC(圆弧，即一个圆弧开始了)
5(实体描述字，即句柄)
4B
330(软指针句柄)
1E
100(类标识)
```

```
AcDbEntity(AutoCAD 实体)
8(所在图层)
B(“B”层)
100(子类标识)
AcDbCircle(AutoCAD 圆)
10(圆心 X 坐标)
150.0
20(圆心 Y 坐标)
70.0
30(圆心 Z 坐标)
0.0
40(半径值)
10.0
100(子类标识)
AcDbArc(AutoCAD 圆弧)
50(起始角)
107.457603(107.457603°)
51(终止角)
72.5423968(72.5423968°)
```

该圆弧在 B 图层，它的圆心坐标为(150.0，70.0，0.0)，半径为 10，圆弧的起始角为 107.457603°，终止角为 72.5423968°。

用各种方法或选项绘制的圆弧只此一种格式。

```
…
0(开始)
ENDSEC(段结束)(实体段结束了)
…
0(开始)
EOF(文件结尾)(整个 DXF 文件结束了)
```

8.2.4 基于 DXF 文件的应用开发

1. 从 DXF 文件中提取数据

在用户的应用程序开发中，有时为了计算的需要须从图形中提取所需信息，例如直线两个端点的坐标、圆的圆心坐标和直径等。可以利用该图形的 DXF 文件提取所需的信息。

假设需要从 DXF 文件中提取 LINE 的两个端点坐标，CIRCLE 的圆心坐标和半径，ARC 的圆心坐标、半径、起始角和终止角，忽略图层颜色、线型等，不提取作为块成员的 LINE、CIRCLE 和 ARC。图 8-5(a)所示为程序的总流程图，图 8-5(b)所示为提取直线信息的流程图。如果对 DXF 文件有比较详细的了解，可参照此流程图编写其他复杂的提取程序。

2. 编制生成 DXF 文件的接口程序

假设在用户的应用程序中，计算了零件的强度和刚度，确定了零件的尺寸，要求生成零件图形。为此，可以用 C 语言编制生成 DXF 文件的接口程序，在应用程序中调用，生成该图形的 DXF 文件，然后输入到某个 CAD 系统，获得所要的图形。

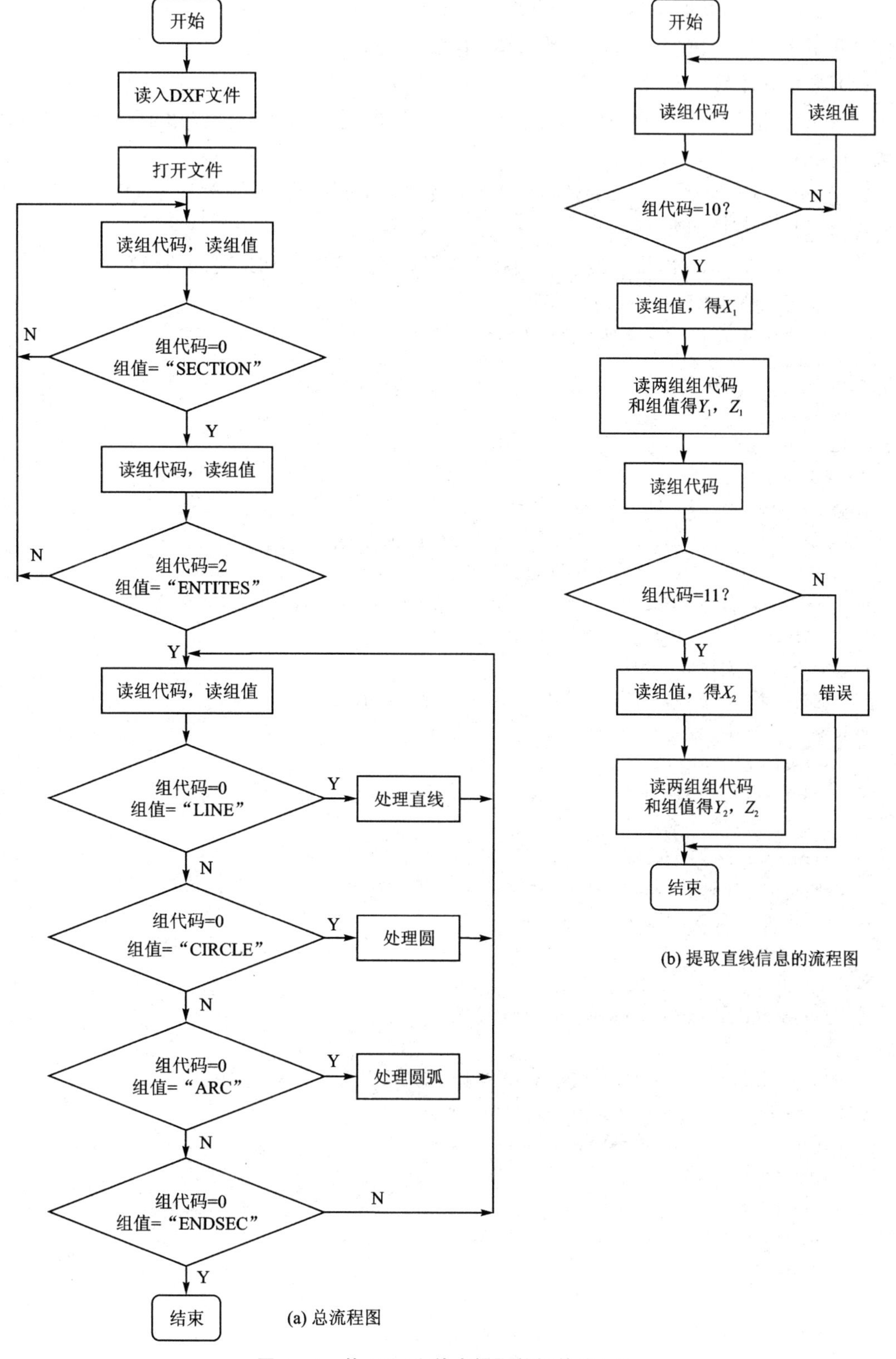

图 8－5　从 DXF 文件中提取数据的流程图

AutoCAD 可以接收缺少一些表、项、段的 DXF 文件，因此，编写只生成“ENTITIES”段和文件结尾的 DXF 文件的程序，是一种简单、实用的方法。

(1) 接口程序的基本模块

1) start：建立一个新的 DXF 文件，并写入实体段开始的 4 行。应用程序应最先调用此函数。

2) gend：写入实体段结束的两行和 DXF 文件结尾的两行，并关闭这个 DXF 文件。应用程序在最后应调用该函数。

3) line、circle、arc 等：将直线、圆、圆弧等实体的内容写入 DXF 文件的函数。

(2) 编制生成 DXF 文件的接口程序

```
/*用C语言编制生成 DXF 文件的接口程序举例 */

#include <stdio.h>
#include <math.h>
#include <string.h>
/*函数说明 */
void start(void);/* 建立一个 DXF 文件 */
void line(float,float,float,float); /* 已知两点“画”直线 */
void circle(float,float,float);/*已知圆心、半径“画”圆 */
void arc(float,float,float,float,float);/*已知圆心、半径、起始角、终止角“画”圆弧 */
voidgend(void);/* 关闭这个 DXF 文件 */
FILE * fp;/*文件指针说明 */
/* 建立一个 DXF 文件，并且将实体段开头写在这个文件上 */
void start(void)
    {charfname[12];
    printf("输入文件名：");
    scanf("%s",fname);
    strcat(fname,".dfx");
    if((fp=fopen(fname,"w"))==NULL)
        {printf("\n不能打开这个文件.");
        return;
        }
    fprintf(fp," 0\nSECTION\n2\nENTITIES\n");
}
/*已知直线的起点(xs,ys)、终点(xe,ye)的坐标，将这段直线写在 DXF 文件上 */
void line(float xs,float ys,float xe,float ye)
{fprintf(fp," 0\nLINE\n8\nA\n");
    fprintf(fp,"10\n%f\n",xs);
    fprintf(fp,"20\n%f\n",ys);
    fprintf(fp,"11\n%f\n",xe);
    fprintf(fp,"21\n%f\n",ye);
}
/*已知圆心(xc,yc)的坐标和半径(r)的值，将这个圆写在 DXF 文件上 */
void circle(float xc,float yc,float R)
{fprintf(fp,"0\nCIRCLE\n8\nB\n");
```

```
  fprintf(fp,"10\n%f\n",xc);
  fprintf(fp,"20\n%f\n",yc);
  fprintf(fp,"40\n%f\n",R);
}
```

/* 已知圆弧的圆心(A_x,A_y)的坐标、半径(A_R)、起始角(A_s)和终止角(A_e)的值,将这个圆弧写在 DXF 文件上 */

```
void arc(float Ax,float Ay,float Ar,float As,float Ae)
{fprintf(fp,"0\nARC\n8\nC\n");
  fprintf(fp,"10\n%f\n",Ax);
  fprintf(fp,"20\n%f\n",ay);
  fprintf(fp,"40\n%f\n",Ar);
  fprintf(fp,"50\n%f\n",As);
  fprintf(fp,"51\n%f\n",Ae);
}
/* 将实体段结尾、文件结尾写在 DXF 文件上,并且随后关闭这个文件 */
voidgend(void)
{fprintf(fp," 0\nENDSEC\n0\nEOF\n");
  fclose(fp);
}
```

(3) 应用举例

假定应用程序已计算出图 8-6 所示图形的 d,b,t 及 x_0 和 y_0 的尺寸值,利用上述接口程序画出该图,操作步骤如下所述。

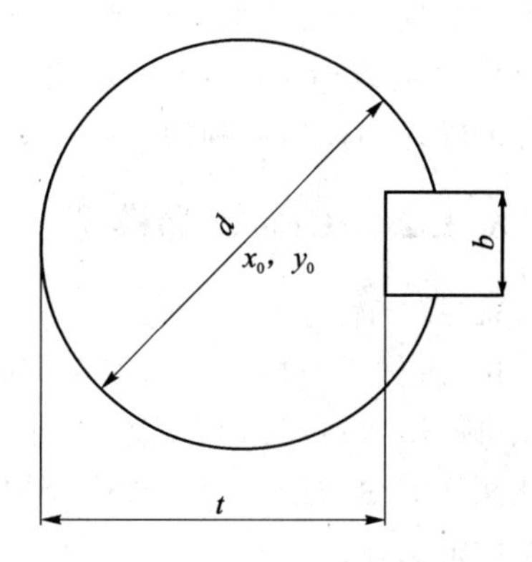

图 8-6　用 DXF 文件生成的图

1) 将调用的接口函数嵌入到应用程序内。例如:

```
...
r = 0.5 * d;
bl = 0.5 * b;
l = sqrt(r * r - bl * bl);
alf = 57.3 * atan(bl/l);
start();
line(x0 + 1,y0 - bl,x0 + t - r,y0 - bl);
line(x0 + t - r,y0 - bl,x0 + t - r,y0 + bl);
line(x0 + t - r,y0 + bl,x0 + 1,y0 + bl);
gend();
...
```

2) 将应用程序和接口程序编译、连接,得到一个执行文件。

3) 运行这个执行文件,当出现"输入 DXF 文件名:"的提示时,输入一个文件名,即可得到指定名字的 DXF 文件。

4) 在 AutoCAD 的"Command:"提示下,调用 DXFIN 命令,输入得到的 DXF 文件名,即可得到如图 8-6 所示的图形。

8.3 IGES文件的图形数据交换

8.3.1 IGES标准概述

IGES由美国国家标准化研究所(ANSI)公布为美国标准。我国的标准号为GB/T14213—1993。IGES各版本内容变化情况如表8-1所列。

表8-1 IGES版本的内容变化情况

版本号	年　份	主要内容	标准化状态
1.0	1979	基本版(几何,注释,结构三类实体)	ANSI Y14.26M
2.0	1982	—	未成ANSI标准
3.0	1986	增加几何、有限元、印刷线路板	ANSI Y14.26M 1987
4.0	1988	增加实体CSG表示、有限元、电子/电气、工程设计	ANSI Y14.26M 1989
5.3	1996	增加边界表示(B-rep)	未成ANSI标准

IGES的目标是要定义不同CAD系统间几个图形数据的交换格式。IGES重点支持下列模型的数据交换:二维线框模型、三维线框模型、三维表面模型、三维实体模型、技术图样模型。

1996年以后IGES版本不再发展,但现有大多数CAD商用软件仍支持IGES格式的图形文件的输入和输出。利用IGES文件,用户可从中提取所需数据进行用户应用程序的开发。

8.3.2 IGES产品模型

1. 实　体

IGES标准采用实体来定义产品模型。实体为基本的信息单位,可以是单个几何元素(如直线、圆等),也可为若干实体的集合(称为结构)。实体分为几何实体与非几何实体两大类。描述实体的通用格式为:(实体类型号,属性,格式号)。其中格式号用来进一步说明在该实体类型内的实体。

实体集合(即结构)可规定其相连性和特性,相连性定义实体间的联系;特性规定实体集的颜色、线宽等特征。

(1) 几何实体

几何实体用来定义与物体形状有关的信息,以IGES 4.0为例有以下几何实体。

1) 几何定义类实体:如点、直线、圆弧、各种曲线(二次曲线、参数样条、有理B样条、偏置曲线、组合曲线)、平面、直纹面、旋转面、曲面(参数样条、有理B样条等)等。

2) 有限元模型类实体:如结点、有限元、结点的平移和旋转、偏置曲面、结点结果、元素结果等。

3) CSG模型类实体:如矩形块、正棱锥台、圆柱、圆锥台、球、环、拉伸体、旋转体、椭圆、布尔树、实例引证、实体装配等。

4) B-rep模型类实体:如边界表示实体、平面、正圆柱面、正圆锥面、球面、环面等。

(2) 非几何实体

非几何实体提供将有关实体组合成平面视图的手段,并可使用注释和尺寸标注,非几何实

体可分为两大类。

1）注释类实体：如尺寸标注、注解、符号、剖面区和剖面线等。

2）结构类实体：例如图样、线型定义、宏定义、宏实例、特性、子图定义、视图、外部引用、关联引用、属性等。

2. IGES 的产品模型

IGES 所定义的产品模型包括以下内容。

1）几何实体。几何实体是 IGES 产品模型的主要部分，类型号为 100～199。

2）模型空间及变换矩阵。将局部坐标系下定义的几何实体，通过平移或旋转，表示在产品的全局坐标系中，类型号也在 100～199 中。

3）图纸元素（即注释）。由图纸元素构成技术图纸，图纸元素有尺寸标注、中心线、剖面区、剖面线等，类型号为 200～299。

4）结构实体。结构实体由若干单个实体组成，有相连实体、视图实体、图样实体、宏实体等，类型号为 300～499。

5）用户自定义实体。用户感兴趣的实体，但 IGES 中又没有，可用宏实体引例来实现，类型号在 5 001～9 999 之间。

8.3.3　IGES 文件的结构

IGES 可支持 3 种格式的文件，分别是 ASCII 码、压缩 ASCII 码和二进制格式。本节只介绍 ASCII 码格式。

IGES 文件由 5 段组成，依次为：开始段（start），用 S 标识；全局参数段（global），用 G 标识；目录条目段（directory entry），用 D 标识；参数数据段（parameter data），用 P 标识；结束段（terminate），用 T 标识。文件每行固定为 80 个字符，每段若干行。每行的第 73 列字符为所在段的标识。以下对每段内容进行说明。

1）开始段。提供文件可读序言，至少有一个记录，通常有若干记录（即若干行）。第 73 列有字母 S，第 74 至 80 列为序号。

2）全局参数段。描述 IGES 前置处理器与后置处理器的有关内容，用 24 个全局参数加以说明。例如参数分隔符、发送系统标识、IGES 文件名、系统版本、处理器版本、发送系统各种数据的表示方式、接受系统标识符、模型空间的比例因子、图形单位、线宽值、文件生成日期、姓名、单位等。第 73 列有字母 G，74～80 列为序号。

3）目录条目段。每个实体有一个目录条目，占两行，共 20 个域，每个域 8 个字符，反映实体的属性信息，起索引作用。表 8－2 说明了 20 个域的详细情况。第 73 列有字母 D，74～80 列为顺序号。

4）参数数据段。记录每个实体的参数和相关指针。参数的个数因实体类型而异，较多参数的实体占有较多的行数。例如直线占 1 行，圆和圆弧则占 2 行。第 73 列有字母 P，74～80 列为顺序号。第 66～72 列存放指针，为一整数，例如 45，则表示该实体其他信息的获取可通过指针指向目标条目段中第 45 行得到。

5）结束段。只有一行，每 8 个字符为一个域，前 4 个域依次记录了 S，G，D，P 这 4 个段的行数，第 73 列有字母 T，74～80 列为顺序号 1，其余域为空。

表 8-2　目录条目段的 20 个域

1~8	9~16	17~24	25~32	33~40	41~48	49~56	57~64	65~72	73~80
(1) 实体类型号 ＃	(2) 指向参数段的指针 →	(3) 指向结构的指针 ＃,→	(4) 线型定义 ＃,→	(5) 层参数 ＃,→	(6) 视图 0,→	(7) 变换矩阵 0,→	(8) 与标号显示有关的指针 0,→	(9) 状态号 ＃	(10) 顺序号 D＃
(11) 同域(1),即实体类型号 ＃	(12) 线宽 ＃	(13) 颜色号 ＃,→	(14) 参数行记数 ＃	(15) 对实体解释的标识号 ＃	(16) 保留	(17) 保留	(18) 实体标号 ＃	(19) 实体下标 ＃	(20) 顺序号 D＃ +1

注：＃——整型数；→——指针；＃,→——整型数或指针；0,→——零或指针

8.3.4　IGES应用中存在的问题

1. IGES兼容问题

不同CAD系统间采用IGES文件进行交换，图形发生失真现象，称为IGES兼容问题。其原因是：交换双方实体类型子集不同；实体子集虽同，但具体的实体定义或代码不同；交换双方硬件环境不同，出现不同圆整精度。

解决此类问题有两个办法。

1）加中间调整器。如图8-7所示，A系统经前处理器生成IGES文件，经中间调整器，产生调整后的IGES文件，再经B系统的后处理器，得到B系统上不失真的图形。反之亦然。

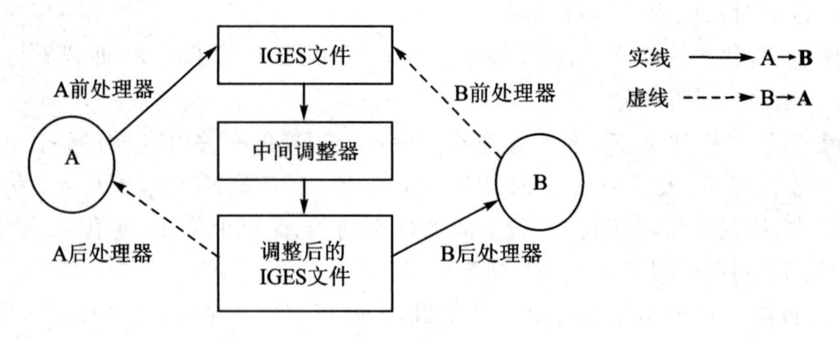

图 8-7　用中间调整器克服IGES兼容问题

2）建立用户协议。在用户组之间订立协议，统一实体子集及实体定义方式，杜绝发生失真的根源。

2. 不能定义产品的全部信息

此类问题导致不能构成完整的产品信息模型，只能描述产品的几何信息。因此，也只能进行几何数据交换，例如工程图的几何图形、尺寸标注、注释说明等。

3. IGES标准本身不够完善

存在格式过于复杂、定义不够严密、缺乏实现的指导性意见等。

8.4　STEP 标准

8.4.1　STEP 标准概述

STEP 由国际标准化组织(ISO)工业自动化系统技术委员会(TC184)第四分委员会(SC4)制定，并于 1988 年公布为 STEP 1.0，标准号为 ISO 10303。我国的标准号为 GT/T 16656。

制定 STEP 标准有两个目的：一是统一产品的数据表示，二是规范产品数据的交换。STEP 的产品数据表示是想建立一个包括产品整个生命周期的、完整的、语义一致的产品数据模型，以满足产品生命周期各阶段对产品信息的不同需求，以及保证对产品信息理解的一致性。STEP 的产品数据交换是想建立一种独立于任何 CAx 系统，具有多种形式的交换方法。

STEP 标准的意义远远超越了产品模型数据的交换，其目标是要统一产品数据的表达。它的精髓是要描述整个产品的信息，而不仅仅是描述其几何形状。因此，这种描述与表达能支持产品整个生命周期内各种活动对模型信息的需求，即从产品设计到产品消亡过程中所需的全部信息。STEP 所描述的模型被看作为在计算机中建立完整产品模型的一种推荐模型。STEP 是一个体系十分庞大的标准，迄今为止正式公布了 30 多种子标准。

表 8-3 指出了 STEP 与 IGES 的差异。

表 8-3　STEP 与 IGES 的差异

比较内容	IGES	STEP
标准级别	美国	国际
目　　标	重点为几何信息，面向工程图	产品整个信息，面向生命周期
支持类型	单一零件	零件、装配件
定义手段	文本文件，无正式定义的产品模型	EXPRESS，为机器所理解
存在形式	正文文件 无标准的二进制格式文件 无标准程序界面	正文文件 二进制文件 定义了标准程序界面
实　　施	不严格(指需求定义、测试)	严格(指需求定义，一致性测试方法与工具)

8.4.2　STEP 标准的基本内容

STEP 标准是由许多部分(称 Part)组成的。图 8-8 给出了 STEP 标准包含的 5 个方面的内容，即描述方法、集成信息资源、应用协议、一致性测试及实现方法。在后文中将对这 5 个方面的内容作简要的介绍。

8.4.3　描述方法

描述方法是 STEP 标准的基础和建立产品模型的工具。标准号位 1～19。例如：Part 1 概述与基本原理；Part 11 EXPRESS 语言参考手册。

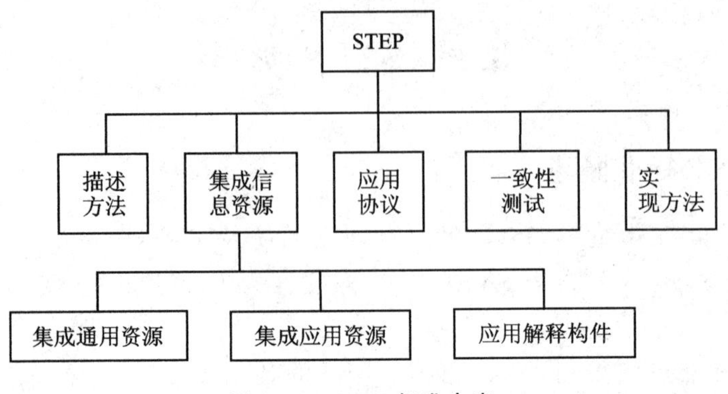

图 8-8 STEP 标准内容

1. 三层组织结构

STEP将产品信息的应用、表达(逻辑描述)、数据交换的实现区分开来,形成如图8-9所示的三层结构。

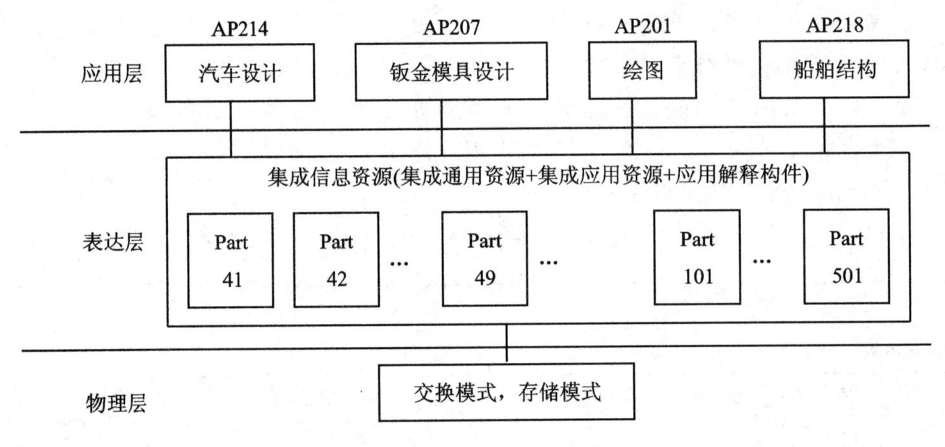

图 8-9 STEP 的三层组织

应用层由针对各种不同应用领域的应用协议及对应的抽象测试集组成。表达层根据各应用协议的需求模型,进行分析、归类,找出共同点,形成各种资源构件(即图8-9中的Part 41等),统称为集成信息资源,由集成通用资源、集成应用资源和应用解释构件三部分组成。物理层提出数据交换及数据存储的方式。

2. 参考模型

在应用层和表达层均有许多参考模型,以供建模时直接引用,给使用标准带来了方便。

3. 形式化定义语言 EXPRESS

EXPRESS是一种面向对象的非编程语言,用于信息建模,既能为人所理解,又能被计算机处理(通过EXPRESS编译程序)。

EXPRESS主要用来描述应用协议或集成资源中的产品数据,使描述规范化,它是STEP中数据模型的形式化描述工具。

EXPRESS语言采用模式(scheme)作为描述数据模型的基础。标准中每个应用协议,每种资源构件都由若干个模式组成。每个模式内包含类型(type)说明、实体(entity)定义、规则(rule)、函数(function)和过程(procedure)。实体是重点,实体由数据(data)和行为(behav-

ior）定义，数据说明实体的性质，行为表示约束与操作。

8.4.4　集成信息资源

集成信息资源由许多论题模型（topic model）组成。论题模型用于描述特定论题的数据，每个论题均为多个应用领域的共同论题。集成信息资源分成 3 个部分：集成通用资源、集成应用资源和应用解释构件。第一部分在应用上有通用性；后两部分则描述某一应用领域的数据，它们依赖于集成通用资源的支持。以下对每一部分作简要说明，由于每个子标准都有很详细的文本，在此不再细述。

1. 集成通用资源（integrated generic resources）

Part 41：产品描述与支持的基本原理（fundamentals of product description & support）。包含通用产品描述资源、通用管理资源和支持资源，属集成资源中高层次结构，有以下模式：

1）产品定义文本模式，说明产品与产品定义是根据哪些解释模型进行的；

2）产品定义模型，规定产品类型、型号、产品的替代等实体；

3）产品特性定义模式，规定形状外观等实体；

4）产品特征表示模式，规定如何表示形状等实体；

5）通用管理与支持资源模式，规定修改、审批、合同安全、人员组织、各种量纲（长度、质量、电流……）等。

Part 42：几何与拓扑表达（geometric and topological representation）。包括两个大的模式，即几何模式和拓扑模式。每个大模式中又包含许多小模式，其覆盖面大致如图 8－10 所示。

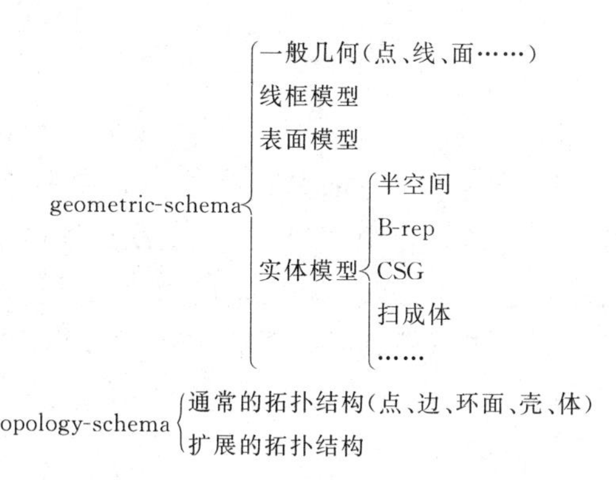

图 8－10　几何模式和拓扑模式的覆盖面

Part 43：表达结构（representation structures）。有几何表达模式与扫描区域实体表达模式，包括它们的概念、类型、函数、规则与实体的定义以及分类结构等。

Part 44：产品结构配置（product structure configuration）。有产品结构模式、产品模型模式和配置管理模式。

Part 45：材料（materials）。

Part 46：可视表示（visual presentation）。

Part 47：形状公差（shape tolerances）。

Part 48：形状特征（form features），已撤销。

Part 49:工艺结构与特性(process structure and properties)。

2. 集成应用资源(integrated application resources)

Part 101:绘图(draughting)。规定了图样定义模式(定义图样、图纸等);制图元素模式(定义尺寸线、界线、引线等);尺寸图模式(定义角度、直径等尺寸)和授权模式。

Part 102:船舶结构(ship structure)。

Part 103:电工电子连接(E/E connectivity),已撤销。

Part 104:有限元分析(finite element analysis)。

Part 105: 运动分析(kinematics)。

Part 106:建筑核心模型(building core model)。

3. 应用解释资源(application - interpreted constructs)

Part 501:基于边的线框(edge - based wireframe)。

Part 502:基于壳的线框(shell - based wireframe)。

Part 503:几何边界二维线框(geometry bounded 2D wireframe)。

Part 504:绘图标注(draughting annotation)。

Part 505:绘图结构和管理(drawing structure and administration)。

Part 506:绘图元素(draughting elements)。

Part 507:几何边界曲面(geometry bounded surface)。

Part 513:基于边界表达(elementary B - Rep)。

Part 514:高级边界表达(advanced B - Rep)。

Part 515:构造实体几何(constructive - solid geometry)。

8.4.5 应用协议

1. 制定应用协议的目的

为避免IGES的兼容问题,确定STEP标准的一个逻辑子集,加上必须补充的信息,作为标准在行业应用中强制执行。即该行业中所使用的CAD系统或别的应用系统在交换、传输与存储产品数据时应符合本行业应用协议的规定。应用协议是一份文件,用来说明如何用标准的集成资源来解释产品数据文本以满足工业需求,采用EXPRESS语言进行描述。

2. 应用协议标准举例目的

AP201:显示绘图(explicit draughting)。

AP202:相关绘图(associative draughting)。

AP203:配置控制设计(configuration - controlled design)。

AP204:边界表示的机械设计(mechanical design using boundary rep.)。

AP205:面表示的机械设计(mechanical design using surface rep.)。

AP206:线框表示的机械设计(撤销)(mechanical design using wireframe)。

AP207:钣金模具规划和设计(sheet metal die planning and design)。

AP208:生命周期产品变更过程管理(life cycle product change process)。

AP213:数控加工零件工艺规划(numerical control process plans for machined parts)。

AP214:汽车设计核心数据(core data for automotive mechanical design processes)。

应用协议的制定不是一次到位的,成熟一个公布一个,将来将会有更多的应用协议。

8.4.6　实现方法

STEP 标准按实现产品数据交换的完善程度,依次规定了文件、工作格式、数据库及知识库四级交换实现方式。

1. 文件交换

文件交换属最低一级,即采用通常所说的中性文件交换,是目前最成熟的交换方式。

STEP 文件的格式在 Part 21"交换文件结构的纯正文编码"中有专门的规定,它是 ASCⅡ码顺序文件,采用沃思语法表示法(WSN),是一种无二义、上下文无关的语法表示,易于计算机处理。STEP 文件包含:① 文件头段(header section),记录文件名、日期、作者、单位、文件描述等;② 数据段(data section),记录实体实例及其属性值。以下为一个零件的 STEP 文件的例子。

```
HEADER;                                                   //头段开始
FILE_DESCRIPTION (('Y0103',                               //零件名:Y0103
    'PMSS', 'TSINGHHUA UNIVERSITY'),                      //设计者
    '1');                                                 //支持级别:1
FILE_NAME('Y0103.stp', 'Aug - 1996');                     //文件名,时间
FILE_SCHEMA(('JW - AP'));                                 //模式说明
ENDSEC;                                                   //头段结束
DATA;                                                     //数据段开始
#1     = DIMENSIONAL_EXPONENTS(1.00e + 00,0.00e + 00,0.00e + 00,0.00e + 00,0.00e + 00,0.00e +
00,0.00e + 00);
#2     = (NAMED_UNIT(#1)LENGTH_UNIT()SI_UNIT(.MILL.,.METRE.));
#3     = (NAMED_UNIT(#1)PLANE_ANGLE_UNIT()SI_UNIT($,.DEGREE.));
#4     = (NAMED_UNIT(#1)SOLID_ANGLE_UNIT()SI_UNIT($,.STERADIAN.));
                                                          //#1～#4:采用的单位
#5     = CARTESIAN_POINT('',(2.632500e + 02,3.475000e + 02,1.500000e + 01));
#6     = VERTEX_ POINT ('',#5);
#8167  = ORIENTED_FACE('5095 - $ -',(#8161),#8166,.T.);
#8168  = CLOSED_SHELL('',(#4897,…,#7887,#7913,#7931,…,#8167));
#8169  = SHELL_BASED_SURFACE_MODEL('',(#8618));
                                                          //#5～#8169:几何/拓扑信息描述
#8183 = ROUGHNESS(1.25e + 01 , 1.25e + 01,  $ , $ , $ , $ );
#8184  = DETAILED_DESCRIPTION_ELEMENT( $ ,#5191);
#8185 = SHAPE_ELEMENT((#8184 ), $ ,#8169);
#8186  = SURFACE_CONDITION((#8183),(#8185));
                                                          //#8183～#8169:表面粗糙度描述
#8231  =
&SCOPE
#8232  = CARTESIAN_POINT('',( - 2.100000e + 02,4.550000e + .2,0.00000e + 00));
#8233  = DIRECTION('',(0.000000e + 00, - 1.000000e + 00,0.000000e + 00));
ENDSCOPE

AXIS1_PLACEMENT('A_1',#8232,#8233);
```

```
                                              //#8231:孔的轴线定位点;#8233:方向
#8234   = LENGTH_MEASURE_WITH_UINT(3.000000e+01,#2);
#8235   = DIAMETER_TAPER(#8234);
#8236   = HOLE_BOTTOM_CONDITION(.THROUGH_BOTTOM.,$ , $ , $ );
#8237   = DETAILED_DESCRIPTION_ELEMENT( $ ,#7913);
#8238   = DETAILED_DESCRIPTION_ELEMENT( $ ,#7931);
#8239   = SHAPE_ELEMENT((#8237,#8238), $ ,#8169);          //组成孔的几何元素
#8240   = (FROM_FEATURE('','4507-THROUGH_ROUND_HOLE_0')        //特征名
            PROCESS_FEATURE_IN_SOLID(#8231)
            ROUND_HOLE(8.00e+01,#8234,#8235,#8236)           //孔深
            FORM_FEATURE_WITH_REPRESENTATION(#8239,#8169));  //几何/拓扑
#8241   = ! CUNIN_SURFACE_NAME('CAM_SURFACE_3');               //切入面
#8242   = TOLERANCE_RANGE(5.200000e-02,0.000000e+00);          //公差
#8243   = COORDINATE_TOLERANCE(#8242);
#8244   = LENGHT_MEASURE_WITH_UINT(3.000000e+01,#2);          //孔径值
#8245   = SIZE_PARAMETER_DIMENSION(#8243,#8244);               //孔径名
#8246   = ! FF_PARAMETER('DIAMETER',#8245,#8240);
ENDSEC;                                                         //数据段结束
END-ISO-10303-21;                                               //STEP结束
```

为了生成STEP文件,与生成IGES文件一样,每个CAD系统必须配备STEP文件的前、后处理器。现在许多CAD系统已有STEP文件的前、后处理器,能够生成STEP文件。但是这些CAD系统内部大都没有采用STEP标准所描述的产品模型,也没有明确地规定按照何种应用协议生成STEP文件,所以这都是临时为适应STEP文件交换方式的应对措施,实际上由于内部没有采用统一的STEP产品模型,也没遵照某种应用协议,数据交换的有效性必然产生问题,显然这不是实施STEP标准的初衷,所以要进行不同CAD系统间以及不同应用系统间真正有效的STEP文件交换仍需要作极大的努力。

2. 工作格式交换

工作格式(working form)是指产品数据在内存的表现格式,因此工作格式的交换本质上就是对内存的数据管理。为什么要提出实现工作格式的交换呢?

由于CAD系统对数据操作频繁,并追求一种近似于"实时"的处理速度,一般的常驻外存的数据库系统很难满足这一要求,除非直接处理内存数据,由此需要一套内存数据管理系统。

目前大多数CAD系统的开发者既要设计数据结构,又要花很多精力实现数据管理的功能,如数据的存储、指针、链表的维护等。由于STEP标准已规定了统一的产品数据模型,因此设想,假如有一套标准的内存数据管理系统,则可大大减轻开发人员繁重的劳动。

这套内存数据管理系统的实现将提供一种标准的数据存取界面,因此也有人将工作格式交换称为应用程序界面,即指应用程序使用一种标准的数据存取界面对数据进行操作,这就与具体的数据存取系统无关,即使更换一个数据存取系统,只要有同样的标准存取界面,应用程序也不需要作任何修改。

STEP标准中Part 22"标准数据访问接口"就是为实现上述需求而制定的标准,规定了标准的数据存取接口SDAI。

Part 22的主要内容有:基于EXPRESS表示的SDAI环境;SDAI操作的定义;一致性测

试;SDAI 操作的实现——语言联编等部分。

SDAI 相当于一个函数库或子程序库,可以在用 C 语言等编制的应用程序中调用,称为 SDAI 的语言联编。通过有关函数或子程序,可以实现对内存的数据管理,其中有关 SDAI 的操作包括:打开与关闭任务,打开存储区,生成模型,提取实体定义,生成、复制与删除实体实例,存取属性等。

SDAI 的实现技术比较复杂,关键是要实现 SDAI 中定义的函数功能与现有 CAD 系统的接通。

3. 数据库交换

数据库交换能适应数据共享的要求。在 CIMS 或并行工程环境下,CAD、CAPP、CAM、CAE 等系统间需要传递信息,由于所传递的信息量大,数据复杂,采用文件交换方式很难满足要求。

采用数据库交换就存在着怎样选用或开发一个数据库和数据库管理系统的问题,图 8-11 所示是实现 STEP 标准采用数据库交换的一个应用的例子。

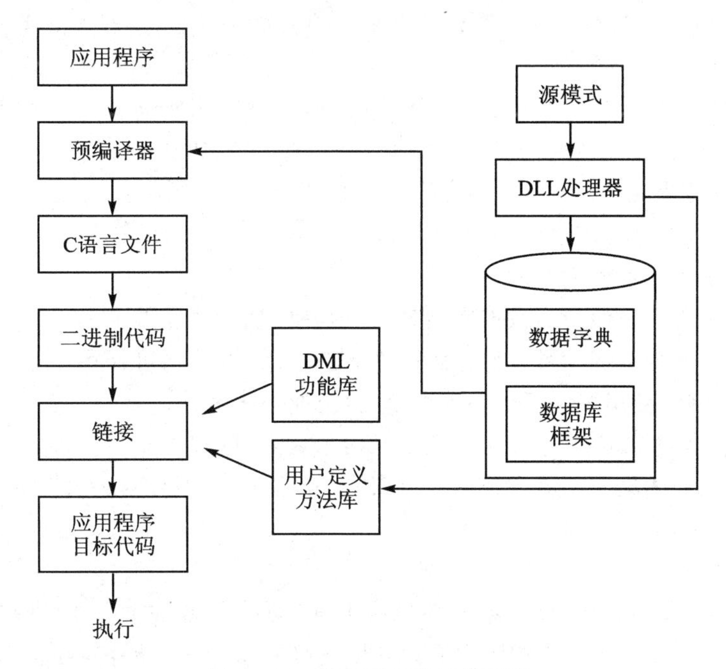

图 8-11　数据库交换系统结构

在图 8-11 中,用户描述的源模式经过数据库数据描述语言(DDL)处理器,产生相应的数据字典与数据库框架(实体表、聚合类属性表和聚合定义类型表)。如源模式中有方法描述,经 DDL 处理器还要生成用户定义方法库。数据操作语言(DML)功能库还应提供一系列操作函数,如查询、修改、插入等,还有约束检查、用户定义方法的执行等。图中左边的应用程序经预编译、C 编译及链接等环节,生成应用程序的目标代码,执行此代码就可实现程序中所要求的通过数据库的数据交换。

4. 知识库交换

知识库交换与数据库交换内容基本相同,仅要求对数据库进行约束检查。这种交换是考虑到发展的需要而设立的。

8.4.7 STEP应用

STEP不仅是一项国际标准,而且还是一种思想、一门技术、一种方法学。它的出现对产品信息建模、信息集成与交换带来了深远的影响。本节从应用的角度,阐述STEP给应用带来的积极作用,同时指出目前面临的困难。

1. STEP应用的需求

(1) 产品开发部门的需求

在实施协同设计、并行设计、虚拟产品集成开发等环境下,STEP能提供数据共享的机制,即建立统一的产品信息模型并进行数据交换。

(2) CAx和DBMS软件厂商的需求

STEP能支持接口标准化和概念模型标准化的要求,这就使他们的精力不再浪费在这些问题上。

2. STEP应用举例

STEP应用领域极广,从单项任务到整个企业的信息化,应用举例如下所述。

(1) 数据交换

在应用系统间进行数据交换是STEP的主要用途之一,例如以下一些应用情况:各种基于STEP的CAD/CAPP集成系统;各种基于STEP的集成框架或集成平台;将IGES、DXF和ACIS格式的数据转换为可在C++环境下访问的STEP模型数据。为此要编写STEP的前、后处理器或用C++语言调用的应用程序接口。

(2) 建立STEP产品数据库

利用STEP定义统一的产品数据库,将企业内各应用程序集成到这个公共数据库上。当企业的CAD系统、其他应用软件、硬件发生了改变,该数据库仍可保留下来而不需要重新定义,这就使企业能继续使用多年经营的数据库,给企业带来好处。

(3) 营造并行工程、CIMS等大型复杂系统的集成环境

利用STEP在上述集成环境中使数据在数据库、文件库和CAD系统间通过公用的EXPRESS模型进行交换。

(4) 产品数据的长期存档

产品数据在生产结束后通常还要保留15年以上,以满足备件生产和对用户产品维护的承诺,这个时间一般大于CAx系统的服役期。利用STEP将产品数据转换成独立于应用系统的中性格式文件,长期存档,保证了产品数据的可用性。

3. STEP面临的困难

(1) 体系结构问题

不同应用领域不断有新的问题需要解决,因此,在引入应用协议后,随着应用和研究的深入,现在正在考虑引入核心模式和本位模式等。看来体系结构的演变是不可避免的。但其后果是今天的"基于STEP的应用"到了明天也许将难于与其他STEP的应用集成。

(2) 应用协议问题

应用协议是针对应用领域的,但是,应用领域的划分却没用统一的标准。这就使某些应用协议的数据模型产生重叠,使得有关产品在重叠区域的数据模型一致性得不到保证。此外,应用协议内容的粒度差别太大,如AP201只描述了二维图形的信息,而AP214则涉及汽车设计

的形状、产品配置、工艺规划、绘图、材料等信息。以上问题给应用协议的实现带来不便。

(3) 应用协议实现的代价问题

应用协议实现代价高的原因是:实现本身十分复杂,此外,还缺乏具备 STEP 知识的人员。由此造成目前大多数应用协议并未严格按照标准来开发,或者是自定义,或者仅仅实现了应用协议的一个子集,这就使不同 CAD 系统间无法实现真正的数据交换与共享,使数据交换与共享问题没有得到很好解决。

STEP 标准还在继续研究与发展,相信随着时间的推移,以上问题会逐步得到解决,STEP 标准的实用性将会增强。

8.5 其他格式的数据交换

1. 其他三维模型数据的交换

随着 ACIS 图形核心技术被越来越多的 CAD 系统所采用,扩展名为 SAT 的 ACIS 中性文件格式已在许多 CAD 系统中实现,并有可能成为一种事实上的标准。

VRML 语言是一种虚拟现实建模语言,用来描述三维对象并把他们组合到虚拟场景中,可用来建立仿真系统。所建模型和场景易于在因特网上传输与交换,现在不少 CAD 系统具有三维模型的 VRML 格式的输入与输出功能。

STL 格式文件是一种将实体表面三角化进行数据交换的方法,起初用在 CAD 系统和快速原型制造系统间传递几何数据,由于其格式简单,逐渐成为一种 CAD 系统交换数据的流行格式,在许多三维 CAD 系统上均可输出和输入这种格式的文件。可以利用 STL 格式文件开发用户的基于实体的应用系统,例如从 STL 文件生成数控加工代码、生成有限元网格、进行图形仿真等。

此外,还有支持法国标准 SET 的 SET 格式的中性文件数据交换等。

2. 其他二维矢量图形的交换

1) DWF 文件。这是一种由 Autodesk 公司采用的高度压缩的二维矢量图形文件格式,能在 Web 服务器上发布。用户通过 IE 浏览器可在因特网上传看 DWF 格式的图形。

2) Windows 的图形文件。Windows 的图元文件(metafile)是一个矢量图形,当输入到 Windows 应用程序中时,可被缩放和打印输出,起扩展名为 WMF。

3. 图形格式的交换

现在许多 CAD 系统可以输出和接收 BMP 格式的图像文件,但此格式的文件量比较大,因此,JPEG、TIFF 等压缩文件格式也常见于 CAD 系统的数据交换中,但有一定的图像失真。

思考题

8-1 产品数据交换的方式有哪几种?各自的优缺点是什么?

8-2 设计一个简单的二维图形,在 AutoCAD 中画出,调用 DXFOUT 命令,得到 DXF 文件,仔细观察文件的结构和内容。

8-3 用 C 或其他语言编写从 DXF 文件的实体段中提取圆的圆心和半径,统计圆的数量,并将提取结果写入另一个文件的程序。

8-4 用C语言编写程序，调用8.2.4节中的接口程序，生成图8-6所示图形的DXF文件，并将此文件输入AutoCAD。

8-5 设计一个简单的二维图形，选择一个能生成IGES文件的图形系统（例如Pro/E、UG等），将此图画出，输出得到IGES文件，仔细观察文件的结构和内容。

8-6 制定STEP标准的目的是什么？说明标准的基本内容和STEP的三层组织结构。

8-7 说明STEP标准的实现方法。

8-8 设计一个简单的二维图形，选择一个能生成STEP文件的图形系统（例如Pro/E、SolidWorks等），将此图画出，输出得到STEP文件，仔细观察文件的结构和内容。

第9章 计算机辅助生产管理与控制

9.1 概 述

9.1.1 生产管理的概念

按工业企业组织机构和职能的不同，一般将工业企业的管理分为生产管理和经营管理两大部分。生产管理是对企业内部生产过程的管理，是为保证企业的产品设计、制造、试验等活动的顺利进行而对生产过程进行组织、计划、协调与控制等一系列管理活动的总称。经营管理是对企业涉及外部环境活动的管理，是关于市场预测、投资规划、物资供应、产品销售、售后服务等一系列活动的管理。可以说，经营管理为企业确定战略目标、产品种类、销售市场等活动，而生产管理是为了如何以最短时间、最低的成本、最好的质量生产出经营管理确定的产品。随着我国市场经济的发展，经营活动在整个企业中的作用越来越大。但为保证企业实现快速反应，适应多变的市场需要，为消费者提供满意的产品，生产管理的重要性不应有丝毫的忽视。

生产管理的内容和方法也在随着时代的发展而发展。一方面，随着社会的发展，生活水平的提高，人们对产品质量的可靠性、功能和品种的多样性、更新换代的快速性提出了更高的要求。特别是现代市场竞争的加剧，市场需求的多变，使传统企业那种较单一、僵硬的管理模式越来越不适应现代市场的需要，因此高效、柔性的现代企业管理模式是时代发展的客观要求。另一方面，20世纪50年代以来，控制论、信息论、系统论等新理论得到了确立、发展和应用，应用数学如运筹学、统计学等在管理中得到成功的应用，特别是数据库技术、计算机技术、网络技术的飞速发展，为现代企业管理提供了必要的手段。这样，在社会需求的拉动下，在现代科学技术发展的推动下，人们用系统的观点、数学的方法，借助于计算机技术，建立了高效、柔性、快速反应的现代生产管理模式和方法。现代生产管理的特点如下。

1. 强调系统性

传统的分析问题的方法，往往把事情分成独立的几个部分，然后对各部分分别进行研究，用独立静止的观点看待问题，这样得出的结论往往具有局部性，缺乏全局性和系统性。如计划制定、质量检验、物料供应、资源配置等问题，若不是整体考虑而是独立地、分别地考虑，则不能提高整体效率。同时传统上生产管理只强调生产系统内部，不太考虑外部市场、供销、资金、服务等问题，独立地研究生产内部问题，也不能很好地提高企业的竞争力。系统的观点是运用系统论的方法，不仅考虑生产管理内部各环节之间，也要考虑生产管理与经营、市场等外部环境的关系，使整个系统达到最优化，提高企业整体的竞争能力。

2. 用数学的方法

生产管理的特点是实验性差。在许多自然科学领域，常常用试验的方法进行科学研究。而生产管理用试验的方法有一定的难度。如库存量多大时既能保证生产需要又能使库存费用、订货费用等管理费用最低；生产计划如何制定才能使生产时间最短又能使物料供应及时到位。这些问题用试验的方法,容易打乱生产秩序,影响正常的生产。同时传统上用文字、条例等描述问题的方法,难以更好地体现各项问题之间的联系,更不能进行系统优化。而运用数学的方法,通过建立生产管理的数学模型,能使决策者在不打搅正常生产经营秩序的情况下,找到可行的管理方案,并可适当地进行优化,进行定量分析。运筹学、统计学的创立和发展为建立生产管理的数学模型提供了数学基础。

3. 强调生产的柔性

20世纪初,以福特公司的制度为代表的大量生产方式揭开了现代化、社会化大生产的序幕。该生产方式所创立的生产标准化管理、作业单纯化原理,以及移动装配法原理等奠定了现代化、社会化大生产的基础。但在市场需求多样化面前,这种生产方式逐渐显露出缺乏柔性和灵活性的缺点,不能很好地适应多变的市场需要。因此,大批量生产方式逐渐被多品种、小批量的生产方式所取代,与此同时也就对传统的生产管理方式提出了挑战,需要生产管理随产品种类、批量的变化速度做出反应,表现出较强的柔性。电子技术、自动化技术、计算机技术等现代技术为生产管理的柔性提供了技术支撑。

4. 计算机技术在生产中的广泛应用

计算机具有强大的计算能力和推理能力,综合数学方法、控制论、信息论、系统论,使计算机在产品设计、制造及生产管理等领域得到广泛的应用。特别是近年来,计算机的应用取得了巨大的成就。CAD、CAE、CAPP、CAM、OA、MIS、MRP、FMS、CIMS等技术的应用和发展,极大地提高了企业的设计、制造和管理能力,提高了企业的竞争力和适应市场的能力。可以说,计算机为现代企业的设计、生产管理提供了物质基础。

9.1.2 工业企业的生产类型及特点

由于工业企业的产品性质不同,以及结构复杂程度和产量大小的不同,生产过程的组织形式及特点也会有较大的差别,生产过程的管理模式及方法也就不同。根据工业企业的不同生产特点,工业企业生产类型分类如图9-1所示。

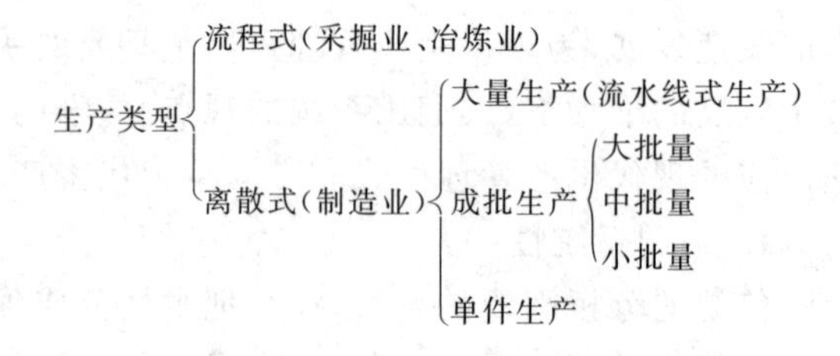

图9-1 工业企业的生产类型

从供求联系和劳动对象的性质上看,工业企业有采掘业和加工业之分。前者的劳动对象是自然资源,后者则是对原料进行加工。其中后者又可分为直接加工的冶炼业和间接加工的制造业。为此,将工业企业分为如下三类:

1)采掘业。采掘业是指从自然资源得到物料进行生产加工的过程,如采矿、采油等。这类生产一般投资较大,对物料的储运与管理非常重要。

2)冶炼业。冶炼业是直接对采掘工业的产品进行加工,它是改变物料的物理化学特性的一种生产过程。这类生产过程多半是流程式的,或大批量的生产,设备专用性强,生产的灵活性、变动性较小。

3)制造业。制造业是对经过加工的采掘工业产品进行加工,这种加工通常是改变物料的物理形式。典型的制造是指机械零件的加工或装配。

根据工业企业的类型及生产方式的特点,可将工业企业的生产方式归结为流程式生产和

离散式生产：

1）流程式生产。流程式生产是指利用一条不间断的、固定的工艺路线为单一产品的大批量生产提供制造环境。

2）离散式生产。离散式生产中，要求各基本作业之间没有相当的储存，使每项作业可以相互独立地进行，以便易于安排进度和充分利用人力与设备。制造业的生产过程就属于离散式生产，也常称为车间作业或生产，其生产过程是将原材料加工成零件，由零件组装成部件，最终总装成为产品。

对于机械制造业来说，产品形式多样，品种繁多，产量大小不同，所以机械制造业中，各企业的生产过程都有各自的特点。根据生产活动的重复性程度，即生产工作地的专业化程度，将生产类型分为大量生产、成批生产和单件生产三种类型：

1）大量生产。工作地产品稳定，品种少，而且生产量大，每个工作固定地完成一道工序或少数几道工序，工作专业化程度高。一般采用专用设备或工装，并配有专门操作该设备的技术工人。大量生产一般组织成流水线生产，即生产过程的各道工序都按照一定的路线和速度，从一个工作地到另一个工作地，形成流动的组织形式，如汽车、电视机等大规模生产线。

2）成批生产。成批生产的产品相对稳定，品种稍多，产量也较大。成批生产又分为大批生产、中批生产和小批生产。

3）单件生产。单件生产的产品品种多，产量小，经常单件或几件。品种变换频繁，不重复生产或偶尔重复生产。生产工序不定，生产的不确定因素多，一般使用通用性设备，要求工人操作水平高。

不同的生产类型，工作专业化程度不同，对企业管理工作、生产过程的组织工作、生产活动的技术经济效果都有不同的影响。一般来说，在大量大批生产的条件下，工作专业化程度高，产品品种少，生产比较稳定，因而在计划管理上可以做出较细、较准确的安排；在劳动组织上可以细致地进行分工，实行专业化；在生产组织上便于采用流水线式生产。而单件小批量生产，生产的专业化程度低，工艺变化大，参考经验少，不可预测问题多，在生产管理上不易做出较细、较准确的安排，因此，在生产过程中，动态调整、调度频繁，对计算机管理提出了更高的要求。

9.1.3　计算机辅助生产管理(CAPM)

计算机在企业生产中的应用，取得了传统生产方法无法想象的成就，极大地提高了企业生产的柔性和应变能力。自 20 世纪 50 年代末和 60 年代初，工业界开始将计算机应用于生产计划的编制以来，随着计算机及相关技术的发展，随着生产管理的任务日趋困难和艰巨，人们开始认识到，为了有效地组织生产流动，除了强调计算机辅助设计和制造之外，还要十分重视计算机辅助生产管理，即 CAPM(Computer Aided Production Management)。

工业企业的生产管理有广义和狭义两种解释。狭义的生产管理仅指生产作业部分的管理工作，如生产作业计划、生产能力平衡、生产调度等工作，它所涉及的信息范围是狭义的生产信息系统；广义的生产管理是指从原材料、设备、人力、动力输入，经过设计、制造、检验、人事、销售、会计等转换至产品出厂的全面生产管理，它所涉及的信息范围是广义的生产信息系统。这种全面的生产管理是对与企业和产品制造密切相关的各项活动的管理，这些活动包括企业主要产品生产的技术准备、制造、检验以及为保证正常生产所必需的各项辅助活动和生产服务，如图9-2所示。

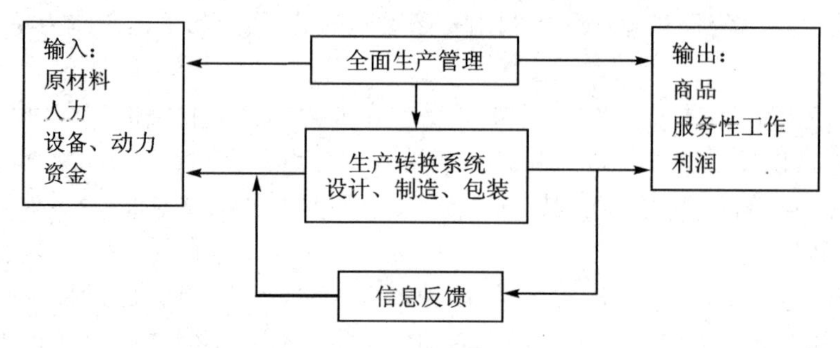

图9-2 全面生产管理

工业企业的经营目标是通过生产管理来实现的,因此工业生产是工业企业的基本活动。全面生产管理是工业企业管理的核心部分,它是一个投入—产出系统。生产要素为生产投入物,而产品为生产产出物。投入与产出间的比例即为生产率。高效而低成本生产产品是生产管理的目的。

生产管理的任务是根据企业的长期目标和综合计划、各职能部门计划,以及生产能力和经营预测,建立必要、合适的与生产和管理有关的组织体系,进行生产作业程序、在制品流转、生产过程跟踪和调度的生产控制,进行保证产品质量的质量控制,对料、工、费的成本进行核算和控制,以及原材料、半成品和成品合理储备的存储控制,做好企业的生产技术活动同企业的外部动态平衡工作,处理好生产管理与外部环境之间的矛盾,以便使生产管理系统能恰当地适应环境。这是通过建立生产目标和对资金、设备、原材料、人员等资源进行有效的管理来实现的。在这个动态平衡的前提下,作业生产管理主要解决企业的生产技术活动同企业内部的人力、物资、资金等资源的动态平衡问题。作业生产管理是通过生产计划、生产进度计划、生产过程计划、生产实施和生产控制来实现的,目的是满足社会多变的需求和提高企业生产的经济效益。

全面生产和管理的具体内容包括:企业生产过程的组织和劳动组织;生产计划和生产作业计划的编制和执行;新产品开发的生产技术准备工作的组织;质量管理、设备管理和物资供应管理。因此,在这种生产管理中的信息流不仅涉及生产信息子系统,还涉及管理信息系统中若干个子系统,如销售、物质供应、劳资、质量、会计、统计和设备等。所以,它是广义的生产信息系统。

9.1.4 制造业的生产流程

制造业为了要达到具有好的产品、高的质量、准确的数量、精确的成本、准确的时间以及合适的客户等目标,将客户、销售、设计、计划、制造、供应和质量各因素糅合在一起,组成了制造业的物流和信息流,如图9-3所示。

在整个制造过程中,客户通过销售和市场部门向制造企业提交订单,然后企业开始产品设计,并制定产品生产计划和材料计划。供应部门提供材料之后开始产品制造,同时开展全面质量管理活动,以保证产品质量。制造的产品完工后,经入库和运输后才到客户手中。以上各环节都是围绕着产品的生产管理而展开的,因此,制造业的生产管理就是对生产活动进行的组织管理。

为了使生产能力、生产批量、库存储备、生产进度和生产控制五个方面密切配合,工作进度

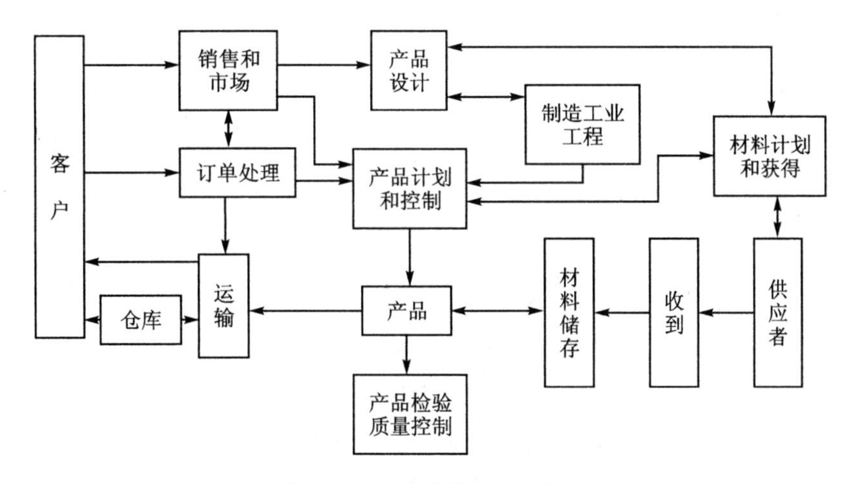

图 9-3　制造业的生产流程图

均匀，负荷充分，并且能按质、按量、按品种、按时地完成生产任务，生产管理必须实行高度计划化，以便保证正常的物料供应和生产协作，做好生产任务与生产能力的平衡，包括各车间之间任务的平衡，生产主要产品机器间的平衡，主要设备能力与辅助设备能力间的平衡，任务与物料供应间的平衡，并要防止由于不平衡而造成的产量减少、质量下降、设备利用不合理、人力使用不均匀。对于不同的生产类型，能力平衡工作的难度也有所不同。根据批量的不同，体现出下列特征。

1）对于大批量重复生产，由于品种单一，产量大，要根据实际情况均匀地确定年、季、月的平均产量，进行产、供、销的平衡。对于大量生产来说，一般不考虑品种变化，而只核算月和日的投产量和出产数。这些工作可以利用计算机来完成。

2）对于批量生产，由于品种有变化，产量也有多少，因此既要安排产量计划，又要安排品种变化计划，并根据产品稳定性、新老产品、精密与一般产品进行搭配生产。因此，计划具有一定的柔性。产品生产在各车间之间的联系表现在数量和品种上，既要规定车间生产产品品种、投产量和出产量，又要规定车间各产品投入期，所以制定这种分配计划方案是比较复杂而繁重的工作，如果借助计算机来进行计划分配工作，则是比较有利的。

3）对于单件生产，由于品种多而杂、产量少，需要根据不同用户的要求和订货合同的交货期来安排产品的生产计划，因此它的计划柔性较大，计划和预测是混合的。必须加强订货管理，合理地搭配交货，编制短期的产品生产计划，妥善处理任务，确定车间投产期和出产期，注意做好在制品的管理。单件生产计划的安排工作则更为复杂、困难。因此，借助计算机来完成生产计划的编制和多方案的优选决策是很必要的。

在大批量重复生产、批量生产和单件生产三种类型中，随着市场需求的多样化，单件生产将占 75％左右。在这种情况下，随着生产批量的减少、品种的增多，计划的安排越来越困难，设备调整的次数越来越多；原材料及在制品的库存数量增多；流动资金的占用较多；生产周期较长。因此制造工业的柔性功能必须增强，应能自动地以随机顺序和变化的加工节拍生产加工一族零部件，即以零部件来组织生产。在三种生产类型中，单件生产的柔性要求最高，成批生产的柔性要求次之，而大量生产的柔性要求最低，如图 9-4 所示。

总之，当前的制造业就是处于柔性制造的时代，根据制造业的这一特色，需要寻求一种较

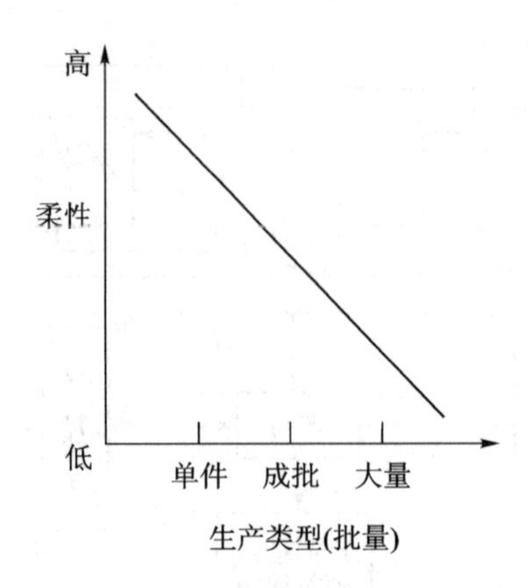

图 9-4　生产的柔性和生产类型之间的关系

优的生产管理方法，这就促使了计算机辅助生产管理系统和MRP系统(制造资源计划)的产生。

9.2　制造计划管理

制造计划是任何一个制造企业运营管理中不可缺少的功能和环节，计划制定的科学与否直接关系到生产系统运行的好坏。

制造计划又称生产计划，是为制造企业、制造车间或制造单元等制造活动的执行机构制定在未来的一段时间(称为"计划期")内所应完成的任务和达到的目标。制造计划的制订是一个复杂的系统工程，需要借鉴和利用先进的管理理念、数学运筹与规划方法以及计算机技术，在制造企业现有的生产能力约束下，合理地安排人力、设备、物资和资金等各种企业资源，以指导生产系统按照经营目标的要求有效地运行，最终按时、保质、保量地完成生产任务，制造出优质的产品。

随着数字化技术的飞速发展，信息技术的相关成果逐渐渗透并融入制造计划的制订过程中，产生了数字化制造计划(Digital Manufacturing Planning)的若干技术、方法和软件系统。在数字化制造体系下，充分利用信息技术在数据存储、传递和处理等方面的优势，科学地制订制造计划，能够更加迅捷地把握市场需求的变化信息，能够更加合理地利用企业生产活动的历史信息，也能够迅速准确地对市场需求和企业生产能力的变化做出调整，动态而柔性地更改计划内容。近年来，随着数字化模拟与仿真技术的发展，基于企业模型的能力状况进行的生产执行仿真技术日渐成熟，可以通过对制造过程的模拟运行分析，判断计划的合理性和可行性，并对可能发生的情况做出一定的预测。

目前，制造计划的制订、执行跟踪、调度和控制已经成为企业资源计划系统和制造执行系统的核心功能之一。

9.2.1　制造计划

制造计划按照不同的层次可以分为：企业战略规划、生产经营计划和执行作业计划，如图 9-5 所示。这三类计划的主要内容、计划编制周期、制订和执行人员均有所不同。

任何一个企业都应有一个总的战略规划，制定了企业的发展目标、发展方向，用以指导企

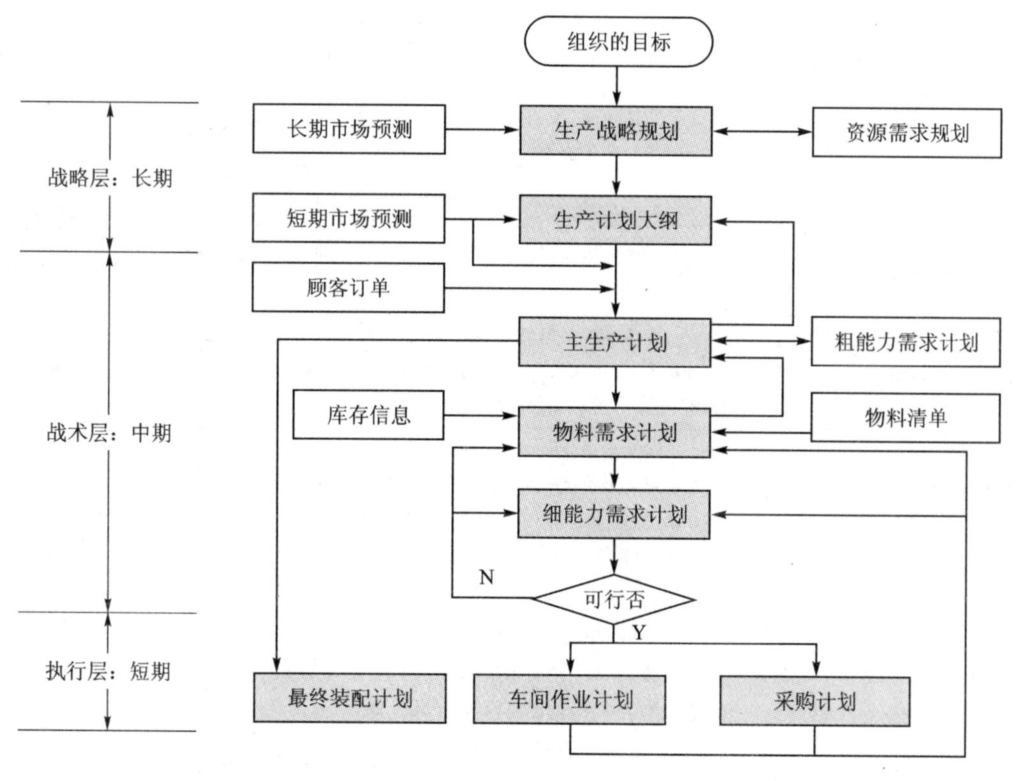

图 9－5　制造计划的总体框架图

业的一切活动，这对企业来说是一个纲领性的文件，直接关系到企业在市场竞争中的生存和发展问题，生产经营计划和执行作业计划都是围绕着战略规划来制订的。一般来说，战略规划是由高层参与制订的，它的覆盖周期通常为 3～5 年或更长时间，制订战略规划时需要对市场有深刻的洞察和准确的把握，并能预见市场发展的方向和趋势。对高层管理人员来说，要求他们能够掌握市场信息、具备辨析能力、了解竞争环境、驾驭企业发展。

企业战术层面的经营计划比战略规划的时间跨度要短一些，通常为 1 年左右，经营计划是将战略规划细化，变成切实可行的指导年度工作的计划。如果战略规划是制订新产品的策略，那么经营计划就是为该产品调配相应的资源。一般说来，计划的过程要牵涉资源负载的分析，目标和任务的设定既不能超越资源的负荷能力，又不能闲置太多资源，前者是不切实际的，后者是资源浪费。计划的编制是一个反复调整、不断完善的动态过程，有时这种动态的完善和调整会延续到执行现场，成为车间管理中的调度和控制活动。在企业中，经营计划的制订往往由生产计划部门负责。

作业计划的时间周期一般比较短，集中在战术层和执行层，涉及人力、设备等资源的安排使用。根据时间的长短，作业计划又分为长期作业计划和短期作业计划。长期作业计划，即生产计划大纲或总生产计划，实际是将企业的目标变为作业项目，包括人力资源的增减、作业任务的外包与否、人员的培训等。短期作业计划，包括主生产计划、物料需求计划和车间作业计划等，详细内容如表 9－1 所列。

表 9-1　制造计划的种类与内容

制造计划的层次与类型		计划周期	计划的主要内容	制定人/部门
战略层	市场需求预测	3～5 年	长期预测：预测国家宏观经济政策、产业发展环境、产品的科技竞争能力等	高层管理者
		1 年以内	短期预测：市场的竞争态势，销售量的变化情况等	管理人员 市场销售人员
	生产战略规划	3～5 年	企业战略发展角度，考虑产品开发方向，生产能力调整和发展策略	高层管理人员
	资源需求规划	1 年左右	配合生产战略规划，对企业的资源进行规划，如对企业的机器、设备和人力资源是否满足战略规划的要求进行分析，这是一种较高层次的能力规划	管理人员
	生产计划大纲	1 年	又称综合生产计划，对企业在年度范围内所要生产的产品品种及其数量作结构性的决策，以平衡企业总体的生产能力、资金需求、销售任务、生产技术准备、总体物资和配套供应等，起到了总体协调企业年度经营的作用	生产计划部门
战术层	主生产计划	每月	这是整个计划系统中的关键环节，一个有效的主要生产计划是生产部门对用户需求的一种承诺，它充分利用企业资源，协调生产与市场，实现生产计划大纲中所表达的经营计划。主生产计划针对的不是产品群，而是具体的产品，是基于独立需求的最终产品	生产计划部门
	物料需求计划	每月	物料需求计划是在主生产计划的最终产品模型基础上，根据零部件展开表(即物料清单 BOM)和零件的可用库存量(库存记录文件)，将主生产计划展开成最终的、详细的物料需求和零件需求及零件外协加工的作业计划，决定所有物料何时投入、投入多少，以及按期交货。在物料需求计划的基础上，考虑成本因素就扩展行程制造资源计划	生产计划部门
	粗能力需求计划	每月	粗能力需求计划与主生产计划相对应，主生产计划是否合理，是否能够按期实现的关键是计划必须与现实的生产能力相吻合。因此，主生产计划制订完毕后，要进行初步的能力和负荷分析，主要集中在关键环节的分析。如不符合，一方面调整能力，一方面修正负荷	生产计划部门
	细能力需求计划	每月	细能力需求计划与物料需求计划相对应，物料需求计划规定了每种物料的订单下达日期和下达数量，接下来就是生产能力的分析，细能力计划对生产线上所有的工作重心都要进行能力和负荷的平衡分析	生产计划部门
执行层	生产作业计划	周、日 班次	规定每种零件的生产开始时间和结束时间，以及各种零件在每台设备上的加工顺序，在保证零件按时完工的前提下，使设备负荷均衡并使在制品库存尽可能少。生产作业计划将以生产订单的形式下到制造车间	生产计划部门
	最终装配计划	不定期	把主生产计划的物料组成最终产品	生产计划部门
	外协采购计划	每月	根据物料需求计划的 BOM，外协生产或购买所需的物料、零件等	生产计划部门 采购人员

9.2.2　数字化制造计划系统

数字化制造体系下的制造计划系统主要有 MRP 计划系统、JIT(Just In Time)计划系统、TOC(Theory Of Constraint)计划系统和 APS(Advanced Planning System)计划系统四个主要流派,各自蕴含的原理和方法均有所不同,但是通过与信息技术相结合,得以充分发挥计算机的信息处理优势和网络的信息传输能力,形成了快捷、准确和全面的制造计划制订办法,以提高战术层和执行层的生产效率。

1. MRP 计划系统

物料需求计划系统是一种将库存管理和生产进度计划结合在一起的计算机辅助生产计划管理系统。

物料需求计划最初是基于 20 世纪 20 年代提出的订货点法理论,根据生产计划的节点进行库存的采购和补充。但是,在处理相关需求(相对于独立需求而言,意指关联的需求,比如需要 A,要先有 B 和 C)方面存在问题,而且只是开环的计划,无法准确满足计划的要求,后期结合车间执行反馈的能力,需求计划发展成为闭环的 MRP 系统。MRPⅡ扩大了 MRP 的内涵,增加了财会管理职能,将生产、库存、采购、销售、财务和成本等子系统,进行信息集成,逐步发展成为一个覆盖企业全部制造资源的管理信息系统。ERP 又将顾客需求及供应商的制造资源和企业的生产经营活动整合在一起,进行整体化管理。

从 MRP 计划系统的发展脉络可以发现,其针对车间作业的计划核心模块是一脉相承的,包括原理、技术、方法也是基本一致的。故而,在此仅介绍典型的 MRP 计划系统,原理框架如图 9-6 所示。

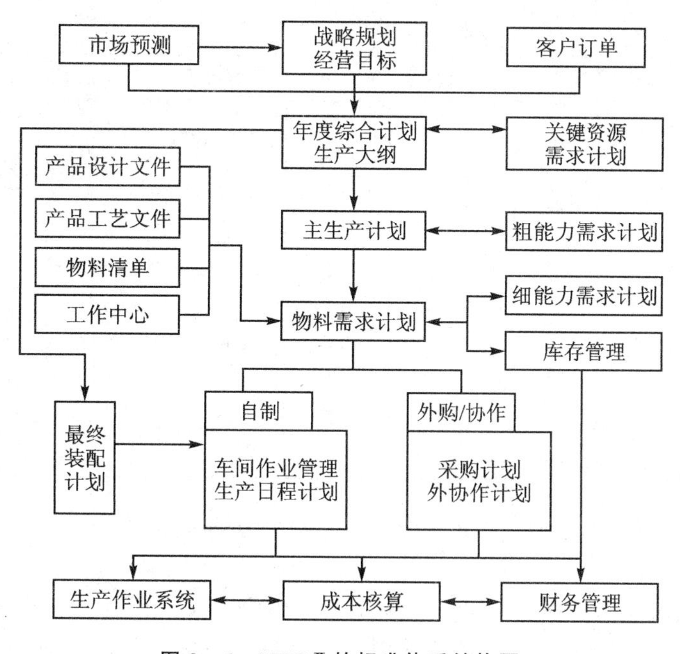

图 9-6　MRPⅡ的标准体系结构图

1) MRP 的计划原理:MRP 计划是以零部件为对象的生产进度计划。通常,它是根据产品结构中的零件层次关系,来编制零件的生产进度。MRP 计划系统最为关键的文件形式就是

物料清单 BOM，以此来描述零件在产品中的层次关系和数量。

MRP 计划系统根据产品设计文件、工艺文件、物料文件和生产提前期（Lead Time）等资料自动生成 BOM 表。BOM 表的内容包含了某一产品的所有物料，不仅包含产品本身的所有零部件和原材料，还包含产品的包装箱、包装材料和产品的附件、附带工具等。BOM 要反映各种零部件在产品的层次关系和数量关系，还要标明它们的生产提前期和投入提前期；它们的制造性质，是自制还是外购；它们的物料分类，属 A 类、B 类还是 C 类。对于有些物料还要标明它的有效期限。BOM 文件中包含十分丰富的信息，是企业各主要业务部门都需要使用的基本而且重要的管理文件。BOM 中的数据准确性直接影响到 MRP 系统的质量。

MRP 在编制零部件的生产进度时，它是以产品的交货期（或计划完工日期）为基准，朝着工艺过程的逆向，按生产投入提前期的长度，采用倒排法来编制的。在确定零件的生产进度时，暂不考虑生产能力的约束，故此种计划编制方法又称无限能力计划法。

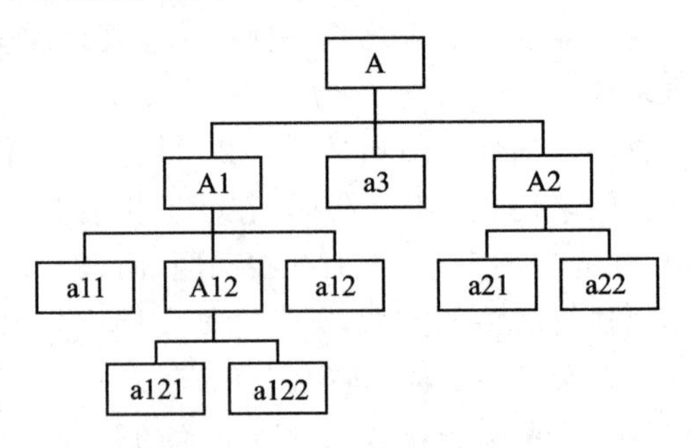

图 9－7　产品 A 的产品结构树

现假设产品 A 由部件 A1 和 A2 及零件 a3 构成，A1 和 A2 又分别由 a11，a12，a13 和 a21，a22 组成。A12 由 a121 和 a122 组成。A 的产品结构树如图 9－7 所示，其 BOM 表如表 9－2 所列。

表 9－2　产品 A 的 BOM 表

产品名称：A　　　　投入提前期（总）：5.5 周

物料代码：10000　　计算单位：台　　质量：15 kg　　生产批量：30　　装配提前期：1 周

物料名称	物料号	层次	计量单位	每台件数	制造类型	ABC 分类码	投入提前期	生效日期	失效日期
A1	11000	.1	件	1	自制	A	2.5 周	2005.09.01	
a11	11100	..2	件	2	自制	B	3.0 周	2005.09.01	
A12	11200	..2	件	1	自制	A	3.5 周	2005.09.01	
a121	11210	...3	件	1	自制	B	5.5 周	2005.09.01	
a122	11220	...3	个	4	外购	C	4.5 周	2005.09.01	
a13	11300	..2	个	2	自制	C	3.0 周	2005.09.01	
A2	12000	.1	件	1	自制	B	2.0 周	2005.09.01	
a21	12100	..2	件	1	自制	C	2.5 周	2005.09.01	
a22	12200	..2	个	2	外购	C	3.0 周	2005.09.01	
a3	13000	.1	件	1	外购	B	2.0 周	2005.09.01	2005.12.31

以产品 A 的计划完工日期为基准，采用倒排法排出的该产品的生产进度安排表，如图 9－8 所示。

2）MRP 计划编制的步骤和方法：MRP 的计划依据是主生产计划。主生产计划规定了产品的质量和要求的完工日期及大致的开工时间。计算机系统编制计划的步骤如图 9－9 所示，根据 BOM 表的资料，可自动生成 MRP 计划，而且是对计划期要生产的所有产品同时编制，一次完成。

3）滚动编制及其意义：滚动计划（Rolling Plan）是一种动态编制计划。滚动计划的编制

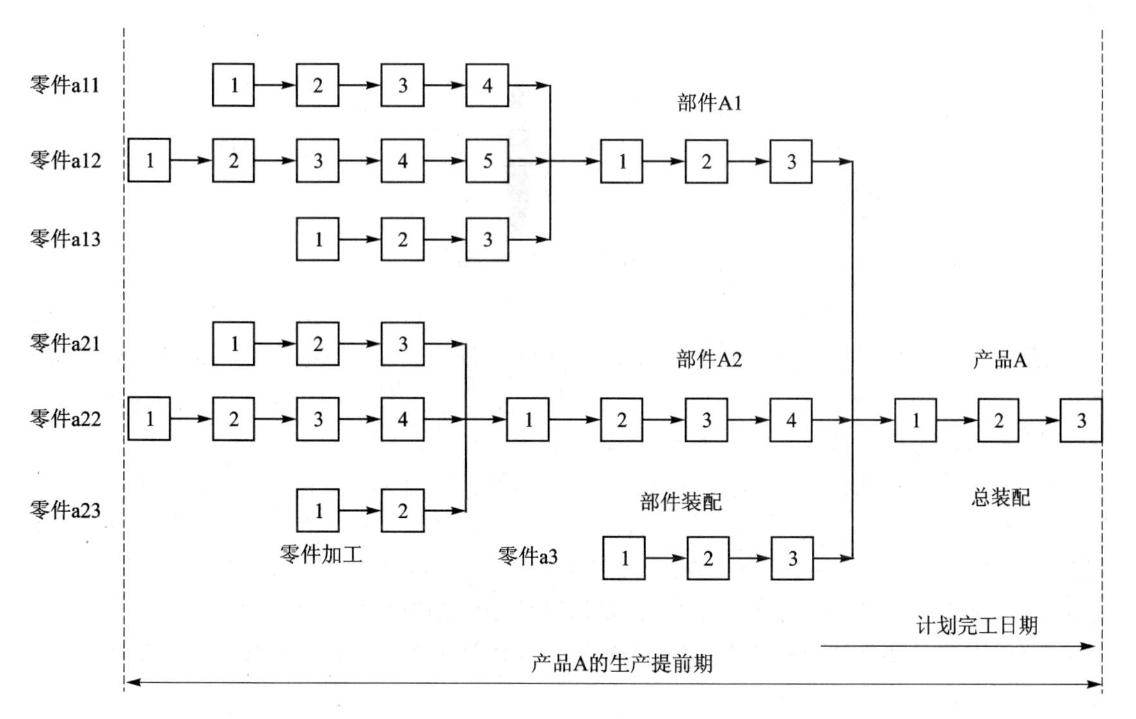

图 9-8 倒排法编制的产品 A 的生产进度示意

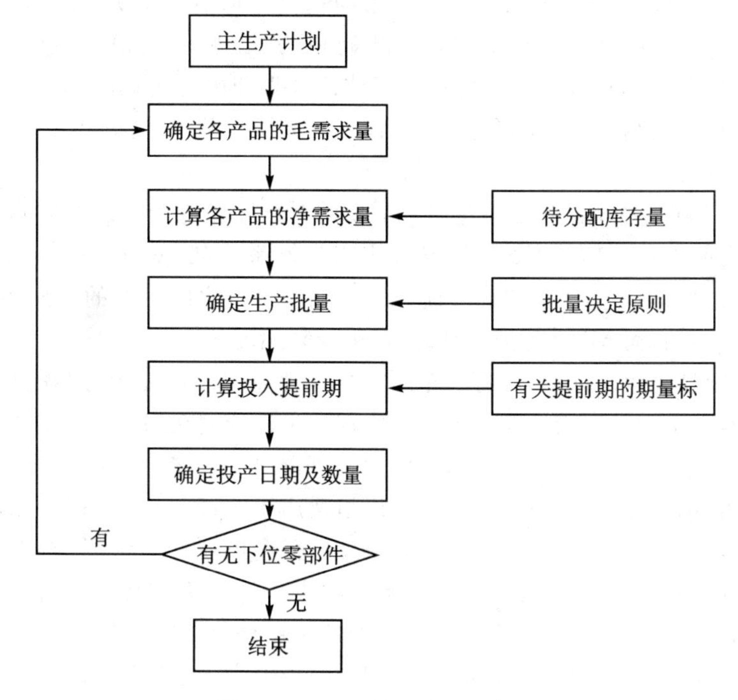

图 9-9 MRP 编制步骤示意图

规则是每走一步向前看两步，增强了计划的预见性和计划间的衔接，提供了计划的应变能力，是一种先进的计划编制方法，如图 9-10 所示。

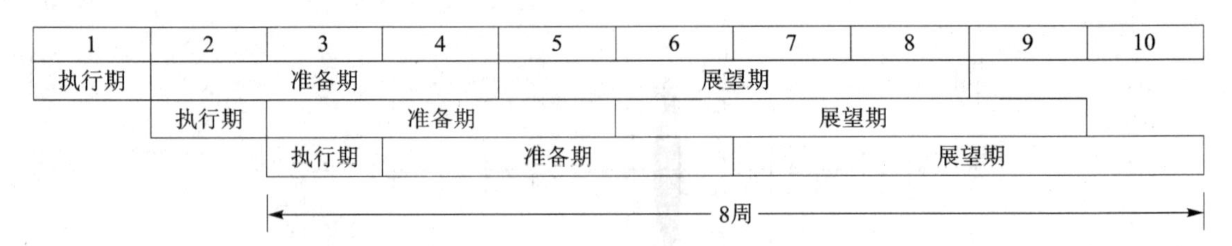

图 9－10 滚动计划示意图

传统的方法是每一个计划期(图示为8周)编制一次计划,当计划较长时,在计划的实施后期,往往由于实际情况已经发生了很多变化,原来的计划失去了指导意义,此时只能靠临时的调度来解决。滚动计划一般把计划分为三个时区,执行区、准备区和展望区。离当前最近的为执行区,稍远的与执行区衔接的为准备区,最远的为展望区。

按滚动计划的编制方法是每经过一个执行期编制一次计划,每个计划的长度仍为8个星期,每次根据实际情况的变化,及时修正计划,使计划切合实际,可执行性好。同时仍保持在计划期(8周)作全面安排,保持计划的前瞻性和整体性。滚动计划使两个计划期之间的连续性、衔接性好,从而使计划的质量得到提高,但是这种计划编制方法的工作量大大增加,手工根本无法胜任,因此,MRP计划系统的出现,正好发挥了计算机运算速度快和数据处理能力特别强的特点,取得良好的效果。

以往的主生产计划的滚动期是"月",或每接受一批新订单滚动编制一次。MRP的滚动周期通常设为"周",班组的生产日程计划则每天滚动一次。每滚动一次,计划就重编一次,为了减少重新编制的操作,采用了两种方式切换进行的方式,也就是说,可以采用净改变(Net Change)和完全重编(Regeneration)。净改变只修改计划期内有变化的部分,局部重编。完全重编则要运行一次计划编制程序,重编一个新计划。采用何种方法,应视具体情况而定。

2. JIT计划系统

顾名思义,JIT计划系统的核心思想是在需要的时候才去生产所需要的品种和数量,不要多生产,也不要提前生产。JIT计划系统又称丰田生产系统(Toyota Production System),也是丰田生产方式中最具特色,且有别于传统汽车行业大量流水线生产的计划系统,JIT属于拉式系统,是由需求驱动,而MRP等推式系统,是由计划驱动的。

拉式系统不制订主生产计划,所有的车间执行管理靠生产调度中心随时根据市场变化和实际销售情况调整,生产计划指令完全由需求驱动。生产计划在当月内随时进行调整,所以计划数量与实际销售量不会有很大的出入,从而大幅度降低库存储备。拉式生产建立在所有工序都存在必要的在制品库存的前提基础上,所以最适用于按订单装配(ATO)的生产类型。

JIT计划系统的主要运行方式如图9－11所示,企业根据市场预测,同样要编制年度、季度、月度生产计划,并将计划发至各车间。但下发的生产计划不作为生产指令,只是供车间做生产准备工作的参考。生产指令由掌管短期计划的生产调度部门编制下达,且只发给装配车间(企业生产过程的最后工序)。前面的车间只是在接到由后续工序传递过来的看板后,严格按照看板规定的品种、数量、时间的要求生产。

看板是JIT计划系统中最为重要的管理工具,其作用是传递信息。看板的种类有生产看板、运输看板、外协看板和临时看板等。生产看板就是一道生产指令;运输看板则是取货、送货的运输指令;外协看板是企业向协作场索取协作件的订单,它适用于与本企业有固定协作关系

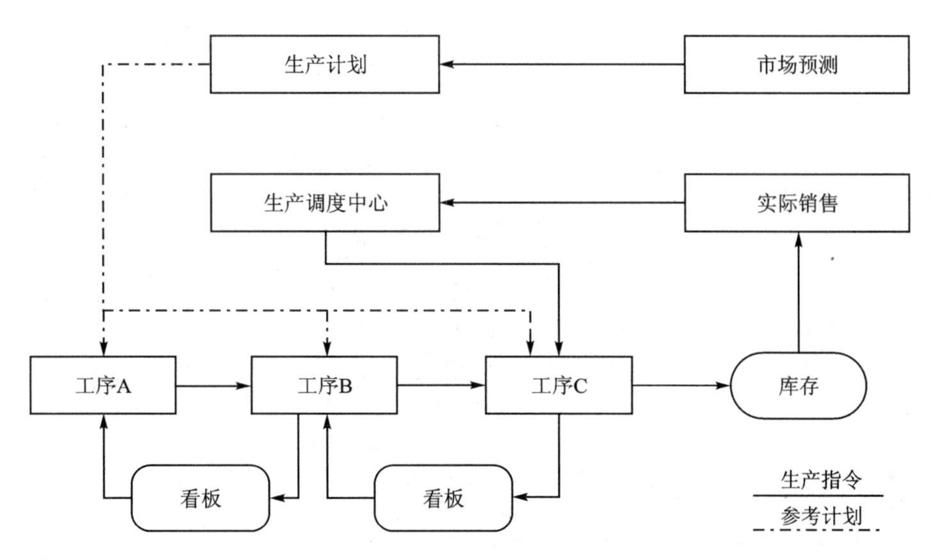

图 9-11　JIT 计划系统运行示意图

的供应商；临时看板有补废用的废品看板，进行设备维修，需要加班生产时使用的看板等。看板的使用规则如下：

1）看板必须跟随实物，与工件一起转移；

2）每一种看板严格按照自己的路线运行；

3）看板必须对工件提供完整的信息，例如，工件名称、代码、材质、一批数量、工序代号、工序名称、需要的时间等；

4）不合格品不使用看板。

3. TOC 计划系统

约束理论（TOC）的指导思想实质上是寻求系统的关键约束点，集中精力优先解决主要矛盾。TOC 计划系统，首先确定瓶颈工序和瓶颈资源，编制产品关键生产计划，在确认关键件的生产进度的前提下，再编制非关键件的生产计划，一般来说，瓶颈工序的前导和后续工序采用不同的计划方法，以提高计划的可执行性。

TOC 计划系统进行编制计划的步骤如下：

1）搜索系统中存在的瓶颈工序；

2）以产出量为判断标准，运用运筹学等方法优化瓶颈工序的资源利用效率，围绕瓶颈资源制订生产计划；

3）根据瓶颈工序的计划，编制其他各工序的计划；

4）提高瓶颈工序的能力；

5）如果瓶颈工序不再制约总的产出，就回到步骤 1），否则回到步骤 2）。

4. APS 高级计划排产系统

高级计划排产系统 APS 是进行有限能力计划的应用系统，它是基于约束理论，通过事先定义的规则，由计算机自动进行排产的过程。高级计划排产系统也是一个计划排产软件包，能高效地帮助制造企业控制生产计划。高级计划排产系统的应用弥补了 MRPII/ERP 系统基于无限能力的理论，通过缺料分析、能力分析，由人工干预完成生产计划制订的不足。它能通过各种规则及需求约束自动生产详细计划，能对延迟订单进行控制及再计划，并管理控制能力及

各种约束。这些约束包括资源工时、物料、加工顺序以及根据需要自定义的其他约束条件等。高级计划排产的应用方法可以根据车间目标建立一个资源能力与生产设备能力模型，并通过选择高级算法模拟计划规则，以及根据生产的工艺路径、订单、能力等复杂情况自动调配资源，生成一个优化的、符合实际的详细生产计划，达到优化计划排产的目标。

9.3 生产调度

生产调度(Production Scheduling)是在生产作业计划的基础上确定生产任务(如工件)进入车间的顺序以及车间运行中各种制造资源的实时动态调度。一般将生产调度又分解为生产任务(如工件加工)的静态排序、动态排序和系统资源实时动态调度三个子问题。

9.3.1 生产任务的静态排序

生产任务的静态排序(Off－Line Sequencing)是根据零件生产作业计划规定的生产进度，进一步具体地确定每个工件在每台设备上的加工顺序和生产进度的，同时也确定了每台设备(工作地)、每个工作人员、每个工作班次的生产任务。

任务排序是在有限的人力、设备资源上，规定任务执行的顺序和时间，使多项任务目标能够顺利完成，并实现一定的优化。排序问题是运筹学的一个分支，下面简要地介绍一下生产任务排序的基本概念、分类和方法。

1. 排序问题的目标函数

生产任务排序的好坏，直接影响以下三方面：

1）能否按时交货；

2）可否减少工件在工序间的等待时间，能否缩短工件的生产周期和减少在制品占用量；

3）可否减少设备的闲置时间，提供设备利用率。

通常将以上三条作为衡量排序优劣的标准。但是这三条目标有时是相互矛盾的，例如，要想减少设备闲置时间，往往会使工件等待时间加长。反之，要使工件尽量少等待，设备就会等待，设备的闲置时间就增加。最好是把三者综合成一项指标，用总费用(在制品库存费用、设备闲置费用和不能按期交货的缺货损失费用之和)来衡量。但是总费用作为排序问题的目标函数，会使问题的求解大大复杂化，目前还没有好的解决方法。因此现在都以上述三项指标作为排序的目标函数。

2. 生产任务排序的分类

生产任务排序问题有很多分类方法，最常见的分类方法是按机器设备、工件和目标函数的特征进行分类。

按机器的数目不同，可以分为单台机器的排序问题和多台机器的排序问题。对于多台机器的排序问题，按工件的加工路线不同，又可分为流水线(Flow Shop)排序问题和非流水线(Job Shop)的排序问题。所有工件的工艺路线都有相同的属于流水线的排序问题，每个工件的工艺路线各不相同的则是非流水线的排序问题。

按工件到达的情况不同，可以分为静态排序问题和动态排序问题。当进行排序时，若所有的工件都已到达，并已准备就绪，可以对全部的工件进行一区性排序的，属静态排序问题；若工件陆续到达，要随到随安排的，或者情况发生变化，需要不断调整的，则是动态排序问题。

按目标函数的不同，又可以分为多种不同的排序问题。例如，同属多台机器的排序问题，使平均的流程时间最短和使误期完工工件的数量最少，这是两种不同的排序问题。由于机器设备、工件和目标函数的不同特征，以及一些其他因素的差别，构成了多种多样的排序问题。

3. 生产任务排序方法

1) 约翰逊法：约翰逊法使用的条件是 N 工件经过有限台设备加工，所有工件在有限设备上加工的次序相同。约翰逊法的目标是要求得到全组零件生产周期最短的生产进度表。

约翰逊法的排序规则(设备数为 2)：如果满足

$$\min\{t_{1k};t_{2h}\} < \min\{t_{2k};t_{1h}\}$$

则将 k 工件排在 h 工件之前。

式中，t_{1k}，t_{2k} 为 k 工件第 1 工序、第 2 工序的加工时间；t_{2h}，t_{1h} 为 h 工件第 1 工序、第 2 工序的加工时间。

约翰逊法的进行步骤如下：

① 列出零件组的工序矩阵。

② 在工序矩阵中选出加工时间最短的工序。如果该工序属于第 1 工序，则将该工序所属工件排在前面。反之，最小工序是第 2 工序，则将该工序所属的工件排在后面。若最小工序有多个，可任选其中一个。

③ 将已排序的工件从工序矩阵中消去。

继续按照①、②、③排序，直到所有工件的投产顺序制订完毕。

例如，有 5 个工件在 2 台设备上加工，加工顺序相同，先在设备 1 上加工，再在设备 2 上加工，工时列于表 9-3 中，用约翰逊法排序。具体步骤如下。

表 9-3　加工工时表

工　件	作业工时/min	
	设备 1	设备 2
A	5	2
B	3	6
C	7	5
D	4	3
E	6	4

第一步：取出最小工时 $t_{2A}=2$。如该工时为第一工序的，则最先加工；反之，则放在最后加工。此例是 A 工件第 2 工序时间，按规则排在最后加工。

第二步：将该已排序工件划去。

第三步：对余下的工作重复上述排序步骤，直至完毕。此时 $t_{1B}=t_{2D}=3$，B 工件第 1 工序时间最短，最先加工；D 工件第 2 工序时间最短，排在余下的工件中最后加工。最后得到的排序为 B—C—E—D—A。整批工件的停留时间为 27 min。

2) 关键工序法：关键工序法进行排序的工作步骤如下。

① 按工序汇总各零件的加工工作量，定义加工工作量最大的工序为关键工序。

② 比较各零件首尾两道工序的大小，并把全部零件分成三组，“首＜尾”分在第一组，“首＝尾”分在第二组；“首＞尾”分在第二组。

③ 各分组分别对组内零件进行排序。

第一组：每一零件分别将关键工序前的各工序相加，根据相加后的数值按递增序列排队；

第三组：每一零件分别将关键工序之后的工序相加，根据相加后的数值按递减序列排队；

第二组：当第一组的零件数少于第三组时，本组零件按第一组的规则排列；当第三组的零件数少于第一组时，本组零件按第三组的规则排列。

④ 全部零件的排序按第一组排在最前,第二组排在中间,第三组排在第二组的后面。

3)优先规则法:优先规则法是目前解决生产任务排序的最常用的启发式方法。1977年S. S. Panwalker和W. Iskander归纳整理出了100多个调度的优先规则。其中最重要的规则如下。

① SPT(Shorter Processing Time)规则:优先选择加工时间最短的工序。

② FCFS(First Come First Served)规则:先到的先服务,优先安排最先到达的工件。

③ MWKR(Most Work Remaining)规则:优先安排待加工作业总量最大的工件。

④ LWKR(Least Work Remaining) 规则:优先安排待加工作业总量最少的工件。

⑤ MOPNR(Most Operation Remaining)规则:优先安排待加工工序数最多的工件。

⑥ DDATE(Due Date)规则:优先安排交货期最近,要得最急的工件。

⑦ SLACK 规则:优先安排宽裕时间最少的工件。宽裕时间是指从现在时刻到交货日期的时间段中,扣除该工件待加工的作业时间后剩余的时间。宽裕时间最少的,任务紧迫性最高,所以安排优先加工。

⑧ RANDOM 规则:随机选择一种工作,当两个工件的优先级等同时,常采用本规则做最后抉择。

9.3.2 生产任务的动态排序

生产任务的动态排序(On - line or Real - time Sequencing)是指制造系统处于运行过程中,对系统内的被加工任务进行实时再调度的功能。以柔性制造系统(FMS)为例,当系统处于运行状态时,在一个加工中心的托盘交换站前有多个被加工的工件处于等待状态,等待的工件集合称为等待队列。这种等待队列从静态排序的观点看虽然是经过优化的,如使系统的通过时间(Make Span)最小,但在运行过程中,仍会出现一些不可预见的扰动而导致零件的优先级的改变,如被加工工件交货期的改变,由于系统内某些设备的故障而延误了正常加工任务等。所有这些扰动都会使原来优化的静态排序变成非优化的排序,有时甚至会影响生产任务负荷平衡的结果。因此在制造系统运行过程中必须有一个根据实时状态改变生产任务的加工顺序或工艺路径的环节,这就是生产任务的动态排序。

由于动态排序在算法的实时响应性能方面要求很高,故通常采用与静态排序不同的策略,其中使用最多的是人工智能领域的启发式规则和遗传算法等。

9.3.3 资源的实时动态调度

生产任务在制造系统内的流动(传输、存储)和加工都必须依靠系统资源运行来实现,这些资源包括数控机床或加工中心、物料储运设备、刀具、夹具、机器人或机械手各种控制装置以及操作人员等。系统资源运行要服从生产计划调度指令的安排。虽然在上述生产任务计划、静态和动态排序等阶段中已将系统资源作为制订计划与调度策略的约束条件,即考虑了系统内各种资源的优化利用问题,但由于问题本身的复杂性以及系统状态可能出现的无法预料的情况,使得系统并不能完全保证在适当的时间内为生产任务提供所需要的系统资源,这就需要在系统运行中对系统资源进行实时调度,以保证生产任务所形成的物料流成为“平滑”(Smoothing)的流动状态。

对于资源实时动态调度涉及的对象包括加工设备、刀具、夹具、机器人、自动小车、缓冲托

盘站等。对于特定的制造系统，一般要重点调度系统内具有“瓶颈”性质的重要资源，如关键机床。

生产计划和调度问题的复杂性，使得解决制造系统的规划问题更多的是从理念的角度进行假设、归纳、简化和发展。在实施数字化制造的生产管理中，更多地以系统整体优化为目标的计划和调度方法也得到了重视和发展。常用的生产计划和调度优化方法有近似/启发式方法和基于系统优化的方法，诸如模拟退火法、遗传算法等，这些方法为解决生产计划和调度优化问题提供了新思路和新途径。求解生产计划和调度问题的主要技术和分类，如图 9-12 所示，有兴趣的同学可以参照有关文献，深入学习。

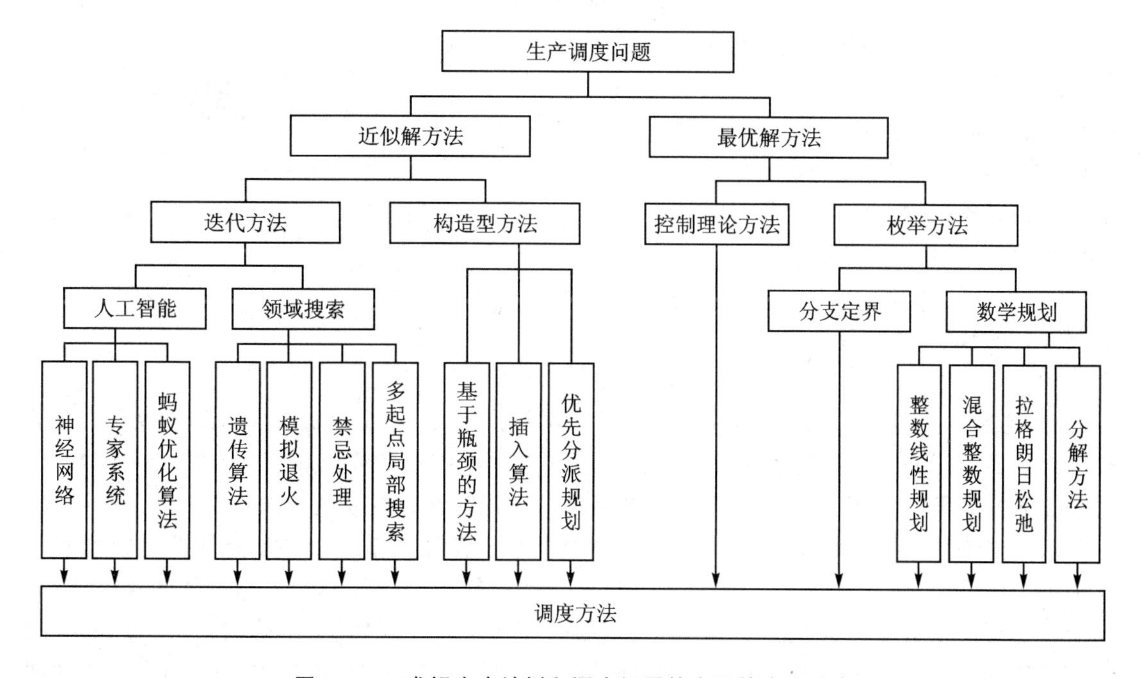

图 9-12　求解生产计划和调度问题的主要技术和分类

9.4　制造执行控制

生产管理系统包含生产过程的计划和生产过程的控制，制订生产计划、主生产计划、生产能力计划等，都属于生产过程计划。而这些计划指令和制造指令如何得以执行和对执行过程的监控是属于制造执行控制的内容。

美国先进制造研究机构 ARM，定义制造执行系统为位于企业上层的计划管理系统和底层工艺控制之间的面向车间层的信息系统。它是计划管理层和底层控制层之间架起的一座桥梁，制造执行系统的任务是根据上级下达的生产计划，充分利用车间的各种生产资源、生产方法和丰富的实时现场信息，快速、低成本地制造高质量的产品。制造执行系统在企业综合自动化系统中起到承上启下的作用。

制造执行系统为操作人员、管理人员提供计划的执行、跟踪以及所有资源(人、设备、物料、客户需求等)的当前状态。MES 能通过信息的传递对从生产命令下发到产品完成的整个生产过程进行优化管理。当工厂中有实时事件发生时,MES 能及时对这些事件做出反应、报告,并用当前的准确数据对它们进行约束和处理。这种对状态变化的迅速响应使 MES 能够减少企业内部那些没有附加值的活动,有效地指导工厂的生产运作过程,同时提高工厂及时交货的能力,改善物料的流通性能,提高生产回报率。MES 还能通过双向直接通信在企业内部和整个产品供应链中提供有关生产行为的关键任务信息。

9.4.1　制造执行系统在数字化生产管理系统中的地位和作用

图 9-13 清楚地描述了制造执行系统在数字化生产管理中起到了承上启下的作用。制造执行系统的定位符合数字化生产管理递阶控制的思想。

1) 计划层:数字化生产管理中的计划系统,以客户订单和市场需求为计划源头,充分利用企业内的各种资源,降低库存,提高生产经营的效益。从数字化生产管理的角度来看,MRPⅡ/ERP 属于企业的计划层。

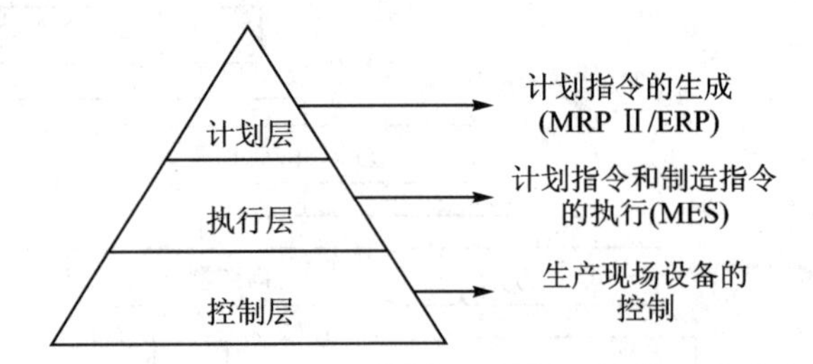

图 9-13　数字化生产管理的层次模型

2) 执行层:上层和底层的信息枢纽,强调计划的执行和制造过程的控制,把上层的计划层和车间的生产现场控制有机地集成起来。

3) 控制层:对生产设备的开启、运行和停止进行控制等,完成计划指令和制造指令执行的控制。主要包括分布式控制系统(DCS)、可编程控制器(PLC)、数控和直接数控(NC/DNC)、监控和数据采集(SCADA)以及其他控制产品制造过程的计算机控制方法。

从数字化生产管理的层次模型来看,制造执行系统在计划管理层和底层的控制层之间架起了一座桥梁,实现了计划、执行和控制的集成。计划软件缺少足够的现场控制的实时信息,不能实现与控制系统的紧密连接;相反,控制层软件又缺乏计划信息,不能实现对生产的有效管理和控制。这种状况造成了数字化生产管理的信息传递瓶颈,集中反映了数字化生产管理在发展初期只重视计划管理和底层控制,忽视车间执行能力的现象。因此,MES 的主要作用是完成面向生产过程实时生产调度和状态反馈,一方面将面向车间(生产单元/生产线)的生产管理的计划指令细化、分解,并结合制造指令形成面向设备的操作指令传递给底层的控制层;另一方面实时监控底层设备的运行状态,采集设备、仪器的状态数据,经过分析、计算处理,向计划层反馈生产现场的各种资源的状态。

虽然制造执行系统是面向制造过程的,但它与数字化设计、制造和管理的其他系统有着大量的信息共享和交换。计划系统(MRPⅡ/ERP)将分派的工作传给 MES 系统,同时计划系统依赖 MES 提供"真实的"生产状态、生产能力、成本等信息。供应链的主计划和调度信息是 MES 排定生产活动的依据之一,而 MES 系统向 SCM 提供实际的订单状态、生产能力等信息。销售和服务管理系统必须和 MES 有信息交换,因为成功的报价和发货都需要了解生产活动信息。产品工程系统向 MES 提供产品模型、工艺指令、工艺参数等信息。图 9-14 说明了制造执行系统与供应链管理(SCM)、计划管理系统(MRPⅡ/ERP)、销售与客户服务管理(SSM)、产品及产品管理(P/PE)、财务和成本管理(FCM)以及生产底层控制管理系统之间的关系。

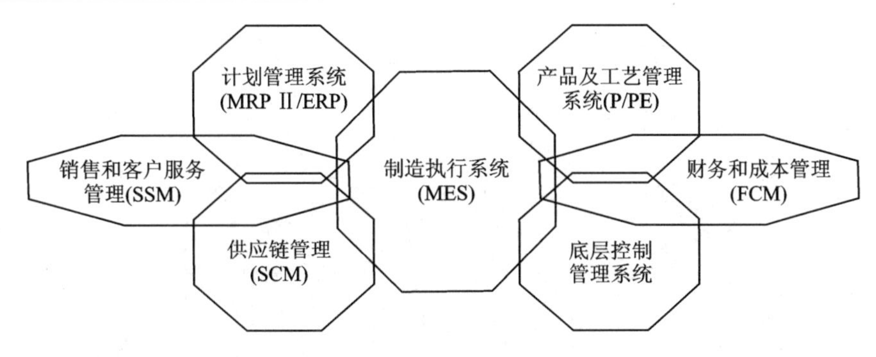

图 9－14　制造执行系统的定位

9.4.2　制造执行控制的功能

MES 的任务是根据上级下达的生产计划，充分利用车间的各种生产资源、生产方法和丰富的实时现场信息，快速、低成本地制造出高质量的产品，其生产活动涉及订单管理、设备管理、库存跟踪、物料流动、数据采集以及维护管理、质量控制、性能分析、人力资源管理等。MES 汇集了车间中用以管理和优化从下订单到产成品的生产活动全过程的相关硬件或软件组件，它控制和利用实时准确的制造信息来指导、传授、响应并报告车间发生的各项活动，同时向企业决策支持系统提供有关生产活动的任务评价信息。

许多企业通过实施 MRPⅡ/ERP 来加强管理。然而上层生产计划管理受市场影响越来越大，明显感到计划跟不上变化。面对客户对交货期的苛刻要求，面对更多产品的改型，订单的不断调整，企业决策者认识到，计划的制订要依赖于市场和实际的作业执行状态，而不能完全以物料和库存情况来控制生产。同时 MRPⅡ/ERP 软件主要针对资源规划，这些系统通常能处理昨天以前发生的事情(作历史分析)，亦可预计并处理明天将要发生的事件，但对于今天正在发生的事件却往往留下了不规范的缺口。而传统生产现场管理只是一黑箱作业，这已无法满足今天复杂多变的竞争需要。因此，如何将此黑箱作业透明化，找出任何影响产品品质和成本的问题，提高计划的实时性和灵活性，同时又能改善生产线的运行效率已成为每个制造企业所关心的问题。制造执行系统的出现恰好能填补这一空白。MES 是处于计划层和车间操作层操作控制系统 SFC 之间的执行层，主要负责生产管理的调度执行。

制造执行系统在数字化制造中起着承上启下的作用，它在企业资源管理系统产生的生产计划指导下，收集底层控制系统与生产相关的实时数据，安排短期生产作业的计划调度、监控、资源调配和生产过程的优化工作，如图 9－15 所示，具体包括以下功能。

1) 资源分配以及状态管理：对资源状态及分配信息进行管理，包括机床、辅助工具(如刀具、夹具、量具等)、物料、劳动者等其他生产能力实体以及开始进行加工时必须具备的文档(工艺文件、NC 加工代码等)和资源的详细历史数据，对资源的管理还包括为满足生产计划的要求而对资源所做的预留和调度。

2) 工序级详细生产计划：负责生成工序级操作计划，即详细计划，提供基于指定生产单元相关的优先级、属性、特征、方法等的作业排序功能。其目的就是要安排一个合理的序列以最大限度地压缩生产过程中的辅助时间，该计划基于有限元能力的生产执行计划。

3) 生产调度管理：以作业、订单、批量以及工作订单等形式管理和控制生产单元中的物料流和信息流。生产调度能够调整车间规定的生产作业计划，对返修品和废品进行处理，用缓冲

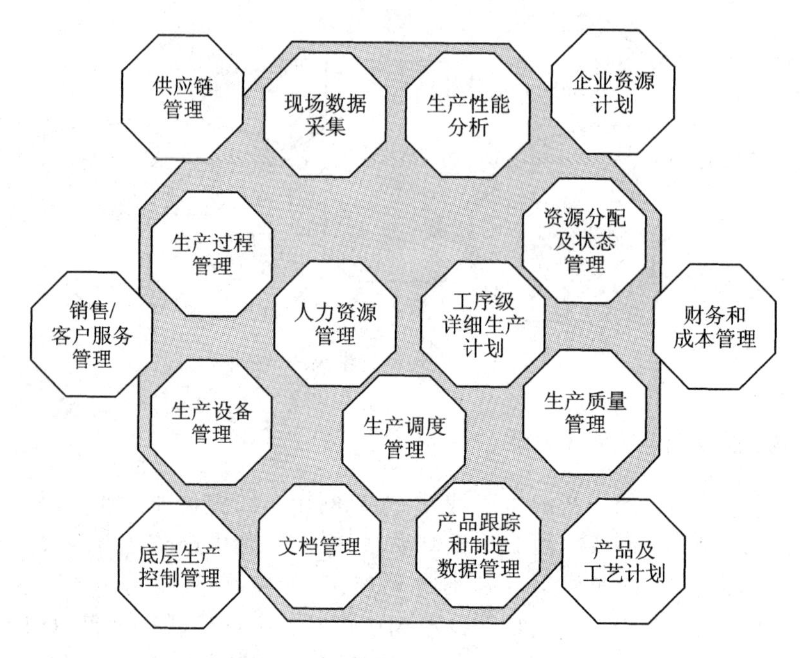

图9-15　制造执行系统的功能

管理的方法控制每一工作站点的在制品数量。

4）文档管理：管理与生产单元相关的图纸、工艺文件、工程更改记录等。文档管理具有管理和维护生产历史数据的功能。

5）现场数据采集：负责采集生产现场中的各种必要的实时更新的数据信息。这些信息包括设备的状态、刀具的状态、人员信息等生产现场的各种实时信息。

6）人力资源管理：提供实时更新的员工状态信息数据。人力资源管理可以与设备的资源管理模块相互作用来确定员工工时以及计算产品成本。

7）在线质量管理：把从生产现场采集到的各种数据进行实时分析处理，以控制在制品的质量，根据分析结果对现场出现的问题采取措施。

8）生产过程管理：监控生产过程，对可自动处理的事件和问题进行自动处理和修正；对生产中发生的不能处理和控制的事件或问题进行报警，及时将故障参数信息发送到上层计划和控制系统，并向用户提供纠正错误的决策支持。

9）生产设备维护管理：跟踪和指导企业维护设备和道具，以保证制造工程的顺利进行，并产生除报警外的阶段性、周期性和预防性的维护计划。

10）产品跟踪和制造数据管理：通过监控工件在任意时刻的质量状态和工艺状态来获取产品质量的历史记录，实现最终产品使用情况的可追溯性，并向用户提供该产品的质量信息。

11）性能分析：能够提供实时更新的实际制造工程的结果报告，并将这些结果与过去的历史记录及所期望的经营目标进行比较，为经营决策分析提供基础的分析数据。

9.4.3　制造执行过程的管理

在制造执行过程中，MES层、MES上层和MES下层有不同的功能，各层之间存在着大量的数据交换，数据交换的过程构成了制造执行管理的主要内容。

如图 9－15 所示，在制造执行过程中，MES 系统与计划管理系统、销售和客户服务管理、供应链管理、产品及工艺管理系统、财务和成本管理以及底层控制管理系统等都有信息交换。在 MES 上层，主要有供应链管理、销售和服务管理、企业资源规划和产品设计/过程管理。其中供应链管理包括预测、分销、后勤管理、运输管理、电子商务和企业间的供应计划系统；销售和服务管理包括网络营销、产品配置设计、产品报价、货款回收、质量反馈与跟踪等功能；产品和过程管理包括计算机辅助设计和计算机辅助制造、过程建模和产品数据管理。在 MES 下层，则是低层生产控制系统，包括 DCS、PLC、DNC/NC 和 SCADA，或这几种类型的组合。

在信息交互关系上，MES 向上层 ERP/供应链提交周期盘点次数、生产能力、材料消耗、劳动力和生产线运行性能、在制品（WIP）的存放位置和状态、实际订单执行等涉及生产运行的数据；向底层控制系统发布生产指令控制及有关的生产线运行的各种参数等；同时分别接受上层的中长期计划和底层的数据采集、设备实际运行状态等，如图 9－16 所示。MES 接受企业管理系统的各种信息，以便充分利用各种信息资源实现优化调度和合理的资源配置。

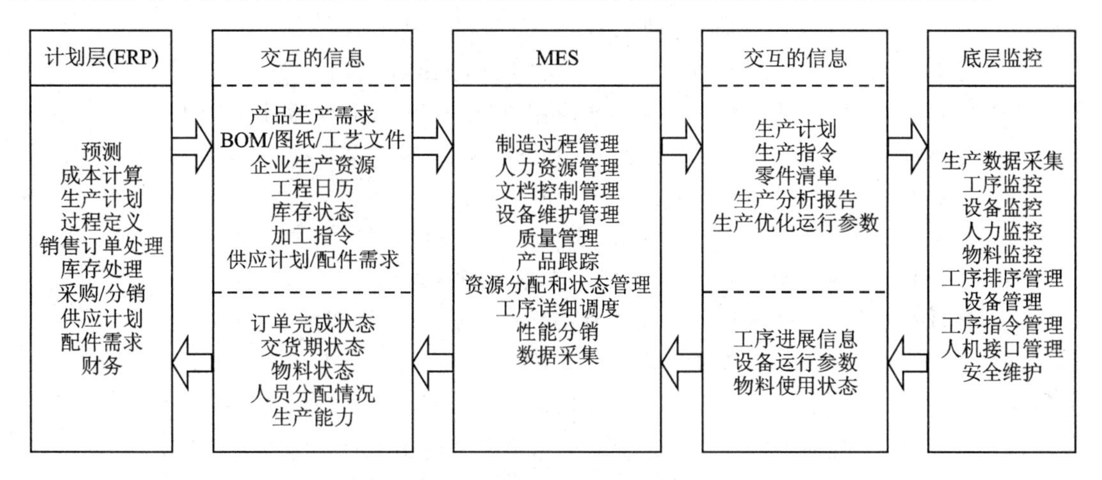

图 9－16　制造执行过程中的信息交换

思考题

9－1　生产管理包括哪些内容？

9－2　阐述数字化生产管理与传统生产管理之间的异同点，并分析数字化生产管理发展各阶段的典型系统之间的异同点。

9－3　请参考“丰田模式”和 ERP 的有关书籍，列举推动式生产管理模式和拉动式生产管理模式之间的异同点。

9－4　试根据本章给出的制造类型分类方法、制造策略分类方法和制造系统的管理类型，对你熟悉的车间或企业进行分析，并说明理由。

9－5　参考有关文献，丰富并阐释图 9－11 中关键技术的内涵。

9－6　全面阐述 MES 在数字化制造管理系统中的核心地位。

参考文献

[1] 保 Y C. 计算机辅助设计与制造(CAD/CAM)基础[M]. 电子工业出版社，1986.
[2] 许有信. 计算机辅助设计与制造的几何基础[M]. 江苏科学技术出版社，1989.
[3] 宁汝新，赵汝嘉. CAD/CAM 技术[M]. 机械工业出版社，1999.
[4] 殷国富，杨随先. 计算机辅助设计与制造技术原理及应用[M]. 四川大学出版社，2001.
[5] 殷国富，袁清珂，徐雷. 计算机辅助设计与制造技术[M]. 清华大学出版社，2011.
[6] DavidF. Rogers. 计算机图形学的算法基础[M]. 机械工业出版社，2002.
[7] 陆润民. 计算机图形学教程[M]. 清华大学出版社，2003.
[8] PhilipJ. Schneider，DavidH. Eberly. 计算机图形学几何工具算法详解[M]. 电子工业出版社，2005.
[9] 戴同. CAD/CAPP/CAM 基本教程[M]. 机械工业出版社，1997.
[10] 闫崇京. CAD/CAM 技术基础[M]. 国防工业出版社，2013.
[11] 黄国权. 有限元法基础及 ANSYS 应用[M]. 机械工业出版社，2004.
[12] 王烈衡，许学军. 有限元方法的数学基础[M]. 科学出版社，2004.
[13] 李铁钢. 数控加工技术[M]. 中国电力出版社，2014.
[14] 李善平. 产品数据标准与 PDM[M]. 清华大学出版社，2002.
[15] 童秉枢. 现代 CAD 技术[M]. 清华大学出版社，2000.
[16] 中岛胜. 计算机辅助设计生产管理[M]. 机械工业出版社，1988.
[17] 朱名铨，张树生. 虚拟制造系统与实现[M]. 西北工业大学出版社，2001.
[18] 冯宪章. 先进制造技术基础[M]. 北京大学出版社，2009.
[19] 王庆明. 先进制造技术导论[M]. 华东化工学院出版社，2007.
[20] Shah J J，Mantyla M. Parametric and Feature Based CAD/CAM：Concepts，Techniques，and Applications[M]. John Wiley & Sons，Inc. 1995.
[21] 李建雨. CAD/CAM/CAE 系统原理[M]. 电子工业出版社，2006.
[22] 康兰. CAD/CAM 原理与应用(英文版)[M]. 机械工业出版社，2016.
[23] 明兴祖，姚建民. 机械 CAD/CAM[M]. 化学工业出版社，2009.